세계화와 로컬리티의 경제와 사회

국립중앙도서관 출판시도서목록(CIP)

세계화와 로컬리티의 경제와 사회:
글로벌 시대의 경제와 사회의 흐름을 공간적,
지리적으로 살펴보기
편저자: 미즈오카 후지오; 옮긴이: 이동민.
– 서울: 논형, 2013
      p.;   cm. – (논형지리학; 5)

원표제: 経済・社会の地理学
원저자명: 水岡不二雄
색인수록
일본어 원작을 한국어로 번역
ISBN 978-89-6357-141-6 94980 : ₩25000

경제 지리학[經濟地理學]

320.98-KDC5
330.9-DDC21   CIP2013000763

세계화와 로컬리티의 경제와 사회

글로벌 시대의 경제와 사회의 흐름을 공간적 · 지리적으로 살펴보기

미즈오카 후지오 편저 / 이동민 옮김

노형

세계화와 로컬리티의 경제와 사회
글로벌 시대의 경제와 사회의 흐름을 공간적 · 지리적으로 살펴보기

초판 1쇄 인쇄 2013년 3월 10일
초판 1쇄 발행 2013년 3월 20일

편저자 미즈오카 후지오
옮긴이 이동민
펴낸곳 논형
펴낸이 소재두
등록번호 제2003-000019호
등록일자 2003년 3월 5일
주소 서울시 관악구 성현동 7-77 한림토이프라자 6층
전화 02-887-3561
팩스 02-887-6690
ISBN 978-89-6357-141-6 94980

값 25,000원

맑시즘과 사회학 이론에 대한 공간적 관점의 접목을 통하여 시장경제와 자본주의에 비판을 가하고 대안적 글로벌리즘을 제안한 공간이론은, 지리학자들의 노력에 힘입어 최근 40년 동안 크게 발전해왔다. 이 시기에 동아시아의 지리학계는, 이같은 영미권의 논의를 흡수하는 데 역점을 기울여 왔다. 이처럼 학문적 지식이 중추-주변부라는 관계를 형성해왔다는 사실은, 개별 로컬리티의 자립이라는 목표를 가진 대안 지리학의 관점에서 결코 바람직한 현상이라고 보기 어렵다. 이러한 가운데, 번역 활동을 통한 지식의 교류가 이루어지기 시작했다는 사실은 반갑기 그지없는 일이다. 본서를 한국어로 번역하는 쉽지 않은 일을 흔쾌히 맡아준 이동민 선생, 그리고 번역서 출간에 큰 기여를 해준 서울대학교 박배균 교수께 공저자를 대표하여 진심어린 감사의 말씀을 전하는 바이다.

이 책의 편저자이기도 한 필자는, 하비와 르페브르가 제창한 '공간의 생산'이라는 명제를 토대로 맑스가 『자본론』을 통해 논의했던 '포섭'의 개념에 착안하여, 경제와 사회에 대한 공간의 실질적 포섭이라는 공간의 생산 과정에 초점을 맞춘 독자적인 관점을 제시하였다. 이러한 변증법은 공간과 사회, 절대공간과 상대공간, 원초적 공간과 생산된 공간 등 다양한 차원에서의 '상호간에 모순을 이루며 대립하는 요인들의 통일'을 내포한 것으로, 원초적 공간으로부터 글로벌 상관공간의 편성이라는 논리를 통찰하기 위해 요청되는 논리이기도 하다. 이러한 이론이 가진 참다운 의미가 한국의 독자들께도 다가갈 수 있기를 바라마지 않는 바이다.

필자는 민주화 이후 결코 길지 않은 기간 동안 노동운동과 사회운동의 전통을 확립한 한국인들을 가슴 깊이 존경한다. 작년에는 '소금꽃 나무들 희망버스에 타다'라는 영화를 볼 기회가 있었다. 부산 한진조선소에서 일어난 과감한 투쟁을 그린 이 영화에서 오소영 감독은 크레인이라는 협소한 로컬리티가 공간의 확대로 전환되는 과정, 그리고 자생적으로 착근된 장소에서의 소외라는 공간의 논리를 절묘히 그려내었다. 투쟁의 논리로서의 공간은, 대안지리학에서도 특히 중요한 연구과제이다. 필자가 최근 학술지 *Localities* 2호(2012)에 투고한 "The Dialectics of Space Subsumption, Struggle in Space, and Position of Localities"라는 제목의 영문 논문은, 이러한 주제와 관련된 연구논문이다. 본서에서 다룬 공간포섭 이론이 한국의 사회지리학 및 경제지리학 연구는 물론 여러 분야에 걸친 민주화운동에도 기여할 수 있다면, 편저자에게는 이 이상 기쁜 일도 없을 것이다.

2013년 1월

미즈오카 후지오(水岡不二雄)

서문: 경제지리학의 새로운 전개

세계화의 모순

세계화는 이미 일상생활의 일부가 되었다. 많은 사람들이 세계화가 한층 넓은 경제적·사회적 활동범위, 그리고 평등을 가져온 것으로 믿고 있다. 하지만 그런 한편으로, 세계화로 인해 세계의 여러 장소와 지역들이 독자성을 상실하게 되었다는 지적도 있다. 이러한 문제점으로 인해 세계화에 저항하는 움직임도 일어나게 되었다. 이같은 상황 속에서, 우리는 세계화를 어떻게 받아들여야 할 것인가?

우리는 시장경제 속에서 살아가고 있다. 신고전주의 경제학에서 지향하는 세계를 규제 완화라는 방법을 통해 실현하는 것을 목적으로 하는 신보수주의(neo-liberalism)라는 사상적 토대 위에서, 시장경제는 세계 경제에 지속적으로 침투해가고 있다. 오늘날의 세계화는 신보수주의적인 세계화인 것이다.

신보수주의라는 틀 속에서, 세계화는 평등을 제대로 실현해갈 수 있을까?

사실, 신보수주의에 기초한 세계화는 흥미로운 모순을 내포하고 있다. 이는 세계화가 진전되면 진전될수록 세계 각 지역이 가진 다양성과 이질적인 측면이 증가한다는 모순을 일컫는다. 이같은 패러독스를 이해하지 않고서는, 현대 시장경제에 입각한 세계화에 대해서 논의할 수 없다.

이처럼 이해하기 어려운 패러독스를 가장 잘 설명할 수 있는 것은, 여기서 새로이 소개하는 학문분야인 경제지리학과 사회지리학이다. 이 분야에서는 경제학과 사회학에 '공간'의 개념을 도입하여, 경제와 사회가 새로운 공간을 창출하는 과정, 그리고 그 결과에 의해 생성되는 구조를 통합적으로 다루게 된다. 이렇게 해서 경제적 · 사회적으로 나타나는 '공간의 편성'을 법칙 정립적으로 규명하기 위한 시도를 하게 된다. 이와 같은 경제지리학과 사회지리학이라는 학문분야는, 특히 최근 들어 영어권 국가들을 중심으로 크게 발전해왔다.

생활 속의 지리

'지리'라는 용어를 들었을 때 독자들이 머릿속에 떠올리게 되는 것은, 아마도 초 · 중 · 고등학교에서 배웠던 지리 과목일 것이다. 지리 시간에는 국내 및 세계 각지의 여러 지역과 그곳에서 생산되는 특산물에 대해서 알아보았을 것이다. 그리고 이러한 지역들과 특산물들이 교통망에 의해서 어떠한 형태로 연결되는가에 대해서도 공부했을 것이다.

현대 사회에서의 일상생활은 지리와 밀접한 관계를 가진다. 도시에서의 생활, 등산, 국토 개발 등에 있어 지도는 필수불가결한 요소이다. 자동차를 운전하는 경우만 보더라도, 네비게이션은 많은 도움을 준다. 네비게이션이란 지구상의 모든 공간을 하나의 좌표축에 위치시켜놓은 시스템인 GPS(위성위치확인시스템)에 기반한 장치이다. 기업입지에 관한 의사결정에 있어서는 GIS(지리정보시스템)라는 소프트웨어가 흔히 사용된다. 일상적으로 나누는 대화 속을 들여다보아도, 우리는 '지리'라는 단어를 심심찮게 쓰고 있다. '나는 서울 지리에 밝아'라고 이야기하는 것은, 서울 시내의 거리명과 가로망을 숙지하고 있어 어디를 가더라도 헤메지 않고 제때 도착할 수 있다는 것을 의미한다.

이처럼 우리는 일상생활의 다양한 국면 속에서 '지리'라는 단어를 접하면서 살아간다. 이것을 분석해 보면 공통분모를 하나 포착할 수 있다. '지리'라는 단어가 경제와 사회현상이 실제로 일어나는 공간에 대한 표현으로 사용되고 있다는 점이 바로 그것이다.

학교 지리 시간에 백지도나 지도책을 활용한 수업은, 지구상의 공간이 어떤 형태로 구성되어 있는가를 학생들의 머릿속에 각인시키는 한편 공간의 좌표축을 아이들의 머릿속에 그려넣는 작업이다. 이같은 활동의 결과로, 학교를 졸업하고 나면 읽고쓰기나 계산을 할 수 있게 되는 것과 다찬가지로, 어떠한 지명을 보거나 듣게 되면 그것을 자신의 머릿속에 있는 좌표평면에 위치시킴으로써 그것이 갖는 공간적 관계를 이해할 수 있게 되는 것이다.

오늘날의 경제지리학 및 사회지리학 연구에서 가장 중요하게 다루어지는 핵심어는 바로 '공간'이다. 이는 일상생활 속에서도 찾아볼 수 있는 '공간' 개념을, 경제·사회와 결부시켜 보다 체계적으로 규명하는 데 목적을 둔 학문이다. 이것이 바로 경제지리학 그리고 사회지리학인 것이다.

'공간' 개념의 중요성

본서『경제·사회지리학』*은 이와 같은 경제지리학·사회지리학의 세계적인 연구동향을 기초로, 이러한 새로운 동향과의 밀접히 연계를 통해 지리학을 더욱 발전시키고자 하는 뜻을 가진 지리학자들 간의 상호 협력을 통해 집필되었다. 이 책은 공간의 편성에 관한 이론체계를 지리학 입문자들도 이해할 수 있을 만큼 쉽게 설명하고, 세계화의 패러독스에 대하여 독자들이 한층 깊이있는 이해를 할 수 있도록 하는 데 주안점을 두었다.

---

* 여기서 언급한 책 제목은 원서의 제목이다. 하지만 역자는 이 책을 번역하면서 이같은 원서의 제목을 그대로 직역할 경우, 글로벌리즘과 로컬리티의 경제와 사회를 아우르는 이 책의 진정한 의미가 국내 독자들게 충분히 전달되기 어려운 측면이 있을 것으로 판단하였다. 이에 한국어판 번역본 제목은 원서 제목을 '세계화와 로컬리티의 경제와 사회'라는 제목으로 번역 출간하였음을 밝혀 둔다.

본서는 애초 '경제지리학의 기초'라는 제목으로 기획되었다. 하지만 경제와 사회를 '공간'이라는 지리학적 개념체계를 통해 포괄적으로 재인식하고 신보수주의의 패러다임에서의 세계화가 가진 패러독스를 밝히려면, 본서의 내용이 오늘날의 지리학계가 여전히 고수하고 있는 '경제지리학'이라는 타이틀 하에서 산업분포의 현상기술을 중심으로 하는 기존의 연구방향을 답습하는 수준에 머물러서는 안 될 것이다. 이러한 점에서 본서의 내용이 독자들에게 제대로 전달될 수 있도록, 『경제·사회지리학』이라는 제목을 정하게 되었다.

본서의 구성

본서는 서장을 포함해서 총 12장으로 이루어져 있다.

서장에서는 이미 우리들의 삶 그 자체로 다가온 현상인 세계화에 대해서 되짚어 보기 위해, 현대인이 옛날 사람들에 비해 어느 정도로 세계화되었는가에 대한 문제를 제기하였다. 그리고 신보수주의의 토대 위에서 세계화와 지역화 간의 관계에 대해서, 학생들의 의견과 1999년말에 개최된 WTO 회담에 관한 주장을 소재로 검토해보았다.

여기에 입각해서 본문은 '이론을 다루는 장'과 '현실에 입각한 이론의 구체적 전개를 다룬 장'을 샌드위치 형태로 포개어 구성하고, 이를 통해 독자들이 이 책에서 다루고 있는 경제지리학 및 사회지리학의 이론을 쉽게 이해할 수 있도록 구성하였다.

먼저, 1장과 2장에서는 공간의 개념 및 공간의 경제·사회로의 포섭에 관한 기본적인 이론을 다루었다. 1장에서는 공간이 원초적으로 가지는 '절대적 공간'과 '상대적 공간'의 양대 속성과 공간의 경제·사회로의 포섭이라는 개념을 다루었다. 2장에서는 절대적 공간과 상대적 공간이 가지는 경제·사회적 함의와 그것이 경제·사회에 포섭되는 경우에 발생하는 긍정적·부정적인 상황에 대해서 설명하고, '공간의 생산'이 갖는 2대 요소인 '세계화'와 '공간통합'이라는 개념을 도출해냈다.

이어지는 3장과 4장에서는 이같은 이론을 구체적 맥락 속에서 살펴보았다. 3장에서는 '절대적 공간'과 관련된 세계적인 차원에서의 영역성의 생산에 대해서 설명하고, 세계화가 전 세계적인 국경의 소멸과 그에 따른 지구 전체의 등질화가 아니라, 국가 및 그와 유사한 영역의 세계적인 중층위계로의 생산이 야기되는 문제에 대한 논의를 진행하였다. 4장에서는 '상대적 공간'과 관련된 공간이 '등질공간'과 '결절공간'이라는 2개의 공간으로 편성될 가능성을 가진다는 점 그리고 전 세계적인 교통·통신 네트워크의 발달로 인한 세계적인 공간편성이 등질화가 아닌 불평등한 결절공간의 생산으로 이어지는 과정에 대해서 설명하였다.

5장과 6장은 1, 2장에 이어 두 번째로 나오는 '이론을 다루는 장'이다. 5장에서는 절대적 공간과 상대적 공간을 통합한 '관련적 공간'의 개념에 대해서 논의하고, 상대적 공간이 '연속성'과 '분절'이라는 새로운 이원성을 생산하는 것과 그 실질적 포섭을 위한 '영역통합'과 '토지이용조정'이라는 두 가지 과정이 일어나는 것을 설명하고 있다. 이어지는 6장에서는 관련적 공간이 지표에 물리적 환경으로 발현된 것을 의미하는 '건조환경(建造環境)'과 그것이 인간의 심리에 반영된 '심상지리'의 개념을 제시하고, 건조환경이 갖는 여러 성격들을 설명하였다.

7장부터 10장까지는 5장과 6장에서 제시한 관련적 공간과 건조환경의 개념 및 논리에 기초하여 보다 현실적인 차원에서 국토공간 및 도시공간의 생산, 그리고 산업집적에 의한 생산의 역사와 논리에 대해 접근하였다. 그리고 5장과 6장에서 충분히 다루지 못한 개념의 일부도 함께 설명하였다.

그 중에서 7장은 '건조환경'을 다루고 있다. 여기서는 주로 일본의 사례를 들었으며, 메이지 유신기부터 버블 붕괴에 이르는 시기까지 건조환경의 생산에 대한 역사를 전반적으로 서술하고 있다. 8장에서는 이러한 건조환경 중에서도 근년 들어 특히 전 세계적인 공간 시스템에 현저하게 나타나고 있는 산업집적 현상에 초점을 맞추었다. 이를 토대로 생산과정의 '수직적 해체'라든가 공간을 아우르는 '연결성(linkage)' 등을 핵심 개념으로 삼아 산업집적 성립의 메커니즘을 설명하면서, 도시의 개념에 대해 접근하였다.

9장에서는 5~8장에 걸쳐 진행된 논리를 총괄하면서, 현대 사회에서 일어나는 전 세계적인 스케일의 '영역통합'이 가지는 전체적인 양상을 제시하였다. 생각의 틀을 마련한다는 취지에서 제품주기이론과 신국제분업이론을 도입부에서 다루었고, 전 세계적인 스케일의 경제·사회가 다국적자본의 '보이는 손'에 의해 세계도시를 핵으로 한 위계적 체계로 성립하는 과정을 설명하였다. 동시에 이러한 위계적 체계에서 소외된 최빈개도국에서는 자본주의와는 근본적으로 상이한 가치관을 토대로 미국·유럽 중심의 세계화에 저항하는 움직임이 일어나는 등, 21세기의 새로운 사회운동이 처한 현실에 대해서도 논의하였다.

10장에서는 오사카라는 도시공간을 배경으로 '토지이용조정'[1] 제도를 구체적으로 묘사했다. 자본주의의 역사적 전개에 따른 시기별 도시공간의 특징적인 형태를 단계적으로 추적해가면서, 세계도시 내부에서의 사회운동에 관한 전략과 전술에 대하여 설명하였다.

11장은 본서 전체의 총괄이라 할 수 있으며, 본서에서 진행된 논의 전체에 입각한 운동의 방향성을 시사하고 있다. 여기서는 '세계적 스케일에서 생각하고 행동하기, 지역적 스케일에서 생각하고 행동하기'라는 명제로 요약할 수 있는 새로운 주체적 입장을 제시하고 있다.

이상과 같은 구성에 토대한 본서를 읽는 방법을, 바쁜 독자들을 위한 선

---

1) 일본의 토지제도 가운데 하나. 현(縣: 우리나라의 도에 상응하는 일본의 지방자치 단위) 차원의 광역 토지이용관리와 광역정부의 자치권한에 관한 법규(역주).

택지로 제시해보고자 한다. 경제지리학·사회지리학의 이론체계를 개관하고자 하는 독자들이라면, 1, 2, 5, 6, 9, 11장을 읽는 것이 좋다. 반대로 경제지리학과 사회지리학으로부터 세계화가 진행되고 있는 현대 사회와 경제의 구체적인 양상을 어떻게 설명할 수 있을까 하는 문제를 먼저 알고 싶어하는 독자들이라면 3, 4장과 7, 8, 10장부터 읽어나가는 방법도 괜찮다. 단, 본서는 전체적인 체계 속에서 내용을 전개하고 있는 만큼, 서장에서 11장까지 차분히 통독하는 것이야말로 본서가 의도한 논지를 가장 정확히 파악할 수 있는 방법이 될 것이다.

그리고 출발 전에 한마디 당부한다. 아직도 감옥에서 벗어나지 못하고 있는가? 지금부터 떠나려 하는 지적 탐험의 목적은, 독자 여러분을 오랫동안 옭아매고 있던 사회에 대한 고리타분한 시각이라는 감옥에서 벗어나게 해주는 것이다. '일상생활 속에서 강연시되는 것'을 바꾸는 것이 중요하다는 사실을 명심해주었으면 한다.

그럼, 공간으로부터 경제와 사회를 읽어내기 위한 탐험을 떠나 보자. 짜릿한 미지의 세계를 향해!

이 책을 읽기에 앞서

■ 본서의 특징: 본서는 경제지리학과 사회지리학을 공부하고자 하는 대학 학부생, 세계화와 관련된 현대 세계의 정세에 대한 이해를 한층 깊게 하고자 하는 직장인, 지리교과(사회과)를 담당하고 있는 중·고등학교 교사, 이 분야에 대해서 더 깊이 공부하고 싶은 고등학생 등을 주된 독자층으로 삼고 있는 지리학 입문서이다. 공간편성과 공간집적에 관한 새로운 이론적 성과를 지리학 입문자들도 알기 쉽게 제시하고, 국토·도시개발의 역사, 사이버 공간과 국제분업, 그리고 9·11 사태 이후의 세계정세 등의 현실을 '공간'의 관점에서 어떻게 밝혀나갈 것인가를 구체적으로 설명하고 있다.

■ 이 장에서 배울 내용: 각 장의 첫머리 부분에 있는 '이 장에서 배울 내용'에는 그 장이 본서 전체에서 어떤 위치를 점하고 있는지, 그리고 그 장의 목표는 무엇인지가 제시되어 있다.

■ 상호참조내용의 유기적 이해를 돕기 위하여, 본문 곳곳에 (☞해당 페이지) 형태로 상호참조(cross reference)를 표기해두었다. 본서의 장 구성을 날실로 본다면, 상호참조는 씨실에 해당한다. 상호참조를 활용하면 어떤 항목이 본서의 다양한 논리적 체계 속에서 어떤 식으로 상이하게 다루어지는가를 쉽게 이해할 수 있다. 그리고 각 항목과 본서의 논리구성 두 가지 모두 한

층 깊이있게 이해할 수 있을 것이다.

■ 과제: 각 장의 절 마지막 부분에는 그 내용과 관련된 '과제'가 있다. 내용 이해를 정리하고 제고할 수 있도록, 반드시 도전해보기 바란다. 자기주도적인 학습을 한다거나, 세미나 주제로 삼거나 하는 데 특히 적합할 것이다.

■ 칼럼: 각 장 말미 부분에 한두편의 '칼럼'을 수록하였다. 본문에 관련된 논점과 사례를 한층 깊이 해설해두어, 본문의 이해에 도움이 되는 정보를 얻을 수 있도록 하였다.

■ 용어해설: 본서에 등장하는 용어들 중 유히가쿠(有裴閣) 출판사에서 발행한 『경제사전』 제4판에 수록되어 있지 않은 내용을 중심으로, 사전 형태의 해설을 수록한 용어집을 첨부하였다. 해당되는 용어들은 본문에는 *표시를 해두었다. 용어의 정의를 정확하게 파악해가면서 본서를 읽어 가기 바란다.

※ 역자칼럼: 이 책은 일본의 경제지리학자들이 쓴 책이다. 역자의 입장에서 이 책의 내용을 국내 실정과 접목시켜 생각하고 읽을 수 있다면 독자 여러분께 더 많은 도움을 드릴수 있겠다는 생각을 하게 되었다. 이에 6장, 7장, 9장, 10장, 11장 말미에 한국공간환경학회 교육위원회의 도움을 받아 역자 칼럼을 첨부하였다.

차례

오늘날의 세계는 세계화의 과정에 있는가?

시애틀 WTO 각료회의에 반대하며 도로에 앉아 시위하는 시위대의 모습

"세계 경제에서의 효용수준은 비교우위에 기초한 완전자유무역을 토대로 할 때 최대화되기 때문에, 관세와 같이 비효율을 야기하여 효용수준의 상승을 가로막는 자유무역에 대한 장벽들은 모두 제거되어야만 한다."— WTO의 이론적 기반을 제공하는 글로벌리즘적 관점으로, 이는 확고한 신고전주의적 신념에 기초한 것이다. 여기에 대해 'The WTO stinks(WTO의 악취를 맡아서는 안돼)'라는 구호를 외치며 반대하는 사람들은 어떤 논리에 기초해서 그런 입장을 취하는 것일까? 글로벌리즘 자체가 절대 용인되어서는 안된다는 것인가? (사진제공: 교도통신사[共同通信社])

이 장에서 배울 내용

글로벌리즘과 세계화란 무엇인가? 이 장에서는 오늘날 너무나도 당연스러운 것처럼 여겨지는 이들 용어의 의미에 대해서 먼저 살펴보도록 하겠다. 이를 통해서, 세계화는 분명 진행 중이지만 그렇다고 해서 '지리의 종언'이 현실화된 것은 아니며, 글로벌리즘으로 인해 로컬리티의 의미가 사라진 것도 아닐뿐더러 로컬리티를 강조하는 것이 글로벌리즘의 문제에 대한 외면도 아니라는 점을 분명히 확인할 수 있을 것이다.

동시에, 글로벌과 로컬 간의 관계에 관한 지금까지의 관점들을 정리해보자. 시애틀 WTO 각료회의에 대한 언론사 간의 상충하는 논조, 그리고 원시인들의 활동범위를 예로 들면서 이에 대해 구체적으로 접근해보겠다.

이를 통해서 '공간'이라는 개념의 중요성, 그리고 글로벌리즘의 존재양식 자체를 변화시키기 위한 대안적인 전략을 도출할 수 있을 것이다. 이는 본서를 읽어나가는 데 있어 무엇보다 중요한 관점이라고 할 수 있다.

1. 세계(global)의 이미지, 지역(local)의 이미지

'세계화'라는 용어는 이미 일상 속에서 익숙한 단어로 자리매김하고 있다. 이 단어는 매일 같이 귓가에 들려온다.

집 근처의 수퍼나 마트에 가서 상품 진열대를 살펴보자. 오늘 아침 밥상에 무슨 메뉴가 올라왔는지 생각해보자. 진열대와 밥상에 올라온 음식물은 어디서 생산되었을까? 마우스 클릭 한 번으로 수만km나 떨어진 웹사이트에 바로 접속할 수 있다. 해외 배낭여행을 갈 때 저가항공사를 이용할 수도 있고, 워킹 홀리데이 참여를 통해 현지에서 일을 해볼 수도 있다. 금융인 오브라이언(R. O'Brien)은 '지리의 종언'이라는 부제가 붙은 저서에서, 세계는 금융을 매개로 통합되며 지리적 위치는 머지않아 무의미해질 것이라고 예측한 바 있다(O'Brien, 1992).

이러한 사례들이 보여주듯이, 세계화에 대한 시각과 관점은 정도의 차이가 있기는 하지만 누구나 갖고 있다고 할 수 있겠다.

세계화의 이미지

세계화란 무엇인가? 2000년 봄에 〈경제지리학〉 과목을 이수한 히토쓰바시대학교 재학생들에게, 이러한 질문을 해보았다.

학생들 각자가 응답한 세계화의 이미지를 아래에 열거해보도록 하겠다.

① 세계화란 '국경이 없어지는' 것으로, 모든 면에서 경계가 허물어져 생산

활동이 '국가의 울타리'를 넘어 이루어지게 되는 것입니다.

② 세계화란 사람과 물자가 바깥을 향해 개방되는 동시에 바깥으로부터 유입되기도 하는 개방적 시스템이 현실화되는 것입니다.

③ 세계화란 시 단위에서 도[1] 단위로, 국가 단위에서 세계 단위로 나아가는 것과 같이, 어떤 특정한 공간적 범위라는 장벽을 넘어 다수의 지역이 통합되는 것과 같은 양상으로 공간 스케일의 확장이 일어나는 것입니다.

④ 세계화란 시간이라는 측면에서 바라보았을 때 지구가 줄어드는 것입니다. 오늘날 비행기 등 교통수단의 발달에 의해, 지구상에 위치한 여러 지역들을 짧은 시간 내에 손쉽게 오갈 수 있게 되었습니다. IT혁명으로 인해 전 세계적으로 동일한 운영체제와 소프트웨어가 보급되어, 인터넷을 통해 해외의 정보를 실시간으로 획득하고 서로 모르는 사람들과도 교제하고 의사소통할 수 있게 되었고, 클릭 한 번으로 다른 나라와도 전자상거래를 할 수 있게 되었습니다.

⑤ 세계화란 여러 개의 지역 공동체들이 교류하게 되면서 그 독자성이 희박해지고, 장소에 의한 불평등성이 사라지며, 전 세계적인 규모의 동질성이 일어나는 것을 의미합니다.

⑥ 세계화에 의해 지역 간의 이동이 빈번해지면서, 자기의 가치관이나 취미가 어떤 특정한 지역에 귀속되지 않는다는 의미의 '글로벌'이라는 개념이 생겨나게 되는 것 같습니다.

⑦ 세계화란 '글로벌 스탠더드'라는 용어가 상징하는 것처럼, 전 세계가 보편적인 가치기준과 개념에 의해 통일되는 움직임이라고 생각합니다. 이를 통해서 전 세계에 균질화된 재화가 제공됩니다.

⑧ 세계화란 시장 시스템이 세계 각지로 확대되고, 지역경제가 통합되어

---

1) 원문에는 일본의 행정단위인 '현(縣)'으로 표기되어 있지만, 여기서는 현에 해당하는 국내 행정단위인 '도'로 번역함(역주).

세계가 단일 시장으로 형성되는 것입니다. 합리적 경영전략이 전 세계에 보급되고 각국과 지역사회는 경쟁 속에서 이러한 전략을 받아들이면서, 세계경제에서 치열한 자유경쟁이 일어나고 있습니다.

⑨ 세계화란 인권, 민주주의, 환경문제 등 전 지구적 규모에서 접근해야 할 필요성이 있는 문제가 증가하는 것입니다.

어떤 이미지든 제각각 세계화의 한 단면을 잘 포착하고 있다. 이들 이미지를 다음과 같이 정리할 수 있다.

(1) 세계화란 세계 각지가 개방되면서 균질성과 보편성을 띄게 되는 것이다.

(2) 이러한 개방과 균질화를 초래하는 사회적 조건은 국경이라는 장벽의 소멸이며, 물리적인 조건은 교통·통신수단의 발달이다.

(3) 교통·통신수단에 의해 세계시장이 연속적으로 통합되어 지구가 '줄어들'고, 지구 규모에서 시장경쟁이 일어난다.

(4) 그 대척점에 있는 인권이나 환경문제와 같은 것 또한 세계적인 보편성이라는 측면에서 강조된다.

세계화 시대에 강조되는 지역(local)[2]

하지만, 의문점이 있다. 세계화가 이처럼 강조되는 한편으로, 로컬이라는 세계화의 대척점 역시 최근 들어 점점 강조되고 있다.

해외여행을 나가 보면 곧잘 세계화의 이미지에 어울리지 않는 '무언가'를 느끼게 된다. 우선 여행가기 전에 여권을 취득해두고, 공항에서 출국심사관에게 그것을 제시해야 한다. 행선국에 따라서는 비자(사증)라는 입국허가증을 추

---

2) 원문에 표기된 'ローカル(local)'이라는 용어는 기본적으로 '로컬'이라고 번역하되, 문맥에 따라서는 '지역', '지역(로컬)', '로컬(국지)'등으로 표기하기도 하였음을 밝혀둔다(역주).

가로 요구하는 경우도 있다. 관광여행으로 단기체류하는 경우라면 비자를 필요로 하지 않더라도, 유학이나 해위취업 등의 경우에는 비자를 요구하는 나라가 많다. 정당하게 발급받은 비자가 없으면 입국은 당연히 거부당한다.

독자 여러분은 신문이나 TV에서 '외국인 노동자'의 이야기를 접한 적이 있을 것이다. 그 중에는 취업에 필요한 비자를 발급받지 못해 '불법체류' 노동자 신세로 전락한 사람들의 사연도 포함되어 있다. 그 중 대다수는 육체노동자들이다. 불법체류 사실이 발각되면 강제출국당한다.

방문국에 도착하면 입국심사와 세관이 기다리고 있다. 사람 뿐만 아니라 그 나라에 도착한 물품들도 국경에서 관세를 물고, 때에 따라서는 금수조치가 이루어지기도 한다. 세관을 통과하면 이번에는 은행에 가서 방문국 화폐로 환전해야 한다.

이처럼 현대사회가 세계화된 사회라고는 하지만, 국가는 여전히 일정한 경계에 의해 외부와 구분되는 범위 안에서 정치, 사회, 경제의 단위로 존재한다. 최근의 전 세계적인 경쟁 속에서 각국이 경쟁 승리를 위한 전략이라는 측면에서 자국의 영역성에 대한 자유를 최대한으로 추구하게 되는 것이, 각국의 독립성을 오히려 강화하는 결과로 이어지기도 한다.

지역(local)의 이미지

얄궂게도 세계화가 지속되고 있는 오늘날의 세계에서 '로컬' 역시 그 영향력이 갈수록 강해지는듯 하다. 이러한 점에 착안하여 이번에는 히토쓰바시 대학생들을 대상으로, 로컬의 이미지를 글로벌과의 관계라는 측면에서 질문해보았다.

① 인터넷 보급이 확산되어도 사람이 이동하고 사물을 운송하는 데 소요되는 비용과 시간이 소멸하지는 않습니다. 따라서 세계가 완전한 '글로벌'로

통합되지도 않습니다. 사투리와 같은 로컬의 요소는 여전히 존재합다.

② 로컬은 개개인의 생활과 직결된 일상과 가까운 장소입니다. 이것은 그 지역 특유의 토지, 환경, 문화를 포함하며, 국지적인 정보가 큰 비중을 차지합니다.

③ 로컬이란 각 국가와 지역이 가진 정치, 경제, 문화 등과 관련된 개성입니다. 로컬의 특색은 경제활동의 차이를 유발하기 때문에, 세계화는 로컬을 상대화시켜 부각되게 만들고, 이는 오히려 로컬에 대한 인식을 강화시킵니다.

④ 공간 스케일을 축소하고 경계를 설정해 놓은 것이 로컬입니다. 어떤 한 지역이 타지역과의 경제·사회적 관계를 맺는 데 있어 지역 내에서 관계에 비해 어려움이나 부자연스러움이 따르게 된다면, 이런 상황을 로컬이라고 할 수 있습니다.

⑤ 상품, 주민들의 기호, 시장의 특이성 등은 로컬이 가진 문화와 관계가 깊으며, 다른 지역이 가진 로컬의 요소가 받아들여지지 않는 경우도 있습니다.

⑥ 로컬이란 국지적 시장을 형성하고 지역 내에서의 경제시스템을 통일화하여 경제활동을 효율화하며, 다른 지역의 산업에 대한 비교우위를 확보할 수 있게 하고, 경쟁력을 강화시키는 곳입니다. 오늘날에는 전 세계적인 경쟁이 이루어지고 있는 만큼, 자기만의 확고한 정체성을 확립하지 못하면 글로벌의 무대에서도 로컬의 무대에서도 생존할 수 없습니다.

⑦ 전 세계적인 경제적 효율성을 추구하는 무역활동으로 인해, 열대림 남벌에서 볼 수 있는 것처럼 국지적인 지역에서 환경파괴가 일어나기도 합니다.

⑧ 전 세계적인 경쟁으로 인해 약육강식의 체제가 모습을 드러내고 있습니다. 세계화에 따른 이익은 중앙 또는 선진국이라고 불리는 지역에서 가져가고 있는 실정입니다. 인터넷은 세계화의 상징이라고 불리기도 하

지만, 인터넷 보급에 사용되는 언어 역시 세계를 지배하고 있는 특정 지역의 국가들(미국이나 영국 등)이 사용하는 영어입니다. 강대국(미국 등)이 주장하는 기준(예를 들면, 유전자 조작 식품의 승인)이 전 세계적인 무역자유화를 토대로 강요된다면, 약소국들은 여기에 따라갈 수밖에 없을 것입니다.

⑨ 가난한 지역에 있는 국가들은 세계화에 필요한 자원과 기술에서 점점 소외받고 있습니다. 컴퓨터 보급률이 낮은 개발도상국들이 자꾸만 발전에서 뒤처지게 되는 것이 그 사례입니다.

⑩ 로컬이란, 글로벌 사회와 자주적, 능동적, 적극적으로 상호작용하는 존재입니다. 초강대국의 가치관이 강요되는 현실에 대한 지역(로컬) 기반의 대안적 운동이 이루어지지 않는다면, 세계화가 몰고올 환경파괴 등의 문제가 해결되기를 기대하기는 어려울 것입니다.

⑪ 국지적(로컬)인 지역의 산업을 글로벌 경제의 영향으로부터 보호하기 위해서는, 타 지역으로부터 산업 및 상품의 유입이나 수입을 규제할 필요가 있다고 생각됩니다.

⑫ 국지적(로컬)인 지역에 거주하는 소수의 선주민족들은 글로벌리즘 시대의 표준으로 자리매김하고 있는 서양인들의 생활양식을 도입하려 하고 있고, 전 세계를 자신들의 생활공간으로 여기는 서양인들은 국지적인 지역에 거주하는 소수의 선주민족들이 가진 생활양식을 지키려 하고 있다고 생각되기도 합니다.

⑬ 역전에 있는 맥도널드 가게에 가 보아도, 이것이 세계 어디서나 똑같은 맛을 내는 글로벌 문화를 상징하는 것이라는 생각은 그다지 들지 않습니다. 국지적인 재화와 전 세계적인 재화가 로컬 스케일에서 공존하면서, 고객들은 이같은 이미지를 갖게 됩니다. 전 세계적인 것이 토착화되다 보면, 어느새 로컬의 귀속물이 되는 것입니다.

로컬이란 무엇인가에 대한 여러 가지 의견이 나와 있다. 이와 같은 다양한 의견들을 다음과 같이 정리할 수 있다.

(1) 세계화가 진전되더라도 이동시간과 비용이 소멸하지는 않으며, 국지적(로컬)인 관계는 여전히 존재한다.

(2) 로컬이란 일상적인 생활(주거와 노동)이 이루어지는 장소이다.

(3) 좁은 범위 안에서 일상과 밀접한 사회적 교류가 이루어지기 때문에, 이곳에서는 생활습관이라든가 방언 등과 같은 해당 지역(로컬) 특유의 개성이 나타난다.

(4) 로컬이란 정해진 경계에 의해 분리된 장소이다.

(5) 로컬은 글로벌 경쟁의 단위가 된다.

(6) 글로벌 경쟁에서 (로컬에서의)국지적인 비교우위를 점하려는 시도를 해가는 과정에서, 자연파괴와 같은 문제가 발생한다.

(7) 글로벌 경쟁으로 인해 약육강식 사회가 되면서, 세계를 지배하는 미국과 영국의 기준이 전 세계적인 보편성을 갖게 되는 동시에 선진국과 개도국의 격차가 확대되고 있다.

(8) 여기에 대항해서, 로컬에 토대를 둔 미국, 영국 등 초강대국에 대한 반대운동이 요청되고 있다.

(9) 이를 위해서는 타지역으로부터의 수입을 규제하는 것과 같은 장벽을 설정하여 스스로를 단절시키는 전략이 효과적이다.

(10) 한편으로, 로컬은 한층 글로벌한 요소를 받아들여 토착화시키는 메커니즘도 갖고 있다.

여기에 열거해놓은 히토쓰바시 대학교 재학생들의 이미지들은, 그 자체만 놓고 보면 연관성 없는 생각들을 그저 모아놓은 것처럼 보일지도 모른다.

하지만 이와 같이 일견 서로 아무 관계없이 마구잡이로 흩어놓은 것처럼 보이는 생각들을 추려가다 보면, 하나의 일관된 질서와 논리를 가진 연결고리가 떠오른다. 이 논리를 파고들다 보면, 글로벌과 로컬이라는 대립되는 2개의 개념이 왜 오늘날의 경제와 사회에서 마주보듯 존재하는지 그 이유를 알게 될 것이다.

과제 1. 독자 여러분도 세계화란 무엇인가, 그리고 세계화의 맥락 속에서 로컬이 갖는 위상과 의미는 무언인가에 대해서 생각해본 적이 있을 것이다. 위에 열거한 이미지들 가운데 여러분이 생각하는 방향과 가장 가까운 것은 무엇인가? 여러분이 지금까지 마음속에 갖고 있던 '세계화'와 '로컬'의 이미지에 비추어 보았을 때, 의외라고 생각되는 내용은 없는가?

과제 2. 앞에서 다루었던 '글로벌'과 '로컬'의 이미지 중에서, '공간'과 관계가 있다고 생각되는 요소들을 간추려 정리해보자. 이는 다음 장부터 이어질 내용을 공부하기 위한 중요한 준비작업이기도 하다.

2. 시애틀 WTO 각료회의

● 반대운동은 왜 일어났는가?

각국의 시장개방과 전 세계적인 자유무역의 추진을 목표로, 1999년 12월 미국 시애틀에서 WTO(World Trade Organization, 세계무역기구) 각료회의가 개최되었다. WTO는 1995년에 GATT를 대체하며 발족하였고, 자유무역의 세계적 확산을 위한 노력과 시도를 해나가가고 있다. 이 회의에 참가했던 135개국 가운데 80%는 개발도상국이었다. 코피 아난 UN 사무총장은 이 회의에서 "우리가 세계화는 실질적인 이익이 된다는 사실을 개도국들에게 설득하는 데 실패했을 때의 반작용은 감당하기 힘들 것이다. 이는 개도국에 있어서도 비극이 아닌가?"라는 내용의 연설을 하려고 했었다.

하지만 당시 시애틀에서는 주방위군이 출동할 정도의 대규모적인 반 WTO운동이 일어났었다. 다양한 시각과 배경을 가진 NGO 등이 특정 정당이나 집단으로 조직화되는 대신, 인터넷 등을 통해서 자연발생적으로 결집하였다. 아난 사무총장이 예정된 연설을 취소하는 것으로 그치지 않고 시애틀 각료회의 자체가 결렬 상태로 폐회되는 초유의 사태에 이르게 된 데에는, 이같은 반대운동이 중대한 요인으로 작용하였다는 배경이 자리잡고 있다.

WTO 각료회의의 쟁점

경제·사회의 세계화를 위한 시도는 좌절되려는 것이었나? 시애틀 각료회의의 대척점(뉴욕 타임즈, 1999년 12월 1일자, A14면 외)으로부터 생각해보자.

첫째, 미국철강노동자조합은 자유무역으로 인해 외국에서 저가로 생산된 수입 철강제품이 미국 시장에 몰려들게 되면서 미국 노동자들이 실업으로 내몰릴 우려가 있다고 주장하였다. 그리고 개도국들이 저임금, 열악한 노동환경, 아동노동 등과 같이 사회적 비용 삭감을 통한 생산비 절감, 또는 저임금이나 열악한 노동조건 등의 '매력'에 호소한 다국적기업의 공장 유치 등을 시도하는 일이 일어나지 않도록, 국제적인 노동기준의 제정을 요구하였다. 한편 개도국들은 국제적인 노동기준이 제정되면 노동에 관한 비교우위를 상실하게 되기 때문에, 이에 대해서 강하게 반발하였다. 파키스탄 대표는 "미국측의 이같은 제안이 채택된다면 우리들은 안건에 대해서 어떤 합의도 해줄 수 없다"라고 단언하였다.

둘째, 시에라클럽, 미국 전국야생동식물연맹(National Wildlife Federation) 등 미국 환경보호단체들은 해양동물(특히 바다거북)이 새우잡이 어선의 그물로부터 빠져나갈 수 있도록 탈출구를 설치한 어망 사용을 의무화하는 규제가 제대로 이루어지지 못하여 바다거북이 멸종위기에 처하게 될 것이라는 우려를 표명하였다. 이 때문에 자유무역의 기치 아래 미국측이 요구하고 있는 새우 무역 승인을 철회하고, 무역이 전 지구적인 환경에 미치는 영향을 고려할 것을 요구하였다.

셋째, 미국산 호르몬처리 쇠고기의 수입을 금지하고 있는 유럽연합측에 '호르몬처리 쇠고기의 위험성을 입증할 과학적 근거가 없다'라는 논거로 WTO가 수입 재개를 권유한 데 대해서, 미국 및 EU의 소비자단체들이 비난을 표명하였다. 이에 대해 미국 농민들은 호르몬처리 쇠고기를 수출하겠다는 의향을 강하게 내비쳤다.

넷째, 일본과 유럽연합은 농산물무역 자유화의 진전에 의해 비교우위가 없는 지역에서 농업생산이 쇠퇴하고 농촌의 환경과 사회가 파괴될 것이라고 주장하면서, WTO 각료선언문에 농업의 '다면적 기능'을 포함시킬 것을 요구하였다. 하지만 WTO는 이같은 인식에 대해 부정적이었으며, 최종안에 이러한 어구를 채택하지도 않았다.

다섯째, WTO를 전체적으로 살펴보면 폐쇄적인 의사결정 구조를 가진 비민주적 성격을 가지고 있고, 막강한 권력을 가진 중앙집권적인 조직인데다가 대기업의 이익에 초점을 맞추고 있어 소비자나 환경이 무시되고 있다는 비판이 일고 있다.

결론적으로 WTO 각료회의에서 미국을 필두로 한 각국은 겉으로는 세계화를 명분으로 내걸고 있기는 하지만, 그 속내를 살펴보면 자국의 이익을 도모하는 한편 경쟁에서 이기기 위한 우위성을 확보하려는 의도가 자리잡고 있다. 그러다 보니 회의가 결렬되는 것도 당연하다고 할 것이다. 세계화는 로컬 앞에 무릎꿇고 말 것인가?

언론지상에 표출된 2가지 상반된 논조

니혼게이자이신문과 뉴욕타임즈는 이러한 쟁점에 대한 대조적인 논평을 게재하였다.

WTO 각료회의 결렬

미국, 유럽, 일본의 현실안주적 태도와 이해관계가 얽혀
자유무역체제에 타격을 줄 듯…

마루야마 히로시(시애틀)

노조 등의 단체들이 주도한 시위와 이를 진압하기 위해 출동한 진압경찰 간에 충돌이 빚어지는 등 혼란의 와중에서 개막된 WTO 각료회의는, 차기 무역회담의 청사진을 마련하지도 못한채 막을 내렸다. 미국, 일본, 유럽연합 등의 주요국들이 자국의 국익 확보를 위해서 일단 다분히 내부지향적인 태도로 나오다보니, 협상이 쉽게 이루어지지 않았던 것이다. 자유무역화 진전에 불신감을 갖고 있는 개도국들에 대해 무역자유화의 이점을 제대로 전달하지 못했던 것도 실패의 원인으로 작용하였다.

보호무역주의의 그림자

"이러한 추세가 이어진다면 21세기 초엽의 보호무역주의는 글로벌 경제의 시대에 역행하게 될 것이다." 3일 바셰프스키 미국무역대표부 대표가 각료회의의 실패를 선언한 순간, 어수선한 회의장에 있던 통산성 간부는 이렇게 중얼거렸다. 각료회의에서는 주최국인 미국의 강력한 리더십이 부재하였다. 클린턴 행정부는 반덤핑제도 남용방지문제로 고립된 상황이었음에도 불구하고, 철강업계나 노동조합 등의 의향을 회의 성공여부 이상으로 중시하였다. 내년 11월 치러질 대통령선거의 영향으로, 미국은 다분히 내부지향적인 자세를 취했던 것이다.
일본도 현실안주적인 상황을 비판할 입장이 아니다. 쌀 수입 자유화를 중심으로 한 농업문제에 있어 '국익을 저해하면서까지 타협할 것은 없다'라며 다수의 농민단체 및 이와 관련된 참의원과 지자체 의원들이 현지로 향했다. 반덤핑 문제에 대한 미국과의 대결구도도 수출산업 업계로부터의 강한 요청이라는 배경이 있었을 것으로 짐작할 수 있다.

개도국의 발언권

하지만, 냉전 시대의 미국이 보여주었던 것과 같은 리더 역할이 부재했었다고는
해도, 주요국들만의 잔치로 끝났더라면 여지껏 그래왔던 것처럼 '애매해' 보이는
합의를 도출했을지도 모른다. 이번에 각료회의가 결렬로 끝나게 된 배경에는,
135개 가맹국 가운데 약 80%를 점하고 있는 개도국의 발언권이 강해져서 이해
관계가 한층 복잡해진 것도 영향을 주었다고 할 수 있다.

무역 및 노동기준 문제에 관한 비공식 회담이 3일 열렸다. 미국은 대폭 양보한
제안을 내놓긴 했지만, 개도국들로부터의 반대의 목소리가 받아들여진 것은 아
니었다. 반덤핑 문제에 대해서도 인도 등이 일본과 동조하여 미국과 대립하였
다. 클린턴 대통령이 오부치 게이조 총리에게 전화통화로 직접 협력을 요청했지
만, 일본 단독으로 양보할 수 있는 상황은 이미 아니었다.

설득을 위한 노력을 게을리하다

개도국들 사이에는 경제의 세계화로 인해 자국경제에 대한 주요국들의 지배력
이 강해져버렸다는 우려가 비등해 있다. 아시아 금융위기 등의 상흔도 여전히
크다. 가와노 요헤이 외상은 회담 결렬 후 가진 회견에서 '자유무역이 어디까지
개별 국가들에게 이익으로 다가갈 수 있을 것인가, 조금 더 중장기적인 시점으
로 바라봤으면 좋겠다'라고 언급하기도 했지만, 미국, 유럽연합, 일본 역시 개도
국 설득을 위한 노력을 충분히 하지 않았다고 평가된다. 후카야 다카시 일본 통
산상은 회의종료 후 '이번 회의에서는 누가 잘못했다는 이야기는 없었다'라고 이
야기했다. 이 발언은 회의 결렬의 책임을 어떤 국가에도 돌리지 않음으로써, 이
런저런 책임을 무마하려는 시도이기도 하다.

이후의 회의 진행에 대한 시나리오로는 ① 미국 대선 이후까지 냉각기간을 설정
하기 ② 내년에 최대한 서둘러 각료회의를 소집하기 ③ 2년 후의 예측치를 차기
각료회의로 이월시키기 등이 검토되었지만, 차기 미국 행정부의 대처 등을 고려
해 보면 2001년 연말쯤이 될 가능성이 높다.

무역회담의 실패는 이번이 처음은 아니다. 미국과 유럽의 무역협상 결렬이 초래
한 관세절상 경쟁이 대공황의 중요한 원인이 되었던 70여 년 전의 선례를 잊어
서는 안된다. 지도력이 부재한 자유무역체제는 보호무역주의나 블록경제의 대

두를 조장하여, 경제의 세계화에도 타격을 줄 것이다.

〈니혼게이자이신문, 1999년 12월 5일자 기사〉

규제를 요구하는 반WTO 시위대

시애틀에서는 반WTO시위 참가자들도 글로벌리스트!

나오미 클라인(런던)

세계무역기구 각료회의에 분노한 반WTO 시위 참가자들을 단순히 1960년대에 대한 향수를 가진 과격파들 정도로 치부해서는 안된다. 이들 과격파들은 단지 시대의 흐름에 한 걸음 뒤쳐진 사람들일 뿐으로, 자신들도 이미 세계화의 흐름에 영향을 받고 있으면서도 단지 맹목적으로 거부할 뿐이라는 비판은 뭔가 깊이 있는 것처럼 들리기도 한다. 마이크 무어 세계무역기구 사무총장은 이들 저항세력에 대해서, 국제주의에 대한 보호무역주의자들의 공격 개시에 지나지 않는다고 언급하였다.

하지만 현실을 살펴보면, 시애틀 시위 참가자들은 시애틀 호텔에 머무르고 있던 무역 관련 변호사들에 절대로 뒤지지 않을 정도로 세계화(물론 그와는 다른 종류의 세계화이지만)에 천착해 있었고, 또 깊은 수준의 이해를 하고 있었다. 시위 참가자들의 정치적 목표에 대한 위의 견해들은, 사실 오해라고 해야 할 것이다. 시애틀 시위는 인터넷상의 국가와 정부의 영향을 받지 않는 다양한 루트를 통해 일어나기 시작한 사회운동이라 할 수 있다. 탑다운식의 위계질서도 없고 외부에 알려진 리더도 없는 만큼, 향후의 진행에 대해서는 누구도 예측할 수 없다.

이러한 반대운동은 사실 기업에 대한 반대이지, 글로벌리즘에 대한 반대는 아니다. 반대운동의 뿌리는 나이키를 대상으로 한 저임금 착취노동에 대한(苦汗勞動) 반대운동, 나이지리아의 셸 오일에 초점을 맞춘 인권운동, 그리고 몬산토의 유전자조작 식품에 대한 유럽 지역의 반발로부터 찾을 수 있다.

거대한 다국적기업의 경우 노동, 인권, 환경문제와 같은 분쟁에 어떤 시점에서든 얼마든지 관여될 수 있다. 활동가들은 같은 대상을 공략하는 과정에서 결속을 강화하고 있다. 모르는 사이에 개별 회사들은 세계 경제의 축소판과 같은 상징이 되고, 활동가들은 세계무역기구의 비밀을 전 세계에 알릴 명분을 가진 창구를 제공하게 된다.

이것이야말로 세계가 지금까지 접하지 못했던, 가장 국제적인 마인드를 가지고 전 세계를 대상으로 하는 사회운동인 것이다. 우리 미국인들의 일자리를 빼앗아가는 멕시코인 노동자도 중국인 노동자들도, 이제는 외면할 만한 존재가 아니다. 왜냐하면 우선 멕시코나 중국 노동자들의 대표가 서방측의 활동가들과 동일한 메일링 리스트에 이름을 올리고 같은 회의에 참가하게 되기 때문이다. 시위 참가자들의 세계화의 폐단에 대한 성토의 대부분은 편협한 국가주의로의 회귀에 대한 요구가 아니다. 세계화의 경계를 확장하고, 무역제도의 민주적 개혁, 높은 임금, 노동자의 권익, 그리고 환경보호에 관한 사안들을 요구하고 있는 것이다.

이것이 이 젊은 시위 참가자들을 과거 60년대의 시위 참가자들과 구분짓는 기준이다. 우드스탁3) 시대에는 법률이나 교칙에 의해 행동하는 것을 거부하는 것 자체가 정치적 행위로 간주되었다. 오늘날 세계무역기구에 저항하는 사람들—무정부주의자를 자처하는 사람들을 포함해서—은 규칙과 권한의 불충분함에 분노하고 있다. 시위 참가자들은 각국 정부가 세계무역기구로부터의 간섭에서 벗어나 그들만의 권한을 자유롭게 행사할 것을 요구하는 한편, 노동기준, 환경보호, 과학연구의 원칙을 정하여 보다 엄격한 국제적 규제를 요구하고 있다.

클린턴 대통령으로부터 마이크로소프트의 빌 게이츠 회장에 이르기까지 누가 되었든 규칙 준수에 적극 동의한다는 주장을 내놓는 것은 당연한 일이다. 기묘하게도 오늘날의 규제완화 시대에 '규칙에 기반한 무역'이 주문과도 같이 회자되고 있는 것이다. 하지만 규제완화라는 것은 모름지기 규칙을 철폐하는 것이다. 세계무역기구는 규제완화의 기준을 정하고 실시하는 역할을 맡고 있는 만큼, 규칙을 철폐하기 위한 규칙에만 관심을 보이고 있다.

굉장히 아이러니컬하게도 세계무역기구는 노동자, 환경, 문화 등 무역의 영향을 주는 모든 것들로부터, 그리고 그 영향을 받는 모든 사람들로부터 무역을 분리시키려고 해왔다. 그런 까닭에, 어제 클린턴 대통령이 시위 참가자들과 WTO 각

---

3) 1969년 뉴욕 근교의 전원지구인 베델 평원에서 개최된 록 페스티벌을 말하는 것으로 정확한 명칭은 'The Woodstock music and art fair 1969'이며, 여기서는 1960년대 말기를 일컫는 표현으로 쓰임(역주).

료회의 대표들 간의 틈을 타협과 상담 등 조그만 노력을 통해 복구할 수 있다고 시사한 것은 판단 착오일 뿐이다.

대립과 투쟁은 세계화를 추구하는 사람들과 보호무역주의자들과의 사이에 있는 것이 아니라, 세계화에 대한 지극히 상이한 두 관점 사이에서 시작되었다. 그 중 한편은 최근 10년간 계속해서 독점적 지위를 지켜왔다. 그리고 또다른 한편은 이제 막 무대에 데뷔한 참이다.

〈뉴욕타임즈, 1999년 12월 2일자 기사〉

과제 3. 이 두 개의 대립되는 논조를 가진 논평을 읽고, 두 의견의 차이는 무엇인지 정리해보자. 그리고, 뉴욕 타임즈의 기사에서 언급된 '세계화에 대한 지극히 상이한 두 관점'이란 보다 구체적으로는 무엇을 의미하는가에 대해서 생각해보자.

3. 세계화에 대한 대립축은 어디에

세계화에 대한 2개의 대립축

앞서 살펴본 니혼게이자이신문과 뉴욕타임즈의 논평은, 글로벌과 로컬의 관계에 대한 두 가지의 흥미로운 대립축을 형성하고 있다.

니혼게이자이신문에서는 이러한 대립축을 WTO가 주장하는 **자유무역체제**와 각국의 보호무역주의의 대립구도로 설명하고 있다. 하지만 각국은 신보수주의의 토대 위에 서 있으면서도, 글로벌 비교우위를 강화하기 위한 경쟁전략의 일환을 보호무역에서 찾고 있다. 환경과 인권의 덤핑을 감행하면서도, 타국의 덤핑에 대해서는 거꾸로 관세장벽을 쌓는 것도 서슴지 않는다. 그 이면에는 자국 경제성장의 운명이 달린 전 세계적인 경쟁에서의 승리를 도모하려는 각국의 입장이 자리잡고 있다. 이렇게 생각해보면, 보호무역주의 자체가 이미 세계화에 대한 전략으로 자리매김하고 있다고 할 수도 있을 것이다(☞pp.160-61). '설득하기 위한 노력'만으로 이들 각국이 그같은 경쟁 전략을 포기하겠는가?

이와는 대조적으로, 뉴욕 타임즈는 WTO가 주장하는 시장주의의 글로벌리즘과는 다른 대안적(alternative) 글로벌리즘을 제안하였다. '대안적 글로벌리즘'이란 예컨대 전 세계에서 활약하고 있는 환경보호단체인 그린피스 운동에서 볼 수 있는 것처럼, 특정한 국가의 환경덤핑에 따른 오염물질 배출 공장의 유치에 반대하고 외화획득을 위한 산업폐기물 수입 등에 대한 전 세계적인 규제의 필요성을 주장하는 입장을 취하고 있다(☞pp.478-80). 아동노동의 전 세계적인 규제를 추구하는 등 '인권 덤핑'의 저지를 위한 움직임에서도 마찬가지 논리를 찾아볼 수 있다. 오늘날 다수의 NGO들은 이같은 '한층 엄격한 국제적 규제'의 세계화를 위한 운동에 나서고 있다.

WTO 시애틀 각료회의에 대한 이같은 2개의 신문기사를 대조적으로 살펴보면, 세계화에 대한 대립축은 '자유무역체제인가 보호무역체제인가'의 문제가 아닌, '어떠한 모습의 세계화를 추구할 것인가, 그리고 그 중에서 로컬은 어떠한 위치를 점하는가?'에 대한 것임을 알 수 있다.

베이징 원인의 세계화?

이러한 대립축은 또 다른 시선에서 바라볼 수 있다. 여기서는 타임머신을 타고 70만 년 전의 중국으로 떠나 베이징 원인을 만나보도록 하겠다.

베이징 원인은 도보 이외의 이동수단을 갖고 있지 않았다. 거리는 그들 사이를 벌려놓는 절대적인 지배자로 군림했었다. 하지만 그렇다고는 해도, 베이징 원인은 글로벌이 아닌 로컬적인 존재였다고 할 수 있겠는가?

분명 베이징 원인은 일생 동안 몇 번이나 세계 각지를 왔다갔다 하지는 못했다. 하지만 역사가 여명을 비추던 시기에 인류는 전 세계적으로 퍼져나가 지구 전체를 삶의 무대로 삼게 되었다. 초기 인류는 시베리아로부터 오늘날의 베링 해협에 해당하는 장소를 횡단하여 아메리카 대륙에 정주하였다. 인류학자들의 연구(葉山, 1999)에 따르면 초기 인류가 케냐로부터 베이징까지 이동하는 데에는 50~70년이 소요되었다고 한다. 50~70년이라고 하면 당시 인간의 수명을 훨씬 뛰어넘는 시간이었다. 하지만 그러한 이동은 여권도 비자도 필요로 하지 않았그, 입국심사 결과에 따라 입국거부를 당하지나 않을까 하는 걱정도 할 필요가 없는 것이었다. 초기 인류에 있어 '글로벌'이란 어느 누구의 간섭도 받지 않는 공간이었다.

하지만 오늘날 세계 어딘가에 있는 나라에서는 일반시민의 출국의 자유를 인정하지 않기 때문에, 한 평생 국경의 범위 안에 갇혀 있으면서 해외에 나갈 기회를 갖지 못하는 사람들도 많이 있다. 주변국들과 영토 분쟁을 겪고 있는 일본에서도 이와 관련돈 사례들을 찾아볼 수 있다. 예를 들면, 시레코토(知床) 반도를 바로 마주보고 있는 쿠나시르 섬[4]조차 러시아가 주장하는 '국경선'으로 분단되어 있어, 일반적인 일본인들은 발을 디디기조차 쉽지 않다.

초기 인류들이 잠재적으로 내 것처럼 여기고 있던 전 세계적인 공간 범위를 분단시킨 것은, 물리적인 거리뿐이었다. 하지만 오늘날 전 세계적인 공간 범위는 거리뿐만이 아니라 국경, 그리고 그 이외에 수많은 인공물들에 의해서도 분단되고 있다.

베이징 원인과 현대인, 도대체 어느 쪽이 글로벌한 인간이라고 할 수 있을까?

과제 4. 글로벌과 로컬의 정도에 더해서, 초기의 인류와 현대인을 비교해보자. 독자 여러분은 공간의 범위에 관하여 초기 인류와 현대인 가운데 어느쪽이 한측 만족스러워 할 것이라고 생각하는가? 공간에서의 거리에 대해서는 어느쪽이 만족스러워 할 것인가?

---

4) 쿠릴 열도에 속해 있는 섬으로 러시아와의 쿠릴 열도 분쟁과 관련된 지역(역주).

칼럼 1.

신보수주의

석유위기를 계기로 일어난 1970년대의 경제위기 이후, 케인즈주의적 유효수요정책을 비판하고 자유방임주의와 작은 정부를 표방하는 신자유주의(neo-liberalism)라는 경제학파가 출현하였다. 경제·사회의 여러 부분에 대한 공적개입이나 규제가 시장 메커니즘의 자유로운 움직임을 제약하게 되고 효율적인 자원분배와 가격형성을 저해하게 되므로, 규제완화와 민영화를 통한 산업자본주의의 자유경쟁으로 회귀하고 신고전주의 경제학이 표방한 경쟁적 균형이 현실 속에서 이루어질 수 있도록 해야 한다는 것이 이들의 주장이 가진 핵심적인 논의이다. 이 학파에 속한 경제학자들로는 사회주의를 비판한 하이에크(F. A. von Hayek)와 머니터리즘(통화공급량이 실제 경제에 영향을 준다고 보는 경제학적 관점)을 강조한 프리드먼(M. Friedman)이 있다.

그들의 이론은 미국의 레이건 행정부와 영국의 대처 행정부가 실시한 정책에 영향을 주었고, 이 두 나라에서는 복지정책이 재검토됨과 더불어 경쟁을 중시하는 시장주의가 침투하게 되었다. 1980년대 이후의 신자유주의적 정책은 미국과 영국 뿐만이 아니라 전 세계에 파급되고 있다. 국제경제에 있어서는 남반구 각국의 입장에서 남북문제의 해결을 목표로 하는 신 국제경제질서(New International Economic Order, NIEO)가 비판받음과 더불어, 국제통화기금(International Monetary Fund, IMF)과 세계은행(International Bank for Reconstruction and Development, IBRD)에서는 누적채무 문제에 대한 대안으로 시장원리에 기초한 구조조정계획(Structural Adjustment

Program, SAP)의 필요성을 제안하고 있다. 그 결과, 중남미 등지에서는 빈부의 격차가 한층 확대되고, 수입 인플레이션이 진행되고 있다. 본 장에서 다룬 WTO 각료회담에 대한 반대운동은 이같은 신자유주의적 정책을 세계 각지에 파급하려는 '세계화'에 대한 저항인 것이다.

'신자유주의'라는 용어에는 정치적·사회적 자유에 대한 함의는 없다. '신자유주의'에서의 자유란 자본과 시장서에의 무제한적인 경쟁을 의미하며 여기서 승리한 쪽이 가진 지배력을 행사하는 것으로, 시민의 정치적 자유라든가 민주주의와는 관계가 없다. 신자유주의는 시민이나 노동자들의 조직이 오랜 시간에 걸쳐 얻어낸 권리를 그와 같은 지배력에 매몰시키는 것을 수반한다는 점에서, 정치적으로는 말할 것도 없이 퇴행적 보수(neo-conservatism)의 입장에 서 있는 사상이다(☞pp.394-6).

neo-conservatism은 원래 미국에서 민주당 지지층이 본래부터 갖고 있던 급진주의에 대한 비판을 보수파가 차용하면서, 레이건 행정부를 지지한 지식인 집단의 주장에 대해 사용된 용어이다. 이러한 지식인 집단을 포함한 레이건 행정부의 지지자들은 작은 정부, 군비 확장, 반공주의 등을 주장했다는 점에 그 특징이 있으며, 일반적으로 뉴라이트(New Right)라고 불린다. 부시(G. Bush) 행정부의 아프가니스탄 침공도 이러한 군비확장의 흐름과 직결된다(☞칼럼 11). 즉, 정치적으로는 뉴라이트라고 불리는 신보수주의 세력에 해당되는 사람들이 경제적으로는 신자유주의를 표방하는 것이다. 'neo-liberalism'이라는 단어를 '신보수주의'라고 번역하면 뉴라이트와는 대립되는 개념처럼 보이겠지만, 실제로는 뉴라이트와 신자유주의는 궁합이 잘 맞는다. 이러한 점에 입각하여 본서에서는 neo-liberalism 및 New Right의 양자를 통틀어 '신보수주의'라고 번역하였다.

〈다카키 아키히코〉

참고문헌

Kline, N., 2001, 松島聖子 訳,『ブランドなんか, いらない──搾取で巨大化する大企業の
　　非情』, はまの出版.

葉山杉夫, 1999,『ヒトの誕生──2つの運動革命が生んだ〈奇跡の生物種〉』, PHP研究所.

O'brien, R. 1992. *Global Financial Integration: The End of Geography.* New York, NY:
　　Council on Foreign Relation Press.

1장

경제학이 망각해버린 공간

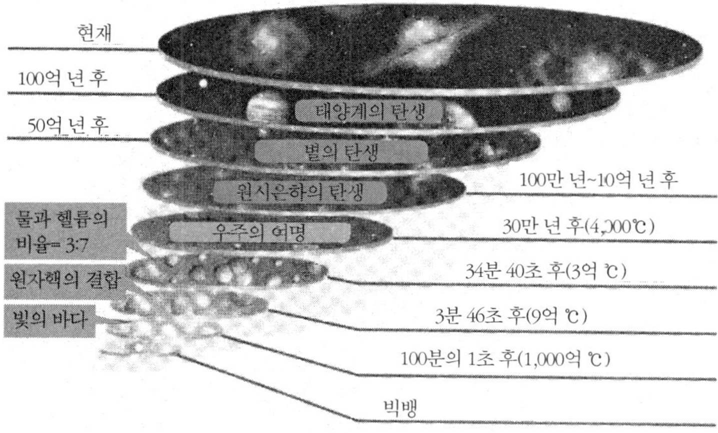

우주의 탄생과 원초적 공간의 행성

물리학자들은 '빅뱅'으로 불리는 우주공간의 탄생과정을 과학적으로 해명하여, 공간이 객관적 실재라는 사실을 밝혀냈다. 우주가 진화하는 과정에서 태양계, 그리고 그 세 번째 행성인 지구가 차례로 그 모습을 드러내고, 우리들이 활동하는 경제와 사회의 무대가 나타났다. 경제지리학과 사회지리학의 학습은 이러한 객관적 실재로써의 지구(globe), 즉 글로벌 물리 공간에서 출발한다. (그림: 일본 우주개발사업단 제공)

이 장에서 공부할 내용

경제학은 사회과학 중에서도 가장 체계적인 이론체계를 가진 분야라고 일컬어진다. 이러한 이론은 공간을 추상화한 개념인 '일점세계(一點世界)'를 전제로 할 때 성립한다.

세계화가 중요한 문제로 대두되기 시작했지만, 지금까지의 경제학은 이 '일점세계'라는 모델을 전 세계라는 무대에 그대로 외연을 확장하여 세계를 마치 하나의 균질적인 평면과도 같이 파악해왔다. 국제경제학은 '하나의 점'을 '두 개의 점'으로 숫자를 늘인 것일 뿐이다. 하지만 그것만 가지고 실제 경제를 제대로 설명하기는 어렵다. 이런 점에서 기존의 경제학은 사실 그 특유의 어떠한 '전제'를 깔고 있다고 할 수 있다.

이 장은 먼저 '공간'을 사상(捨象)해왔던 기존의 경제이론이 실제로는 어떤 기묘한 '공간'의 전제를 깔고 있었던가에 대한 이해에 초점을 맞추어 보았다. 그리고 그 대안으로 '공간'의 본질을 이해하고 편법이 아닌 정공법으로 '공간'을 사회과학에 올바르게 도입하여, 공간을 축으로 체계적인 이론을 전개하였다. 이 장을 읽으면서, 경제지리학과 사회지리학의 기본적인 관점에 대해서도 살펴보자.

서장에서 살펴보았던 WTO로 대표되는 신보수주의(neo-liberalism)의 세계화에 대한 관점 및 그에 반대하는 움직임을, WTO의 이념에도 내포되어 있는 경제의 글로벌 수렴(global convergence)이라는 핵심어를 축으로 되짚어 보자.

글로벌 수렴이란 이를테면 다음과 같은 논리를 일컫는다.

"규제완화나 민영화에 의한 시장경제의 전 세계적인 침투와 인터넷이나 국제항공노선에 의한 전 세계적인 규모의 공간통합은, 생산요소의 보다 자유로운 공간적 이동을 야기해왔다. 여기에 더해 국경에서의 경제장벽을 낮춘다면, 개별적인 경제주체들은 전 세계적인 무대를 오가며 자신들이 가진 비교우위를 발휘해 자기이익을 추구할 수 있게 된다. 이렇게 되면 미시경제학의 교과서 그 자체라 할 수 있는 시장의 '보이지 않는 손'이 전 세계적인 규모로 작용하기 시작하면서, 글로벌 경제·사회에 있어서도 전반적으로 한층 효율적인 자원분배가 이루어지고 경제적 격차가 줄어들게 되면서 하나의 차원으로 수렴하게 된다……."

이같은 논리가 정당성을 얻는다면, 분명 전 세계적인 규제완화가 세계 인류에게 평등하게 행복을 가져다줄 수 있게 된다. 신고전주의 이른이 이야기하는 이상적인 21세기 시나리오인 것이다. 그런데 무엇 때문에 시애틀에 모였던 활동가들은 그토록 반대했던 것인가?

신고전주의 경제학은 공간의 사상(捨象), 말하자면 바늘머리와도 같은 일점세계(one-point world) 이론을 견지하고 있다. 이러한 논리 위에서 글로벌리즘을 설명하려면, 그러한 일점세계 모델 그대로 전 세계적인 공간으로 외연을 확장해 나가는 수밖에 없게 된다. 이렇게 도출한 공간 개념은 완전히 균질적인 평면이 된다.

하지만 좀더 깊이 살펴 보면, 신고전주의 세계화이론에는 그 특유의 어떤 '전제'가 깔려 있는 것을 알 수 있다.

본 장에서는 출발점이라는 차원에서, 먼저 기존의 신고전주의 경제이론에서 '공간'개념은 어떻게 사상되는지, 그리고 그 배경에 실제로는 어떠한 '공간'의 전제가 깔려있는 것을 검토해보도록 하겠다.

1. 우리가 살아가는 무대, 공간

● 경제학자는 공간을 몰래 숨겨 왔다.

경제학 입문서인 스티글리츠(J. E. Stiglitz)의 『스티글리츠의 경제학』에서는 '공간'에 어떻게 접근하고 있는가에 대해서 확실히 알아 보도록 하자 (Stiglitz, 1994: 46).

정보의 완전성과 가치: 공간의 '밀수입'

스티글리츠는 먼저 '경제분석의 기초를 이루는 여러 전제 가운데 상당수는, 사람들은 어떤 기회에 있어서도 비용과 편익을 비교 검토하는 합리적 선택을 하는' 것이라고 언급하였다. 경제의 '글로벌 수렴'이 실현되려면, 전 세계의 사람들이 언제나 합리적인 선택을 해야만 한다. 그러기 위해서는 '정보의 완전성'이 항상 충족되어야만 한다. 만약 정보가 비대칭적이라든지, 아니면 정보의 내용 자체가 정확하지 못하다면, 사람들의 선택 역시 합리적이지 못하게 된다. 풍부한 정보원에 근접해 있는 사람들은 완전성 있는 정보를 구하기도 쉬워서, 합리적인 선택도 쉽게 할 수 있다. 그렇지 못한 사람들은 합리적인 선택을 하기 어렵다.

하지만 경제학은 사람들이 언제나 '합리적 선택'을 내리는 것을 전제한다. 모든 사람들이 그 존재장소를 불문하고 완전한 정보가 흐르는 네트워크에 접속할 수 있다는 조건을 만족한다고 전제하는 것이다.

그렇다면 스티글리츠는 이러한 정보의 완전성이 도대체 어떻게 하면 충족될 수 있다고 생각했는가? 그는 수요자와 공급자가 존재하는 '경쟁적 시장'의 한 예로, 미국 플로리다주의 '혼잡한 농산물시장'을 독자들에게 제시하고 있다(Stiglitz, 1994: 48-9). 여기서는 '농장주, 즉 이윤극대화기업'이 오렌지를 비싸게 팔고 싶어하지만, 근처에는 오렌지를 더 싸게 파는 다른 농장주가 있기 때문에 비싼 가격을 부르지 못한다. 그랬다가는 손님들은 근처 농장주에게로 떠나가 버릴 것이니 말이다. 그렇기 때문에 농장주들이 이웃 농장주에 수요를 빼앗기지 않으려면 이웃 농장주들과 동일한 가격을 매길 수밖에 없게 되어, 결과적으로 오렌지 가격은 거의 일정한 선에서 형성된다는 것이다.

혼잡한 농산물시장에서 공급자와 수요자가 콩나물 시루처럼 공간적으로 집적할 때에야말로 시장 가격과 제품정보가 수요자와 공급자 모두에게 완전히 공유되고, 공급자 간, 수요자 간, 수요자—공급자 간이라는 세 가지 차원에서의 경쟁이 활성화된다.—이는 일물일가의 법칙[1]의 성립조건이 된다. 즉, 스티글리츠는 플로리다 농산물시장이라는 경제활동이 집적된 장소에 대한 비유를 통해서, 시장균형이 발생하기 위해 충족되어야 하는 공간적 조건을 독자들에게 비유적으로 제시하고 있는 것이다(☞pp.121-23, 330-31). 『스티글리츠의 경제학』의 모두에는 '집적'이라는 공간적 조건이 은유적으로

---

1) 동일한 시장의 어떤 한 시점에서는 동질의 상품가격은 단 하나의 가격밖에 성립하지 않는다는 법칙. 반대로 말하면 이 법칙이 작용하는 범위를 하나의 시장이라고 할 수 있다(역주).

도입되어 있으며, 이는 굉장히 흥미로운 사실이다.

하지만 글로벌 경제는 플로리다 농산물시장과는 달리 지구 전체를 범위로 한다. 여기에는 경제주체 상호간에 공간적 거리가 존재하고 있으며, 정보의 완전성을 기대하기도 어렵다. 그럼에도 불구하고 글로벌 시장에 '일점세계'와 같은 경쟁을 전제하는 것은 문제가 있는 것이 아닌가?

공유성(共有性)의 배제와 독립성의 확립

스티글리츠는 이어서 기업이 이윤을 확보하려면, 가계가 '근로소득을 저축하는 가운데 투자수익의 일부를 유보할 수 있어야' 하며, 이를 위해서 사적 재산이 필요하다고 언급하였다. '소유자 자신이 선호하는 방식으로 재산을 사용할 권리와 그것을 사들일 권리 모두를 포함하는' 소유권이, '개인에 대해서 자신의 관리하에 있는 재산을 효율적으로 재산을 사용하고자 하는 인센티브를 제공'한다는 것이다.

그렇다면, 어떻게 하면 사적 재산권 또는 소유자의 자유처분권이 확정되어 효율화에의 인센티브가 발생하는 것일까? 이에 대해서 스티글리츠는 북아메리카 동부에 있는 어장인 그랜드뱅크의 사례를 들고 있다. 이곳에는 어업자원에 대한 배타적 자원이 없는 공동('공유'라고도 불리는) 입회어장이 들어섰다. 이로 인해 다른 어민이 어획하기 전에 될수있는 한 자기 몫을 최대한 확보해두고자 남획을 일삼게 되어 어족 자원이 고갈되어 버렸다. 가정이나 공장 설비가 그랜드뱅크처럼 되지 않도록 하기 위해서는, 공간에 대한 사유권을 법률로 확정하는 것은 물론, 가계도 기업도 가정과 공장에 울타리나 담장을 쌓아 물리적 경계를 분명히 하고, 자원의 배타성을 확보하여 스스로 관리해나가야만 한다는 것이 스티글리츠가 주장한 내용의 요체이다. 이러한 주장은, 공유성(☞pp.482-4)을 배제하고 자원이 있는 공간의 배타적 소유권을 확립하는 것이 효율성의 구현을 통하여 개개의 시장주체들이 가진 비교우위가 일어나도록 하기 위한 공간적 조건이라는 사실을 뒷받침하는 것이기도 하다.

거시경제의 배타적 공간: 국가

그렇다면 거시경제학이란 무엇을 말하는 것일까? 거시경제의 기본적 단위는 말할 것도 없이 국민경제이다. 그리고 이런 논리는 하나의 공간적 실체로써의 '국가영역'을 전제하고 있다.

『스티글리츠 거시경제학』을 살펴보면, '정부는 경제목표 중에서도 특히 완전고용의 유지를 우선순위에 두어야 한다.'(Stiglitz, 1995: 48)라는 문장에서 갑자기 '정부'라는 표현이 등장한다는 사실을 발견할 수 있다. 정부와 중앙은행은 고용정책에 그치지 않고 금리나 통화공급량을 규정하는 금융정책, 공공투자 등에 의한 경기 부양을 위한 재정정책, 관세장벽이나 통화관리를 통한 무역·산업정책, 시장경제나 기업경영의 규범이 될 수 있는 경제관련 법규, 노동자나 환경보호 관련 정책 등, 다수의 경제적 기능을 수행하고 있다. 이들이 시행하는 정책들은 어느 것 할 것 없이 국가라고 하는 배타적인 공간이 확보된 다음에야 실현될 수 있다. 전 세계적인 신보수주의적 경쟁의 흐름 속에서 국민경제의 비교우위 강화를 위해서는, 특히 거시경제가 하나의 독립된 공간적 단위로 자리매김해야 한다. 거시경제는 그것을 담는 그릇인 '국가영역'의 존재를 암묵적으로 전제하고 있다. 자유무역체제에서 상정하는 '글로벌 수렴'을 구성하는 국가는 배타적 공간을 그 특유의 장소로 확보하고, 경제정책에 관한 여러 변수들을 스스로 조작할 수 있도록 배타성을 확보해야만 하는 것이다(☞p.161-62).

개방적이라고 하는 글로벌 경제는, 역설적이게도 국가라는 배타적인 공간이 모여서 만들어진 모자이크인 것이다.

맑시즘 경제학: 물신성의 경우

맑시즘 경제학의 경우는 어떠할 것인가? 맑시즘 경제학에서는 원자적인 경제인을 자본가와 노동자로 파악한 계급관계 및 권력관계, 그리고 식민지 등의 경우에서 찾아볼 수 있는 지배민족과 피지배민족 간의 관계와 같은 것들이 강조된다. 수량적인 변수 간의 관계에 그치지 않고, 경제관계에서 사회집단 간의 상호관계를 중시하는 관점이다.

맑시즘 경제학은 화폐를 매개로 한 상품교환이라는 기본적인 경제관계까지도 분업을 담당하는 생산자 간의 사회관계로 회귀시켜 설명한다. 이것이 **상품의 물신성**(fetishism of commodity)(☞칼럼 3)이다. 즉, 상이한 사용가치(효용)를 가진 2개의 상품은, 노동강도가 동일할 경우 생산에 소요된 노동시간(추상적 인간노동)의 양이 같은 것들끼리 교환되는 것이다. 이러한 논의가, 상품에 본래의 '가치'가 깃들어 있다는 관점을 유발하게 된다.

하지만 설령 가치가 같다고 하더라도, 물물교환에서는 상품소유자 A가 원하는 사용가치를 가진 상품을 소유한 또 다른 소유자인 B가 A의 바로 옆에서 판매하는 것과 같은 공간적 접근성이 존재하지 않는다면 교환이 성립하지 않는다. 그렇기 때문에, 상품을 화폐라는 가치가 체화된 물건과 일단 교환하고 나서, 또 다시 그것을 다른 상품과 교환하는 것이다. 이를 통해서 물물교환의 공간적 제약이 극복된다. 이처럼 화폐는 경제주체의 공간적으로 떨어진 위치를 극복케 하고, 가치에 글로벌한 보편성을 부여한다. 여기에 의해 상품교환은 글로벌한 공간을 극복하고, 세계 규모에서 인간노동이 추상화된 시장이 성립한다(☞pp.97-8).

맑스(K. Marx)는 '세계화폐'를 금(金)으로 파악하고, "자연물인 동시에 '추상적' 인간노동을 직접 사회적으로 구현"한 것이라고 하였다(Marx, 1982: 252). 여기에 대해서 '국민적 제복'을 걸치고 각국마다의 지불수단과 가치지표가 되는 것은, 화폐의 '여러 국지적 형태'이다. '상품유통의 국내적, 국민적 단면과의 분리'라는 국민경제와 글로벌 경제와의 계층적 관계가 이에 대한 논의를 시사하고 있다(같은 책: 211)(☞pp.214-22).

『자본론』의 모두를 장식한 논의들을 살펴보면, 맑시즘 경제학 역시 지금까지 살펴본 것처럼 어떤 암묵적인 공간적 함의를 품고 있다. 하지만 이같은 공간성에 대해서 이제까지의 맑시즘 경제학이 체계적인 이론적 접근을 해왔다고 보기는 어렵다.

경제학이 암묵적으로 전제하는 기묘한 공간

이상에서 살펴본 바와 같이, 지금까지의 경제학에서는 경제와 사회를 구성하는 모든 주체들이 그러한 공간적인 '용기(容器)', 또는 그와 같은 발판 없이 존재할 수는 없다는 근본적인 사실을 어느 정도는 암묵적으로 전제해왔다. 하지만 명시적으로는 경제가 바늘머리와도 같은 일점세계 내지는 그것의 확장인 균질평면 상에서 제대로 기능할 수 있다는 것을 전제해왔었다.

이러한 암묵적 전제와 명시적 전제 두가지를 비교해보면, 상당히 기묘한 불일치를 발견할 수 있다.

한편으로, 경제의 '글로벌 수렴'에서 명시적으로 전제하고 있는 공간은 경제학자들의 이념세계, 즉 경제학 교재에 언급된 '일점세계'의 바늘머리를 단순히 평면적으로 확장한 것에 지나지 않는다. 경제학자들은 그들 자신이 제시한 이론이 마치 바늘머리와도 같은 작은 점에서 작동할 수 있다고 한 것과 같은 논리로, 밋밋하고 균질한 백지 위에서 작동하여 '글로벌 수렴'을 할 수 있다는 생각을 하고 있다. 그리고 그에 따라 WTO를 움직여 관세장벽 등을 제거하여, 실제로 밋밋한 경제공간을 만들어내려 하고 있다.

하지만 다른 한편으로, 경제학자들은 그랜드뱅크와 같은 공유공간이 아닌, 최소 단위로 세분화되어 효율성에의 인센티브가 되는 닫힌 사적공간, 그리고 국가영역의 배타적 경계를 비교우위에 토대한 경쟁의 단위라고 암묵적으로 전제하고 있다.

이 두 가지 전제는 서로 통일성이 없다. 이는 시장경제에 고유하면서도 필요한 공간편성이란 무엇인가, 현실 속에서의 구체적인 경제활동을 지탱해주는 공간은 누구에 의해 편성되는 것인가 하는 물음에 대한 통합적인 문제의식이 결여된 것이다. 이러한 점에서 WTO 반대시위 참가자들과 회담 대표들 사이에 분열이 일어나게 되는 것이다.

경제지리학의 재발견

이처럼 제각각의 공간에 관한 인식은, 아무래도 통일되어 있다고 말하기 어렵다.

지금으로부터 약 10여 년 전, 경제학자 크루그먼(P. R. Krugman)은 다음과 같은 논의를 펼쳤다(Krugman, 1994: 12-13).

> 국제무역의 분석에 있어 경제지리학과 입지론에서 도출할 수 있는 시사점을 그다지 활용하고 있지 않은 것이 현실이다. 예를 들면 국가에 초점을 두는 모델의 경우 대개 실제로 일어나는 공간적 확산을 무시한 채 하나의 점으로 표현하기 때문에, 부가되는 비용 없이 생산요소가 하나의 활동에서 다음의 활동으로 순간적으로 이동하는 것이 가능하다고 판단하게 되는 것이다. 또한 국가 간의 무역도 공간에서의 위치 개념을 무시한 채 묘사하기 때문에, 모든 무역재에 부가되는 운송비를 0으로 간주한다. / 단순화시켜 생각하는 것이 틀린 것은 아니다……. / 이와 관련해서도, 국제경제학자들은 국가라는 실체가 공간적인 넓이 속에서 물리적으로 존재한다는 현실을 무시하는 경향을 다분히 갖고 있다. 이러한 경향은 굉장히 뿌리깊게 자리잡아 버렸기 때문에, 그처럼 현실을 무시하고 있다는 사실조차 깨닫지 못할 정도가 되어 버렸다. 하지만 필자는 이러한 경향으로 인해 여러 가지 문제가 야기되고 있다는 사실을 강력히 주장하는 바이다. 다수의 경제학적 분석에서 비현실성이 나타나는 것이 문제가 아니라, 중요한 측면, 특히 사실의 중요한 근거가 되는 것을 무시하고 있다는 사실에 문제가 있는 것이다.

경제지리학은 기존의 '일점세계' 중심의 신고전파 이론과 달리, 경제·사회에 있어 '공간'이라는 물질적 뒷받침 및 '공간'과 경제·사회관계와의 상호관계에 관심을 가진다. 크루그먼이 이 점에 착안하여 공간을 명시적으로 포섭한 경제학에 '경제지리학'이라는 호칭을 사용한 것은 매우 적절한 일이다.

이러한 점에서, 본서의 문제의식은 크루그먼과 공통분모를 가진다. 하지만 크루그먼은 '공간'에 대한 정의를 내리지 않았기 때문에, 그 개념을 충분히 검토했다고 보기는 어렵다. 본서는 물리적 존재인 공간 그 자체가 품고 있는 이론을 되짚어, 그로부터 어떤 식의 공간편성이 생산되는가 하는 근원적인 질문을 던져 보았다. 그리고 이를 통해서 자본주의의 출발점이 되는 사회구성체가 모순을 안은채 공간을 끌어안고 편성해나가는 과정을 변증법적으로 해명하고자 하였다. 이렇게 해서 추상적인 경제학 이론이 제시하는 경제의 여러 과정들이 현실에서 어떠한 공간편성에 의해 유지되어 나타나게 될 수 있는가에 대한 한층 명시적인 설명을 할 수 있게 된다. 그리고 이를 통해서 글로벌리즘의 문제, 그리고 글로벌과 로컬 간의 관계를 충분한 이론적 배경의 토대 위에서 해명하기 위한 선구적인 시도를 할 수 있는 것이다.

과제 1. 여러분이 가진 있는 경제학 교재에 나타난 명제를 하나 정하고, 여기에 어떠한 공간적 전제가 암묵적으로 깔려있는가를 생각해보자. 그러한 전제를 바꾸게 되면, 그 명제는 어떤 식으로 바뀌어갈 것인가?

2. 공간이란 무엇인가?

● 물리적 공간과 그 성질

객관적 실재로서의 공간

그렇다면, '공간'은 어떻게 정의해야 할 것인가?

‘공간’의 본질은 지금까지 철학자와 물리학자들의 머리를 싸쥐게 만들어
온 어려운 문제였다.

이같은 물음에 대해서 최대한 간결히 대답한다면, ‘공간은 근본적으로 물
체이다’라고 할 수 있을 것이다.

다음 세기에 어떻게 될 지는 아직 알 수 없지만, 오늘날 경제 · 사회의 여
러 활동들은 ‘지구’라는 물체의 위에서 이루어지고 있다. 약 4만km의 둘레
를 가진 지구는 대략 1년을 주기로 태양을 공전하며, 24시간을 주기로 자전
한다. 5억 981만㎢에 달하는 지구의 표면적이 사회 · 경제에 있어서의 **공간**
(space)이다.

최근의 우주물리학 연구성과들은 우주공간 그 자체가 약 150억 년 전 ‘빅
뱅’이라 불리는 과정에서 만들어졌다는 사실을 밝히고 있다. 우주공간으로
흩어져 나간 수소원자가 공간적으로 서서히 집적하여 태양이라 불리는 항
성이 되고, 이어서 태양의 일부가 분열하여 행성인 지구가 생겨났다. 우주공
간은 오늘도 여전히 끊임없이 팽창하고 있으며, 그런 가운데 새로운 천체가
끊임없이 생겨나고 사라져 간다.

지구의 표면은 구면이지만 현실적으로 그 표면이 둥글다는 사실이 경제
의 여러 변수에 적용되는 경우는 찾아보기 어렵기 때문에, 공간을 2차원 평
면처럼 간주해도 별다른 지장은 없을 것이다.

이와 같이 경제에 있어서의 공간은 지구 그 자체로, 우리들이 어떻게 인식
하는가와는 무관하게 존재하는 객관적 실재로서의 존재이다.

원초적 공간의 두 가지 속성

아직 인간의 손이 닿지 않은 객관적 실체로써의 공간을 **원초적 공간**
(pristine space)라고 한다. 이 원초적 공간은 어떠한 성질을 가지고 있는 것
인가?

원초적 공간의 성질을 순수하게 추상하고 그 본질을 탐구하는 학문을 기하학이라고 한다. 고대 이집트 나일강 유역에서 농업생산에 필요한 공간편성을 확정하는 데 필요한 토지 측량 기술로 발달한 것이 바로 기하학이었다. 한자 표기를 보면 '기하(幾何)'와 '지리(地理)'라는 단어에서 유사점을 찾아내기 어렵지만, 그 어원을 살펴보면 geometry의 geo(토지)를 광동어로 음역한 표현이 '기하(幾何)'인 것이다. -metry는 '측정'이라는 뜻이다. 여기서 알 수 있는 것처럼, 기하학은 지리학(geography)과 인접성이 높은 학문이다.

기하학은 원초적 공간의 성질을 **공준**(postulate)으로 상정한다. '공준'이란 기하학의 증명에 있어 '이유를 불문하고 참이라고 인정되는 진술'로 기초적으로 전제해두는 것으로, 유클리드 기하학에 서는 다음의 5개 공준을 전제한다(小平, 2000).

① 임의의 점과 다른 한 점을 연결하는 직선은 단 하나뿐이다.
② 임의의 선분은 양끝으로 무한히 연장할 수 있다.
③ 임의의 점을 중심으로 하고 임의의 길이를 반지름으로 하는 원을 그릴 수 있다.
④ 직각은 모두 서로 같다.
⑤ 평행선 공준: 두 직선이 한 직선과 만날 때, 같은 쪽에 있는 내각의 합이 2직각($180°$)보다 작으면 이 두 직선을 연장할 때 2직각보다 작은 내각을 이루는 쪽에서 반드시 만난다.

임의의 지점에 찍은 '점'과 다른 점 사이에 직선을 그어보면, 공간이 완전히 연속된다는 사실을 알 수 있다. 모든 직각을 겹쳐서 비교해보면, 공간내의 모든 지점이 균질하다는 것을 알 수 있다. 선분을 길이가 무한한 직선으로 연장해보면, 그 선분이 존재하는 공간 자체가 무한히 확대되어 나갈 것이다. 무한히 연속적으로 확대되는 공간에서는, 그 안에 존재하는 임의의 지점에 그러한 임의의 지점에 '위치'가 지어지고, 그 위치와 또 다른 위치와의 사이를 직선으로 연결하면 그 직선을 통해 두 지점 간의 거리를 표현할 수 있게 된다. 더욱이 이 직선을 반지름으로 하는 원주에 의해 형성된 1개의 유한한 영역 또한 나타날 수 있게 된다. 평행선을 그은 방향에 따른 제약이 발생하지는 않기 때문에 이 공간을 **등방적**(isotropic, 어떤 방향으로도 동일한 성질을 가짐)이라고 하며, 그러한 평행선은 하나만 존재할 수 있기 때문에 공간상의 위치관계는 배타성을 수반하게 된다. 이와 같이 '무조건적인 참'이라는 명제는, 객관적인 실재로써의 공간 그 자체가 가진 여러 가지 물리적 성질을 나타내는 것이다.

〈그림 1-1〉 좌표평면

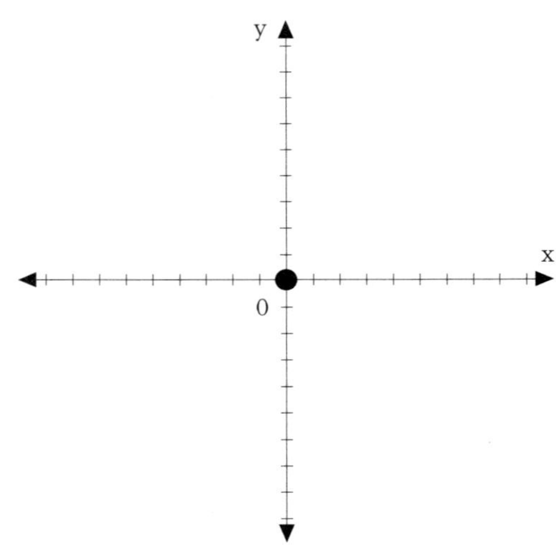

〈그림 1-1〉을 활용하면 여기서 논의한 내용을 좌표평면에 직접 나타내 가면서 생각하고 공부할 수도 있을 것이다.

좌표평면에 2개의 속성이 있다는 사실을 쉽게 파악할 수 있다. 그 중 하나는, 무한대의 피안까지 균질하게 이어지는 **(좌표평면의)확대**이다. 두 번째 속성은, 이처럼 확대되는 좌표평면 안에 무수히 존재하는 x와 y의 값을 조합하여 일의적 · 개별적으로 규정되는 위치(position), 그리고 2개의 상이한 임의의 위치 사이에 그을 수 있는 거리(distance)이다.

공간상에서 확대가 일어나지 않는다면 2개의 점이 서로 다른 위치에 존재할 수 없고, 이에 따라 위치 상호간의 거리도 존재할 수 없다. 또한 3개 이상의 점이 거리에 의해 구획될 수 없다면, 다각형이라는 평면이 확대되어 이루어진 도형도 존재할 수 없다. 따라서, 좌표평면에 위치, 거리 및 (좌표평면의)확대라는 공간의 2대 속성은 상호간에 밀접하게 얽혀있는 관계라고 할 수 있다.

아인슈타인의 공간이론

이상에서 살펴본 좌표평면의 성질, 그리고 기하학의 공준은 '절대공간'과 '상대공간'이라는 2개의 개념으로 정리할 수 있다.

'상대성 공간'을 제창한 물리학자 아인슈타인(A. Einstein)은, 물리적 공간의 성질에 대해서 다음과 같이 언급하였다(Jammer, 1980: 5-7).

공간의 개념에 대해서 이야기해보면, 여기에는 보다 단순한 심리적인 장소의 개념이 선행되어 있다. ……'장소'가 배분받은 실제 공간은 '물질적 대상'이다. 간단한 분석을 통해 '장소'역시 일군(一群)의 물질적 대상이라는 사실을 확인할 수 있다. '장소'라는 단어는 이같은 물질적대상에 의존하지 않은 의미를 가진 것이 아닌가? ……이러한 물음에 대해서 부정적인 대답을 해야만 하는 것이라면, 우리들은 공간(그리고 장소)이란 여러 가지 물질적 대상이 갖는 일종의 질서에 지나지 않는다는 견해에 도달하게 된다. 공간의 개념을 이와 같이 한정시켜 정의내린다면, 공허한 공간에 대해서 운운하는 것은 무의미한 일이 된다…….
하지만 이와는 다른 관점도 있다. 우리들은 상자 안에다 일정한 개수의 쌀알, 버찌 등을 넣어둘 수 있다. 이때, 어떤 특성이 상자 그 자체와 같은 의미의 '실재적'인 것으로 보아야 할 것인가 하는 문제는, '상자'라는 물질적 대상의 특성에 관한 문제이다. 우리는 이 특성을 상자의 '공간'이라고 할 수 있다. 그런 의미에서, 동일한 크기의 '공간'을 가진 또다른 상자는 얼마든지 더 존재할 수 있다. 이와 같이, 우리는 '상자속 공간'을 자연스럽게 확장시킴으로써 모든 종류의 물질적 대상을 품을 수 있다. 넓이에 제한이 없는 독립적(절대적)인 공간에 도달할 수 있는 것이다. 이 경우, 공간내에 위치하지 않은 물질적 대상은 전혀 고려되지 않는다. 이를 살펴보면, 이같은 개념형성의 틀 에는 공허한 공간이 존재할 수 있다는 사실을 당연하게 받아들이는 관점이 내포된 것을 알 수 있다.

이들 두 종류의 공간개념은 다음과 같이 대비시켜 볼 수 있다. 즉, (a)물질적 대상의 세계가 갖는 위치적 성질로서의 공간과 (b) 모든 종류의 물질적 대상을 담는 용기로서의 공간이라는 두 관점으로 나누어 볼 수 있는 것이다. 'a'의 경우에는, 물질적 대상이 없는 공간은 고려의 대상이 아니다. 'b'의 경우에는 물질적 대상은 공간에 존재하는 요소 그 이상의 무언가가 아니며, 공간은 어떤 의미에서 물질계에 우선해서 실재하는 것으로 받아들이게 된다.

이 가운데 'a'를 상대공간, 'b'를 절대공간의 속성이라고 한다(〈그림 1-2〉).

〈그림 -2〉 원초적 공간의 2가지 속성

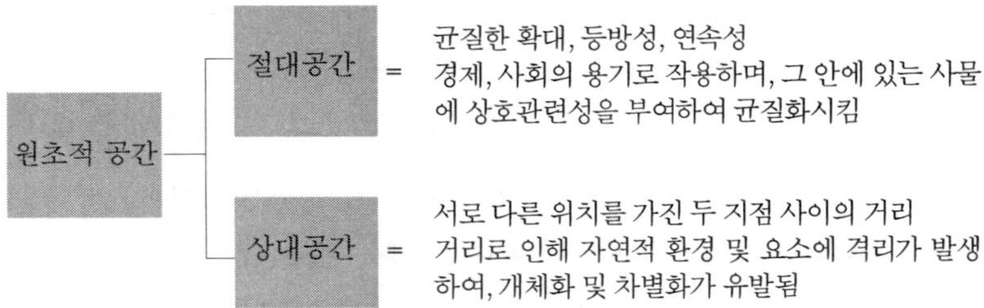

절대공간

절대공간(absolute space)의 속성은 영국의 물리학자 뉴튼(I. Newton)이 제안하였다. 뉴튼은 만유인력의 법칙의 발견자로 유명하지만, 경제학자 케인스(J. M. Keynes)가 '최후의 중세 과학자'로 평가한 것처럼 그의 공간이론은 신학적 타협의 색채가 진하게 남아 있다.

뉴튼은 공간을 '신의 감각중추(sensorium)'로 간주하였다. 현대식으로 표현하면, 신이 사후세계에서 망자에게 심판을 내릴 때 망자 개개인이 생전에 행한 일들을 기록할 데이터베이스가 필요하기 때문에, 신이 공간의 구석구석까지 균질하게 파악할 수 있는 '센서'를 설치하여 사람들을 감시하고, 수집한 정보를 축적해둘 필요가 있는 것이다. 신 앞에서는 누구나 평등하기 때문에, 이러한 공간은 보편적이고 균등하며, 또한 넓이는 연속적이라는 성질을 가져야 한다. 뉴튼은 이처럼 신학의 힘을 빌어 '공간'의 **존재론**(ontology)을 설명하고자 했었다.

절대공간은 좌표평면의 확대가 보여주는 바와 같이 연속적이면서 균질성을 갖고 있으며, 따라서 어떤 방향으로든 무한히 한 방향으로 뻗어 나가는 (등방적) 무한한 공간인 것이다. 절대공간은 모든 물체, 인간 및 그들의 사회적·경제적 활동을 포함한 모든 사물을 수용한다. 이러한 '용기'가 없다면, 어떠한 물체 및 사회관계도 존재할 수 없다. 하지만 다행스럽게도, 원초적인 절대공간이라는 용기는 어쨌든 둗체를 있는 그대로 받아들인다.

절대공간은 또한 그것이 가진 연속성을 통하여 그 안에 있는 믈질과 주체가 상호작용하는 조건을 만들어, 결과적으로 절대공간이 받아들인 물질과 주체의 균질화를 야기한다. 밀폐된 실내에 동일한 질량을 가진 0℃의 얼음과 100℃의 팔팔 끓는 물을 나란히 두었다고 생각해보자. 연속적인 공간 안에 끓는 물과 얼음이 서로 열을 교환하면서 끓는 물은 식고 얼음은 녹게 되어, 이윽고 양쪽 모두 같은 온도가 될 것이다. 물질 뿐만 아니라 인간과 사회관계도 마찬가지다. 하나의 용기에 상이한 성질을 가진 물질이 섞여들어간다면, 이 물질들은 용기 안에서 상호작용하여 결국에는 서로 같은 성질을 갖게 될 것이다.

이처럼 절대공간은 원초적 공간이 가지고 있는 민주주의와 평등화라는 속성이라고도 할 수 있다.

상대공간

뉴튼의 관점은, 세계의 모든 측면에서 '신'이라는 초자연적인 대상을 배제하는 근대 자연과학의 방법과 양립할 수 없는 것이다. 이러한 점에서 독일의 수학자 라이프니츠(G.W. von Leibniz)는 뉴튼의 중세적인 공간인식을 부정하고, 새로운 공간이론을 확립하였다.

공간은 그 안에 있는 여러 가지 사물의 상대적인 위치관계로 간주될 수 있다. 이 위치관계가 정합적으로 논증된다면, 이를 통해서 '공간'이라는 것의 존재를 귀납적으로 추론할 수 있다. 이것이 라이프니츠가 주장한 공간의 존재론이다. 이와 같은 공간의 속성을 **상대공간**(relative space)이라고 한다.

좌표평면상에 어떠한 값을 가진 x와 y라는 점을 상정할 수는 있지만, 이 점들은 반드시 1개씩만 존재할 수 있으며 그 독자성은 일의적으로 표현할 수 있다. 상대공간은 먼저 이같은 좌표평면상에 있는 개개의 점들에 상당하는 무수한 위치에 뿌리를 두며, 이들 위치는 서로 간에 가진 차이로 구별할 수 있다.

서로 다른 위치를 연결하는 무수히 많은 선들의 조합을 거리라고 한다. 거리는 두 개의 상이한 위치 사이에 존재하는, 공간적으로 이격된 정도를 의미한다. **거리조락**(distance-decay effect)에 따르면, 거리가 떨어져 있으면 그 사이에 걸쳐 일어나는 상호작용은 거리의 제곱에 반비례하여 급속히 약화된다. 이러한 관계는 중력모델(☞p.101)에서도 언급되어 있다.

설령 공간이 연속적인 속성을 가진다고 하더라도, 거리가 있으면 그에 따른 격리로 인해 발생하는 힘에 의해 경제주체와 사회집단의 상호작용에 물리적인 장벽이 생겨나게 된다. 거리의 차이는 격리된 정도를 불균등하게 만든다. 거리는 경제시스템과 사회집단의 내부에 개별성과 차별을 야기하고 시스템과 집단 그 본연의 기능을 저해시켜, 종국에는 그 존재 자체를 위협하는 것으로 이어지게 된다.

과제 2. 중고등학교 시절 수학시간에 배웠던 '평면도형' 단원의 내용을 떠올려 보고, 위에서 언급한 공간의 속성이 단원의 내용에 어떤 형태로 반영되었는지 생각해보자.

과제 3. 절대공간의 연속성 안에 놓인 이질적인 사물이 동일한 공간에 있는 다른 사물과의 상호관계를 통해 균질화되는 사례에는 어떠한 것들이 있는지 생각해보자. 또한, 이와는 반대로 동질적인 사물이 상대공간의 거리에 의해 공간적으로 격리되면서 이질화되는 사례에 대해서도 생각해보자.

3. 경제와 사회에 공간을 도입하기

● 공간의 포섭

경제와 사회는 이같은 성질을 가진 원초적 공간을 자기 영역 속으로 받아들인다. 이 과정을 공간의 사회로의 포섭(subsumption of space into society)이라고 한다.

경제와 사회가 외생적인 요소를 받아들이는 것: 포섭

경제와 사회를 논하기 전에, 인간은 생리과정을 통해서 **신체**(body)를 유지하는 생물이라는 사실을 언급할 필요가 있다. 신체는 질병에 걸리면 속절없이 무력화되고, 신체가 위치하는 범위인 공간이 없으면 존재할 수 없다. 공간 뿐만 아니라 자연환경도 인간주체를 둘러싸고 있다. **포섭**(subsumption)이란 이처럼 경제·사회가 인간의 상호작용에 대한 여러 가지 자연적 요소 일체를 의도하지 않은 채 끌어들이는 것을 의미한다.

여기서 '의도와는 무관하게'라는 표현에 주목할 필요가 있다. 어느 누구도 자의적으로 질병에 걸리려 한다든지 상처를 입으려 하지는 않을 것이다. 하지만 '생물적 자연'은 항상 인간과 더불어 존재하며, 때로는 인간 신체를 병들게 하거나 상처입게 만들기도 한다. 지진이나 태풍이 오기를 바라는 사람은 아무도 없겠지만, '자연환경' 역시 인간의 주변에 있다. 거리와 균등화의 작용을 가진 '공간' 역시 그와 마찬가지다.

이와는 대조적으로, 경제이론과 사회이론은 이같은 '자연'이 애초부터 품고 있는 불합리한 물리적·소재적 존재를 전부 사상(捨象)하려고 시도하는 것이다. 영원히 질병에 걸리지 않는 인간의 신체, 지진도 태풍도 절대 일어나지 않는 무한한 용량의 자연환경을 상정해왔던 것이다. '경제인'의 신체적 속성도 사상되고, 항상 건강하며 강철같이 강인한데다 컴퓨터와도 같은 이성적인 존재가 전제되었던 것이다.

이러한 종류의 경제·사회이론이 오늘날 여러 가지 제약에 봉착하고 있다는 사실은 굳이 언급할 필요도 없다. 이러한 문제를 극복하기 위해서는 경제·사회적 관계 및 관련된 이론들이 그 외부에 있는 요소를 포섭하는 과정을 한층 명시적으로 취급할 필요성이 있다.

포섭의 개념: 기술의 경우

'포섭'이라는 개념은 본래 자본주의의 생산과정에서 노동과정이 자본주의 경제에 편입되는 과정을 다루는 데 목적이 있다(Marx, 1970).

기술(technology)은 자연과학의 여러 가지 법칙을 생산력이라는 목적에 맞게 의식적으로 체계화시킨 것으로, 개개의 기술을 구성하는 물리적 요소와 소재는 자연에 기인한다. 자본주의 경제에서 자본을 통해 임금노동자를 고용하고, 기술을 이용해서 사회에 유용한 재화를 생산하는 것에서부터, 기술의 구성요소를 체계화하는 목적의식은 사회적 속성을 띠게 된다.

사회에 처음으로 자본과 임금노동과의 관계가 나타났을 무렵, 거기에 존재했던 기술은 숙련된 수공업기술 뿐이었다. 마을의 대장간 등에서 발휘되던 장인들의 기술이었던 것이다. 이 경우에는 기술체계가 노동자의 신체와 뗄레야 뗄 수 없는 일체화를 이루고 있었다. 생산력을 가진 것은 노동자였기 때문에, 자본은 눈앞에 존재하는 기술을 있는 그대로 받아들이는 수밖에 없었다. 하지만 이같은 숙련된 수공업 노동자는 골치아픈 존재였다. 왜냐하면 자본가가 생산물이나 자본 축적을 위해 장시간의 노동을 요구해도 그에 응하지 않고 더 높은 임금을 요구하여, 자유롭게 자본을 축적하려는 자본주의 기업의 요청과 대립했기 때문이었다. 한 사람 몫을 하는 장인을 양성하려면 10년에 가까운 시간이 소요되었기 때문에, 불만을 표하는 노동자를 갈아치우려 해도 뜻대로 되지 않았다. 이래서는 자본이 노동을 의도대로 움직이지 못하게 되어, 자본축적은 자본주의가 생겨나기 전부터 존재하던 기술의 존재양식과 모순을 빚게 된다. 이것이 **노동과정의 형식적 포섭**(formal subsumption)이라고 불리는 상황이다.

이 모순은 어떻게든 극복해야만 할 과제이다. 그런 까닭으로 기계가 발명되어, 초보자라도 1주일쯤 연습하면 누구든 생산활동에 참여시킬 수 있는 신기술이 등장하였다. 이것이 바로 공장제 기계공업, 연속공정에 의해 특정 노동자에게 공정의 특정부분만을 담당케 하는 테일러주의(taylorism)이다. 기술은 노동자의 신체에서 떨어져 나와 자본이 소유하는 기계에 체화되었다. 더욱이 자본의 축적에는 한층 많은 수의 비숙련노동자를 계손해서 고용하기만 해도 효과적이었다. 초등교육 정도의 지식 수준을 가진 예스맨이라면 문제가 없기 때문에, 높은 임금을 요구하며 상사에게 반항하는 노동자가 있으면 해고하고 다른 사람으로 갈아치우면 그만이었다.

이와 같은 단순화·저질화된 노동과정을 만들어내어 기술을 자본축적과 모순없는 것으로 바꾸어 자본주의를 한층 단순한 계급관계로 만든 것을, **노동과정의 실질적 포섭**(real subsumption)이라고 한다. 노동과정의 실질적 포섭에 의해 노동자는 자본에게 꼼짝없이 사로잡혀 휘둘리고, 자본가는 자본주의경제 이론대로의 자본축적이라는 이념형을 관철할 수 있게 된 것이다.

노동의 저질화?: 포섭은 나선형으로 되풀이된다

이같은 노동과정의 포섭과정은 여러 측면에서 존재하고 있다. 제철업의 사례를 떠올려 보자. 고로에서 선철을 유출시키는(출선[出銑]) 시기를 정확히 판단하는 것은, 선철 생산에서 대단히 중요한 일이다. 출선 시기를 잘못 판단하면 선철의 질이 떨어져 제철회사의 경영 기반이 흔들리게 될 것이다. 하지만 적절한 출선 시기를 판단하는 작업은 쉽지 않으며, 장기간 근속하여 풍부한 경험을 가진 기술자의 숙련도와 직감에 의존하는 바가 크다. 따라서 제철회사들은 유능한 기술자들에게 승용차를 제공하는 등 좋은 대우를 해 주고 있다.

하지만 신기술이 개발되어 고로에 장착된 센서 등을 통해 고로내의 쉿물 상태를 파악할 수 있게 되면, 이같은 숙련된 기술자는 필요없게 된다. 노동자는 에어콘 바람이 부는 통제실 안에서 계기판의 눈금과 바늘을 보고 스위치를 조작하기만 하면 되는 것이다. 미국의 노동경제학자 브레이버먼 (H. Braverman)은 이러한 노동과정의 실질적 포섭을, 사람이 아닌 훈련된 고릴라를 시켜도 되는 수준인 **노동의 저질화**(degradation of labour)라고 하였다.

이러한 실질적 포섭의 과정은 일방적으로 진행되는 것은 아니다. 더욱이 기술이 발전하면 공정의 완전자동화가 이루어지게 된다. 이를 통해 스위치 조작 정도밖에 할 줄 모르는 비숙련노동자조차도 필요치 않게 된 것이다. 하지만 출선공정의 완전자동화는 동시에 신뢰도 높은 센서의 설계, 또는 출선 작업을 자동화하기 위한 전산시스템의 프로그램을 작성하는 것과 같은 새로운 전문분야에 숙련된 노동자의 수요를 창출하기도 한다.

IT화의 진전과 더불어 인터넷을 통한 정보검색과 상거래가 활발히 이루어지게 되었다. 이러한 현상은 웹사이트의 양방향적 운영에 필수불가결한 프로그램인 CGI를 제작·활용할 수 있고, 멋진 동영상이 들어간 웹사이트를 디자인할 수 있으며, 서버가 쉽게 다운되지 않도록 신뢰성 높게 관리할 수 있는 컴퓨터 기술자의 수요를 대량으로 만들어내고 있다. 이 정도 수준의 기술자를 1주일만에 양성할 수는 없는 일이다.

이처럼 IT화의 진행은 자본주의경제 속에서 노동과정의 형식적 포섭의 모순을 또 다시 만들어내고 있다. 경제가 노동과정을 포섭하는 과정은 이처럼 시계열적으로 보았을 때 간단없이 나선적으로 반복되는 것이다.

공간의 포섭

원초적 공간(☞p.61)에 대해서도 형식적 포섭 및 실질적 포섭의 과정을 적용해볼 수 있다.

앞서 살펴본 것처럼, 경제학의 이론은 일점세계의 전제라는 토대 위에 논리정합적이면서도 우아한 체계를 구축하고 있다. 현실적으로도 이러한 전제를 토대로 입안된 정책이 '글로벌 수렴'을 일으킨 기폭제로 영향력을 발휘하고 있다.

하지만 경제가 원초적 공간을 있는 그대로의 모습으로 도입하면, 경제·사회의 시스템은 성립하지 못하게 되어 버린다.

먼저, 절대공간에 대해서 생각해보자. 절대공간은 그 안에 있는 사물을 서로 관계지어주는 성질을 갖고 있다. 하지만 순수 시장경제 이론은 시장이라는 공간 이외의 장소에서 경제주체간의 상호작용이 존재할 수는 없다고 전제한다. 만약 절대공간의 연속성 안에 경제주체가 자리잡는다면, 도처에 외부성(☞p.100)이 발생하여 재화의 배타적 소유권이 실효적 의미를 잃게 된다. 이로 인해 시장의 경제관계가 혼란해진다. 앞서 언급한 북아메리카 동부의 그랜드뱅크 어장이 이러한 문제를 보여주는 실제 사례이다.

한편 상대공간은 경제주체들을 물리적으로 격리시킨다. 하지만 순수 시장 경제이론에서는 시장에서 일어나는 경제주체 간의 상호작용은 언제나 완전한 정보의 토대 위에서 순간에 일어난다고 전제한다. 상대공간 속에 시장 시스템이 위치한다면, 거리로 인하여 도처에 정보의 비대칭성과 거래활동에서의 타임래그(timelag)가 발생하여, 시장경제는 혼란에 빠지게 될 것이다.

이처럼 현실 속의 시장경제는 **형식적으로 포섭된 공간**이라는 벽에 부딪히면 모순을 야기하여 정상적으로 기능하지 못하게 된다.

이 모순은 어떻게든 해결해야만 한다. 이 점에서, 노동과정의 실질적 포섭이 공장제 기계공업이라는 신기술의 등장에 의해 일어났다고 상정해볼 수 있다. 공간도 마찬가지로 이러한 모순을 해결할 수 있는 새로운 공간편성을 만들어낸다면, 공간이 실질적으로 포섭되면서 모순 해결의 실마리를 찾을 수 있게 되는 것이다.

물론, 원초적 공간 그 자체를 배제한다거나 바꾼다거나 하는 것은 아니다. 하지만 원초적 공간의 성질을 바꾸어 공간이 새로운 성질을 가질 수 있도록, 원초적 공간에 새로운 요소를 인위적으로 덧붙일 수는 있다. 이것이 **공간의 실질적 포섭 과정**이다.

공간의 실질적 포섭에 의해 공간은 새로운 요소가 더해지면서 변용한다. 이것이 경제·사회를 떠받치는 **공간편성**(spatial configuration)의 생산이다. 공간편성의 대표적 사례는, 토지 및 그 위에 들어선 시설의 총체적 형태가, 도시와 같은 공간의 경제·사회를 지탱하는 하나의 물리적·소재적 시스템인 **건조환경**(the built envirionment)(☞pp.240-57)으로 자리매김하게 되는 것이다. 또한 국경선과 같이 공고하게 제도화된 공간 역시, 물리적 시설은 아니지만 그와 마찬가지로 토지에 새겨진다.

적절한 공간편성과 건조환경이 생산되어 경제·사회가 공간의 실질적 포섭에 성공하면, 그것을 토대로 이루어지는 경제·사회 시스템은 본래의 이념적인 '일점세계'를 회복하는 것과 같은 상태가 된다. 경제과정은 그렇게 생산된 불균등하고 이질적인 공간편성과 맞바꾸어 교과서에 있는 '일적세계'의 순수한 모습으로 이루어지는 것처럼 된다. 1절에서 언급한 것처럼, 스티글리츠는 어떤 유형의 공간편성이 이미 생산되어 있다는 것을 암묵적으로 전제하고 있다. '일점세계' 이론은 그러한 점에 기반하여 성립했던 것이다.

하지만 앞서 살펴본 '노동의 저질화'의 경우와 마찬가지로, '일점세계'는 한 번의 실질적 포섭 과정만으로 끝나는 것으로 보아서는 안된다. 공간의 포섭 역시 앞서 언급한 노동과정의 포섭과 마찬가지로 나선형의 과정을 통해 계속해서 반복되는 것이다. 생산된 공간편성이 경제·사회의 순수한 작용에 거꾸로 영향을 미치게 되면서, 경제·사회를 다시금 새로운 모순에 직면하게 만든다(☞p.247-9). 생산된 건조환경, 제도화된 공간이라는 이질적 공간이 또 다시 경제·사회과정 속에 포섭되며, 이는 새로운 건조환경과 제도화된 **공간의 생산**으로 이어지게 되는 것이다.

과제 4. '포섭'이라는 개념을 보다 심층적으로 이해하기 위하여, 여러분 주위에 있는 임의의 자연물에 대해서 살펴보자. 이것은 어떤 과정에 의해 '실질적'으로 '포섭'되는 것일까?

4. 경제지리학을 공부해야 하는 까닭은 무엇인가?

● **경제지리학의 역사**

글로벌 문제를 다루는 데 있어 기존의 경제학으로는 불충분한 점

지금까지 우리는 원초적 공간이란 무엇인가에 대해서 살펴왔고, 나아가 이러한 공간을 경제학에 포섭한다는 논리에 대해서 알아보았다.

이러한 내용을 정리해보면, 기존의 경제학에는 세계화의 과제를 다루는 데 있어 세 가지의 불충분한 점이 있다는 사실을 알 수 있다.

첫째, 경제이론에서 공간이 사상되면서, 경제학은 경제와 사회가 마치 바늘머리의 '일점세계'에서 경제과정이 진행되는 것으로 간주하게 되었다. 그리고 세계화에 역시 공간의 사상을 전제로 한 채 '일점세계'를 지구 전체에 밋밋한 균질평면을 펼쳐놓은듯한 상태로 인식하는 데 머물렀다.

둘째, 이같은 추상적인 '일점세계'의 이론으로 현실을 쉽게 설명가능하며 현실의 경제과정과 이론 사이에 접점이 닿아 있는 것처럼 보이는 것은 경제의 기초에 그것을 지탱하는 고유의 공간편성이 존재하기 때문이라는 사실을 망각하였다. 경제학자들은 경제가 어떤 방법으로 공간을 포섭하고 그에 따라 어떻게 공간을 편성해왔는가 하는 문제를 마치 못본것 마냥 암묵의 세계로 몰아넣어버렸다.

셋째, 공간편성의 문제가 시야에서 벗어났기 때문에, 이러한 경제이론들이 공간편성을 만드는 로컬리티가 전 세계적인 경쟁의 단위가 되어 글로벌 공간 자체를 계통적·조직적으로 변용시키고 있다는 사실을 간과하게 되었다는 점이다.

이와 같은 불충분한 점을 가진 경제학이 그 상태 그대로 세계화를 설명하는 것이, 바로 신고전파의 논점을 그대로 지구 규모로 확장한 신보수주의의 '글로벌 수렴' 이론인 것이다.

이같은 이론과는 차별화되는, 공간을 이론의 축으로 하는 새로운 법칙정립적 경제지리학의 필요성은 이제 분명한 현실이다. 이같은 새로운 이론에 입각하여, 세계화 속에서 로컬이 생산되는 한편 국지적인 공간의 이질성이 글로벌을 규제하는 이론을 명확히 전개해나갈 수 있다.

기존의 '경제지리학'으로 이같은 과제에 충분히 대처할 수 있는가?

지리학은 고대부터 존재해온 오랜 역사를 가진 학문분야이다. Geography

의 graphy는 '기술'이라는 의미로, 전통적 지리학의 주된 관심사는 각지의 기후풍토와 산물 등 공간적인 차이를 기술하는 것이었다.

이같은 지리학은 시대의 중대한 경제적 가치를 담고 있다. **중상주의**(mercantilism) 시대에는 전 세계적으로 보편적인 시장 시스템이 존재하지는 않았고, 상인들은 어떤 장소에서 생산되는 재화를 헐값에 구입해서 다른 장소에서 비싸게 파는 기만적인 수법에 의해 이윤을 획득하였다. 따라서, 어떤 장소에 어떤 재화가 존재하고 있는가에 대한 정보 그 자체가, 엄청난 이윤의 원천이 되었다.

대영제국이 전성기를 구가하였던 19세기에 이르러, 이같은 각 지역에 대한 정보는 한층 조직화·체계화되었다. 리카도의 비교우위론에서 찾아볼 수 있는 것처럼, 완성품의 무역에 기초한 국제분업을 전제로 각지의 지명과 물산에 대한 상세한 기술적 지식이 치숌(G. G. Chisholm)의 『상업지리학 핸드북』으로 출판되었으며, 이는 많은 판매고를 올렸다. 일본에서도 히토쓰바시(一橋)대학의 전신인 고등학업학교에서 창립 무렵부터 '상업지리학' 강좌가 개설되어 실업계로 진출한 학생들에게 세계각지의 물산 등에 관한 지식을 가르쳤다.

유럽 열강의 식민지 지배가 진척되는 가운데, 지리학은 각지의 기후, 풍토, 토양, 식생, 민족, 산물 등에 관한 지식을 획득하여 본국인의 입식, 교통망정비, 토지에서 산출되는 이익 획득에 목적을 둔 지도작성에 지대한 기여를 하였다. 영연방의 대학에는 오늘날에도 거의 예외없이 지도제작소와 실험실을 갖춘 대규모의 지리학과가 개설되어 있는 것은, 이같은 전통의 유산이다. 또한 영국에 한 걸음 뒤쳐져 식민지 쟁탈전에 뛰어든 독일의 경우를 보더라도, 대학에는 일찍이 큰 규모의 지리학과가 개설되었다. 이처럼 19세기의 지리학은, 식민지주의라는 그 당시 세계화 트렌드의 주체적인 견인차였다.

지리학의 법칙정립: 환경결정론과 경제입지론

하지만 교통통신수단의 발달과 급속한 경제발전은 이같은 기술적인 지리학을 무용지물로 만들었다. 급격히 변동하는 글로벌 경제는 각지의 물산에 관한 정보를 계속해서 변동시켜 고정적인 교과서 지식을 순식간에 낡은 것으로 만들어버렸다. 전신, 전화 등을 통하여 획득되는 정보에 의해 새로운 물산에 관한 지식이 부단히 갱신되어, 시대에 뒤떨어진 '상업지리학'의 정보를 대체해 나갔다.

근대과학에서 인과관계에 입각한 법칙정립적 방법론의 발달은, 지리학에 변화의 박차를 가한 또 하나의 요인이었다. 경제학사를 돌이켜 보면, 경제학은 아일랜드의 굴뚝 하나하나, 가축 한 마리 한마리를 기록해놓은 중상주의 시대 저작물인 페티(W. Petty)의 『아일랜드의 정치적 해부』로 대표되는 기술적인 학문에서부터, 상품생산의 분업에 따르는 생산력 향상에 관한 이론을 체계적으로 설명하기 시작한 애덤 스미스(Adam Smith)의 『국부론』으로 대표되는 고전파 경제학이라는 체계적인 과학으로의 대폭적인 변화를 거쳐왔다. 자연과학 분야에서는, 성서의 내용에 배치되는 이론인 진화론과 지동설이 연구자들의 희생적 노력이라는 발판을 딛으며 점차적으로 침투되어 갔다.

경제지리학의 분야에 있어서도 19세기 후반부터 법칙정립을 위한 움직임이 시작되었다.

'경제지리학(Wirtshaftliche Geographie)'이라는 용어를 처음으로 사용한 것은, 독일의 괴츠(W.Götz)였다. 괴츠의 관점은 기본적으로 **환경결정론**(environmental determinism)이었다.

환경결정론이란 자연지리적인 조건의 공간적 분포가 경제·사회현상의 공간적인 차이를 규정한다는 관점이다. A라는 자연환경이 있다면 a라는 경제현상, B에는 b라는 일의적인 대응관계의 조정(措定)[2]에 의거하여 공간적

---

2) 어떤 명제를 추리에 의하지 않고 직접적으로 긍정하여 주장하는 것을 일컫는 철학 용어(역주).

인 불균등성을 설명하려 하는 환경결정론은, '원인→결과'라고 하는 인과연
관성에 다분히 토대하고 있다.

예컨대, 수심이 깊은 만(灣)이 있으면 거기에 항만이 입지한다고 설명하
는 것이, 환경결정론의 논리인 것이다. 그러나, 세계 도처에 있는 수심이 깊
은 만 지역을 항만 지역이라고 단정할 수는 없다. 수심이 깊은 만 지역에 항
만이 입지한다고 설명하려면, 자연지리학적 조건 뿐만 아니라, 예를 들면 식
민주의의 공간적 확장이라는 요인을 함께 고려해야만 한다. 해운이 주된 교
통수단이었던 19세기에 유럽 각국이 주도한 식민지주의에 있어, 수심깊은
만이 항만의 입지로서의 우위를 가졌다는 사실은 굳이 언급할 필요도 없을
것이다. 자연환경은 그 범위 내에서 사회를 규정하는 작용을 하게 된다. 만
은 식민지주의의 공간에 편입되는 시점부터 항만 지형이 되는 것이다.

환경결정론이라고 하면 고등학교 지리 교과에 소개된 독일의 지리학자 **라
첼**(F. Ratzel)을 떠올릴 독자분들이 있을지도 모른다. 라첼 역시 지리학에서
의 법칙정립을 추구하였다. 이같은 학파에는 분명 자연환경에서 원인을 찾
았던 학자들도 있었지만, 동시에 라첼은 공간에 잠재해 있는 논리 자체에서
경제·사회현상의 공간적인 이질성을 설명할 논리를 찾았다. 이런 점에서,
라첼을 '환경결정론자'로 단정하는 것은 분명 타당하다고 보기 어렵다.

환경결정론에 경제학 등 여러 분야의 사회과학의 논리가 결여되어 있다
는 반성을 기초로, 독일의 경제지리학계에는 자연과 사회가 '상호작용'한다
는 논의와 더불어, 이같은 논의에 토대한 '변증법적 상호작용'이라는 관점
이 생겨났다. 이러한 흐름을 이어받은 독일 공산당의 이론가 **비트포겔**(K. A.
Wittfogel)의 업적은, 2차대전 이전의 일본에서 가장 먼저 비판지리학*을 제
창하였던 이론가의 한 사람이었던 니시카와 마사아키(西川正鑑)에 의해 일
본어로 번역되었다(Wittfogel, 1933).

환경결정론과는 상이한 방향에서 경제지리학을 법칙정립적인 과학으

로 정립하려는 움직임은, 19세기 이후 **폰 튀넨**(J. H. von Thünen), **베버**(A. Weber), **크리스탈러**(W. Christaller)라는 세 사람의 독일 학자에 의해 이루어졌다. 그 중에서도 튀넨과 크리스탈러의 경제입지론은 자연환경의 공간적 차이를 철저히 사상(捨象)하였다. 이들의 논의는 사실상 균질한 평면상에서 경제활동이 이루어지는 것을 전제한 것이다. 그리고 이러한 전제를 토대로, 공간 그 자체가 경제활동의 공간적 이질성을 생산한다는 논리에 대해서 설명하고자 한 것이다.

예외주의와 공간이론

경제입지론은 기존의 전통적인 지리학계서 이렇다할 평가를 받거나 한 분야는 아니었다. 왜냐하면 지리학에서는, 서로 다른 계통의 여러 과학들로부터 이론을 차용한 다음 현장에서 총합적으로 실증하는 학문이라고 할 수 있는 **지지학**(chorography)이 장기간에 걸쳐 전통적 지리학계에 뿌리를 내리고 있었기 때문이다. 신칸트주의 철학*에 토대를 둔 지지학의 관점은 독일의 지리학자 **헤트너**(A. Hettner)가 제창하였고, 이후 미국 학계에서 명성을 떨친 지리학자 **하트숀**(R. Heartshorne)으로 이어졌다(Heartshorne, 1957).

또 다른 미국의 지리학자 **셰퍼**(F. K. Schaefer)는 이같은 지지학의 관점을 **예외주의**(exceptionalism)라고 비판하였다. '예외주의'는 하트숀 등의 지리학자들이 주장한, 지리학은 과학의 예외에 위치하므로 스스로의 법칙을 정립하지 않더라도 지역 기술에 전념하기만 하면 학문이 될 수 있다고 간주하는 관점을 정리하여 셰퍼가 만들어낸 조어이다. 셰퍼는 지리학이 예외주의에 머물러서는 안되며, 법칙정립적인 계통과학의 하나로 재정립되어야 한다고 주장하였다(Schaefer, 1976).

이러한 셰퍼의 주장은 소련의 인공위성 발사 성공에 의해 미국의 과학가술이 뒤쳐질 것을 우려하는 교육계의 현실과 맞물려, 미국의 지리학계에서는 1950년대 후반부터 예외주의를 벗어난 법칙정립적 **계량혁명***(quantitative revolution)으로의 급속한 전환이 이루어졌다.

당초 계량혁명은 신고전주의 경제학에서 내건 '합리적 경제인'의 전제를 기초로 여러 가지 공간적인 경제·사회현상을 모델로 삼고, 이를 토대로 논리실증주의*적 추리통계학을 통한 수량적 실증을 시도한 것이었다. 계량혁명 이후 지리학에 토대한 경제·사회이론은, 행동주의*와 맑시즘의 경제·사회이론, 그리고 현상학* 등의 분야에까지 영향력을 넓혀갔다. 이들 이론을 기초로 하면서, 거기에 '공간'의 논리를 차용하여 독자의 공간이론을 발전시켜 나가는 것이 새로운 지리학의 과제가 되었다. 이러한 공간론적 이론의 등장에 있어 특히 주목할 만한 기여를 한 지리학자는, 1973년에 **비판지리학***(critical geography)이라는 새로운 방향성을 제시한 하비(D. Harvey)였다(水岡, 2001).

1960년대 미국 각지에서 고조되었던 민권운동과 베트남 반전운동은 대학원생과 젊은 대학교수들로 하여금 사회문제에 대해서 눈뜨게 하였고, 대안적인 학문의 흐름을 창조하였다. 경제학에서는 오늘날에도 활동을 지속하고 있는 '급진적 경제정치학을 위한 연합(URPE)'가 결성되었고, 지리학에서는 1969년 매사추세츠주의 클라크 대학(Clark University) 지리학부의 대학원생들과 일부 뜻있는 교수들이 진보적 지리학 학술지인 『앤티포드(Antipode)』를 창간하였다. **피트**(R. Peet)가 오랜 기간에 걸쳐 편집장을 맡았던 이 학술지는, 하비의 비판적 공간편성이론 구축을 목표로 여러 연구활동 및 관련 활동들을 결합하여, 비판지리학*의 흐름을 세계적으로 확산시키는 중요한 역할을 하였다(☞Column13).

이렇게 해서, 1970년대 이후 해외의 지리학연구는 공간이론의 탐구와 비판지리학을 축으로, 한층 심화·발전되어 갔다.

일본의 경제지리학: '지역구조론'의 문제

일본에서는 전후 민주화 과정의 흐름 속에서, 전통적 지리학 중심의 일본지리학회에 비판적인 지리학자들이 1954년 **경제지리학회**(The Japan Association of Economic Geography)를 창립하였다. 하지만 1970년대에 접어들면서 일본 경제지리학회의 비판적인 입장은, 해외에서 활발히 전개된 비판지리학의 흐름에 제대로 부응하는 모습을 보여주지는 못했다. 오히려 한 나라의 경제활동에 대한 '지역적 분업체계'를 균형론적인 '변화-할당 분석기법*'과 경제입지론, 그리고 기업경영자의 관점 등을 원용(援用)하는 한편, 전통적인 기술방법으로 지역을 기술하고자 하는 방법론인 **지역구조론**(☞ pp.477-8)이 태두하여 경제지리학을 중심으로 그 실천적 적용이 이루어졌다(☞Column 2). 이런 가운데, 일본 학계는 경제지리학의 국제적인 연구동향으로부터 크게 뒤처지게 되었다. 오늘날에는 오히려 우리 일본의 연구자들보다도 대한민국, 타이완, 싱가포르, 중국, 홍콩 등 다른 아시아 국가들의 경제지리학 연구자들이 공간이론 연구의 국제적 흐름에 대해서 더욱 열심히 공부하여, 국제 학술대회에라든가 공동연구 등에 훨씬 적극적으로 뛰어들고 있다. 세계 학계는 커녕 아시아에서조차 일본 경제지리학의 입지와 위상이 추락하고 있는 현실은, 실로 심각한 문제다.

세계 경제지리학계의 새로운 연구동향

새로운 세기를 맞이하여 20세기 후반의 경제지리학을 돌이켜보는 한편 오늘날의 연구과제를 전망하는 일련의 저작물이, 해외에서 출간되었다. 리(R. Lee)와 윌리스(J. Willis)가 편저한 『경제의 지리학』, 클라크(C. Clark) 등이 편저한 『옥스퍼드 경제지리학 핸드북』, 세퍼드(E. Sheppard)가 편저한 『경제지리학 입문』과 같은 책들이 바로 그것이다.

세퍼드는 『옥스퍼드 경제지리학 핸드북』에 수록된 논문에서, 오늘날 경제지리학의 새로운 연구동향을 다음의 2가지 유형으로 요약하였다. 첫째 유형은, 크루그먼(☞pp.477-8)과 포터(☞pp.344-6) 등의 경제학자 및 경영학자에 의한 '공간집적의 경제를 모델화할 수 있는 새로운 수리이론의 개발을 통한 경제지리학의 재발견' 내지는 **신고전주의 경제학의 지리학적 전환**이다. 둘째 유형은 "문화적 실천으로써의 정체성, 의미, 상징'의 과정을 강조하는 광범위한 문화적 전환(cultural turn)'의 일환으로, '경제주의적인 이론을 배제한 정성적 이론의 언어와 연구방법'을 통한 **경제지리학 연구의 문화적 전환**이다(Clark et al., 2000: 99-100).

이 두 가지 유형의 연구동향은 사실 어느 쪽도 완전히 새로운 것이라고 보기는 어렵다. 첫째, 크루그먼의 주장을 살펴보면 상술한 경제입지론, 그리고 전후 미국에서 발전했던 **이사드**(W. Isard) 등의 '지역과학'이 형태만 바꾸어 재등장한 측면을 다분히 발견할 수 있다(☞p.323). 경제지리학자들 중에는 크루그먼의 산업집적론을 '무료한 데자뷰의 감정을 불러일으키는' 것으로 비판하는 학자들도 있을 정도이다(Martin, 1999: 70).

둘째, 경제지리학의 문화적 전환은 영어권 학계에서 발전해온 비판지리학*의 논리를 경제지리학에 그대로 가져온 측면이 있다. 비판지리학은 공간이론의 생산을 시도하는 가운데, 점차적인 포스트모더니즘* 연구와 문화연구(cultural studies)* 등에 천착하면서 문화론적 색채를 띄게 되었다. 이것이 크랭(P. Crang)에 의해 경제지리학의 새로운 조류로 자리잡게 되면서 국제적으로 정착해온 것이다.

공간이론에 초점을 맞춘 경제지리학

앞서 살펴본 두 가지 유형 가운데, 두 번째 유형의 동향에 대해 한층 상세하게 알아보도록 하겠다. 크랭은 이러한 경제지리학의 문화적 전환에 대해서 4가지 입장을 제시하였다(Lee&Wills, 1997: 3-15). 즉, ① 포스트모더니즘* 이해를 위하여, '유연한 축적' 이론의 활용 등 경제를 문화의 영역으로 가져와서 문화를 이해하고자 하는 것, ② 모든 유형의 문화과정에 잠재해 있는 '경제'를 읽고자 하는 것, ③ 어떤 장소의 문화 속에 경제를 위치시켜, 문화를 통해 경제를 표상하려는 것, ④ 문화의 생산과정에서 경제적인 요소를 인식하고자 하는 것의 4가지인 것이다. 이같은 4가지 입장은, 경제지리학이 문화연구와의 접점(interface)*을 적극적으로 의식하기 시작했다는 사실을 의미한다.

앞서 언급한 2가지 유형의 경제지리학적 전환은, 분명한 공통점을 가진다. 즉, '지리학적 전환'은 신고전주의 경제학에 공간을 도입하려는 시도이며, '문화적 전환'의 경우에는 문화지리학과 사회지리학의 분야에서 축적해 온 사회공간의 여러 개념들을 경제지리학에 도입하여 결과적으로는 경제지리학을 한층 공간화하고자 하는 시도인 것이다. 두 유형 모두 공간과 경제·사회와의 관련성을 가진 학문영역을 강조하려는 시도이며, 그에 의한 경제지리학의 개념화 및 이론화가 이루어지고, 내용이 한층 풍부해질 것으로 예측된다.

최근 들어 '글로컬' 등의 용어가 유행하고 있지만, 2개의 용어를 짜맞추는 것만으로는 본질적인 문제에 접근할 수 없다. 필요한 것은, 글로벌 안에서 로컬이 생산되고 재생산·강화되는 메커니즘을 공간의 논리를 기초로 해서 밝혀 나가는 작업이다. 2가지의 이론적 방향에 토대하여 공간에 초점을 명확히 맞춘 오늘날의 경제지리학과 사회지리학은, 이제 그 메커니즘을 밝히기 위한 노정에 올랐다.

과제 5. 글로벌 안에 로컬이 있고, 로컬 안에 글로벌이 있다는 상황을, 주변에 있는 동료나 지인들로 하여금 떠올리게 해보자. 그리고 '공간'이 그와 어떻게 관련되어 있는가에 대해서 생각해보자. 나아가, 본서의 2장부터 전개되는 내용을 이러한 문제의식을 마음에 새긴 채 읽어나가 보자.

일본의 전통적 경제지리학과 예외주의

산업집적은 오늘날 일본의 경저지리학계에서도 높은 관심을 브이고 있는 주제이다.

하지만, 일본에서 행해지는 전통적 경제지리학 연구는, 본문(☞pp.80-81)에 언급된 새로운 연구동향을 토대로 이루어지고 있는 해외의 경제지리학과 명칭은 동일하지만, 상당히 이질적인 위치에 서 있다.

전통적인 경제지리학 분야에 몸담아온 다수의 연구자들은, 지리학자들이다. 정보화가 진전된 오늘날, 하트숀 계열 지리학자들의 존재의의는 사실상 희박해졌다. 하지만 학교 교육에 '지리'가 존재하기 때문에, 교원양성이라는 존재기반 위에 예외주의 지리학(☞pp.78-9)이 명맥을 이어왔다. 오늘날에도 국립대학의 사범계열 학부, 그리고 도쿄학예대학, 오사카교육대학 등 교육대, 교원대 계열 대학들의 대부분이 지리학 전공의 교수진을 두고 있다는 사실은, 일본 지리학의 현실을 잘 보여주는 사례라고 하겠다.

이들 대학이나 학부의 지리학 교과과정에서는 경제이론과 사회이론이 계통적으로 다루어지지 못하고 있으며, 그 대신 예외주의의 입장에서 답사나 현지조사가 중시되고 있다. 하지만 경제지리학 및 사회지리학에서 다루는 것은 분명 경제·사회현상이다. 이처럼, 사회과학의 이론적 기초가 불충한 상황에서 타분야의 접근방식을 차용하여 경제·사회현상을 다룬다는 기묘한 학문적 관습이, 전통적 지리학계에 깊이 뿌리내리고 있다.

하트숀으로 대표되는 지지학이라는 틀 안에서 전통적인 지리학자들이 하나의 지역에 존재하는 여러 요소들을 적당히 긁어모아 기술하는 방법론을 기초로 하여, 연구자들이 구체적으로 어떤 대상에 초점을 맞추었느냐를 기준으로 하위 분야를 분류해둔 것을 '계통지리학'이라고 부른다. 문화현상을 대상으로 하면 '문화지리학', 사회현상을 다루게 되면 '사회지리학'이 되는 것이다. 이와 마찬가지로, '경제지리학'은 전통적 지리학 중에서 산업을 중심으로 한 분야를 기술하는 분야로 자리잡게 된다. '경제지리학' 중에서도 '공업지리학', '농업지리학', '상업지리학' 등의 분야가 생겨난다. 이외 같은 예외주의적 의식이, 오늘날에도 일본의 전통적 지리학의 흐름을 기본적으로 형성하고 있다.

대학에서 이같은 지리학 교육을 받은 학생들 중 일부는 졸업 후 지지 중심의 내용을 가진 학교교육(초 · 중 · 고등학교)의 지리교사로 일하게 되고, 또 다른 일부는 대학에서 지리학 연구자의 길을 가게 된다. 하지만 이같은 지리학 연구자들의 업적은 인접 분야의 사회과학자들로부터 무시되는 경우가 다반사이다. 이러한 현실에 분노하는 지리학자들도 있지만, 일본의 지리학의 현실을 살펴보면 사회과학으로써의 수준이 낮고, 다른 분야에서 차용한 논리를 재가공하는 형식의 연구가 주를 이루는 탓에 독자성도 낮은 탓에, 진퇴양난의 어려움에 처해 있는 상황이다.

무엇보다도 일본에서의 '경제지리학'이 갖는 독특한 맥락과 환경을 언급할 필요가 있다. 경제지리학은 가치중립적 현상기술 위주의 전통적 지리학에 대한, 비판적 입장의 지리학을 대변하는 용어이기도 했다. 일본은 여러 자본주의 국가들 중에서도 가장 오랜 비판지리학*적 전통을 가진 나라이다. 2차대전 이전부터 구 소련 및 독일 공산당[3]의 영향을 받아 비판적 지리학의 연구가 이루어졌으며, 1954년 창립된 경제지리학회는 세계에서 가장 먼저 조직된 비판지리학 연구단체이다.

1970년대부터, 경제지리학의 새로운 연구동향이 영어권을 중심으로 하

---

3) 1차대전 종전 후 1933년 나치스 집권기까지 활발히 활동했던 독일의 공산당을 일컫는 말(역주).

여 전 세계적으로 발전하기 시작했다. 그러나 일본의 경제지리학계는 '지역구조론'(☞p.52)에 경도되어, 새로운 국제적 연구동향을 습득할 자유로운 학문적 분위기가 충분히 형성되지 못하였다(Mizuoka, 1996). 또한 크루그먼의 '신경제지리학'의 경우만 보더라도, 경제지리학회는 그것을 이래하여 창조적으로 발전시킬 수 있을 정도의 학문적 축적과 역량조차 갖지 못하였다. 그러면서도 '경제지리학'이 사회과학으로써 관심을 모으게 된 것을, 자기 학회에 대한 관심이 고조되는 것으로 착각하는 수준이었다.

일본 경제지리학회(사무국: 도쿄학예대학)는 이처럼 예외주의에서 크게 벗어나지 않는 업적을 아직도 일본 국내의 협소한 전통적 지리학계를 상대로 재생산해오고 있는 것이다.

〈미즈오카 후지오〉

참고문헌

Wittfogel, K. A., 1933, 西川正鑑 訳補, 『地理学批判』, 有抗社.

Krugman, P. 1994, 北村行伸・高橋亘・妹尾美起 訳, 『脱'國境'の経済学』, 東洋経済新報社.

小平邦彦, 2000, 『幾何への誘い』, 岩波書店(岩波現代文庫).

Schaefer, F. K., 1976, 「地理学における例外主義―その方法論的吟味」, 野間三朗 訳編, 『空間の理論―地理科学のフロンティア』, 古今書院.

Stiglitz, J. E., 1994, 薮下史郎・秋山太郎・金子能広 ほか 訳, 『スティぐりッツ入門経済学』, 東洋経済新報社.

――, 1994, 薮下史郎・秋山太郎・金子能広 ほか 訳, 『スティぐりッツ マクロ入門経済学』, 東洋経済新報社.

手塚章 編, 1991, 『地理学の古典』, 古今書院.

Heartshorne, R., 1957, 野村正七 訳, 『地理学方法論』, 朝倉書店.

Barrow, J. D., Silk, J., 1985, 林一 訳, 『宇宙はいかに創られたか』, 岩波書店.

Braverman, H., 1978, 富沢賢治 訳, 『労働と独占資本』, 岩波書店.

Marx, K., 1970, 岡崎次郎 訳, 『直接的生産過程の諸結果』, 大月書店.

――, 1982-83, 資本論翻 訳委員会 訳, 『資本論』第1巻, 新日本出版社.

水岡不二雄, 1992, 「デイブイド・ハ―ブェイ」竹內啓一・正井泰雄 編, 『21世紀の地理学者たち』, 古今書院.

Jammer, M., 1980, 高橋毅・大槻義彦 訳, 『空間の概念』, 講談社.

Clark, G. L., Feldman, M. P., and Gertler, G. S.(eds.). 2000. *The Oxford Handbook of Economic Geography*. New York, NY: Oxford University Press.

Lee, R. and Wills, J.(eds). 1997. *Geographies of Economies*. London: Arnold.

Martin, R. 1990. The new 'Geographical Turn' in economics: some critical reflections, *Cambridge Journal of Economics* 23: 65-91.

Mizuoka, F. 1996. The disciplinary dialectics that has played eternal pendulum swings: spatial theories and disconstructionism in the history of alternative social and economic geography in Japan. *Geographical Review of Japan*(ser. B) 69(1): 95-112.

Sheppard, E.(eds). 2000. *A Comparion to Economic Geography*. Oxfcrd, UK: Basil Blackwell.

일본 경제지리학회 홈페이지(http://wwwsoc.nii.ac.jp/jaeg/)

일본 경제지리학회 홈페이지 카운터 사이트(htp://econgeog.misc.hit-u.ac.jp/gakkai/)

2장

공간의 확대와 공간의 거리 및 위치의 경제와 사회로의 포섭

우리가 난장이였더라면, 정원과 차고가 딸린 고급 단독주택 정도는 사고 남았을텐데! 걸리버 여행기에 나오는 소인국에 온 스즈키씨 가족은 이 점이 안타까울 따름이다. 하지만 스즈키씨 가족 사람들은 난장이들보다 훨씬 체격이 크기 때문에, 난장이 나라의 고급 단독주택에서는 안타깝지만 살 수가 없다. 현실 세계에는 스즈키 가족 정도의 체격을 가진 사람들에게 적합한 주택들이 다수 모이면서 도시권이 형성되고 있다. 스즈키씨는 북적거리는 도심 내부를 떠나 교외에 작은 집을 장만하고, 매일 회사까지 장거리 통근을 하고 있다. 걸리버 왕국을 방문한 스즈키씨 가족은, 거리와 확대라는 속성을 가진 공간의 존재를 새삼 실감하게 되었다.

이 장에서 공부할 내용

본 장에서는 절대공간과 상대공간이라는 원초적 공간의 2가지 속성을 '일점세계'의 경제와 사회에 명시적으로 도입하여, 개별적인 절대공간과 상대공간이 경제와 사회에 포섭되어가는 과정에 대해서 살펴본다.

절대공간도 상대공간도 있는 그대로의 상태로 포섭될 경우에는 경제와 사회와의 사이에 모순이 발생한다. 이 모순을 회피하고 '일점세계'의 경제와 사회를 그대로 관철시키기 위해서는, 경제 · 사회가 여러 가지 공간편성의 요소를 생산하고 원초적 공간에 그것을 새겨넣음으로써 공간을 불균등한 상태로 만들어야만 한다.

이처럼 공간이 경제와 사회에 포섭되는 이론을 공부으로써, 글로벌리즘이 로컬리티*를 필연적으로 산출하게 되는 과정, 즉 공간편성이 불균등화되는 과정을 이해하기 위한 기초를 세울 수 있다. 본 장은 이에 대한 이론을 습득하여 다음 장부터 전개될 논의에 대한 기반을 정립하는 것을 목표로 하고 있다. 열심히 공부해보자.

앞 장에서는 절대공간과 상대공간이라는 원초적 공간의 2가지 속성, 그리고 경제와 사회가 외생적인 요소를 이에 포섭하는 과정에 대한 기초적인 내용에 대해서 살펴보았다.

본 장은 개별적인 절대공간과 상대공간들이 경제와 사회에 프섭되는 과정에 대한 논의를 담고 있다.

원초적 공간이 품고 있는 개개의 절대공간 및 상대공간이 가지고 있는 속성을 경제와 사회가 형식적으로 포섭하게 되면, 모순이 발생한다. 이러한 모순을 회피하고 '일점세계'의 경저와 사회를 그대로 관철시키기 위하여, 경제·사회의 시스템은 공간을 실질적으로 포섭하여 불균등한 이질성을 내포하는 공간편성을 스스로 생산하게 된다.

본 장에서 다룰 과제는 개개의 절대공간과 상대공간에 대한 것으로, 크게 다음의 3가지로 정리할 수 있다.

① 개개의 절대공간과 상대공간이 가진 성질이 경제와 사회의 내부에 자리 잡게 되면서, 어떠한 개별적인 의미를 갖게 되는가?

② 절대공간과 상대공간이 경제와 사회에 형식적으로 포섭되는 경우, 어떤 모순이 발생하는가? 그리고 이러한 모순을 해결하기 위하여 어떠한 공간편성 요소가 생산되어 공간이 경제와 사회에 실질적으로 포섭되는가?

③ 이와 같이 형성된 공간편성의 불균질성은, 그것을 생산한 경제와 사회에 어떠한 반작용을 가져다주게 되는가?

이 3가지 과제를 해결해 과정을 통하여, 글로벌리즘이 필연적으로 산출하는 로컬, 즉 공간편성의 불균등성과 글로벌과 로컬의 접점(interface)*에 대한 관계를 밝힐 수 있는 최초의 실마리를 찾을 수 있다.

본 장에서는 이 3가지의 과제를 'Ⅰ. 절대공간', 'Ⅱ. 상대공간'의 두 부분으로 나누고, 각 절마다 해당 내용을 순차적으로 논하도록 하겠다.

이렇게 해서 본 장은 경제지리학과 사회지리학의 기본을 마련하여, 이어지는 여러 장에서 이루어질 논의의 출발점으로 삼고자 한다. 그런 만큼 많은 관심을 기울여 공부해보자!

Ⅰ. 공간의 확대—절대공간

1. 무한히 연속되는 균질하고 등방적인 공간의 확대

용기로써의 절대공간은 평등하다

절대공간은 끊임없이 이어지는 균질하고 등방적인 확대라는 성격을 갖고 있다(☞pp.64-5).

이러한 공간의 확대는 모든 종류의 경제·사회활동의 기초를 이루는 존립조건이다. 절대공간은 모든 사물, 존재 및 여러 가지 사회적 관계들에 물리적인 발판을 제공한다. 모든 물체를 보편적으로 감싸안는 절대공간이라는 '용기' 없이는, 어떤 경제·사회관계도 성립할 수 없다. WTO회의에는 회의장이라는 공간의 연속성이 불가결한 것이고, 반대파들 역시 마찬가지로 시위를 할 도로라든가 광장이라는 공간의 연속성을 필요로 한다. 절대공간은 어떤 행위나 공간의 연속성도 동일하게 받아들인다.

절대공간에는 등방성이 존재하기 때문에, 절대공간 안에 들어간 주체가 이동하는 방향은 무차별적인 성격을 갖게 된다.

이 등방성이 연속성과 만나면서, 절대공간은 그 안에 포함된 사물을 완전한 균질 상태라는 물리적 관계 속에 위치시키게 된다. 이들 사물은 무제한의 상호작용에 의해 관계지어지고, 균등화되며, 균형화된다. 절대공간 내에 위치한 모든 주체, 그리고 모든 사물들은 그 내부에서 균질화된다.

보편적인 공간의 확대를 어떻게 충용(充用)할 것인가의 여부는, 그 공간을 점유한 주체의 자유에 달려 있다. 절대공간은 어떤 충용형태도 받아들인다. 프랑스 혁명은 왕정을 폐지하여 봉건적, 세습적인 신분차별을 철폐하였고, 모든 사람들의 평등과 민주주의, 그리고 보편적 인권을 설파하였다. 프랑스 혁명의 정신은 '자유, 평등, 박애'로, 이는 오늘날 프랑스 공화국에도 계승되고 있다. 절대공간도 이와 마찬가지로 어떤 주체나 사물이라도 차별없이 우호적으로 따듯하게 감싸안으며, 그 안에 들어온 주체와 사물을 등방성과 연속성의 작용을 통해 완전히 평등화하게 되는 것이다. 이와 같이 절대공간은 프랑스 혁명의 정신이 표상하는 바와 같은 민주주의를 잉태하였다. WTO 주도의 세계화를 지지하는 측과 반대하는 측 모두, 보편적인 용기를 제공한다고 일컬어지는 절대공간의 '박애정신'을 누리고 있는 것이다(☞ pp.429-33, 480-82).

작용공간

경제·사회의 모든 주체는 그것이 딛고 서 있을 공간의 확대, 즉 작용공간(Wirkungsraum)이라는 용기를 필요로 한다. 이 '작용공간'이라는 용어는 『자본론』의 노동과정에 나타나 있는 "토지는 노동자에게는 '설 장소'를 제공하며, 그의 노동과정에 대해서는 작업장소(즉, 작용공간)를 제공하기 때문이다"(資本論 飜 訳委員会, 1982-1983: 309)라는 표현에서 유래한 것이다.

'작용공간'을 필요로 하는 근본적인 이유는, 인간이 신체를 가진 존재라는 사실에 있다. 경제·사회활동을 하는 생물인 인간의 신체는 일정한 공간적인 크기를 가진다. 만일 인간이 개미 만큼 작다면, 집도 토지도 굉장히 작아져야 할 것이다. 지구는 인간의 신체에 비해 훨씬 방대한 규모를 갖는다. 한 가족이 건강하면서도 문화적인 생활을 유지하려면, 집의 크기는 부엌, 거실, 욕실 등이 충분히 들어갈 수 있는 정도가 되어야 한다. 가족이라는 사회집단은 강한 프라이버시를 요구하기 때문에, 그 공간은 가족구성원들에게만 점유되는 것이어야 한다. 한 사람의 사원이 회사에서 효율적으로 업무를 수행하려면, 적어도 사무용 책상 1개가 들어갈 수 있을 정도의 배타적 공간은 보장되어야만 한다. 공장에서는 노동자 뿐만 아니라 기계설비를 설치할 공간도 필요로 한다. 농업에서는 작물의 생육이 순조롭게 이루어질 수 있는 경지가 확보되어야 하므로, 농업의 생산공간 역시 배타적인 점유가 요청된다. 더욱이 스키나 골프와 같은 레저활동의 경우 역시, 그 시설을 경영하는 자본이 공간을 배타적으로 점유하고 고객으로부터 요금을 징수하는 것이다(☞p.281).

이상에서 살펴본 내용은, 어떤 주체가 일정한 면적 만큼 확대되는 공간을 점유하게 되면 그 외의 주체는 더이상 그것을 점할 수 없는 것을 뜻하는 배타성(exclusivity)을 내포한 공간점유의 관계에 관한 것들이다. 충용될 필요가 있는 공간의 확대를, 경제·사회활동의 **면적수요**(面積需要: Flachenanspruche)(Jammare et al., 1982: 28)라고 한다.

독일의 국가학에서는 근대국가의 성립조건을 '영토, 국민, 주권'으로 설명하였다. 근대국가는 '명확한 영역성'이 없이는 존재할 수 없다(西井, 1998: 98)(☞pp.147-8). 따라서 국가가 국가 영역의 관할권에 기초한 작용공간을 확보한 다음에야, 일상적인 경제·사회활동이 영위될 수 있는 것이다.

또한, 작용공간은 시간성을 수반하는 경우도 있다. 열차의 좌석, 강의실, 정기차지권(定期借地權)[1]이 부여된 토지 등이 대표적인 사례이며, 이 경우

---

1) 일본의 토지 임대제도의 하나로, 토지 주인에게 일정기간 토지를 임대받고 그 임대료를 토지 주인에게 지급하는 형태(역주).

일정한 시간 내에서만 작용공간이 배타적으로 점유된다.

행위공간

이러한 작용공간의 시간성은 극단적으로 짧은 기간 내에서만 효력을 갖는 경우도 있다. 교통·통신의 영향으로 특정한 주체에 의한 계속적인 점유가 이루어지지 않는 작용공간을 **통행공간(통행권**, right of way)이라고 하며, 그것의 연속성이 절대공간의 확대라는 성격을 갖지 못하는 경우를 **행위공간**(Aktionsraum)(Meyer *et al.*,1982:61)이라고 한다. 예컨대, 노동자가 직장과 자택 사이를 오가는 공간인 '통근권'(☞pp.336-43)은 '도심을 중심으로 한 반경 50km의 원'이라는 일정한 범위의 확대된 평면을 갖고 있다. 이 확대된 평면의 내부에는 통행용지가 확보되어야 하지만, 그러한 통행용지를 점유하는 주체는 부단히 교체된다. 차량이 정류하기도 하지만, 이는 필요에 따른 최소한의 일시적인 행위에 불과할 뿐이다.

유목민의 경우 가축들을 방목하면서 다수의 목동들과 가축들이 여러 공간을 자유롭게 출입한다. 이와 같은 공간의 공유(☞p.54)에 있어서도, 공간은 행위공간에 근접한 성질을 띄게 된다. 또한 국제법에는 선박이 외국 영해를 연안국의 평화, 질서 또는 안존에 피해를 주지 않는 한 그 영해를 통항(通航)할 수 있는 권리인 무해통항권을 인정하고 있으며, 이는 해운에 있어서 행위공간의 존재를 보여주는 것이라 하겠다.

화폐와 재화는 일정 공간의 범위에서 유통되지만 그 공간을 계속적으로 점유해야 하는 것은 아니기 때문에, 시장 경제에 있어서의 유통의 공간 역시 행위공간이 된다.

작용공간 및 행위공간에 대한 권리의 획득

작용공간의 배타적 충용이 이루어지지 않으면 신체 그 자체가 존재할 수 없고, 개개의 신체들이 모여서 이루어진 집단 역시 존재할 수 없게 된다. 분업에 토대한 행위공간이 자유롭지 못하게 되면, 개별 주체는 그 필요성을 충족할 재화와 서비스를 확보할 수 없게 된다. 이러한 의미에서, 공간의 점유와 이용은 개별 주체와 집단에 있어 그 신체성의 존재가능성으로까지 거슬러올라가는 기본적인 권리라고 할 수 있다.

어떤 특정한 공간을 개별 주체나 집단이 장기간에 걸쳐 계속적으로 배타적 점유를 하게 되면, 그러한 주체 또는 집단이 그 공간에 대해 갖게 되는 관행적인 권리가 발생한다.

어떤 국가(☞p.147-8)에도 속하지 않는 **무주지**(無主地: terranulllius)를 발견하는 것만으로 국가가 그에 대한 권리를 주장할 수는 없다. 하지만 그 지역에서 어떠한 경제주체가 장기간에 걸쳐 경제활동을 행하여 실효지배를 하게 되면, 그 경제주체가 소속된 국가는 해당 무주지에 대한 권리를 주장할 수 있게 된다. **영역권원**(領域權原: territorial title)*은 이런 과정을 통해서 획득된다. 그렇다고는 하지만 '무주지'의 개념은 서구 열강의 식민지 획득을 국제법상으로 정당화하기 위해 만들어진 것이기 때문에, 선주민에게는 작용공간에 대한 권리를 인정하지 않는 **서구중심주의**(Eurocentrism)적인 것이기도 하다. 애당초 무주지였던 지역의 경우와는 달리 선주민이 공간을 점유하고 있었던 경우에는, 서구 열강이 그 영역권원을 획득하기 위하여 선주민을 살육하여 소멸시키는 **민족정화**(ethniccleansing)의 방법을 동원하거나, 아니면 그들을 피압박민족으로 지배(☞p.143-4)하였다.

시장경제를 토대로 경제주체가 그 면적수요에 걸맞는 작용공간에의 권리를 획득하려면, 화폐로 지대를 책정하고, 상이한 경제주체를 배제하며, 그 권리를 얻기 위해 경쟁할 필요가 있다(☞pp.222-7). 작용공간에 대한 권리는 인간의 본원적인 신체성에서 나오는 것이 아니라, 화폐의 힘에 의해 결정된다. 이러한 비용을 고려해보면, 작용공간의 충용은 될수있는 한 최소화하는 것이 유리하다. 이런 과정을 통해서, 경제와 사회의 작용공간에 대한 권리는 시장경제의 토대 위에서 경제와 사회의 '필요악'으로 전환된다.

행위공간에 대해서 살펴보면, 경제요소나 주체, 집단 등의 흐름이 일어나기 위해서는 대중 전체가 통행용지에의 공유적 권리(public right of way) 내지는 그것을 실제 통행하기 위한 대중교통수단 사용권리를 획득해야만 한다. 작용공간과는 반대로, 이같은 흐름이 이루어지는 장소에서의 배타성 제거와 교통권 획득이 공간에 대한 권리획득의 방법이 된다(☞pp.186, 488-9).

시장의 행위공간과 절대공간의 관계

행위공간에는 통근·통학권, 통혼권(通婚圈), 시장공간 등이 있다.

시장공간에 있어 화폐(☞column ③)는 상품가치의 척도인 동시에 거래수단이기도 하다. 거래수단으로서의 화폐는 상품유통을 특정 공간과 시간으로부터 분리시켜 보편화하고, 상품이 시장이라는 행위공간 속에서 자유롭게 유통될 수 있도록 한다.

화폐가 상품거래의 수단으로 확립되면서, 물물교환의 필요성은 사라진다. 어떤 상품의 소유자는 자신이 요구하는 다른 상품의 소유자, 즉 교환상대와 직접 대면하지 않아도 되는 것이다. 또한 화폐가 있으면, 판매와 구매가 동시에 일어나지 않아도 된다. 이렇게 형성된 시장의 행위공간에서는, 의복생산, 철강생산 등 각 경제주체가 관여된 구체적인 노동이 모두 추상화된다. 즉, 탈인격화된 인간노동이 체화된 보편적인 '가격'으로 치환되는 것이다. 이러한 과정에 의해서, 상품이 생산과정에서 획득한 구체적 속성은 증발해버린다. 생산의 위치 역시 이와 마찬가지로 결과적으로는 소실되는 구체적인 속성을 가지고 있다. 이처럼 개개의 상품거래에 수반되는 두수히 많은 흐름이 조직화되면서 일어나는 네트워크에 의해 시장의 행위공간이 형성된다. 이것은 위치와 경제주체의 개별성, 구체성을 사상한 절대공간과 유사한 추상적 공간으로 발현된다(☞pp.217-9).

시장의 행위공간을 구성하는 시장경제의 사상(思想)은, 제3신분을 구성하였던 상인과 수공업자들의 '경영의 자유와 권리'를 지지하는 프랑스 혁명의 이념이기도 하였다. 시장에 있어 이러한 자유는, 화폐라는 '투표용지'를 활용한 경쟁 메커니즘의 가운데에서 균형을 지향한다. 이와 같이, 원초적인 절대공간의 성질과 추상적 인간노동의 보편성을 가진 시장의 추상적 공간의 성질에는 상통하는 측면이 있다.

하지만, 추상적 공간에서는 균형의 과정을 담당하는 매개가 화폐라는 점에서 문제점을 찾을 수 있다. 고액의 화폐를 보유한 경제주체는 그 만큼 많은 수의 '투표용지'를 보유한다. 이로 인해 개개의 시장주체들은 시장에 참가하여 화폐를 확보하려는 노력을 하지 않는다면, 균형을 추구하는 경쟁에 대한 참가자격조차 얻지 못하게 된다. 이렇게 해서 추상적 시장의 행위공간에서는, 화폐를 가진 사람들이 그렇지 못한 사람들에게 탈인격적인 강제력을 부가하는 존재가 된다. 이런 점에서, 시장의 추상적 공간과 원초적인 절대공간은 분명 이질적인 존재라고 할 수 있다.

신보수주의가 찬양하는 이같은 종류의 행위공간이야말로, 프랑스혁명기와는 비교할 수도 없는 오늘날 세계화의 흐름 속에서 금융인 오브라이언이 '지리의 종언'으로 명명한 경제공간에 다름 아니다. WTO와 IMF는 '지리를 종언'시켜 이같은 추상적 공간을 점점 강화시키기 위해, 관세장벽을 제거하고 전 세계가 동일한 시장경제의 경제조직을 채택하도록 하여, 재화와 화폐를 아무런 제약을 받지 않고 전 세계에서 유통시킬 권리를 확보하는 한편, 시장의 '보이지 않는 손'이 전 세계에 보다 완전한 형태로 작동할 수 있도록 시도하고 있다(☞pp.215-7).

이처럼 시장의 추상적 공간이 절대공간의 확대라는 속성을 지배하게 되면, 공간에 대한 구체적인 신체적, 인격적인 권리는 모두 화폐토 표현된다. 즉, 그같은 권리가 인간에게 있어 외재적인 화폐의 추상성이 지배하는 탈인격적인 권리로 치환되는 것이다(☞p.253-4).

과제 1. 이같은 시장의 추상공간에 대한 비판과 반성에서 최근 '공동체(지역) 통화'라는 시도가 각지에서 이루어지고 있다(☞pp.384-5). 본 절에서는 이러한 공동체통화에 대하여 검토하는 한편 그에 관한 행위공간에 대해서 살펴보았다. 이는 화폐가 지배하는 글로벌한 추상공간의 모델과는 어떠한 점에서 상이한지, 행위공간에 대한 권리를 재정립하려는 시도에는 어떠한 것들이 있는지, 그리고 이같은 시도에 대한 방해요인으로는 어떤 것들이 있는지 생각해 보자.

2. 공간의 경계짓기 작용에 의하여 내부가 균질화된 '영역'이 성립한다

● 절대공간의 형식적 포섭과 실질적 포섭

형식적으로 포섭된 절대공간의 부정적 효과

있는 그대로의 모습으로 경제 · 사회에 형식적으로 포섭된 절대공간은, 우선 경제주체와 집단, 그리고 시장기구 그 자체에 그들의 존재를 보장할 수 있는 용기를 제공한다. 그런 한편으로, 그 연속성 안에 위치한 사물과 사회관계가 균질화되는 방향으로 나아가게 만드는 절대공간의 성향은, 경제와 사회에 부정적으로 작용하기도 한다.

개개의 경제 및 사회주체와 사회집단은 그들 나름의 독자적인 조직을 갖고 있다. 이들은 자신의 독자성과 특성을 항상 유지하려는 경향을 갖고 있다. 그 독자성은 다른 주체나 집단에 의해 침해받지 않는다. 만약 외부의 간섭이 이루어지면, 그 주체 내지는 집단이 가진 성질이 변하게 된다. 이와 같이, 절대공간의 균질화를 추구하는 속성과 경제 및 사회의 주체가 가진 독자성 내지는 특성 간에는 모순이 존재한다.

외부성, 공공재와 절대공간

이러한 절대공간의 연속성은, 물리적인 균질화를 지향하는 경향성을 야기한다. 이는 시장공간의 균형화 과정을 통한 균질화를 지향하는 경향성과는 이질적인 것이다. 이는 시장기구가 절대공간 내부에 존재한다는 착각이 유발된다는 사실로부터도 알 수 있다.

앞서 살펴본 바와 같이(☞p.71-72), 경제학에서는 이같은 착각을 **외부성**(externalities)이라고 지칭한다. 신고전학파 경제이론은 시장 안에서 모든 균형관계가 성립하는 것을 전제하고 있다. 그러나 절대공간의 균형화를 지향하는 속성과 관계되면서, 시장기구의 외부에서 화폐를 매개로 하지 않는 물적 관계가 경제주체에 부여된다.

외부성을, 공공경제학 교재에 등장하는 항해하는 배와 등대와의 관계에 비유해서 살펴보자. 등대를 운영하려면 유지비가 든다. 한편, 항해하는 선박은 등대가 없으면 조난을 당하여 손실을 입을 위험이 있다. 그렇기 때문에 등대의 운영자는 등대로 인해 편익을 입는 선박들로부터 서비스의 대가를 요구할 수 있고, 또 그래야만 한다. 하지만, 실제로 등대 이용요금을 징수하지는 않는다. 왜 그런가?

서비스 내지는 재화가 연속적인 공간 내부에 있으면, 그 도달범위 안에 있는 주체는 대가의 지불 없이도 그 서비스 내지는 재화를 이용할 수 있는 범위 내에 들어가게 되면서 자연스럽게 그것을 이용할 수 있게 된다. 따라서 등대가 제공하는 서비스에 관한 대가의 지불을 요구할 수 없으며, 시장주체들 간의 거래관계 및 그것을 통한 시장균형으로의 과정은 성립하지 않는다. 절대공간이 가진 균질화 지향성이 시장 본래의 영역 밖에서의 물적 관계를 산출하면서, 시장경제는 잘못 인식되는 것이다.

어떠한 재화가 공공재(public goods)로써 공적주체에 의해 동급되는가를 설명한 공공경제학의 관점을 통해, 절대공간의 물리적 균질화 작용과 시장기구를 통한 균질화 작용이 일치하지 않는다는 문제의 소재가 어디에 있는가를 파악할 수 있다.

뷰캐넌(J. M. Buchanan)은 "어떤 상황의 토대 위에서, 집합적·정부적 공급이 사적 또는 비집합적 공급브다도 효율적일까?"라는 질문을 던지면서, 재화의 '불가분성의 정도'와 재화의 공급에 의한 편익을 입는 '상호관계집단의 규모'와의 관계로부터 그 답을 찾았다(Buchanan, 1974: 178ff).

시장경쟁에서는 재화의 공급이 일어나는가의 여부가 가격수준을 결정하지만, 재화의 물리적 분배가 이루어지지 못하면(불가분성) 가격을 지불하지 않는 주체도 그것의 이용에서 배제되지 않기(☞p.119) 때문에, 경쟁을 통한 가격결정기구 자체가 존재할 수 없다. 또한, 그러한 재화와 상호관계집단이 사회의 구성원 전체를 아우를 정도로 거대하다면, 어떤 주체에 재화를 얼마만큼 분배할 것인가를 결정하는 것 자체에는 의미가 없다. 이같은 재화의 경우, 공급은 정부가 구성원 전체토부터 징수하는 세금을 경우하여 이루어질 수밖에 없다. 상호관계를 가진 집단이 전국적으로 분포하는 경우에는 국세, 그리고 그것이 특정 지역에 해당하는 경우에는 지방세가 재화 공급의 원천이 된다. 이렇게 해서, 정부의 통치에 의한 고차원의 공간이 성립된다.

재화가 '불가분'한 경우는, 재화가 공간적으로 연속되어 있기 때문에 발생한다. '상호관계집단'을 분할할 수 없는 것도, 집단이 공간적으로 연속하여 존재하기 때문인 것이다. 이를 통해서, 형식적으로 포섭된 절대공간이 시장기구를 통한 재화의 생산과 공급을 불가능하게 한다는 사실을 이해할 수 있다.

덧붙여, 경제학자 마셜(A. Marshall)이 산업집적을 설명하기 위하여 사용한 '외부경제'의 개념(Marshall, 1966: 262)은 개별 기업 간의 거시적인 공간적 근접성에서 발생하는 네트워크*를 함의하는 것이기 때문에, 물리적 공간의 확대와 연속성이 야기하는 '외부성'과는 함의하는 바가 다르다.

연속성이 야기하는 경제와 사회의 부정

절대공간의 연속적인 확대라는 속성이 야기하는 재화의 '불가분성' 및 어떤 재화가 제공하는 편익의 수혜자가 증가하는 현상에 의해 시장이 잘못 이해된 문제는, 공공재라는 특수한 재화를 떠올려 보면 해결할 수 있을 것처럼 보인다. 하지만 공공재를 생산했다고 해서 그랜드뱅크와 같은 문제(☞p.54)가 해결되는 것은 아니며, 그 공간적 불가분성은 하딘(G. Hardin)이 **공유의 비극**(Tragedy of Commons)[2]이라고 칭한 현상을 불러일으키게 된다. 이같은 '비극'은, 시장주의 체제 하에서는 '공유지', 즉 공유적 공간의 존재 그 자체를 부정하는 것 외에는 해결책이 없다.

사회집단 역시 절대공간의 연속성으로 인하여 위기에 처하게 된다.

일본 나라(奈良) 시대의 사람들은 율령체제 하에서 '공민(公民)'으로 간주되었으며, 조정에서 조리 제도(条理制)[3]를 토대로 구획해놓은 특정한 '공지(公地)'에 할당된 농노 신분으로 사역당했다. 이러한 억압을 견디지 못한 사람들은 점차 '공지'에서 이탈하여 장원으로 흘러들었다. 이로 인해 율령체제는 경제적 기반이었던 농노를 잃게 되면서 붕괴할 수밖에 없었던 것이다. 이처럼 절대공간의 연속성과 균질화 경향성이 집단을 구성하는 요소들의 공간적 이동을 가능하게 하면서, 사회집단 자체가 붕괴되어 버린 것이다(☞

---

2) 목초지, 어장 등 공동소유 자산의 활용을 둘러싸고 구성원들이 상호 협조와 타협이 없이 각자 개인 이익의 극대화만 추구할 경우, 공익이 훼손되고 결과적으로 개개인의 이익 자체도 훼손되는 현상을 가리키는 개념. 예컨대, 소 500두를 기를 수 있는 일정한 면적의 공유 목초지에 마을 주민들이 사적 이득을 위해 500두가 넘는 소를 경쟁적으로 방목할 경우, 목초지가 황폐화되면서 결국 마을 주민 모두가 손해를 입게 된다는 논리가 여기에 해당함(역주).

3) 고대 일본의 토지 구획 제도(역주).

pp.487-8).

요컨대, 시장과 사회가 절대공간의 연속적인 확대 속에 놓이게 되면, 시장기구도 사회구조도 붕괴해버리고 만다는 것이다. 이것이야말로 형식적으로 포섭된 절대공간과 사회·경제 간의 모순이면서, 절대공간이 경제·사회에 가져오는 부정적 성격이라고 할 수 있는 것이다.

경계짓기에 의한 영역의 생산

이러한 모순을 해결하려면, 절대공간의 연속성이 부정되어야 한다.

절대공간의 연속성을 부정하기 위해서는, 연속성있는 절대공간에 '칸막이'를 인위적으로 설치하는 것이 좋다. 이는 절대공간의 실질적 포섭 과정으로, 이러한 과정을 공간의 **경계짓기**(bounding)라고 한다.

공간에 경계를 지으면, 자원이 각각의 경제주체에 개별적으로 연관되면서 각 주체가 자기책임 하에서 그것을 소유하고 개발·관리하게 되므로, 자원에 대한 남획이나 난개발이 일어나지 않게 된다. 또한 재화 또는 서비스의 판매자와 구매자를 일정한 공간의 범위 내에 둘 수 있게 되므로, 가격을 지불하지 않은 서비스나 재화의 사용이 일어나지 않게 되고 외부성도 발생하지 않는다. 경계짓기된 공간을 생산하는 것은 무제한경쟁으로 일컬어지는 시장의 자유에 대한 공간적 실현인 동시에, '공유의 비극'에 대한 시장주의적 해결이기도 하다. 사회집단의 경우에도 공간을 용기로 간주하여 경계짓기하면, 구성원이 마음대로 공간을 벗어나거나 타지역 사람이 들어오거나 할 수 없게 되어 사회집단의 독립성과 특질이 한층 탄탄해진다(☞ pp.435-9).

이처럼 절대공간의 속성인 무한의 확대로부터 유한한 확대가 도출되어, 시장주체 내지는 사회집단의 독립성을 보장하는 용기로써 충용되는 것이다. 이러한 과정에 의해 도출된 공간은, 여타의 공간들과 비교했을 때 그 공간만의 특별한 경제적·사회적 의미를 갖게 된다. 이와 같은 절대적 공간의 구획을 **영역**(territory)이라고 한다.

'영역'은 경제·사회주체 또는 집단이 그 독립성을 유지할 용기를 생산한다는 목적으로 원초적 절대공간을 경계짓기하는 과정에서, 그 안에 담겨 있는 주체와 집단의 특성과 의미를 띠게 된 유한한 범위를 가진 공간이다. 일단 영역이 생산되면, 보편적인 균질화의 성향 등 원초적인 절대공간의 성질(☞pp.64-5)은 정해진 영역의 범위 내에서만 작용하게 된다.

사회집단, 경제집단 모두 영역을 생산하며, 집단구성원 또는 여러 경제요소들을 그 영역 안에 가두면 사회집단 내지는 경제주체의 성격과 조직을 한층 순수하게 보존할 수 있다. 시장주체를 가두어둔 영역이 생산되면, 경제주체는 물리적 독립성을 확보하고 외부성의 영향을 최소화할 수 있다.

어떤 영역의 내부는 다른 영역과 대조했을 때 한층 높은 균질성을 가지며, 그 영역 내에서의 경제·사회관계는 타 영역에 비해 보다 강한 완결성을 보여준다.

이러한 점은 사람들의 심상지리(心象地理)(☞p.247-8)에도 영향을 준다. 긴장되고 피곤한 장거리 운전을 하다가 운전이 어느 정도 끝날 즈음이 되어 자신에게 익숙한 지역에 진입했다는 사실을 보여주는 도로표지판을 보게 되면, 자택까지는 아직 100km이상 남았음에도 불구하고 일순간 숨이 탁 놓이는 기분이 드는 것은 무엇 때문일까? 그리고 행위공간에 대해서 살펴보면, 물리적 거리는 훨씬 먼데도 사람들은 동일한 영역 내부에서 행위를 완결짓고 싶어하는 경향이 있다. 우리는 '영역'을 단위로 하여 그 내부를 친화적으로 파악하고, 외부의 이질적인 영역은 그에 비해 소원하게, 때로는 적대적으로 파악하는 형태로 공간을 인식하는 것이다(〈그림 2-1〉).

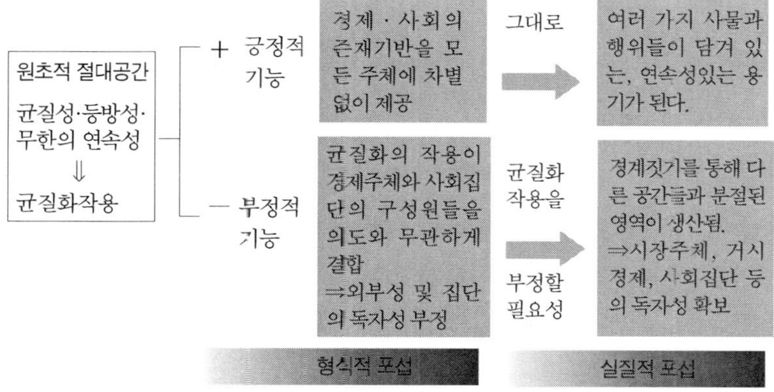

이와 같이, 원초적인 절대공간은 무수히 많은 수의 경계짓기된 영역들이 모자이크를 이루는 형태로 변환된다. 이는 르페브르(H. Lefebvre)가 제안한 개념인 **집합적 절대공간**(collective absolute space)을 통해서도 살펴볼 수 있다.

영역은 경계지어진다

행위공간 안에 시장공간이라는 경제공간이 존재한다는 사실은 이미 살펴본 내용이다. 작용공간 역시 공간의 영역화를 통해 경제공간이 되어 추상적 공간으로 자리매김한다(☞p.253-4).

다이코겐치(太閤檢地)[4] 이래 일본에서는 공간의 확대 개념이 '고쿠다카(石高)'[5]라는 통일된 경제적 기준으로 측정되었으며, 이는 다이묘(大名)[6]의 지배력을 경제적으로 상징하는 것이기도 하였다. 메이지 시대에 행해진 지

---

4) 16세기말 다이코(太閤: 중세 일본에서 섭정 또는 최고위 관직을 일컫는 용어-역주)를 지낸 도요토미 히데요시(豊臣秀吉)가 전 일본의 토지를 대상으로 실시한 토지조사(역주).

5) 에도 시대 쌀로 지급하던 무사들의 녹봉 분량. 또는 무사들의 영지의 연간 곡식(주로 쌀) 수확량(역주).

6) 광대한 영지와 많은 가신·수하들을 거스린 무사들의 우두머리로, 중세 일본의 봉건영주 역할을 수행하였음. 일반적으로 연공 1만 석 이상의 영주를 지칭함(역주).

조개정(地租改正)에 의해 에도 시대까지 입회지(入會地)[7]로 취급받으며 현지인들이 공유적으로 이용해오던 광대한 임야와 벌판이 '국유지'로 간주되어 경계가 지어졌고, 그 안에 있던 목재와 수자원 등의 천연자원들은 국가의 손에 의해 무상으로 수탈되었다(☞p.277-8). 공간의 사적 소유 의식을 충분히 갖지 못했던 원주민들이 영국에 의해 식민화된 과정을 살펴보면, 원주민의 광대한 토지가 관유지(官有地: Crown land) 등의 명목 하에 식민지 정부에 의해 일방적으로 수탈당한 역사를 찾아볼 수 있다. 공간은 이와 같이 시장에 편입되고, 이어서 지대 메커니즘(☞p.225-30)에 의해 경제적 거래의 대상인 상품이 된다. 국가영역도 마찬가지로 거시경제를 담는 '부의 용기'(☞p.153)로 경제화된다.

경계

경계지어진 선으로 접한 2개의 영역은, 그들의 지배주체가 합의한 위치에 설정된 **경계**(boundary)(☞p.144)에 의해 구분된다.

경계는 지도상에만 표시된 제도에 불과한 것으로 볼 수도 있겠지만, 철조망이나 담장 등에 의해 구획되어 교류를 물리적으로 차단하는 것이기도 하다.

경계의 물리적 존재양상은 그 영역이 놓여 있는 경제적·사회적인 **관계성**(contextuality)의 표명인 동시에, 관계성을 규정하는 수단이기도 하다.

특히 국경은 이러한 경계 중에서도 상이한 주권자가 배타적으로 충용하는 국가, 내지는 다른 종주국을 가진 식민지의 상호 영역을 구획하는 도구이다. 국경은 개척지와 미개척지의 경계선을 일컫는 frontier가 영역 국가의 범위를 구획한 경계를 일컫는 boundary로 변화하는 과정을 통해서 자생적으로 형성된 경우, 그리고 옛 식민지의 경계가 독립 후에도 그대로 국경의 구실을 하는 경우가 있다(☞pp.150-51).

---

7) 한 지역의 주민이 공동으로 이익을 얻을 수 있는 산야나 어장 따위의 지역(역주).

한 국가의 하위 스케일에 위치하는 행정구역의 경계는 제도적인 수준에 머물고 있다. 이는 국가영역의 굳건한 통합을 지향하는 것이 반영된 것이라고도 하겠다. 행정구역의 경계어는 대개 물리적인 장벽이 설치되어 있지 않다. 국경의 경우에도, EU로의 통합이 진행되고 있는 서유럽(☞Column 6)에서는 셍겐 협정(Schengen Convention)[8] 가맹국들 상호간에 국경검문을 실시하지 않는다. 파리를 떠난 국제열차는 여권검사 없이 그대로 브뤼셀역 플랫폼에 진입한다.

하지만 일찍이 자본주의와 사회주의라는 두 개의 체제의 경계이기도 했던 구 동서독 사이에는, 동독 정부에 의해 월경자를 발견즉시 사살할 수 있는 권한을 부여받은 군 병력이 배치되는 한편 지뢰가 설치되었다. 중국의 경우 일국가 이제도의 원칙에 토대하여, 동일 국가 영역이지만 사회주의 체제의 본토와 자본주의 체제의 홍콩특별행정구 사이에 검문소를 설치해 사실상 국경이나 다름없는 삼엄한 통제를 하고 있다. 게다가, 로스엔젤레스의 어떤 거주지는 성벽과도 같은 울타리를 설치하여, 그 내부에 거주하는 사회집단의 동질성을 물리적으로 유지하려는 시도를 하고 있기도 하다(☞제 11장 과제 3).

경계의 물리적 성질은, 경우에 따라서는 통과를 허용한다

무엇보다도, 아무리 견고한 경계를 구축한다고 하더라도 그것을 통해 모든 교류를 완전히 차단하기는 어렵다. 경계를 뛰어넘어 연속성이 되돌아올 가능성은 상존한다.

충분할 정도로 견고한 물리적 경계가 구축되지 못하는 것은, 무엇보다 경계의 구축과 유지 그 자체에 비용과 노력이 소요되기 때문이다. 앞서 언급한

---

8) 독일(서독), 프랑스, 네덜란드, 벨기에, 룩셈부르크 5개국이 1990년 6월 19일 룩셈부르크 셍겐 마을 부근의 선상(船上)에서 국경 관리 폐지를 조인한 협정. 1995년 3월 26일자로 발효됨(역주).

등대의 예(☞p.100)를 놓고 보면, 깊은 바다에 경계선을 물리적으로 설치하는 것은 불가능에 가깝다. 철도의 경우 고성능의 자동개찰기를 통해 무임승차를 완벽에 가까울 정도로 차단할 수 있을지는 모르나, 일반도로의 경우 교통 서비스의 제공자가 수익자를 공간적으로 구획하여 요금을 지불한 사람만 도로에 물리적으로 접근할 수 있도록 하는 것은 자금징수를 위해 소요되는 비용이 요금징수를 통해 얻는 경제적 이익을 웃돌게 되어 결과적으로는 경제적인 어려움을 불러올 것이다. 이와 같은 경우, 영역의 경계는 개방할 수밖에 없을 것이다.

경계가 물리적으로 구축되지 않으면, 영역은 침범된다. 판매자와 구매자를 동일한 영역 내에 들어가도록 할 수 없기 때문에, 외부성이 발생한다. 사회적인 측면에서도, 티베트 난민들이 중국의 억압(☞p.165)으로부터 도피하면서 물리적 국경 구축이 곤란한 히말라야 산맥의 능선을 넘어 인도 등지로 이동해왔던 것이다.

영역을 물질적 · 제도적으로 유지하기

당연한 이야기이겠지만, 아무리 견고한 물리적 경계를 구축하더라도 그 존재를 어느 한편이 인지하지 못하거나 또는 어느 한쪽이 경계선의 변경을 실력으로 강행하는 경우에는, 영역의 침범이 일어나 그 경계가 포함하고 있는 경제 · 사회조직의 동질성이 손상된다.

그런 까닭에, 영역의 배타적 점유가 장기간에 걸쳐 안정적으로 이루어지려면, 경계의 정확한 위치에 대한 양측의 합의가 이루어져야 함은 물론, 해당 영역을 점유하고 있는 주체가 영역의 침범을 막아낼 수 있는 실력을 갖추고 있어야 한다. 국방력 확충이 그 예라고 할 수 있으며, 국제법을 들여다보면 UN 헌장은 개별 **자위권**(right of self-defence)을 인정하고 있다. 또한 과거 일본 유학생을 사살한 미국 루이지애나 주민의 사례에서 보듯이, 외부자가 자기의 거주영역에 침입하는 행위를 거주자 자신이 실력으로 저지하는 경우도 있다.

어떠한 영역을 점유하는 주체가 무력을 갖지 못하는 등 그것을 유지할 충분한 능력이 없는 경우에는, 그 영역이 집합적 절대공간의 경계 안에 포함된다는 사실을 인정하고 그 공간 전체를 포괄적으로 통괄하는 조직으로부터 점유권을 제도적으로 승인받을 필요가 있다. 이러한 제도가 구비되면, 외부자가 점유한 영역을 침범하는 주체는 영역을 통괄하는 조직, 즉 통괄적 조직에 의해 집단적인 **제재**(sanction)를 받게 된다. 국제관계의 측면에서 살펴보면, 침략자를 여러 국가가 연합하여 무력으로 제재하는 **집단안전보장**(☞ p.156)이라든가 UN평화유지군과 같은 것들이 여기에 해당한다. 또한 국가 내부 단위에 초점을 맞추어 보면, 사법부가 부동산등기부나 지적도에 의거하여 공간의 배타적 점유를 공문서에 기록하고, 이를 침범할 경우에는 부동산 침탈 등의 범죄사실을 근거로 공권력이나 법률에 의거한 강력한 제재가 가해진다(☞pp.229-30). 이 경우 집합적 절대공간의 특정한 편성을 어떠한 스케일에서 유지할 필요성이 있을 때에는, 한층 고차적인 스케일에서 새로운 **기준**(instance)[9]을 마련할 필요가 있다.

이상에서 살펴본 바와 같이, 영역의 불가침성과 그 내부에 있는 주체의 독자성은 인접한 영역을 점유한 주체들과 경계에 관한 합의를 통하거나, 아니면 스스로의 실력에 의해 확보된다. 그렇지 않으면, 그 영역이 구성하는 집합적 절대공간을 전체적으로 통괄·지배하는 또다른 공간 스케일에서의 승인을 통해 영역의 배타성을 담보받게 된다. 이 중 어느 쪽도 제구실을 하지 못하게 되면 외부자로부터 영역의 점유 대한 시비가 걸린다거나 또는 그에

---

9) 원문에는 instance를 '심급(審級)'이라고 번역해두었지만, 본문의 내용을 고려할 때 이 용어를 그대로 한국어로 표기할 경우 자연스러운 문맥이 되지 못한다. instance라는 단어는 '사례', '판례' 등의 의미를 갖고 있는데, 이 단어를 직역해도 번역이 자연스럽지 못하다. 여기서는 문맥과 내용을 고려하여, (심급이나 판례가 이루어지는 근거가 되는) '기준'으로 번역하였음을 밝혀 둔다(역주).

대한 물리적인 위협을 받게 되어, 시장주체 내지는 여러 사회집단들은 그것의 공간적 용기 속에서 안정적인 재생산을 해나가지 못하게 될 것이다.

영역 내부에서의 공간적 차이 생성

생산된 영역 내부의 균질화를 지향하는 성향이 어느 정도까지 현실화될 것인가의 문제는, 영역 내에 구축된 교통·통신수단에 좌우된다. 교통·통신수단이 충분히 구축되어있지 못하면, 균질화를 추구하는 성향은 잠재적 가능성에 그치게 된다. 영역적 현실의 균질화는, 주체가 놓인 현실의 행위공간에 한정된다.

고대 그리스에서에서는 하나의 정치조직이 인간의 신체, 즉 육성(肉聲)이 도달하는 범위 안에서만 물리적으로 존재할 수 있었다고 한다. 주체 간의 행위공간이 이처럼 물리적으로 한정되는 경우에는, 절대공간이 가진 균질화의 성질은 베이징 원인의 경우처럼 상당히 오랜 시간에 걸쳐 서서히 실현될 수밖에 없다. 이떤 특정한 시점에 초점을 맞추어 보면, 여기에는 차이와 불균등성이 항상 존재한다. 이는 상대공간과 밀접한 관계를 갖는 문제영역이기도 하다.

또한 경계는 경계와의 상대적 위치관계라는 개별성을 절대공간의 무한한 확대에 부여한다. 이에 의해 개별 영역의 위치는, 경계에 근접한 장소 및 영역 전체의 중심(重心)이 되는 장소라는 상대적 차이를 갖게 된다.

이처럼 절대공간의 경계짓기는 원초적 공간의 또 하나의 성질이 되는 상대공간의 관계를 부각시키게 된다.

과제 2. 주변에서 '영역'의 사례를 몇 개정도 찾아보자. 그리고 그 영역이 어떠한 경제·사회적 의미를 갖는지, 그리고 어떠한 과정에 의해 경계짓기가 이루어지는가에 대해서 생각해보자.

3. 경계성의 조작, 영역의 중층성 및 이로 인해 유발되는 변동과 모순

'글로벌 수렴' 이론은 일점세계를 글로벌하게 확장시킨 균질평면을 전제로 한다. 하지만 순수한 시장기구의 작용을 보장하려면, 그와 동시에 경제주체가 제각기 받아들이는 무수히 많은 경계짓기가 이루어진 영역을 전제할 수밖에 없다는 사실을 확인할 수 있었다. 또한 시장주체가 경제활동의 용기가 되는 영역을 확보·유지하려면, 여러 영역들을 포괄적으로 지배하는 정치적 장치가 전제되어야 한다는 사실 역시 확인할 수 있었다. 이는 보다 낮은 차원의 스케일에서 상호배타적으로 경계가 지어지는 한편 분절되어 이질성을 갖게 된 여러 영역들이 모자이크를 이루며 수평적으로 존재하는 한편으로, 고차원적 스케일과 저차원적 스케일이라는 상이한 스케일이 모여서 형성된 집합적 절대공간이 수직적으로 포개진 상태를 의미한다.

이러한 점에서, 어떠한 **공간스케일**(spatial scale)에서 공간이 경계에 의해 분절된다고 하더라도, 다른 스케일의 관점에서 보면 분절된 것이 아닌 현상이 나타나게 되는 것이다. 어떠한 스케일에서의 분절이 다른 스케일에서는 연속성으로 자리잡을 가능성은 언제 어디서나 존재한다.

영역을 점유하는 주체는 이같은 공간스케일의 중층성을 의도적으로 조작할 수 있다. 이를 통하여, 경제·사회속에 자신의 관계성을 새롭게 구축하여 자신의 전략적 목표를 달성하기 위한 시도를 할 수 있는 것이다.

본 절에서는 이와 같은 주체와 집단에 의한 영역의 경계적 속성에 대한 조작, 그리고 그것이 경제·사회에 어떤 작용을 하는가에 대해서 알아 보도록 하겠다.

경계의 투과성

다른 영역과 완전히 분리되어 그 영역들과 교류가 차단된 영역은 애초에 존재하지 않는다. 그와 같은 절대적 경계적 속성을 가진 영역이 있다고 하면 이는 '시장거래를 하지 않는 경제주체'라는 식의 형용모순이 되어, 다른 주체·집단과의 상호작용의 토대 위에 성립하는 경제와 사회의 존재 그 자체를 부정하게 될 것이다.

그렇기 때문에, 어떤 영역을 용기로 하는 주체와 집단은 다른 영역에 있는 주체와 집단과 상호작용하기 위해서 영역을 둘러싼 경계에 어느 정도의 투과성을 부여할 수밖에 없다. 이것을 **경계의 투과성**(porosity of boundaries)이라고 한다.

투과성에는 사회적인 것과 물리적인 것이 있다. 사회적인 관점에서 보면, 인접한 영역의 점유주체 상호간의 관계와 경계의 투과성 사이에는 높은 상관이 있다.

또한 경계는 관리주체의 의도에 반해서 그것을 물리적으로 뛰어넘을 가능성을 항상 내포하고 있기 때문에, 지도상만에 표시된 경계만으로는 주체의 독립성이 자동적으로 보장될 수가 없다. 앞 절에서 언급한(☞pp.107-8) 바와 같이, 경계가 물리적 장벽으로 충분히 견고하게 구축되지 않았기 때문에 발생하는 물리적인 개방성으로부터 경계의 투과성이 자연스럽게 발생하여, 경계를 뛰어넘는 연속성이 자생적으로 생겨나기도 한다.

투과성은 연속성을 가진 영역을 한층 고차적인 공간스케일로 자연스럽게 편입시킨다.

고차적 스케일에서의 연속성이 저차적 스케일에서의 분단을 부정하는 효과를 가졌다는 사실이 확실하다면, 어떤 영역을 점유하고 지배하는 주체 또는 집단은 그 목적과 의도에 따라 경계에 특정한 투과성을 부여할 수도 있게 된다. 투과성을 조정하여 특정한 가능성을 인위적으로 만들어낼 수 있기 때문에, 경계를 생산한 주체와 집단은 영역 내에 있는 자신의 존재양식 내지는 영역 내에서 지배하고 있는 집단과 경제시스템의 존재양식 자체를 조작할 수 있다.

관리 및 지배를 위한 저차영역의 생산

어떠한 지배적인 주체 또는 집단은 자신들의 영역 내부에 있는 경제·사회를 한층 효과적으로 지배하고 운영하기 위하여, 자신의 영역 내부를 경계 짓기해서 자신들이 지배하는 영역 내부에 저차적 공간스케일의 새로운 집합적 절대공간을 구축할 수 있다.

국가의 하위 행정단위인 여러 행정구역, 기업에서 이루어지는 경영권(☞ pp.215-6)의 분할 등, 그 사례는 무수히 많다. 이 저차영역 상호간에도 마찬가지로 경계가 구획되어 있지만, 저차영역의 생산은 어디까지나 지배의 수단이기 때문에 저차의 집합적 절대공간을 전체적으로 지배하는 고차영역에 대해서는 항상 개방되어 있다. 개개의 저차영역들을 통괄하는 주체는 전체가 되는 고차영역의 의사를 그대로 구현해야만 한다. 지방자치단체가 이루어지기 이전에 중앙정부로부터 임명받은 지방행정기관장(오늘날의 지방자치단체장)들이 이러한 사례에 해당한다.

경계는 공간적 이동을 방해하는 장벽이 되기 때문에, 지배하는 쪽은 그 저차영역의 경계를 활용하여 지배받는 쪽의 행위공간을 분단시키는 것도 가능하다. 영역을 지배하는 계층은 지배받는 쪽이 단결하여 자신들에게 대항하지 못하도록 하기 위하여, 지배받는 대상들을 분단시키는 **분할통치**(divide and rule)라는 수법을 흔히 사용해 왔다. 이를테면, 영국에 대한 독립운동이 가장 왕성했던 인도 벵갈 지방은, 이같은 영국의 통치정책으로 인해 인도가 영국으로부터 독립하던 무렵 2개의 국가로 분할되어 독립국 인도의 압도적인 정치적 영향력 밖에 놓이게 되었다. 봉건사회였던 에도 시대에는 하코네(箱根)를 효시로 하여 각지에 관문이 설치되었고, 다이묘 등의 지배층은 이를 자유롭게 통과할 수 있었지만 민중의 공간적 이동은 엄격하게 관리되어 피지배층이 전국적으로 단결하여 막부에 저항하지 못하도록 하였다(☞ p.199).

하지만 지배와 관리를 위한 이같은 저차영역은, 민주주의와 지방자치가 전반적으로 진행되면서 저차영역을 독자적으로 통괄하는 주체에 의해 자율적으로 지배되면서 자립적인 공간으로 전환되고 있다. 지방자치제와 더불어 민선 자치단체장 제도가 도입된 것이 그 사례이다. 이 경우, 고차 및 저차의 집합적 절대공간의 상호관계는 각 공간을 상통하는 투과성을 야기하는 관계로 자리매김하게 된다.

공간스케일의 중층성과 공간적 회피

투과성이 존재하는 한, 고차적 스케일에서 경계의 공백을 관통하는 절대공간의 연속성은 지속적으로 존재한다. 이러한 연속성은 한층 고차적인 경제 및 사회의 행위공간을 새롭게 만들어낸다. 또한 저차적 스케일에서는 지배를 위한 경계가 지어진 여러 영역이 생겨난다. 이는 앞서 살펴본 바와 같이, 다수의 스케일이 포개진 영역의 모자이크에 토대한 중층적인 체계를 생산하게 된다.

이러한 중층성을 각각의 위치에서 살펴보면, 모든 공간은 수직적인 스케일의 계층을 이루며 서로 포개져 다양한 규모를 가진 복수의 영역에 귀속된다. 어떤 공간스케일에서 그 영역을 지배하는 주체가 경계짓기를 시도하더라도, 그곳에는 또다른 다른 스케일의 연속성이라는 층이 덧씌워지면서 앞서 생산된 경계짓기가 부정된다. 이로 인해 기존에 있던 영역에 귀속되는 주체 또는 집단은 경계의 투과성에 대한 관리를 무시하거나 또는 그에 반하는 행위를 하면, 또다른 스케일에서 절대공간의 연속성 및 그것이 야기하는 새로운 기준을 획득하게 된다(☞pp.254-5, 481). 이 제어되지 않는 경계를 넘어 이루어지는 이동이, 각각의 스케일에 있는 주체 또는 사회집단에 다양한 이익추구의 기회를 제공하는 것이다. 이렇게 해서 공간 스케일 상호간의 관계는 일종의 무정부적 성격을 갖기 시작하게 된다(〈그림 2-2〉).

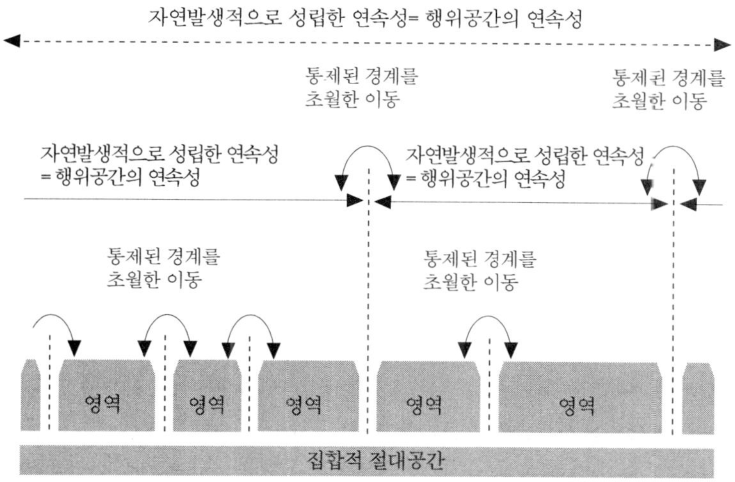

〈그림 2-2〉 경계의 투과성 그리고 실질적으로 포섭되지 않는 연속성의 존재

이를테면, 투기적 자본은 다양한 수단을 통해 이미 자본과잉의 상태인 거시경제의 영역으로부터 벗어나 자본이 결핍되어 있는 '초록빛 낙원'의 영역에 투자함으로써, 새로운 이윤획득의 기회를 얻는 것이다(☞pp. 219-21). 이윤추구를 위해서 절대공간에 설정된 경계적 속성을 뛰어넘어 이전의 영역 내에서 일어났던 모순을 재고하고 회피하려는 행위를, 공간적 회피(spatial fix)라고 한다(Harvey, 1990: 608).

공간 스케일의 중층성에 질서 세우기

이러한 공간적 회피를 저지하려면, 공간 스케일의 중층적인 체계가 가진 무정부적 성격을 어떻게든 조정해야만 한다.

　하지만 이러한 조정의 주체가 되는 기준은, 어떤 공간 스케일에 있는 것인가? 각 주체 또는 집단들이 그것을 조작할 수 있는 방법은, 배타성을 가진 자신들의 영역을 둘러싼 경계의 투과성을 조작하는 것 뿐이다. 경계가 가진 투과성의 결과로 생겨나는 고차의 영역에는, 이를 지배하는 주체가 온전하게 존재하지 않을 가능성도 있다. 이를테면, 열강들 간의 **세력균형**(balance of power)에 의해서만 평화를 유지할 수 있었던 제1차 세계대전 이전의 세계는 분명 이런 상태였다.

　이와 같은 무정부적 상황에 직면해서, 공간 스케일의 중층성을 '질서있게' 만들기 위한 최상위의 기준을 마련하고자 하는 다양한 모습의 움직임이 끊임없이 일어나고 있다. 2차대전 이전의 국제연맹, 그리고 2차대전후 국제연맹보다 더욱 강력한 조직으로 등장한 **국제연합**(The United Nations)이 미국, 프랑스, 영국, 구소련, 프랑스, 중국의 5개국을 중심으로 하여 창설된 것은 이러한 원동력에 토대한 것이라고 하겠다. WTO를 둘러싼 움직임도 국제경제에서 영역의 중층성에 질서를 마련하기 위한 기준을 생산하려는 시도의 하나라고 할 수 있다. 문제는, 누군가가 어떤 입장에서 어떻게 영역의 중층적인 체계 전체를 통제하는 새로운 기준을 구축하며, 또한 어떻게 영역의 중층체계를 조정할 것인가 하는 것이다. 이는 5장의 「상관공간」에서 보다 상세하게 다루고자 한다(☞pp.204-22).

과제 3. 어떤 나라의 대통령이나 총리가 되었다고 생각해보자. 독자 여러분은 어떠한 대외정책을 취할 것인가? 그 나라의 국경의 투과성 및 저차스케일의 분단을 어떤 식으로 조작하여 그 정책의 목표를 달성할 것인가? 대외정책상의 목표를 달성하는 데 장애가 되는 또다른 공간 스케일에서의 요인이 존재할 가능성은 없을까?

Ⅱ. 공간의 위치와 거리-상대공간

이어서, 원초적 공간이 가진 또하나의 속성인 상대공간이 경제와 사회에 포섭되는 과정을 알아 보기로 한다.

4. 시장 및 위치의 특정성, 거리에 의한 시장주체의 격리

● 상대공간

상대공간은 여러 사물들의 상대적인 관계로 정의되는 공간의 속성이며, '여러 사물이 개별적으로 갖는 위치의 특정성'과 '위치 상호간의 거리에 의한 이격'이라는 두 개의 성질을 갖고 있다. 이러한 성질로 인하여, 상대공간은 개별적인 '거리, 구별과 차별, 분단'이라는 기능을 하게 된다.

위치를 특정짓는 수단으로서의 상대공간

재화의 거래가 이루어지는 공간적 위치를 특정짓는다는 점, 그리고 사회집단은 그 구성원 간의 상호행위라는 토대 위에서 성립한다는 점에서, '여러 사물들이 가진 개별 위치의 특정성'이라는 속성은 상대공간이 성립하는 데 불가결한 요소가 된다. 상대공간은 이같은 공간적인 **개체화**(individuation)의 기능을 제공한다.

시장경제는 화폐를 매개로 하는 글로벌한 추상적 공간을 성립케 하는 보편적이고 탈인격적인 것(☞pp.97-9)이지만, 개별적인 거래행위는 독립된 경제주체가 담당하는 만큼 상시개별적인 성격을 갖는다. 재화의 거래는 판매자와 구매자 양측에 의해 합의된 개별적 위치에서 이루어진다. 그렇기 때문에, 시장공간에서는 다른 위치와 구분되는 '위치'가 특정지어져야 한다. 판매자와 구매자는 재화의 거래를 구체적으로 어떤 위치와 시점에서 행할 것인가를 미리 합의해두어야 한다.

소비자의 일상적 소비재 구매활동 및 생산자의 생산재 구매는, 각 주체가 수요로 하는 재화를 획득할 수 있는 위치에 관한 **암묵적 지식**(tacit knowledge)을 통한 합의에 의해 이루어질 수 있다. 사회적 상호작용이 이루어지려면, 그것이 행해질 특정한 위치(및 시간)가 상호작용 주체 간에 합의되어야 한다. 예를 들면, 친구와 약속을 할 때 'XX역 남쪽 출구, 오후 5시'라는 식으로 시간과 위치를 일의적으로 특정짓는 것이다.

모든 사물, 주체, 그들 상호간의 다양한 관계 및 그것을 통한 상호작용에는 개별의 공간적인 '독자성과 개성'이 부여되며, 이를 통해 비로소 경제·사회적 과정이 성립하게 된다.

상대공간의 표시형식

가령 'XX역 남쪽 출구'에서 만나기로 약속하는 행위는, 상대공간을 특정짓는 표시형식의 하나이다.

모든 상대공간의 위치는, 절대공간의 확대 안에 있는 원점과의 관계에서 일의적으로 규정 및 표시된다. 이는 좌표평면상에서는 원점(x=0, y=0)이며, 지구상에서는 영국 그리니치 천문대를 통과하는 **본초자오선**(the prime meridian)과 적도가 만나는 지점이다. 다른 모든 위치는 이러한 원점과의 상대적 관계를 통해 좌표평면과 경위도평면상에 표시된다. 이같은 표시형식은 현실에서는 내비게이션이나 항해, 항공기의 운항 등에 사용된다.

하지만 시장에서 실제 거래행위 또는 사회집단에 의한 행위가 이루어질 때에는, 위치를 특정짓기 위해 영역의 중층적인 체계를 활용하는 경우가 굉장히 많다. 이를테면 'XX역'이라는 표현은, 행위자 상호간에 XX역을 지나는 철도노선 및 그 노선이 도심을 통과하면서 형성하는 관계에 대한 암묵적 지식이 존재한다는 사실을 보여 주는 것이다. 지명이나 번지수 등 행정구역에 파고들어간 체계에 의해 위치가 특정지어지는 경우도 있다.

경제 및 사회행위를 개체화하기 위한 상대공간의 체계는, 어떤 종류의 사회적 의미를 담고 있는 경우가 많다. 이를테면, 본초자오선이 영국 런던 교외의 그리니치 천문대를 통과한다는 사실은 과거 대영제국이 전 세계적를 제패했었다는 사실을 상징한다. 경제와 사회의 관계성은, 개별 위치와 그 명칭에도 사회적·경제적 의미를 부여한다. 예를 들면 비벌리힐즈라는 지명은 고급주택가를 지칭하며, 긴자(銀座)라는 지명은 그 거리가 고급 상가라는 사실을 암시한다.

이와 같이, 상대공간의 위치 표시에는 자연적·물리적 요소와 사회적 요소라는 두 가지 요소가 서로 얽혀있다.

위치와 거리는 구별과 차별에 이용된다

상대공간상의 모든 위치는 거리에 의해 이격되고 개체화된다. 그렇기 때문에, '거리'를 의도적으로 포섭하면 공간적인 구별과 차별을 야기할 수 있게 된다.

시장경제에서 거래되는 재화들은, 가분성(可分性)을 가진 개별적인 개체들의 집단으로 자리매김한다. 이들 집단 상호간의 거리에 의해, 각 재화들은 서로간에 개체화된다. 재화의 독립성은 상대공간의 거리가 가진 원초적 성격에 의해 소재(素材)적 성격을 부여받는다.

계층성을 품고 있는 사회집단에서는, 지배적 위치를 점하고 있는 주체가 피지배자를 구별·차별하기 위하여 상대공간이 가진 개체화의 성질을 긍정적으로 포섭한다. 일본의 전통적인 가족제도에서 가족 구성원들이 화롯가에 앉는 서열이 정해져 있는 것이라든지, 회의실 자리배치가 조직 내에서 구성원들이 점하는 서열을 나타낸다는 사실 등은 상대공간의 위치관계가 사회적 관계를 반영하는 사례들이다(☞p.223).

물리적인 거리를 유발하는 요인에 의하여, 사회관계를 격리·분단시켜 붕괴에 이르게 할 수도 있다(☞p.215-6). '몸이 멀어지면 마음도 멀어진다.'라는 속담은 이같은 사실을 잘 보여준다.

도시에서는 부유층이 자신들의 주거지와 빈민층 주거지 사이에 거리를 두기 위하여 교외 거주를 선호한다든지, 지배계층, 빈곤계층, 특정 인종집단의 거주구획 등에 의해 도시거주지역이 공간적으로 명확하게 분리되는 **거주지 분리**(segregation) 현상이 발생한다(☞pp.422-4). 이러한 주거환경의 개체화는, 부동산 시장에 영향을 미친다.

장소

이상에서 살펴본 바와 같이, 상대공간의 위치는 경제적·사회적 관계성에 각각의 의미를 부여한다. 시장거래가 이루어지는 위치에 관한 시장구성원들의 공통된 이해를 나타낸다는 의미, 사회집단의 상호작용 위치에 관한 공통인식을 나타낸다는 의미 등이 여기에 해당하며, 지명이라는 형식에 의해 표시된다. 이와 같은 과정에 의해 의미를 갖게 된 위치를, **장소**(place)라고 한다.

'장소'는 경제지리학 및 사회지리학적으로는 '의미와 관계성을 가진 위치'라는 개념으로, '주차장이 만차여서 차를 세울 장소가 없다'라고 표현할 때에는 작용공간의 의미를 갖지 않는다. '장소'라는 개념은 어떤 물리적인 공간의 속성이 경제적·사회적 관계성이라는 의미를 갖게 된다는 점에서, '영역'의 개념과도 유사하다. 하지만 장소가 상대공간의 위치의 긍정적인 포섭에 관한 개념인데 비해, 영역은 절대공간의 연속성의 부정적인 포섭과 관계가 있다. 따라서 장소는 영역과는 상이하며, 확대의 개념을 반드시 수반하지는 않는다.

과제 4. 독자 여러분이 친구 또는 지인들과 일상적으로 교류할 때, 본문에서 논의한 상대공간의 성질(위치 및 거리에 관한)이 어떻게 활용되고 있는지 그 사례를 몇 가지 들어보자.

5. 공간을 소멸시켜 연관짓기

● 상대공간의 형식적 포섭과 실질적 포섭

앞 절에서 살펴본 절대공간에 대조되는 상대공간의 '거리와 구별·차별, 분단'이라는 성질은, 그대로 상대적 공간의 부정적이라는 성격으로 이어진다.

거리조락

2개의 상이한 위치 내지는 장소 상호간에는, 상대공간의 소재적 속성인 거리가 존재한다. 상호작용에는 거리가 수반되어야만 이루어질 수 있다.

2개의 위치를 연결하는 거리를 통한 상호작용은, 거리에 반비례해서 급격히 감소한다. 물리학의 중력법칙을 응용한 지리학의 **중력모델**(gravity model)에 입각해서, i, j라는 2개의 위치 사이에 있는 상호작용의 양 F는 다음과 같이 산출할 수 있다.

$$F_{ij} = \frac{M_i M_j}{D_{ij}^q} \cdot K$$

즉, i, j라는 두 위치 사이에서 일어나는 교통·통신의 양이 개별 위치의 인구 등의 경제규모 M의 곱에 비례하며, 위치간의 거리 D의 q승(일반적으로 q=2)에 반비례한다는 것이다. q와 k는 운송수단의 기술적 성질, 이동을 추구하는 심리적 욕구의 강도 등의 요인에 의해 규정되는 패러미터이다. 거리가 증가하면 i, j 상호간의 경제·사회적 교류는 급속히 감소한다. 이를 **거리조락**(distance decay effect)이라고 한다.

거리조락은 다양한 요인에 의해 변동된다. 먼저 단위생산비당 유통되는 정보량은 협상, 거래, 기술정보 등이 복잡하게 이루어질수록 증대되며, 이 경우 거리가 동일하더라도 경제주체는 보다 높은 비용부담을 떠안게 된다. 거리조락의 양상은 거리를 극복할 수 있는 수단에 의해서도 변화한다. 가장 원초적인 측면을 살펴 보면, 개인적인 대면접촉이나 도보에 의한 이동, 육성 에 의한 의사전달 등 직접적인 신체 사용을 통해 이루어지는 상호작용만이 거리를 뛰어넘는 수단으로 자리매김할 수 있다.

하나의 사회구조 내지는 경제구조를 구성하는 것으로 이어지는 행위공간 은, 일상적 반복의 토대 위에서 형성된다. 베이징 원인과 같이 몇 세대라에 걸친 일방향적인 이동만 이루어지는 경우에는, 행위공간의 구성은 일어나 지 않고 경제 및 사회의 존립도 불가능해진다.

반복적으로 일어나는 왕복 및 이동에 의해 행위공간이 형성되더라도, 거 리를 배제시킬 수는 없다. 단위거리당 시간과 비용이 과다하게 소요되는 경 우에는, 이동거리가 길어질수록 교통·통신에 충분한 자원과 노동이 분배 되기 어려워진다. 이 경우, 거리조락을 충분히 감쇄할 수 있는 교통·통신수 단이 결여되어 통일적인 경제·사회영역을 이루는 행위공간이 생산되기 어 려워진다. 그 결과, 중핵과 주변과의 격차가 확대되어 개개의 경제활동이 일 어나는 행위공간은 좁아지고 시장권은 국지적으로 형성된다.

거리조락은 정치 및 사회관계에도 영향을 준다. 지배관계의 중핵으로부 터 주변으로 향할수록 지배력이 약해져, 반체제적·저항적 사회적 에너지 는 거리에 반비례해서 주변으로 갈수록 상대적으로 강하게 나타난다. 정 복활동을 통해 성립한 제국의 광대한 영역이 소멸한 배경에는, 이같은 이 유가 자리잡고 있다(☞p.146). 거꾸로 거리가 가까운 경우에는 이웃효과 (neighborhood effect)가 발생하여, 가까운 거리에 입지한 주체들 사이에 어 떠한 사회공간이 자생적으로 성립될 수 있다. 이러한 과정을 통해서 지연집단(地緣集團: Ortsverband)이 발생하는 것이다.

이처럼 상당히 강한 거리조락이 존재하는 이상, 시장경제조직도 사회집단의 행위공간도 제대로 형성될 수 없다. 절대공간의 영역 내부가 균질화되기 어려워져, 영역의 실체는 제대로 성립되지 못하게 된다. 이로 인해 시장과 사회는 통일성을 저해하는 요소에 봉착하여, 분단과 붕괴의 위기를 겪게된다. 형식적으로 포섭된 절대공간이 궁극적으로는 경제와 사회 그 자체 내지는 생산된 영역을 부정하게 되는 모순을 야기하게 되는 것이다

공간집적

이러한 모순을 해결하기 위해서는, 경제주체 또는 사회집단 상호간에 존재하는 거리가 극복될 필요가 있다. 이는 상대공간의 실질적 포섭 과정에 해당한다.

이를 실현하기 위한 가장 손쉬운 방법은, 서로 떨어진 거리 그 자체를 물리적으로 '소멸시키기' 위해 각 주체가 서로 근접하게끔 입지를 이동시켜 국지적인 **공간집적**(spatial agglomeration)(☞pp.325, 330)이 일어나게 만드는 것이다.

스티글리츠 경제학에서 제시한 플로리다의 농산물시장이라는 예시(☞ p.53-4)는, 일개 사례 이상의 의미가 있다. 물리적 집적에 의해 이웃효과가 일어나면, 현실 속에서 정보의 완전성 및 재화의 거래에 소요되는 시간의 존재를 사상할 수 있게 된다. 물리적인 집적은 공간을 사상한 일점세계의 경제이론과 가장 유사한 상태를 현실세계에 가져오는 방법이기도 하다.

공간집적은 마셜이 '외부경제'라 명명한(☞p.101), 생산비 절약효과에 의한 행위공간의 고밀도화를 야기한다. 이 절약효과에는 '국지화의 경제'에 의한 것, 그리고 '도시화의 경제'에 의한 것의 두 종류가 있다(Hoover, 1968: 82).

국지화 경제(localisation economies)는 동일 분야가 공간적으로 근접하여 동질적인 산업의 집적을 형성하게 되면서 발생한다. 이를 통해 공정이 동일한 경우 하나의 집적지 내부에서 생산자가 분업(수평분할)을 할 수 있게 되어(☞p.334-5), 경기변동에 대한 저항력이 강화된다. 또한 전공정과 후공정이 분할(수직적 해체)됨으로써, 대체성 있는 하청·보조산업을 담당할 경제주체가 다수 등장하게 된다. 이로 인해 여러 종류의 질과 기술이 존재하는 다양한 노동시장에 대한 접근이 용이해지면서, 어떤 분야에 새로이 진입한 노동자들을 현장에서 교육할 기회가 생겨난다(☞pp.347-8). 일본의 대표적인 **지방산업**(local industry)이라고 할 수 있는 오카야마(岡山)현 고지마(兒島)의 교복, 후쿠이(福井)현 사바에(鯖江)시의 안경테 제조 등, 같은 종류 또는 연계성이 큰 종류의 산업(중소기업)들이 '생산지'에 집적되어 있는 경우(☞pp.333-6)가 여기에 해당한다.

도시화 경제(urbanisation economies)는 상이한 분야의 집적을 통해 일어난다. 이를 통해서 재화의 생산과 유통에 필요한 인프라의 효율적인 생산과 운영, 규모의 경제 형성에 따른 도시 내부 수요 충족을 위한 **비기반재**(non-basic goods)의 생산비용 저하, 신기술 등을 개발하기 위한 정보획득의 기회 발생 등과 같은 비용절약 요인이 발생한다(☞pp.343-8). 국지화의 경제에 의해 형성되는 집적의 경우를 살펴보아도, 공간적 근접성에 의해 사회적 분업이 용이해지면서 수직적 해체(☞pp.327-8)로 이어져 전문화된 상이한 업종들의 집적으로 변용되는 사례를 찾아볼 수 있다.

공간통합

그렇다고는 하지만, 집적은 항상 이루어질 수 있는 것은 아니다(☞pp.131-33). 자연과의 물질대사를 직접적으로 행하는 1차산업은 생산을 위해 광대한 작용공간을 필요로 하거나, 또는 불균등하게 분포되어 있는 자원이 존재하는 장소에 인접하여 입지는 것을 통해 비용 절감을 도모한다. 이 때문에 농림수산업 및 광업의 생산거점은 넓은 공간적 범위에 분포하는 형태로 입지하게 된다. **수요공간**(market area)으로 작용하는 시장든 평면적으로 확대될 수밖에 없다(☞pp.208-11). 또한 집적은 얼마 못가 그것을 지탱하는 작용공간의 한계와 충돌하여 **혼잡현상**(congestion phenomena)을 유발하게 되어, 집적지로의 입지는 경제적으로 비효율적인 행위가 된다. 게다가, 산업이 저임금 노동력의 국지적 공급원을 찾기 위해 분산입지를 지향하는 경우도 많다(☞pp.331-33, 342-3).

분산된 입지에 토대하여 시장거래 및 사회집단 구성원들 간의 상호작용이 이루어지는 경우에는, 자원과 노동력을 동원하여 교통·통신수단을 생산함으로써 거리를 극복하기 위한 노력을 해야 한다. 교통·통신수단에 의하여 상대공간의 격리가 극복되면, 격리되어 있던 각 주체들은 설령 물리적 거리가 동일한 경우라 하더라도 보다 짧은 시간에 효율적으로 상호작용을 할 수 있게 된다. 이러한 과정을, **시간에 의한 공간의 소멸**(annihilation of space by time)이라고 한다. '공간의 소멸'이라는 용어는 물리적 공간 그 자체가 사라지는 것을 의미하는 것이 아니다. 시간과 비용을 지불하여 교통·통신이라는 물리적 수단을 구축하고, 이를 통하여 공간을 가상적으로 소멸시키는 것이다.

다수의 주체를 포함하고 있는 경제·사회는, 교통·통신수단을 이용하여 확대이라는 속성을 가진 행위공간 속에 여러 행위주체들을 모아두어 그것을 실체화시켜야 한다. 이를 **공간통합**(spatial integration)이라고 한다. 공간통합은 집적과 마찬가지로 상대공간의 실질적 포섭 과정에 포함된다(〈그림 2-3〉). 절대공간의 실질적 포섭을 통해 생산된 영역은, 공간통합에 의해 한층 현실적인 실체로 자리매김하게 된다. 하지만 공간통합이 이루어진 영역 내에서는 교통·통신이 일차원적인 선형으로 이루어지기 때문에, 완벽하게 균질화되는 것이 아니라 '결절공간'과 '균질공간'이라는 두 가지 유형의 네트워크 형태로 나타나게 된다(☞p.175).

<그림 2-3> 상대공간의 포섭

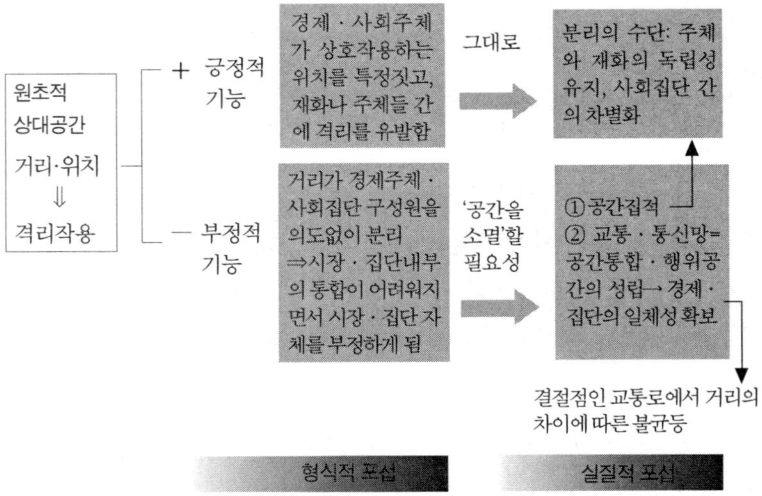

물리적으로 접근해보면, 공간통합은 크게 2가지 요소에 의해 완성된다고 할 수 있다.

첫째 요소는, 1차원적 선으로 구현되는 거리를 이동하는 시간을 최소화하는 **고속화**이다. 경제·사회의 발전사는 교통·통신수단이 고속화되어온 역사이기도 하다.

둘째 요소는 1차원적 선들의 집합으로부터 생겨나는 **네트워크의 고밀도화**이다. 영역은 2차원의 넓이를 가진 평면이기 때문에, 여러 영역을 현실 속에서 통합하여 하나의 전체적인 단위인 행위공간으로 자리매김하도록 하는 데는 일련의 위치 상호를 교통·통신을 통해 연결하는 것만으로는 충분하지 않다. 무선통신은 예외로 하더라도, 여러개의 일차원 선분이 그물눈과 같이 얽히고 설키면서 이루어진 네트워크를 구축하고, 이 네트워크가 이차원의 평면을 덮도록 배치해야 한다. 이러한 네트워크상에 인적·물적 자원과 정보가 물흐르듯 흐를 수 있도록 하여, 이차원 평면의 속성을 가진 영역이 '일점세계'로 작용할 수 있는 가상적 상황을 조성해야 하는 것이다.

하지만 이 두 가지 요소 모두 공간통합을 통해 보다 많은 자원과 노동의 분리를 요구하며, 시장경제의 기반 위에서 공간의 소멸을 위한 비용을 증가시킨다(☞pp.128-31).

인터넷이라는 통신수단은, 이 두 가지 요소들을 동시적이면서도 저렴한 비용으로 실현하기 위한 시도라고 할 수 있다. 서버의 위치에 관계 없이 클릭 한 번으로 전 세계에 있는 정보가 즉각적으로 공유된다. 극대화된 신속성과 네트워크의 고밀도성을 겸비했다고 여겨지는 인터넷이 주목을 끄는 것은, 인터넷이 이러한 공간통합을 완벽에 가깝게 완성시켜 글로벌 수렴을 현실화시키는 것으로 받아들여지기 때문이라고 해야 할 것이다(☞pp.187-92).

극도로 완벽한 공간통합이란, 모든 상호작용이 장소를 불문하고 어디서든 즉각적으로 이루어져 운송비와 통신비가 전혀 들지 않게 되는 상황을 의미한다. 이같은 상황의 토대 위에서는 자원의 분포와 관련된 경우를 제외하면 어떤 장소에 입지하더라도 공간적 조건이 완전히 동일해지기 때문에, 앞서 언급한 집적의 필요성이 사라져 경제활동은 시장을 찾아 구석구석까지 분산되면서 베버의 공업입지론에서 다루는 입지가 '가동적'인 상황이 조성된다.

과제 5. 독자 여러분의 주변에 있는 영역을 몇 가지 떠올려보고, 그 내부의 공간통합이 어떻게 이루어져 있는가를 생각해보자. 거기에 구축되어 있는 네트워크가 어떠한 공간편성을 이루고 있을까? 그리고 교차보조 등의 관계가 형성되어 있는것은 아닌가?

6. 공간통합에서 잔존하는 거리와 위치가 경제와 사회에 가져오는 변동과 모순

　절대공간이 각 경제주체의 완벽한 독립을 보장할 수 있게끔 최소한의 단위로 경계짓기되고 공간통합이 극도로 완벽하게 이루어져, 장소를 불문한 완벽한 정보의 즉각적인 획득이 가능해지고 시장거래도 즉각적으로 이루어진다.- 이는 만화 '도라에몽'에 등장하는 '어디로든지 갈 수 있는 문'과 같은 공간이다.[10] 이는 신고전주의 경제학에서 암묵적으로 전제하는 공간편성이기도 하다.
　하지만 이같은 공간편성은 과연 실현가능한 것인가?

완벽한 공간통합은 실현가능한가?

　공간통합은 공간을 물리적인 수단이 아닌 **시간**을 통해 공간을 소멸시키는 것인 만큼, 물리적 공간이 가진 거리와 위치의 요소는 그대로 잔존하게 된다.
　여기서 중요한 점은, 2차원의 영역을 통합하기 위해서는 1차원의 선분에서 이루어지는 네트워크를 활용해야 한다는 사실이다. 평면상에 존재하는 개개의 위치들은 1차원의 선분으로 나타나는 교통노선 내지는 집적점 간에 불균등한 거리가 발생하게 만든다. 거리조락은 물리적 공간의 거리에 반비례하는 것으로, 절대공간의 등방성은 부정된다.
　이러한 문제를 해결하고 완벽한 공간통합을 추구하기 위해서는, 고밀도의 네트워크 구축과 더불어 교통 · 통신의 고속화를 실현해야 할 것이다(☞ pp.125-6). 하지만 물리적으로는 실현가능한 것처럼 보이는 이러한 대안 역시 경제적인 장벽에 봉착하게 된다.

---

10) '도라에몽'은 1969년 이래 오늘날까지 출간되고 있는 일본의 스테디셀러 만화로, 1973년부터는 애니메이션으로도 방영되어 오고 있다. 이 작품은 초능력을 사용하는 고양이 로봇 '도라에몽'의 이야기를 담고 있으며, 여기서 말하는 '어디로든지 갈 수 있는 문'이란 원하는 공간으로 즉각 이동할 수 있도록 하는 '도라에몽'의 초능력을 일컫는다(역주).

먼저, 네트워크의 밀도를 극대화하는 것이 가능할지 생각해보자. 네트워크의 밀도가 증가하게 되면, 분명 초반에는 **범위의 경제**(economies of scope)가 발생하여 개별 네트워크의 활용이 한층 효율적으로 이루어지게 될 것이다. 리프트가 1대밖에 없는 지방의 소규모 스키장과 여러 대의 리프트와 코스가 네트워크를 이루고 있는 대규모 스키장 가운데 어느 쪽이 이용효율이 높을 것인가를 생각해보면 이해가 빠를 것이다.

하지만 네트워크의 밀도가 높아지게 되면 그것을 구성하는 개개의 경로들의 과도하게 연장된다. 네트워크를 구성하는 선분인 개개의 구간에 대한 교통수요의 감소가 일어나, 네트워크를 구성하는 각 부분을 유지하기 어렵게 된다. 범위의 경제가 효과적으로 작용할 수 있는 범위는, 네트워크의 조밀성에 의해 일어난 이용자 증가가 가져온 수입의 한계적 증가분량과 추가적인 노선 확충에 의한 비용의 한계적인 증가분량 간의 비교를 통해 결정된다.

한층 조밀해진 교통 네트워크는 물리적인 난점에도 봉착하게 된다. 고밀도의 네트워크에서는 철도와 도로 등 교통·통신수단으로 사용되는 통행용지 역시 넓은 면적을 차지하기 때문에, 실제 경제적 목적으로 활용되는 토지의 면적이 줄어들게 된다. 행위공간의 밀도가 커질수록 경제·사회의 작용공간이 줄어들게 되는 이러한 패러독스는, 빌딩이 고층화될수록 엘리베이터의 홀의 면적이 커지기 때문에 그층화에도 한도가 오게 되는 현실 속의 문제에서도 찾아볼 수 있다.

이러한 점에서 공간통합은, 원초적인 절대공간처럼 완전 균등한 등방평면에 영역을 완전히 통합하는 형태로는 이루어지기 어렵다.

고속화에 의해 증대되는 공간통합의 불균등

공간통합 네트워크의 밀도를 높이는 것은 살펴본 바와 같이 한계가 따른다. 그렇다면 교통수단의 고속화는 무엇을 의미하는 것인가?

신칸센이나 고속도로로 대표되는 고속 교통수단은 일반철도나 일반도로와 같은 기존의 교통수단과 비교해서 노선의 단위거리당, 또는 한 시설당 더 많은 액수의 투자가 필요하다. 그렇기 때문에 시장경제하에서는 이같은 고속 · 대량 운송을 위한 노선과 시설을 치밀하고 균질한 네트워크로 구축하기가 어렵다(☞pp. 182-3).

따라서 세계화를 지탱하는 데 필수적인 고속 · 대량의 교통체계는 이전보다도 더 성긴 네트워크로 편성되어, 수많은 장소들이 연선(沿線)으로부터 계속해서 멀어지게 된다. 일반철도 노선과 신칸센 간의 네트워크 밀도차 또는 일반국도와 고속도로 간의 네트워크 밀도차를 생각해보면, 이같은 현상을 분명히 이해할 수 있을 것이다. 또한 연선에 접한 경우라 하더라도 신칸센역이나 고속도로 인터체인지에서 이격될 경우에도, 마찬가지로 격리도가 증가하게 된다. 이렇게 해서, 교통수단의 고속화와 더불어 원초적인 거리의 요소가 오히려 중요한 의미를 갖게 된다.

일반도로에서는 자동차가 어디든 자유롭게 드나들 수 있기 때문에, 도로에 인접한 상점과 같은 것들이 입지할 수 있다. 일반철도의 경우 열차가 빈번하게 정차하기 때문에, 철도에 인접한 도시나 마을 간의 교류가 촉진되어 국지적인 행위공간의 통합적 성격이 강화된다. 하지만 그처럼 낮은 밀도로 분포된 신칸센역과 고속도로 인터체인지를 찾아보기는 쉽지않다. 고속도로와 신칸센은 인터체인지도 신칸센 정차역도 없는 구간의 주민들에게는 소음과 배기가스를 발생시키는 혐오시설에 지나지 않는다. 기존의 급행버스를 대체하여 등장한 도시 간 고속버스는 도로에 인접해서 승하차가 이루어지는 구조가 아니기 때문에 입지라든가 이동에 관련되는 부분은 정류장에서의 승하차에만 제한되는 경우가 많아, 노선 사이의 인적 이동에 별다른 도움이 되지 않는다. 이렇게 해서, 고속 교통수단은 국지보다는 오히려 멀리 떨어진 집적지인 도시와의 연결성을 강화하게 된다.

이처럼 공간적 제한성이 강한 고속 교통수단의 노선과 역을 결정하는 것은, 일본의 경우를 살펴보면 집권여당의 중심인물이 가진 영향력과 관계있는 경우가 많다. 조에쓰(上越) 신칸센이 '일본 정치의 부패상을 잘 보여주는 사례'라는 사실은 외국에서 간행된 여행가이드에조차 언급되어 있을 정도이다(Strauss *et al.*, 1991: 129)(☞p.187-9).

국토공간의 편성은 이처럼 고속화와 더불어 점점 불균등하게 이루어진다. 고속화가 아무리 공간통합을 진척시킨다 하더라도 거리조락은 사라지지 않는 수준을 넘어서, 한층 성긴 교통 네트워크와의 거리라는 새로운 공간의 장벽을 재생산하게 된다.

공간집적의 최적규모

그렇다면, 공간 그 자체를 물리적으로 소멸하게 만드는 집적은 완벽하게 이루어질 수 있는 것인가?

국지화의 경제에 따른 집적이 어느 정도까지 이루어지는가의 문제는, 일반적으로 생산과정에 내포된 규모의 경제, 그리고 대규모화된 생산량에 걸맞는 보다 넓은 수요공간에 재화를 운송하기 위해 증대되는 운송비, 이 두 요인의 이율배반적 관계에 의해 결정된다.

국지화의 경제에서 어떤 산업분야의 재화가, 하나의 닫힌 수요공간에 경제집적이 이루어진 정도에 대응하여 직접적 생산과정 및 개별 운송비에 소요되는 비용을 그래프로 나타내보았다(〈그림 2-4〉). 이 그래프는 수요공급의 일치, 해당 분야 내지는 공정의 전체 생산단위의 규모가 동일하다는 것, 그리고 소비의 수요밀도는 균일한다는 전제하에 작성되었다.

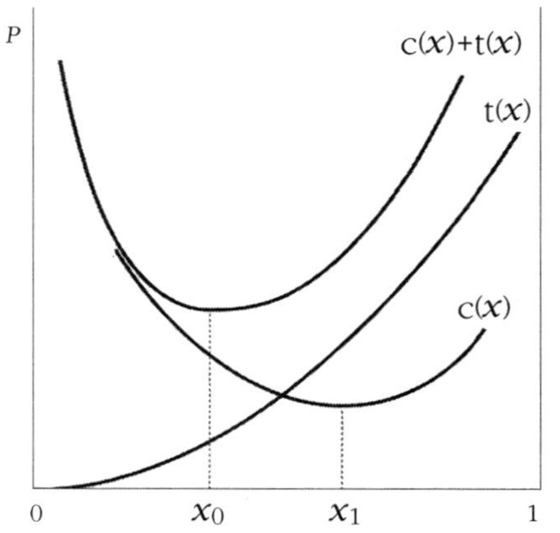

완전한 분산 ← 공간집적의 정도 → 완전한 집적

$$\text{공간집적의 정도 } x = \frac{\text{1개 공장의 생산량 y}}{\text{공간전체의 수요총량}}$$

C(x)는, 재화의 생산함수를 AC(y)라 했을 때 공간집적의 정도에 대응하는 평균비용의 변화를 1개 공장의 생산량을 그 수요공간의 총 수요량으로 나눈 값인 x의 함수로 나타낸 것이다. 가로축의 x값은 생산단위당 생산량 y를 그 경제에 있는 수요총량에서 뺀 다음 구한 값으로, $0 \leq x \leq 1$의 범위를 갖는다. 완전한 분산이란 각 생산단위들이 극히 작다는 것을 의미하므로 x=0이 된다. 반대로 완전한 집적이란 이 공간이 수요로 하는 재화 전체를 1개의 생산단위가 생산한다는 것을 의미하는 것이며, 1개의 생산단위가 갖는 생산규모와 수요량이 동일해지므로 x=1이 된다. 수요의 공간적 밀도가 높아질수록 해당 수요공간의 수요총량이 커지기 때문에 분모의 크기도 증가하여 x의 최소점이 좌측으로 이동하며, 이는 생산단위의 분산을 의미한다. 밀도가 낮아지면 최소점이 우측으로 이동하며, 이는 생산단위의 집적을 의미한다. 또한 기술혁신에 의해 규모의 경제가 더욱 효과적으로 작동하게 되면 AC(y)의 최소점 자체가 우측으로 이동하기 때문에, 최소점 역시 우측으로 이동하게 된다.

집적의 현실적인 최적규모를 도출하려면, 앞서 살펴본 내용 달고도 운송비를 함께 고려해야 한다. 이는 집적의 정도 x의 함수인 운송비 t(x)로 나타낼 수 있다. 완전한 분산이란 모든 수요자가 집집마다 공장을 문앞에 두고 있는 상황을 의미하는 만큼, t(x)=0이 된다. 집적이 진행될수록 t(x)의 값은 오른쪽 위로 향하게 된다. t(x)의 형태는 기술적 조건에 의해 달라지며, 운송수단의 효율성이 떨어진다든지 신선식품과 같이 운송비가 많이 드는 상품과 같은 경우에는 함수의 기울기가 급해진다. 한편 수요공간의 밀도가 높은 경우에는 운송거리가 단축되므로 함수의 기울기가 완만해진다. 이는 분산을 유도한다.

두 함수 C(x)+t(x)의 값을 합한 수식(그래프)은 집적의 최적규모를 나타내는 함수이다. 이러한 재화 생산과 관련된 공간단위의 최적규모는, 함수 C(x)+t(x)의 최소점에서 이루어진다. 이를 통해 x=1이 되는 완전한 공간집적은 존재할 수 없다는 사실을 알 수 있다.

이렇게 해서 최적규모가 확보된 분야의 생산단위가 여러 분야에 걸쳐 동일한 장소에 입지함으로써 생산비를 절감할 수 있게 되면, 도시화의 경제에 의한 집적이 이루어진다(☞p.124). 이를 **순수집적**이라고 한다. 집적으로 인한 혼잡상태가 심화되어 **외부불경제**(external diseconomies)가 발생하면, 이 순수집적은 정점에 도달하게 된다.

살펴본 것처럼 국지화의 경제, 도시화의 경제 양쪽 모두 완전한 집적이 성립하지는 않으며, 공간편성은 집적과 분산이 공존하는 형태로 성립한다는 사실을 부인하기는 어렵다.

거리는 실질적으로 완전히 포섭할 수는 없다

공간통합은 항상 불완전하게 이루어지는데다 집적이라는 요인 또한 존재하기 때문에, 상대공간의 실질적 포섭에 의해 생산된 네트워크는 실질적으로는 완전히 포섭되지 않는 거리라는 요소를 반드시 남기게 된다.

〈그림 2-5〉에서 밝혔던 바와 같이, 집적지의 부근이라든가 교통로와 같은 1차원의 선분과 접해 있는 위치는 그렇지 않은 위치와 비교했을 때 유리한 교통조건을 가진다. 네트워크가 결절점에서의 집적 및 결절점들을 묶는 선분의 집합으로부터 성립하는 이상, 평면상에 존재하는 모든 점들의 위치는 상호간의 거리 또는 격리도와 같은 속성을 갖게 되는 것이다.

공간통합이 이루어진 후에도 원초적인 거리와 위치라는 요소가 잔존하며 공간적 불균등이 발생한다는 사실은, 다시 말하면 행위공간의 불균등성이 존재한다는 것을 의미한다고 할 수 있다. 고속 교통수단에 인접한 구간에는 보다 넓은 행위공간이, 그렇지 못한 구간에는 보다 좁은 행위공간이 이에 대응한다.

공간통합은 이처럼 다수의 이질성을 가진 행위공간의 집합으로부터 이루어지는 영역, 그리고 포섭되지 않는 새로운 거리의 요소에 귀결된다. 공간통합은 새로운 불균등성을 끊임없이 계속해서 생산하고 있는 것이다.

〈그림 2-5〉 네트워크 및 실질적으로 포섭되지 않는 거리의 존재

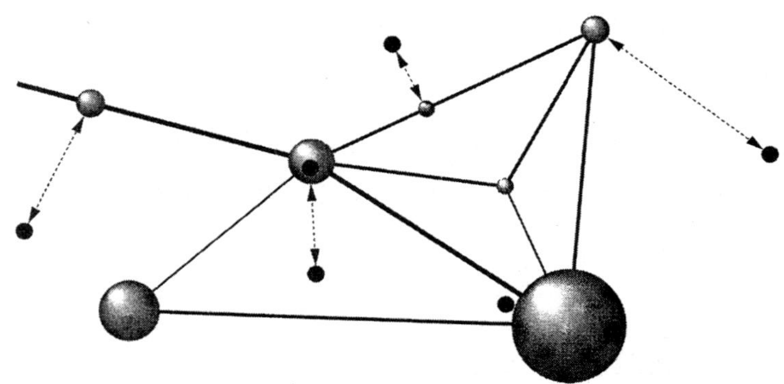

◀┄▶ : 위치 ●와 교통로 내지는 그 결절점(집적) ○와의 사이에 발생하는 불균등한 거리

과제 6. 국내의 여러 도시들 가운데, 독자 여러분의 고향이나 거주지는 아니지만 흔히 다녀오곤 하는 곳을 몇 개 정도 골라보자. 급속한 경제발전과 더불어 이루어진 고속화·고밀도화를 통해, 지금 여러분이 거주하고 있는 고장과 이들 도시와의 구간을 연결하는 교통수단이 어떤 식으로 변화해왔는가에 대해서 생각해보자. 이같은 변화는 편리함을 가져왔다고 할 것인가, 아니면 오히려 불편을 유발한 측면이 큰가?

칼럼 3.

물신성(fetishism)

　원래 눈에 보이지 않는 사람들 간의 관계라든가 개인의 심리가, 소재적인 사물에 전도되고 그에 반영되면서 사물에 내재화된다고 여겨지는 현상을 일컫는다.

　'가격'으로 표시되는 상품가치는, 분업이라는 사회관계에서 재화가 교환될 때의 양적 기준(일반적으로 노동시간과 노동강도에 의해 규정됨)이 그 상품이나 재화에 투사되면서 체화된 것이다. 더욱이, 화폐란 물물교환 시대에 일반적인 등가물로써 사용되었던 귀금속 등의 특수한 재화가 가진 상품가치가, 보다 선명한 형태로 그 귀금속에 체화되면서 이루어진 것이다. 우리가 화폐를 이용하여 사물을 사고팔 수 있다는 사실은, 본래 사람과 사람 사이의 사회관계인 분업에 따른 교환 행위가 화폐라는 '사물'을 매개로 이루어지게 되면서, 화폐가 '사물'을 뛰어넘는 사회적 힘을 획득하여 사물간의 관계를 생산하게 된 것이라고 해도 과언이 아니다.

　'물신성'은 새로운 경제지리학과 사회지리학의 중요한 핵심어이다. 여기에는 경관과 건조환경이라는 '사물'에 경제·사회관계가 체화되는 현상인 물상화(reification)에 주목하여, 거꾸로 그 '사물'을 연구하는 것을 통해 거기에 내재된 경제적·사회적 비밀을 밝혀내려는 접근이 활발히 이루어지고 있다.

〈미즈오카 후지오〉

참고문헌

Jelinek, G., 1974, 芦部信喜 ほか 訳,『一般国家学』, 学陽書房.

大友篤, 1982,『地域分析入門』, 有斐閣.

西井正弘 編, 1998,『図説 国際法』, 有斐閣.

Harvey, D., 1989-90, 松石勝彦・水岡不二雄 ほか 訳,『空間 編成の経済理論ー資本の限界』上・下, 大明堂.

Hoover, E. M., 1968, 西岡久雄 訳,『経済立地論』, 大明堂.

Buchanan, J. M., 1974, 山內之光躬・日向寺純雄 訳,『公共財の理論』, 文真堂.

Porter, M. 1992, 土岐坤・中辻萬治・小野寺武夫 ほか 訳,『国の競争優位』, 古今書院.

Marshall, A., 1966, 馬場啓之助 訳,『経済学原論』II, 東洋経済新報.

Marx, K. 1982-83. 資本論翻訳委員会 訳,『資本論』第1卷, 新日本出版社.

Strauss, R., Taylor, C., and Wheeler, T. 1991. *Japan: A Travel Survival Kit*, 4th ed., Hawthorn, Victoria, Australia: Lone_y Planet.

3장

글로벌 공간은 어떻게 형성되는가?

세계체제와 국가영역

아폴로 8호에서 바라본 지구

원초적으로 바라보았을 때 지구는 하나의 둥근 행성이며, 여기에는 원래 바다와 땅의 차이 외에는 어떠한 경계도 존재하지 않았다. 하지만 지구상에서 사람들이 각축 끝에 국경선을 그어 지구를 경계짓기하면서, '국가'라는 192개의 배타적인 영역의 모자이크 조각들로 이루어진 불안정한 덩어리가 되고 말았다. 세계화의 흐름이 확산되고 있는 오늘날, 국경선의 중요성이 약화되면서 결국에는 사라질 것이라고 보는 의견도 있다. 하지만 국가 간의 분쟁이나 경쟁에 관한 기사는 연일 언론지상을 장식하고 있으며, 각국은 국경을 무기로 전 세계를 무대로 한 신보수주의적 경쟁을 펼치고 있다. 지구(globe)가 육지와 바다 외에는 어떤 경계도 없는 원초적인 공간으로 다시금 회귀하게 되는 날은, 도래하지 않을 것인가? (사진: 교도통신 제공)

이 장에서 공부할 내용

본 장에서는 앞 장에서 공부한 공간의 실질적 포섭 과정 중에서, 절대공간의 경계짓기와 영역의 생산과 관련된 부분을 보다 구체적으로 살펴보도록 하겠다.

절대공간의 경계짓기에 따른 영역은, 변방(frontier) 개념에서 경계(boundary) 개념으로의 전환에 의해 형성된다. 이를 구체적으로 살펴보면, 중핵과 주변으로부터 발생하는 '세계체제'의 성립과정이면서, 베스트팔렌 체제에 의해 배타적 영역을 가진 국가가 생산된 과정이기도 하다.

범위에 의해 경계짓기된 국가는 권력을 용기로 하여, 그 내부에 포함된 부, 문화, 사회를 균질화하는 작용을 하게 된다. 2차대전 이후 국제연합 주도의 안전보장체제 하에서, 국경은 고정화되었고 국가영역은 오히려 강화되었다. 이러한 국가의 토대 위에 여러 가지 지역적인 조직들이 편성되면서, 국가영역이 세분화되는 측면도 있다. 국가가 배타적으로 고정되어 있는 이상, 신보수주의적 비교우위를 둘러싼 경쟁이 전 지구적인 규모에서 계층적인 공간편성으로 이루지고 있는 현실 속에서 국가는 가장 중요한 공간단위로 변용되고 있는 것이다.

영국과 아일랜드의 관계는 한일관계와도 유사한 측면이 있다. 영국은 17세기부터 아일랜드를 식민화하기 위한 계획에 착수했고, 19세기에는 아일랜드를 합병하였다.이후 일어난 가열찬 독립운동과 1차대전 이후 불어닥친 민족자결주의의 열풍으로 인해, 영국은 1921년 아일랜드 북부의 얼스터(Ulster) 지방을 영국령 북아일랜드로 남겨둔다는 조건하에 아일랜드 독립을 승인하였다. 이는 마치 한반도 독립 당시 부산 일대를 일본령으로 남겨두자는 논의가 있었던 것과도 흡사하다고 할 수 있다. 그 후 북아일랜드에서는 아일랜드 공화국으로의 통일운동이 끈질기게 이어져 오고 있다.

위쪽의 사진에 보이는 벽화는 벨파스트의 아일랜드인 거주지역인 폴스(Falls)에 있는 것으로, 강제된 국경과 영

역을 거부하고 새로운 민족자결을 지탱해줄 영역의 생산을 갈구하는 카탈로니아인들과 연대할 것을 강하게 표명하고 있다. 원 안의 사진은 아일랜드 공화국의 수도인 더블린의 번화가에 있는 낙서로, 'BRITS OUT(영국인 나가라)'이라는 문구가 눈길을 끈다.

위 사진들은 독일, 체코, 폴란드 3국의 접점에서 촬영한 것이다. 좌우(남북)로는 나이세(Neiße)강이 흐른다. 스탈린이 그어놓은 '오데르나이세선'이 바로 이 강에 연해있고, 사진 앞부분(동쪽)을 가볍게 굽이쳐 흐르는 강의 우측(북쪽)이 전후 독일로부터 폴란드로 편입된 부분이

다. 상단의 사진 오른쪽 아래에 보이는 P(폴란드)라고 써놓은 국경표지석에서, D(독일)라는 문자를 새겨놓은 흔적을 발견할 수 있다(원 안의 사진).

강 좌측(남쪽)은 1차대전까지 합스부르크제국령이었다가 이후 독립하여 체코슬로바키아가 된 지역이다. 나이세강 건너편의 독일(구 동독)령에 세워져 있는 십자가는, 동독민주화를 위해 투쟁해온 사람들을 기리는 뜻에서 스웨덴이 기증한 것이다. 오늘날에는 중요성이 떨어져 보이기도 하는 국경선이지만, 노동력이동을 차단하고 상이한 거시경제체제를 봉쇄함으로서 국가의 용기를 확실히 지탱하는 구실을 한다. 독일 임금수준의 3분의 1에 불과한 체코의 낮은 임금수준으로 인해 EU, 미국, 일본 등의 국가로쿠터 투자가 집중되면서, 구 동독 지역의 20%에 달하는 실업률에 비해 체코의 실업률은 7%에 머물고 있다(2002년).

1. 세계체제의 성립과 발전

● 변방에서 경계로의 전환

변방(frontier)에서 경계(boundary)로

앞 장(pp.103-5)에서는 절대공간의 실질적 포섭에 의해 영역이 형성된다는 내용을 다루었다. 본 장에서는 이러한 과정을 보다 상세하게 살펴 보고자 한다.

경제·사회집단의 입장에서는 영역이 넓을수록 더 많은 부를 얻을 수 있기 때문에, 그 영역을 확대해나가게 된다. 확대되는 영역의 가장 바깥쪽, 즉 포섭된 절대공간의 선단부를 **변방**(frontier: 변경, 세력권의 제한-지대)라고 한다(〈그림 3-1a〉).

다수의 경제·사회주체가 존재하는 경우, 각 주체들의 영역이 확대되면 여러 주체 간의 접촉이 이루어져, 종국에는 충돌을 야기하는 사태가 발생하게 된다. 이러한 충돌은 어떤 형태로든 조정되어야만 한다.

〈그림 3-1〉에서 볼 수 있는 것처럼, 이같은 조정행태에는 세 가지 유형이 있다(水岡, 1992: 114-8).

첫째 유형은 **지배 · 종속적인 형태**로, 한편이 다른 편을 정복하는 것에 의해 영토를 확장하고 지배 · 복종이라는 수직적인 사회관계를 형성하는 것이다. 후술하겠지만 유럽열강들에 의한 아시아 · 아프리카 지역의 식민지화는 이러한 형태의 사례에 해당한다(〈그림 3-1b〉).

〈그림 3-1〉 변방(frontier)과 경계(boundary)

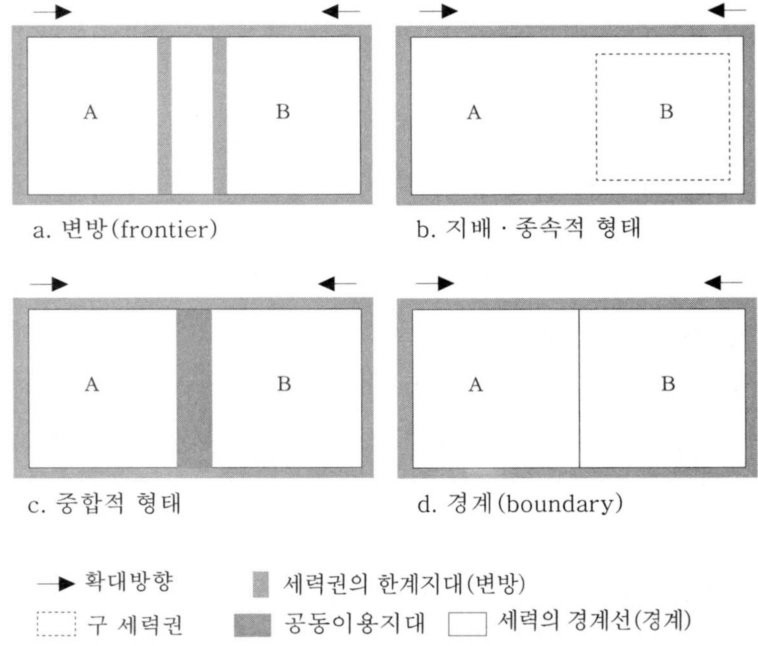

직사각형의 섬에 A, B 두 세력이 존재한다고 가정해보자. 이 두 세력이 섬의 양 끝으로부터 내륙을 향하여 세력권을 확대해가고 있다. (a)단계에서는 두 세력의 한계선이 아직 섬의 중앙부까지 도달하지 못하여, 섬 중앙부에 공백지대가 남아있게 된다. (b)는 A가 세력을 확대하여 B를 정복하고 섬 전토를 영역으로 삼은 경우이다. (c)는 A, B 두 세력이 양립하면서도 경계지대의 중요성은 상대적으로 낮은 경우이다. (d) 역시 두 세력이 양립하는 상황이지만, 경계지대의 중요성이 높기 때문에 확고한 경계선이 설정된 경우에 해당한다.

둘째 유형은 **중합적(重合的)인 형태**로, 여기서는 영역이 대등한 관계에서 서로 겹치면서 주체들 간에 공동지대를 형성하여 서로 간의 영역을 공유하게 된다. 여러 집단 간에 서로를 배재하려는 성향이 상대적으로 약하고, 공간이용의 집약도 역시 상대적으로 낮은 경우라고 할 수 있다. 이를테면, 근세에 이루어진 입회지의 공유적 이용이 그 사례에 해당한다(〈그림 3-1c〉).

셋째 유형은, 확고한 경계를 설정하여 다수의 주체가 각자의 영역을 배타적으로 점유하는 형태이다. 이것이 **경계**(boundary: 세력의 경계선)이며, 오늘날 지표공간의 대부분은 이러한 경계에 의해 배타적인 영역으로 나뉘어져 있다(〈그림 3-1d〉). 즉, 지구는 국경에 의해 국가영역으로 분할되며, 국가영역의 내부가 광역시나 도, 시군구와 같은 다양한 행정구역으로 획정되면서 지표면 구석구석까지 영역화되는 것이다.

이 가운데 셋째 유형에서 언급한 변방에서 경계로의 전환이 일어나는 과정에서, 명확한 경계짓기가 일어나게 되어 영역이 생산되는 것이다.

세계체제이론

세계체제이론(world-system theory)은 미국의 사회학자 월러스타인(I. Wallerstein)이 제안한 이론이다. 국민경제 및 국민사회와 마찬가지로 사회과학은 국가를 분석단위로 하는 경우가 일반적이지만, 이 이론에서는 국가가 아닌 세계체제를 분석단위로 한다는 점에서 그 특징을 찾을 수 있다.

월러스타인은 자본주의 세계경제를 체제로 파악하여, 그 성립기인 15세기로부터 오늘날까지의 변천과정을 살펴보고자 하였다. 그는 인류의 역사에는 호혜·교환적(☞p.478)인 '소체제' 및 '세계체제'의 두 체제가 존재해왔다고 파악하였다. 이 가운데 '세계체제'는 단일한 정치체제를 가진 '세계제국', 그리고 시장경제에 기반한 '세계경제'의 두 가지로 나뉘어진다. 그리고 역사적으로 다수의 소체제, 세계제국, 세계경제가 존재해왔지만, '세계경제'(자본주의 세계경제)가 확대되어 다른 모든 체제를 흡수한 이후 오늘날에는 자본주의 세계경제가 전 세계를 지배하고 있다는 것이다(Wallerstein, 1987).

'세계경제'는 단일 시장과 다수의 국가군에 의해 구성되는 중층적 공간이다. '세계경제'를 구성하는 여러 영역들은 일률적으로 동일한 생산물을 생산하는 것이 아니며, 영역마다 전문화된 생산활동을 하는 것이다. 그 결과 생산성에서 우위를 점하는 영역과 그렇지 못한 지역이 발생하기 때문에, '세계경제'를 구성하는 영역들은 '중심부', '반주변부', '주변부'의 3가지 국가군으로 구성된다고 보았다. '중심부'란 임금수준이 높고 높은 수준의 기술력을 보유한 영역이며, '주변부'는 임금수준이 낮으며 기술이 발달하지 못한 영역이다. '반주변부'는 이 두 영역의 중간에 위치하며, '중심부'에 종속되는 동시에 '주변부'를 착취한다. 이처럼 '세계경제'는 3단계로 구조화되며, 중심부에 의한 세계경제 전체의 잉여수탈이라는 형태에서 전 세계적인 분업이 이루어진다고 설명하는 것이다(☞pp.376-7).

변방에서 경계로의 전환: 역사적 과정

다음으로, 변방이 경계로 전환되는 역사적 과정을 세계체제론적 관점에서 살펴 보기로 하겠다.

원시사회에서는 전 세계에 다수의 '소체제'들이 존재하였다. 각각의 소체제들의 주변은 대부분 변방 상태였으며, 전염병이나 재해에 의해 소멸되거나 또는 훨씬 많은 잉여생산능력을 가진 세계제국에 흡수되기도 하면서 그 수가 점차 감소해나갔다. 소체제의 대부분을 포섭한 '세계제국' 역시, 로마제국이나 중국의 여러 왕조들처럼 고대로부터 중세, 근세에 이르기까지 다수 존재했었다. 세계제국 내부의 영토는 도시 주변에서는 배타적으로 점유되었지만, 도시에서 떨어져 있는 지역은 변방 상태였다(☞p.122). 이러한 세계제국 역시 '자본주의 세계경제'에 흡수되어, 오늘날에는 더 이상 존재하지 않는다.

이윽고 단일한 시장과 다수의 국가로부터 성립하는 자본주의 세계경제 (근대 세계체제)가 15세기 중반에 북·서유럽을 중심으로 성립하게 되었다. 이 체제는 아프리카나 아시아 등의 외부지역을 포섭하면서 주변화시켜, 19세기 후반에는 거의 전 세계적인 규모로 확대되었다. 그 결과 지구상의 모든 지역이 자본주의적 생산양식에 의해 세계체제로 포섭되면서, 경계에 의해 배타적으로 경계지어지기에 이른 것이다.

베스트팔렌 체제

이 과정에서, 배타적인 영역을 가진 국민국가라는 개념이 생겨나게 되었다.

로마제국의 붕괴 이후, 유럽은 정치적으로 분열되었다. 하지단 정신세계라는 측면에서는 로마 가톨릭을 중심으로 하나로 통일되어 있었다. 영주가 지배하는 영지는 연속적으로 존재하는 경우도 있었지만, 정략결혼 등에 의해 분절되어 분포되는 경우도 있었다. 영지의 경계는, 오늘날의 국경 만큼 분단의 성격이 강하지 않았다.

하지만 15세기 후반에서 16세기에 걸친 기간 동안 루터(M. Luther)와 칼뱅(J. Calvin)에 의한 종교개혁이 일어나면서, 유럽에서 로마 가톨릭의 절대적인 권위는 무너지고 가톨릭과 프로테스탄트가 대립하는 세계로 변했다. 게다가 활판인쇄술을 이용한 영역본 성서가 출판되면서 중세 유럽의 공용어였던 라틴어를 익혀야할 필요성이 사라졌고, 다양화가 한층 진전되었다 (Anderson, 1987: 35-6).

중세말에는 전략전술 역시 크게 변화하였다. 이전까지는 궁시(弓矢)나 투석이 주된 공격수단이었기 때문에 성벽에 의존한 방어전술을 구사할 수 있었지만, 몽골인과 아라비아인을 통해 전래된 중국의 화기가 전투에 도입되기 시작하면서 그같은 방어전술은 무용지물이 되었다. 이러한 역사적 맥락 속에서, 영역 전체의 배타적 지배권을 상호인정하는 정치·사회체제가 필요로 하게 되었다(Lila, 1992: 189-96).

이렇게 해서, 중세말의 유럽에서는 권력자에 의한 배타적 지배 영역이 국경을 맞대고 있는 형태의 국제사회가 대두하게 되었다. 대규모의 종교전쟁이었던 30년전쟁을 종결시킨 **베스트팔렌 조약**(Westfälischer Friede(독), The Treaty of Westphailia(영), 1648)에서는 국왕의 배타적 주권을 상호인정할 것을 결의하였다.

일반적으로 **베스트팔렌 체제**라고 불리는 이러한 체제에 의해, 유럽 사회는 상호배타적인 집합적 절대공간에 토대하게 되었다. 명확한 경계가 새겨진 배타적 영역을 상호인정하게 됨에 따라 외교가 제도화되었고, 외교의 거점인 수도는 다른 도시들과 차별화되는 특별한 위치를 점하게 되면서 화려하고 장엄한 모습을 한 국가의 상징적 장소로 변화하게 되었다. 한편 국제사회에서는 관습적인 공통의 규범인 국제법이 성립하였다. 이로써 유럽 각국에서는 국가 간의 질서가 보편적으로 정착해가게 되었다.

유럽세계의 식민주의적 팽창과 제국주의

하지만, 이러한 배타적 영역주권은 유럽에만 국한된 것이었다. 유럽 각국이 군사적, 경제적 우위를 떨치며 세계로 진출한 결과, 유럽 이외의 대다수 지역들은 식민지로 지배받게 되었다. 이 과정을 세계체제론의 관점에서 살펴보자.

15세기 유럽에서 성립한 '자본주의 세계경제'에는 격지간(隔地間) 시장 분업체제라는 요소가 포함되어 있다. 당시 동유럽에서는 곡물을, 신대륙으로부터는 금은을 위시한 광물자원이 유입되었으며, 이로 인해 북·서유럽의 중심부에 해당하는 국가들의 상인들은 높은 수입을 향유했지만 주변부의 농민들은 낮은 수입을 면할 수 없었다. 끝간데 없이 이윤을 추구하던 중심부의 경제와 사회가 변방을 확장하는 과정에서 세계는 이질적이고 불균등한 영역들로 분화되어갔던 것이다.

그 결과, 체제는 지배·종속적인 영역의 조정형태를 내포하게 되었다. 지배자가 있는 중심지대가 항상 높은 이윤을 확보하기 위해서는, 수입이 낮은 주변지역이 계속해서 생겨나야만 했다. 이와 같은 유럽세력에 의한 세계의 주변화과정을 구체적으로 살펴보자.

1492년 컬럼버스(C. Columbus)에 의해 신대륙이 '발견'되면서, 그때까지는 독립적인 '소체제'로 성립한 공간이었던 신대륙 각지가 에스파니아와 포르투갈에 의해 식민화되었다. 한편 아프리카와 아시아 각지의 연안부 역시, 희망봉을 경유하는 인도 항로의 발견에 의해 점차적으로 식민화되었다. 유럽의 경제적 우위성은 중상주의, 상업혁명을 거치면서 계속해서 커져갔으며, 중심부 및 주변화된 공간과의 경제적 격차가 벌어지게 되었다. 체제 확대의 초기조건이었던 우위성이, 이후의 발전에 크게 영향을 미친 것이다.

17세기에 접어들면서, 이전까지는 범선의 중계지점 또는 해적의 근거지에 지나지 않았던 카리브해의 섬들이 사탕수수 재배지로 주막받기 시작했다. 사탕수수의 재배와 수확은 고된 노동을 수반하는 작업이었고, 이로 인해 원주민들은 절멸했다. 원주민들을 대신할 노동력을 충원하기 위하여, 아프리카의 기니만으로부터 흑인노예가 강제적으로 이주되었다. 오늘날 쿠바, 아이티 등 카리브해의 국가들에 아프로아메리카인(Afro-American)[1]들이 많은 까닭은 이 때문이다.

유럽인에 의한 식민지화의 물결은 아시아에도 밀려왔다. 17세기 초에는 영국과 네덜란드가 각각 동인도 회사를 설립하여 식민지 경영에 활용하였다. 1858년 무굴 제국이 멸망하면서, 인도는 공식적으로 영국의 식민지가

---

1) 아프리카문화의 영향을 크게 받은 지역을 아프로아메리카(Afro-America)라고 하며, 주로 사탕수수 재배를 위해 흑인노예가 수입된 카리브해 주변 및 브라질 연안 등의 지역을 일컬음 (역주).

되었다. 영국의 산업혁명과 더불어, 면제품의 수출국이었던 인도는 거꾸로 영국산 면제품을 강제적으로 수입해야 하는 처지로 전락했다. 19세기에 접어들면서 아프리카의 내륙부 및 태평양지역도 식민화되었다.

이러한 유럽 열강에 의한 세계 각지의 식민지 지배는, 아시아와 아프리카에게는 필요하지도 않은 경계적 속성을 강요하였다(☞p.155-6). 오늘날 아시아 및 아프리카 각국의 국경선에는 이러한 흔적이 선명하게 남아있다(〈그림 3-2〉).

〈그림 3-2〉 경계가 지어진 오늘날의 아프리카

굵은선은 직선적인 국경선에 해당함.

예컨대 아프리카 기니만 연안의 국가들을 살펴보면 다른 지역에 비해서 면적이 작은 국가들이 유달리 많은데다, 국경선은 하나같이 해안선과 직각 방향으로 내륙을 향해 뻗어 있다. 이는 일찍이 유럽 각국이 경쟁적으로 해안선에서 내륙으로 진출했던 흔적이다. 이 일대는 유럽인에 의해 황금해안, 노예해안, 후추해안, 상아해안 등의 이름으로 불렸다. 코트디부아르(Côte d'Ivoire: 프랑스어로 '상아해안'이라는 뜻)는 당시의 지명이 오늘날의 국가명에 그대로 남아있는 사례라고 할 수 있다.

한편 북아프리카에서 아라비아반도에 걸친 건조지역에는 직선적인 국경선이 많다는 사실을 알 수 있다. 이러한 형태의 국경선은 대부분 제1차 세계대전 이후에 형성된 것이다. 이 무렵의 측량기술 발달로 인해, 국경선을 정하는 유럽 열강의 회의실에서 획정한 직선적 국경을 현지에서 토지상에 실제로 설정할 수 있게 되었기 때문이다.

이처럼 세계체제의 지표공간은 유럽 세력의 손에 의해 지배·종속관계를 내포한 배타적 영역들로 경계지어져 버렸다. 이후 식민지들이 독립하고 정치적인 측면에서 만큼은 국제사회의 평등이 진전되었다고 하지만, 오늘날에도 경제적으로는 그러한 지배·종속관계가 강하게 작용하고 있다(☞ pp.382-7). 20세기 후반 이후 이러한 관계는 **남북문제**라고 불리게 되었다. 그 기원은, 살펴본 바와 같이 15서기로 거슬러올라간다.

과제 1. 세계 지도를 보면서 세계 각지의 국경선이 가진 특징에 대해서 생각해 보자. 그리고 예전에 유럽국가의 식민지였던 나라들에는 우럽과 관련된 지명이 다수 존재한다는 사실도 확인해보자.

2. 근대 국민국가 체제의 특징

국가: '경계확정된 권력용기'

앞 절에서 살펴본 세계체제의 형성과 더불어, 그 구성요소가 되는 개별 국가의 조직은 절대주의국가, 국민국가로 변화하였다. **국민국가**(nation state)란 공통의 언어와 문화를 가진 민족(nation)에 의해 형성된 국가를 일컫는다. 본 절에서는 이와 같은 국민국가가 영역적 실체로 확립되는 과정에 대해서 알아 보기로 한다.

사회학자인 기든스(A. Giddens)는 전통적 국가를 '경계가 획정되지 않은 분단사회'로 간주했으며, 근대 국민국가를 **경계가 설정되지 않은 권력용기**로 정의하였다(Giddens, 1999). 즉, 오늘날의 국민국가 체제하에서 국가들은 영토라는 '용기로서의 국가'라는 공통된 성격을 갖는 것이다. 여기서는 테일러(P. J. Taylor)의 이론을 토대로 국가의 기능을 ① 전쟁 수행, ② 경제의 관리, ③ 국가정체성 부여, ④ 사회 서비스의 제공이라는 4가지 요소로 구분하여(Taylor, 1994), 상술한 용기개념을 권력의 용기, 부의 용기, 문화의 용기, 사회의 용기로 확장시킨 다음 각각의 개념이 갖는 특색에 대해서 논의하도록 하겠다.

국가라는 용기의 충전(充塡)과 균질화

베스트팔렌 체제에 의해 성립한 근대 주권국가는, **권력의 용기**로 자리매김하는 동시에 전쟁 수행기능을 특화시켜 갔다. 하지만 유럽이 전란으로 무질서한 상태에 빠지지는 않았던 것은, 유럽 내부에 세력균형이라는 질서가 작용하면서 서구열강이 이같은 질서의 체계 밖에 존재한다고 간주한 유럽 외부에 식민지라는 새로운 영역을 획득할 수 있었기 때문이었다.

유럽 각국은 어느새 해외무역을 경제기반으로 한 부의 축적에 진력하게 되었고, 중상주의정책을 국가를 떠받치는 기반으로 삼았다. 이렇게 해서 국가는 군사를 주관하는 주체에서 경제를 촉진하는 주체로 변화하게 되었다. 국가의 주요 기능은 국내의 경제성장으로 그 초점을 옮겼고, 국가는 거시경제를 받아들이는 **부의 용기**가 되었다.

중상주의에서 시민혁명으로 이행하게 되면서, 베스트팔렌 체제를 기초로 확립된 국가영역 내부에 거주하는 사람들의 총체인 **시민**(people)이 국가주권의 정통성을 부여하는 단초가 되었고, 사람들의 정체성과 성격은 **국민**(national)으로 변화하였다. 이로써 국가정체성이 종교적 정체성을 대신하여 중요한 의미를 갖게 되었다. 앤더슨(B. Anderson)이 언급한 '공정 내셔널리즘(official nationalism: 국민과 군주국의 의도적 결합)'의 출현은, 국민문화 및 국사가 성립하는 단초가 되었다. 이처럼 근대 국민국가가 성립하면서, 국가영역은 국가정체성을 강화하는 **문화의 용기**로 더욱 강조되었다 (Anderson, 1987).

근대 국민국가에서는 징병제SK 교육제도가 실시되고 공통의 이데올로기가 강화되며, 국민은 균질화된다(☞pp.179, 273-4). 이 시점부터 빈부와 계급 등의 격차를 해소하는 요구가 커지게 된 것이다. 그 결과 선거권이 확대되고 계급동맹(☞pp.242, 285-311)이 성립하였으며, 국가는 한층 균질한 **사회의 용기**라는 성격을 갖게 된 것이다. 이러한 균질성은 전 국민이 국가의 이익에 대하여 동질하다는 의식을 갖게 만들었고, 내셔널리즘이라는 일상의식의 측면에서의 국가영역을 더욱 구체화시켰다. 제2차 세계대전 이후에는 보편적 인권의 존중(☞p.497)에 대한 목소리가 커지는 한편 복지국가정책과 포디즘(☞Column 8)에 의한 사회통합이 사회의 기조로 자리잡으면서, 국민국가는 더욱 균질화·대중화되었다.

20세기의 국민국가는 이들의 총체를 일컫는 개념이며, 오늘날 국가는 거대한 사회적 실체로 자리매김하게 되었다. 영역을 기반으로 성립한 근대국가 체제는 4가지 유형의 용기로서의 기능을 점차적으로 충진하게 되었으며, 20세기 후반에 접어들어 그러한 기능은 정점에 달하게 되었다.

근대 국민국가 체제와 민족자결

국제사회의 단위인 국가가 영토국가에서 절대주의국가, 그리고 국민국가로 발전해가는 과정에서, 권력, 부, 문화, 사회라는 각각의 기능이 충전되면서 지구적 규모에서 국민국가 체제가 형성되었다. 하지만 오늘날에도 모든 민족이 독립국가를 이루고 있는 것은 아니며, 국민국가의 이념과는 아직 요원한 경우도 찾아볼 수 있다.

그 이유는 다음과 같다. 첫째, 근대 국민국가의 이념은 유럽 내에 한해서만 적용되었으며, 이 외의 지역에서는 유럽 세력의 지배가 버젓이 이루어지고 있었다. 둘째, 오늘날 유럽 각국의 면적을 보면 알 수 있는 것처럼 국민국가는 일정한 규모를 암묵적으로 전제하는 것이기 때문에, 소규모의 민족은 현실적으로 그들만의 국가를 건설하기가 어려운 측면이 있다.

이렇게 성립한 유럽의 중간 규모 국민국가들은 유럽 이외의 지역에서는 민족을 인정하지 않고(☞pp.163-5) 식민지 지배를 시작하였다. 이는 19세기 후반에 이르러 정점에 달했다.

제1차 세계대전의 전후처리 과정에서 미국의 윌슨(W. Willson) 대통령은 '민족자결'의 내용을 담은 14개조의 평화원칙을 선언하였다. 이로 인해 국민국가의 이념이 1차대전 후의 새로운 세계질서로 부상하였다. 민족자결의 원칙에 기초하여 합스부르크 제국과 오스만 투르크가 붕괴하고, 여러 지역에서 주민투표가 행해졌다. 하지만 모든 민족이 독립을 달성했던 것은 아니다. 제1차 세계대전의 전후처리가 민족자결을 완전히 실현시켜주지 못한 채, 제2차 세계대전이 일어나게 되었다.

2차대전 이후의 국경·영토 고정화와 민족

2차대전 이후의 세계는 미·소라는 두 체제가 극단적으로 대립하는 냉전이라는 국제질서가 전개되는 한편, 국제연합 중심의 '평화주의'가 지배적인 위치를 점하게 되었다. 민족과 국가의 모순은 민족자결이 아닌, 승전국이 조직한 국제연합에 토대한 '국경선의 불변성' 원리에 지배받게 되었다.

베르사유 조약이 체결될 무렵에는 언어지도 제작과 주민투표는 거의 없었던데다 1차대전 후에 주장된 민족자결의 원칙이 제대로 실현되지 못한채 국경선이 고정되었기 때문에, 소수민족은 소수인채로 국내에 잔존하게 되었다. 2차대전 후의 세계적인 국경선 고정화는 소수민족의 분리독립을 통한 자치권 확대를 오히려 억제하였다. 그 결과 기존의 영토 내부에서 자치권을 요구하는 저항운동 및 지역주의(regionalism)가 각국에서 나타나게 되었다(☞pp.163-4).

옛 식민지에서는 민족자결주의가 고조되어, 1950년대부터 60년대에 이르는 기간 동안 아시아와 아프리카 국가들의 독립이 계속해서 이루어졌다(☞pp.383-91). 하지만 옛 식민지의 독립이 반드시 민족독립을 의미하는 것은 아니다. 이들 신흥독립국의 국경선은 기존의 유럽 열강들이 일방적으로 설정한 것으로 2차대전 후 고정화된 boundary인 **부과된 경계**(superimposed boundary)에 의해 경계지워져 성립하였기 때문에, 1민족 1국가라는 국민국가의 이념에는 부합하지 않는다고 할 수 있다. 이로 인해, 옛 식민지 국가들에서는 식민지 시대에 이루어진 분할통치의 영향에다 냉전 시대의 미·소 대립의 영향까지 더해지면서 오늘날에 이르러서도 민족분쟁이 끊임없이 되풀이되고 있는 실정이다(☞p.488-9).

2차대전 이후 팔레스타인 지역에 건국된 이스라엘의 사례에서도, 국경선의 고정화라는 인식을 찾아볼 수 있다. 이스라엘을 둘러싼 4차례의 중동전쟁에서 이스라엘이 연승을 거두었고, 이 과정에서 이스라엘은 영토확장을 시도하였다. 하지만 이스라엘이 점령했던 시나이 반도는 이후 이집트에 반환되었고, 골란고원과 요르단강 서안지구는 이스라엘이 여전히 실효지배를 하고 있기는 하지만 국제사회에서는 이를 이스라엘령으로 인정하지 않고 있다. 2차대전 이전이었다면, 이 지역들은 전승국이 주도한 조약에 의해 공식적으로 이스라엘령으로 편입되었을 것이다.

한편 국경선의 고정화는 권력의 용기라는 기능이 가진 성격을 제국주의 시대의 침략적·팽창주의적인 것으로부터 방위적인 것으로 전환되도록 하는 기능도 수행하였다. 핵무기나 미사일의 개발로 인해 군사적 능력은 국경을 훨씬 뛰어넘는 수준에 이르렀고, 군사적 수단을 동원하여 국경선을 변경하려는 시도가 얼마나 위협적인가에 대한 인식 역시 확산되었다. 그 결과, 방위의 블록화 즉 집단안전보장이라는 개념이 생겨나게 되었다(☞p.393). 그 전형적 사례가 바로 NATO이다. 그 상위에는 UN안전보장이사회(the Security Council)를 중심으로 하는 고차의 안전보장을 위한 공간이 형성되어, 대규모의 세계대전이 발생하는 대신 장기간에 걸친 **냉전**(the Cold War) 체제가 유지되었다.

과제 2. 역사지도를 살펴보면서, 오늘날 세계각국의 국경선이 어떻게 변화되어 왔는가에 대해서 알아보자.

3. 세계화와 국민국가 체제

앞 절에서 '용기로서의 국가'가 20세기 중반까지 그 기능을 충전하면서 국가영역이 실체화되었던 과정을 살펴 보았다. 하지만 오늘날의 세계화와 더불어, 이러한 국가 기능의 저하 문제가 지적받고 있다. 과연 그러한가?

본 절에서는 앞 절에서 살펴본 권력, 부, 문화, 사회라는 4가지의 용기를 토대로 세계화에 수반되는 국가 기능의 변화에 대해서 살펴보면서 그러한 질문에 답할 수 있도록 하겠다.

세계화와 안전보장

국경과 영토의 고정화를 통하여 국가영역의 경계적 속성을 제도적으로 강화하는 것이 세계평화의 제도적인 기반이 된다는 인식은, 세계화가 일상어가 된 오늘날에도 변함이 없다. 이와 더불어, 국가영역의 배타성과 불가침성을 유지하기 위한 안전보장의 이면에는 국경의 고정성이 존재한다는 사실 역시 변함이 없다(☞pp.108-9).

국경의 고정성과 관련된 최근의 사례를 살펴보자. 1990년 이라크의 쿠웨이트 침공으로 인해 발발한 걸프전쟁은 미국을 중심으로 한 다국적군의 승리로 끝났다. 하지만 전후에도 피전국 이라크의 국경선은 변하지 않았다. 게다가 이라크 정부는 전쟁 중 반체제 운동을 전개한 쿠르드족을 탄압했음에도 불구하고 쿠르드족의 분리독립운동은 일어나지 않았으며 대량으로 발생한 쿠르드 난민들은 자신들의 생존과 관련된 조치를 취하지 못하고 그저 수수방관할 뿐이었다. 오스만 투르크의 해체를 불러온 제1차 세계대전 종전 후 그때까지 명확한 경계가 없었던 쿠르디스탄을 분단시켜 국경선을 설정한 결과, 쿠르드족은 터키, 이라크, 이란 등 여러 국가에 흩어져 살게 되었다. 민족자결의 원칙에 입각했다면 한 나라로 독립했어야 하지만, 국경선의 재설정은 이루어지지 않았다.

국경을 초월한 국가연합을 추진한 EU(Column 6)의 경우, 가장 통합하기 어려운 분야는 국방 분야이다. 이를 보더라도 국경의 의미는 여전히 크다는 사실을 알 수 있다.

수시로 변화해온 것은 국경이 아닌 안전보장 개념이다. 세계화의 진전, 경제의 세계화, 그리고 무력행사를 최대한 회피하려는 평화주의의 확산과 더불어 군사적 수단에만 의존한 영토불가침성의 유지라고 이해된 안전보장의 개념은, 석유파동이 일어난 1970년대에는 자원 내셔널리즘이라는 경제적 함의의 측면이 농후했었다. 또한 지구 환경문제가 강력한 이슈로 자리잡고 있는 오늘날에는, 환경적 위협에 초점을 맞춘 환경안전보장을 대외정책에 표방하는 국가도 살펴볼 수 있다. 게다가, UN개발계획(UNDP)에 따른 인간의 **안전보장**(human security)과 같은 사람들의 일상생활에 대한 안전보장도 주장되고 있다. '권력의 용기'로서의 국가는 그 조직 자체에는 불변할지라도, 다양한 권력개념을 담은 용기로 속성은 변화해가고 있는 것이다.

세계화의 흐름 속에서 경쟁의 단위로 작용하는 국가

'국경없는 경제'라는 단어가 상징하는 바와 같이, 세계화에 동반되는 국가기능의 저하는 상술한 4가지의 용기 중에서도 '부의 용기'라는 측면에서 특히 강하게 주장되는 경우가 많다. '세계도시'라고 일컬어지는 대도시에는, 국경을 초월하여 활동하고 있는 다국적기업이 가진 수많은 기능이 집적되어 있다(☞pp.369-73).

다국적기업은 분명 국경을 매우 쉽게 투과한다. 하지만 그것은 개별 국가에 대한 고려 없이 무의미하고 기계적인 수준에 그치는 것이 아니다. 경영 노하우, 기업경영, 기술발전 등의 전략적 분야에서 여전히 개별 국가의 고유한 성격이 상당 부분 착근되어 있으며, 또한 국가 간 경쟁의 전략적인 해결 수단으로도 작용하고 있다.

국가영역은 통화 유통의 단위이기도 하며, 일반적으로 1개 국가영역에서 유통되는 통화는 1종류뿐이다. 1929년의 대공황 이후 금 본위 체제에서 관리통화제도로 이행하게 되면서, 정부와 중앙은행이 금리, 통화관리 등의 **금융정책**(monetary policy)을 담당하는 기능이 커지게 되었다. 이러한 제도를 받아들인 국가는 국가재정 및 거시경제의 운영의 근간으로 자리잡게 되면서, 점차 견고한 용기로 자리매김해 나갔다. 오늘날에 이르러 관리통화의 가치와 신용은 국민경제의 효과 그 자체와 밀접하게 결합되고 있다(☞pp.217-22).

나아가 국가는 그 영역을 단위로 한 관세장벽을 설정하여, 비관세장벽을 의도적으로 온존시키거나 국경을 뛰어넘은 재화의 투과성(☞p.80)을 조작함으로써 시장구조를 자체적으로 조절하고 있다. 또한 투자정책을 통하여 외국계 다국적기업의 사무소 설립을 선택적으로 인·허가하거나, 자국 다국적기업의 해외진출을 지원하기도 한다. 자국 내에서는 산업정책, 토지개발정책(☞pp.294-300), 보조금 등의 제도를 통하여, 국내 산업구조가 글로벌 시장에서의 비교우위를 확보할 수 있도록 하는 시도를 하기도 한다.

국가영역의 세분화 역시, 경제의 세계화에 대응한 국가의 경쟁전략 가운데 하나라고 할 수 있다. 1979년 이후 개혁·개방을 모토로 한 경제정책을 추진해온 중국은, 해안 지역을 중심으로 경제특구와 연해개방도시(沿海開放都市)를 지정해왔다. 중국 이외의 동아시아 각국에서도 수출가공구(輸出加功區)와 자유무역지대를 지정하고 있다. 이러한 구역에서는 외국자본의 도입을 위한 면세혜택 등 다양한 우대조치를 행하고 있다. **수출가공구**(export processing zone, EPZ)가 수출 엔클레이브(export enclave, enclave: '고립영역'이라는 의미)라고 불리는 것에서 살펴볼 수 있는 것처럼 이들 구역은 세제, 외자규제 등 본토의 법적용에서 제외된 일종의 치외법권으로, 국내공간의 균질화라는 국민국가의 이념에는 배치되는 개념이다. 홍콩은 중국에 반환된 이후에도 중국인들이 자유롭게 드나들 수 없는 외국과도 같은 존재로 자리잡고 있다(☞p.107). 국가가 스스로 자국의 국가공간을 여러 개의 배타적인 모자이크 조각으로 분단시키는 전략에 의해 국제경제의 무대에서 자국의 비교우위를 확립하려는 시도라고 할 수 있는 것이다.

이처럼 부의 용기로서의 국가공간의 내부는 경제의 세계화라는 흐름 속에서 이루어지는 시장의 경쟁과정에 대하여 국가 자신이 가진 경계의 투과성을 최적화시키는 한편으로, 국내의 경제공간을 세분화시켜 나가게 되는 것이다. 정치적 국가공간의 배타적 주권이 갖는 함의가 변화하고 국가공간 및 그것을 축으로 하는 경제공간은 한층 중층적인 편성으로 변천해가고 있는 것이다.

국제 노동력 이동을 조작하는 주체로서의 국가

세계화와 더불어, 자금이나 재화 뿐만 아니라 인간의 이동도 현저히 증가하고 있다. 일본의 해외여행자 수를 예로 들어 보면, 1970년대에는 66만 명에 불과했지만 98년에는 그에 비해 25배 증가한 수치인 1680만 명을 기록하였다. 또한 경제의 세계화라는 측면에서 살펴보면, 국경을 초월한 노동력 이동이라는 의미도 크다.

국경을 초월한 노동력 이동은 오래 전부터 강제적인 이동이나 이주 및 노동이주의 형태로 나타났다. 20세기 후반부터는 개발도상국에서 선진국으로의 국제노동력 이동이 특히 눈에 띄게 증가하였다(☞pp.300-302). 2차대전 이후 구 서독의 경제부흥은 가스트아르바이터(Gastararbeiter)라고 불리운 외국인 노동자의 공헌에 힘입은 바가 크다.

1960년 무렵까지는 서유럽의 공업국가 및 미국 등지에, 이들 나라와 인접한 저소득 국가에서의 노동력이 유입되는 형태의 이동이 주를 이루었다. 하지만 1970년대의 석유파동 이후, 이같은 선진공업국으로의 이동은 상대적으로 줄어들고 대신 중동 등지의 산유국으로의 이동이 현저해졌다(桑原, 1991).

일본에서는 1980년대 후반의 이른바 '거품경제'로 불리던 시기 무렵, 이러한 외국인 노동자의 유입이 현저하게 증가하기 시작하였다. 1993년 현재 일본의 외국인 등록자 수는 151만 명에 육박하며, 이외 불법체류 외국인의 수가 26만 명 정도로 추정되고 있다. 일본의 외국인등록자 현황을 살펴보면, **재일한국인**(☞pp.441-2) 및 중국계의 비율이 가장 높으며, 브라질, 페루 등에 국적을 둔 일본계 외국인의 비율도 증가하고 있다. 이는 1990년에 발효된 입국관리법 개정에 의해 일본계 노동자의 입국이 승인되었기 때문에 일어난 현상이다. 이 외의 국가 출신 외국인의 경우, 단순노동 목적의 입국은 허용되지 않는다. 또한 혈통주의에 입각한 국적법을 채용하고 있는 일본의 경우, 장기거주 목적의 입국은 어렵다.

이처럼 인간의 이동이 현저해졌다고는 하지만, 재화와 정보의 이동에 비해서는 여전히 공간적 제약이 크다. 인간의 이동에 장벽이 되는 극경이 여전히 강하게 자리잡고 있기 때문이다. 입국관리나 이민정책을 통해서 외국인이 국경을 넘는 것을 어느 정도까지 허용하며 그와 관련된 조건은 어떤 수준에서 설정할 것인가에 관한 최종적인 결정권은 국가가 가진다. 인간의 이동과 관련된 국경의 투과성을 조절함으로써, 국가는 국내 노동시장의 형태 그 자체를 조정할 수 있는 것이다(☞p.113-4).

하지만 국경의 투과성이 낮아 합법적인 입국이 어려운 경우라 하더라도, 경제수준과 고용기회의 격차가 크다면 국경을 물리적으로 넘어 밀항해오는 노동자가 끊이지 않게 된다. 그러나 비합법적으로 입국한 노동자들은 그들이 입국한 국가의 노동정책이나 사회보장제도로부터 사실상 배제된다. 가혹하고 위험한 노동조건에 처해지거나 법률이 정한 최저임금 수준 미만의 임금을 받는 경우에도 하소연할 길이 없는 것이다. 왜냐하면 이를 고발하거나 했다가는 그들 역시 불법체류 노동자라는 사실이 발각되어 강제송환당하기 때문이다. 이렇게 해서 불법체류 외국인 노동자는 해당 국가의 노동시장에서 최하층에 편입되면서, **노동착취 사업장**(sweatshop)이라는 선진국 내부의 불법적인 '개도국의 고립영역'에서 가혹한 착취를 받게 되는 것이다(☞ pp.338-9, 373-6, 479-80).

살펴본 것처럼, 세계화는 빈곤한 국민경제로부터 부유한 국민경제로의 합법·비합법적인 국제노동력 이동을 유발한다. 그 결과는 국민경제의 종언이 아닌 각국 내에서의 노동시장 변화이며, 이는 새로운 '고립영역'을 생산하게 된다.

문화기능의 세계화와 분단화

'문화의 용기'로서의 국가와 관련해서는, 오늘날 세계화에 대항하여 자국 특유의 문화를 옹호하고 주장하는 국가정체성의 문제가 중요하게 자리잡고 있다.

미디어에 의한 세계화는 서양이 전파한 문화의 전 세계적인 보급을 유발했고, 이는 서구 문화가 비서구문화에 대해 우월하다는 논리로 이어졌다. 보편화된 서구문화는 다양한 미디어를 통해 단기간에 세계 각지로 보급되었다.

패션이나 음악 등의 분야에서 일어난 외국으로부터의 '문화적 침략'에 반발하여, 자국에 전통적으로 착근된 문화의 변질·쇠퇴에 위기감을 느낀 국민들(☞p.388)은 자국 문화 보호에 관심을 기울이게 되었다. 아이러니컬하게도, 세계화의 와중에서 '내셔널리즘'의 개별성을 주장하는 것이 만국공통의 보편적 상품으로 자리잡고 있는 것(モーリスー鈴木, 1999)이다. 다국적 기업은 세계화를 추구하는 한편으로, 이러한 내셔널리즘의 흐름에 맞추기 위한 전략에 박차를 가하고 있다.

또한 국내외적으로 일본은 평화헌법에 안주하지 않고, PKO와 같은 활동에 적극적으로 참여함으로써 국제적 공헌도를 높여야 한다는 목소리도 커져가고 있다. 이와 관련해서 **'자유주의 사관'**으로 불리는 국가주의적 역사관도 영향력이 커져가고 있다. 그 배경에는 1985년 이루어진 플라자합의 이후 일본기업의 해외진출이 현저해졌다는 사실이 자리잡고 있음을 지적해둘 필요가 있을 것이다(渡辺, 1997). 이는 엔화 강세로 인해 비명을 지르며 해외에 진출한 일본기업이 기업활동을 안전하게 해나갈 수 있도록 하기 위해, 선진국의 정정불안에 대한 일본의 발언력을 강화하려는 시도였다. 경제의 세계화는 '권력의 용기'와 '문화의 충기'를 더욱 강하게 실체화시켜, 해외에서까지 그 영역이 확장되도록 하고 있다.

지역주의 및 소수민족의 권리주장과 국가

내셔널리즘의 목소리가 높아지면서, **소수민족**(minorities)의 주장 역시 힘을 얻고 있다.

국민국가의 이념에서는 국민화 과정에서 소수민족은 숫적으로 다수를 이루는 민족에 동화되면서 소멸하고, 균질한 국민이 형성된다고 본다. 하지만 국민국가의 전형으로 평가받는 영국과 프랑스에서도 웨일즈나 스코틀랜드, 브르타뉴 등지에서는 굳이 독립을 요구하는 수준은 아니더라도, 주류 민족과 상이한 독자적인 정체성을 주장하는 지역주의의 움직임이 현저하게 일어나고 있다.

이같은 소수민족의 고유한 정치성의 주장은, 최근 들어 국민국가에 의한 균질화 과정에서 소멸되었던 소수민족 고유의 언어, 민속, 풍습을 부활시키려는 요구라는 측면으로도 이루어지고 있다. 선진국이면서도 끈대한 원주민의 거주지역을 포함하고 있는 오스트레일리아(아보리진)과 캐나다(이누이트) 등이 그 전형적인 사례에 해당한다. 이는 보편화된 글로벌 문화와는 완전히 반대의 형태로 이루어지는, 소수민족으로부터 국가에 대한 이의제기라고도 할 수 있다(Young, 1995).

선진국에서는 최근 들어 이같은 이의제기, 권리의 주장, 자치요구에 대해서 관용적인 자세로 대처하는 사례가 눈에 띄게 이루어지고 있다. 이러한 관용은 한편으로는 소수민족들의 부단한 권리주장이 실현되고 있다는 것을 보여주는 증거임에 틀림없다. 하지만 캐나다의 이누이트(에스키모)의 사례에서 보듯이, 선주민에 대한 과거의 식민지지배나 토지수탈에 대한 배상요구를 포함한 소수민족의 주장을 받아들임과 동시에 소수민족의 거주지를 제한하는 협약이 체결되고 있는 것이다. 이는 이누이트 집단이 수천 년에 걸쳐 점유해왔던 공간이, 그것을 지배하는 국가영역에 완전히 귀속되는 것을 의미한다. 이 협약에 의해 국내의 분리주의(separatism)를 진정시킬 수 있다면, 기존의 국가영역 그 자체는 아이러니컬하게도 한층 견고해지면서 소수민족의 생활공간 내에 매장되어 있는 지하자원을 주류 민족에게 귀속시키게 되어 주류 자본이 그것을 아무런 사회적 걸림돌 없이 채취할 수 있게 되는 것이기도 하다(☞p.488).

따라서 최근 보편화되고 있는 국가공간 내에서의 문화의 중층성, 즉 한편으로는 글로벌 문화가 공유되면서도 경우에 따라서는 그 나라의 국가정체성에 대한 대립축으로 작용하는 문화가 존재할 뿐 아니라 하위 스케일을 살펴보면 주류 민족과의 긴장관계를 내포하고 있는 국지적 문화가 병존한다는 중층화의 경향성은, 국가라는 '용기'를 오히려 견고하게 만든다.

덧붙여, EU의 통합(☞Column 6) 촉진과정에서 전형적으로 나타나는 것처럼, 국가를 초월한 지역 스케일에서의 통합 역시 촉진되고 있다. 정체성이라는 관점에서 보면, EU 가맹국에서는 글로벌, 지역(EU), 국가, 국지(local)라는 다양한 스케일이 중층적으로 병존하는 상황이 일어나고 있는 것이다(梶田, 1993).

세계화와 인권 · 사회운동

'사회의 용기'에 와 관련하여, 인권에 대한 문제를 고찰할 필요가 있다.

근대 국민국가의 경우, 복지정책의 충실화와 더불어 국내 수준에서의 인권 보장이 확대되었다. **국제연합**의 '세계인권선언' 이후, 인권은 국경을 초월하여 전 세계적으로 보편적인 가치가 되었다(☞p.497-8). 이는 그러한 글로벌 스탠더드에 따르지 않는 국가들과의 마찰을 야기했다.

미국의 카터(J. E. Carter Jr.) 행정부가 인권을 중시하는 정책을 내세운 것은, 구 소련을 중심으로 한 당시 동구권 국가들의 반발을 초래하여 동서 간의 긴장을 고조시키는 원인의 하나가 되었다. 1989년 천안문 사터가 일어났을 당시, 세계 각국이 중국에 대하여 경제적 제재 역시 중국의 인권 유린을 명분으로 한 것이었다. 티벳과 위구르의 독립을 저지하기 위한 중국의 인권 억압은 전 세계적인 관심을 지속적으로 불러모았다. 경제제재 등 여러 종류의 압력이 가해졌으며, 중국에 대해서 인권존중을 요구하는 움직임은 서방 각국에서 여전히 강하게 일어나고 있다. 하지만 중국은 이러한 움직임에 대해 '국내문제에 대한 내정간섭'이라며 반발하고 있다(☞제11장 과제 1).

이처럼 전 세계적인 보편적 인권이 종교, 민족 등을 명분으로 한 국가주권과 빚는 마찰이 나라 안팎에서 중요한 문제로 떠오르고 있다. 앞서 살펴본 불법이민 역시 국민으로 받아들일 수 없다는 이유로 인해 입국을 거부당하는 것이지만, 입국을 거부당한 이주자 역시 입국거부는 차별적인 인권침해라며 항의하고 있는 것이다. 그리고 이미 입국한 외국인의 경우에도, 기본적 인권의 하나인 선거권의 행사를 국내거주 외국인에게 허용할 것인가, 허용한다면 어느 선까지 허용할 것인가(총선거, 지방선거 등)의 문제가 오늘날 일본 사회의 문제로 대두하고 있다.

국민국가체제의 지향점

국가를 단위로 하는 국제사회가 성립한 이후, 20세기 중반까지 국가는 권력, 부, 문화, 사회 각 분야의 용기를 충전시켜 왔다. 이는 균질한 국민과 국토공간의 형성에 의한 국민국가체제의 실체화였다(☞pp.177-8). 하지만 20세기 후반에 접어들면서 국민국가 내부에는 다양한 이질성이 생겨났고, 국가보다 저차 스케일의 영역을 생산하게 되었다.

전 세계적인 자본중심의 공간재편성이 진행되는 가운데, 국가라는 요소가 가진 기능은 군사, 경제, 문화, 사회라는 각각의 기능이 상호연관되면서 변화되어 왔다. 하지만 이러한 기능이 완전히 충전된 국가는, 오늘날에도 여전히 국제사회의 기본적인 기준으로 작용하고 있다. 국가기능이 저하되기보다는, 오히려 세계화에 의해 국가기능의 일부가 변화하고 그에 따라 국가영역 그 자체는 한층 강화되어 중층적인 공간으로 편성되는 것이다. 이러한 의미에서, 국경을 초월한 움직임이 상대적으로 고조되고 있다고는 하지만 국경에 의한 분단은 그 양태를 바꾸어 나가는 가운데 점차 강화되는 것으로 볼 수도 있다.

오늘날 주된 화두이기도 한 세계화라는 지구공간의 재편성은, 분명 이와 같은 현실 속에서 이루어지고 있다. 글로벌리즘은 국제적인 고차의 스케일로부터 각국을 균질화시켜 '국가의 쇠퇴'에 박차를 가하기는커녕 오히려 국가를 경쟁의 단위로 강화시키게 되며, 각국은 오히려 영역의 글로벌한 중층적 체계의 핵심적 구성요소로 변화하는 것이다.

지금까지 살펴본 세계화와 국민국가 체제의 변화를 〈그림 3-3〉과 같이 도식화하였다. 이를 통해 지금까지의 '세계경제'(☞pp.145-6)에서의 국민국가 체제는 중핵에서 주변까지 통합되어 있는 영역 내부가 균질한 국가를 의미하였던 것과 대조적으로 오늘날의 세계화는 국가를 여전히 기본적 단위로 하면서도 상호관련성이 증대하면서 중층적인 국토영역을 기초로 하는 글로벌 공간의 편성을 토대로 이루어진다는 사실을 알 수 있다.

<그림 3-3> 세계화에 따른 국민국가의 변용

a. 지금까지의 '세계경제'에서 국민국가체계=균질한 국토공간

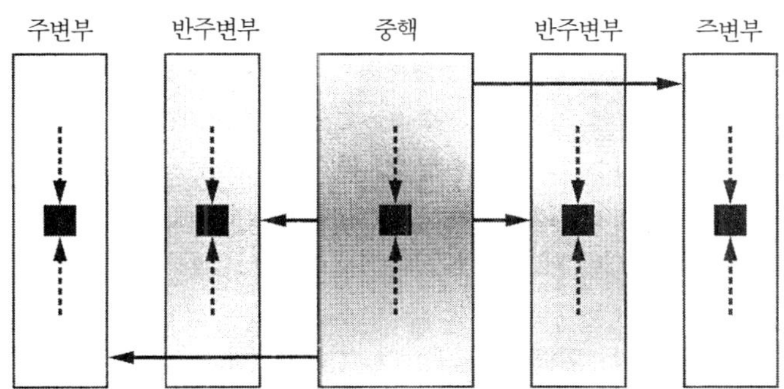

b. 세계화에 따른 국민국가체계의 변용=중층적인 국토공간

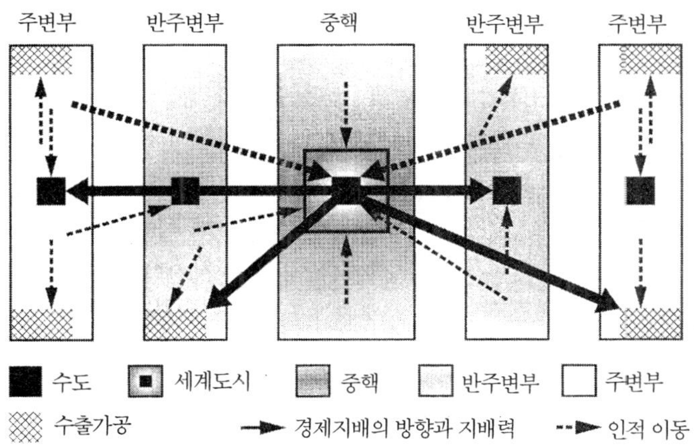

과제 3. 우리가 외국인과 공존하는 상황(☞pp.359-60)을 상상해보자. 이 경우, 외국인의 참정권은 어느 수준에서 부여해야 할지에 대해서 생각해보자.

칼럼 4.

일본에서의 부과된 경계

부과된 경계란 외부세력이 해당 영역 주민의 생활영역을 분단하기 위해 설정된 경계를 일컫는다. 유럽 열강에 의해 식민지화된 지역의 경계선 가운데 대다수는 현지 주민의 이해를 무시한 채 획정된, 부과된 경계이다. 식민지에서 독립한 지 적지 않은 시간이 흐른 오늘날에 와서도 그 국경선은 그러한 형태를 답습하고 있으며, 이는 민족분쟁의 단초가 되고 있다.

섬나라인 일본은 국토가 바다에 둘러싸여 있기 때문에, 일본인은 일상적으로 국경선을 인식할 기회가 많지 않다. 유럽 국가들의 경우와 달리, 일본인들 중에는 오늘날과 동일한 국토영역이 고대부터 자연스럽게 형성되어 왔다고 생각하는 사람들도 많은 것 같다.

하지만 오늘날 일본의 국토공간이 옛날부터 그대로 존재해왔던 것은 결단코 아니다. 중세 일본의 경우 동쪽에는 소토가하마(外ヵ浜), 즉 무쓰노구니(陸奥國: 오늘날 일본 도호쿠東北 지방의 아오모리青森현 전부와 이와테岩手현 일부-역주), 서쪽에는 기카이가시마(鬼界ヶ島), 즉 사쓰마(薩摩: 오늘날 가고시마鹿児島현 일대-역주), 북쪽에는 사도(佐渡: 오늘날 니가타현 일부-역주), 남으로는 구마노(熊野: 오늘날 미에三重현 남부-역주) 및 도사(土佐: 고치高知현)가 '시이시(四至)', 즉 국토의 경계를 이루고 있었으며, 여기에 홋카이도와 오키나와가 덧붙여진 것이다. 그리고 이 '시이시' 내부에는 명확한 경계가 없었다. 근세에 이르러 북방에서는 홋카이도 진출이 이루어졌지만, 아이누인과의 사이에 명확한 경계선이 정해지지는 않았다. 일본열도의 주변부는 19세기까지 명확한 경계가 없는 변방에 가까운 상태였다. 이 변방의 주변에서 또 다른 생활영역을 갖고 있던 아이누인과 우이루타인 등의 민족, 그리고 류큐왕국이 있었다. 이들 민족은 바다를 매개로 다양한 지역과 교역 네트워크를 형성하였다.

일본에 명확한 국경선이 그어진 것은, 1855년 러일화친조약이 성립한 이후의 일이었다. 이 조약에 의해 에토로후시마(擇捉島)와 우루쓰부시마(得撫島)와의 사이에 러일 양국의 국경이 획정되었다. 이 지역은 원래 아이누인의 생활공간이었고, 아이누인들의 입장에서 보면 어느날 갑자기 자신들이 생활해온 세계에 일본과 러시아가 멋대로 교섭을 하여 경계선을 그어놓은 것으로 인식될 일이다. 또한 이 조약에 의해 사할린이 일본인과 러시아인이 함께 거주하는 장소가 되었다가, 이후 사할린·쿠릴 교환조약(1875)에 의해 사할린 전체가 러시아령이 되었다. 일본은 그 대신 우루쓰부시마에서 슘슈시마(占守島)까지를 포함하는 쿠릴열도 전부를 획득하였다. 아이누인의 생활영역은 사할린에도 걸쳐 있었기 때문에, 이 역시 새로운 부과된 공간의 설정이 되는 것이다.

류큐의 경우에도 동일한 사례를 찾을 수 있다. 류큐왕국은 근세까지 독립을 유지해나가고는 있었으나, 청나라와 일본(사쓰마번)[2] 양측에 대하여 조공무역을 행하는 속국으로 취급받고 있었다. 류큐의 생활영역은 오늘날의 아마미(奄美) 제도까지 퍼져 있었으나 사쓰마번은 요론섬(與論島) 이북의 섬 대부분을 류큐왕국과 분리시켰고, 메이지유신 이후 1879년에는 일본정부가 류큐왕국을 일방적으로 일본영토에 편입시켰다(류큐처분). 청나라 정부가 류큐에 대한 주권을 주장하여, 그 귀속문제를 놓고 양국 간의 대립이 발생하였다. 당시 일본정부는 본토와 거리가 멀리 떨어져 있어 통치가 곤란하다고 판단한 사키시마 제도(先島諸島: 이시가키시마[石垣島], 이리오모테 섬[西表島]

---

2) 번(藩): 에도 시대 일본의 행정단위의 하나. 다이묘가 자치적으로 통치하는 지역이었으며, 오늘날의 현(縣)에 대응함(역주).

등)을 청나라에 할양할 것을 검토하기도 하였다. 하지만 1895년 일본이 청일 전쟁에서 승리하면서, 청나라의 주장은 어느새 잦아들고 말았다.

이와 동시에 타이완이 일본에 할양되면서, 타이완과 류큐 두 섬이 모두 일본령이 되었다. 이때 타이완 및 류큐의 강역과 애매하게 겹쳐 있던 센가쿠 열도와 타이완 본섬과의 사이의 영역에 일본이 경계를 설정하고, 센가쿠열도를 오키나와현 야에야마(八重山)군으로 편입시켰다. 2차대전에서 패전한 후 타이완과 오키나와가 일본에서 분리되었을때, 전쟁 이전에 일본이 설정한 타이완과 오키나와현을 구분했던 일본 국내의 경계선이 그대로 중화민국(당시)과 류쿠(미군정지역) 사이의 부과된 경계가 되었던 것이다. 오키나와가 일본에 반환된 무렵 센가쿠열도도 일본으로의 귀속이 결정되었지만, 중국은 오늘날에도 주권을 주장하고 있다. 이와 같이, 류큐도 부과된 경계에 의해 복잡한 영역으로 변천해온 것이다.

부과된 경계는, 한 나라의 지리적, 역사적 맥락과 결코 무관한 것이 아니다.

〈다카키 아키히코〉

참고문헌

Anderson, B., 1987, 白石隆・白石さや 訳, 『想像の共同体―ナショナリズムの起源と流行』, リブロポート.

Wallerstein, 1993, 藤瀬浩司 ほか 訳, 『資本主義世界経済Ⅰ―中核と周辺の不平等』, 名古屋大学出版会.

Giddons, A., 1999, 松尾精文・小幡正敏 訳, 『国民国家と暴力』, 而立書房.

桑原靖夫, 1991, 『資本主義世界経済Ⅰ―中核と周辺の不平等』, 名古屋大学出版会.

Sassen, S., 伊豫谷登士翁 訳, 『グローバリゼーションの時代―国家主権のゆくえ』, 平凡社.

Lila, P., 1991-2, 高木彰彦 訳, 『世界システムの政治地理―世界経済, 国民国家, 地方』, 上・下, 大明堂.

水岡不二雄, 1992, 『経済地理学―空間の社会への包摂』, 青木書店.

モーリス―鈴木, テッサ, 1998, 大久保桂子 訳, 「グローバルな記憶・ナショナルな記述」, 『思想』, 890, 35―56.

渡辺治, 1997, 『日本の大国化は何をめざすか―憲法が試される時代』, 岩波書店.

Taylor, P. J. 1994. The State as Container: Territoriality in the Modern World-System. *Progress in Human Geography* 18(2): 151-162.

Young, E. 1995. *Third World in the First*. London, UK: Routledge.

4장

네트워크에 의한 공간의 통합

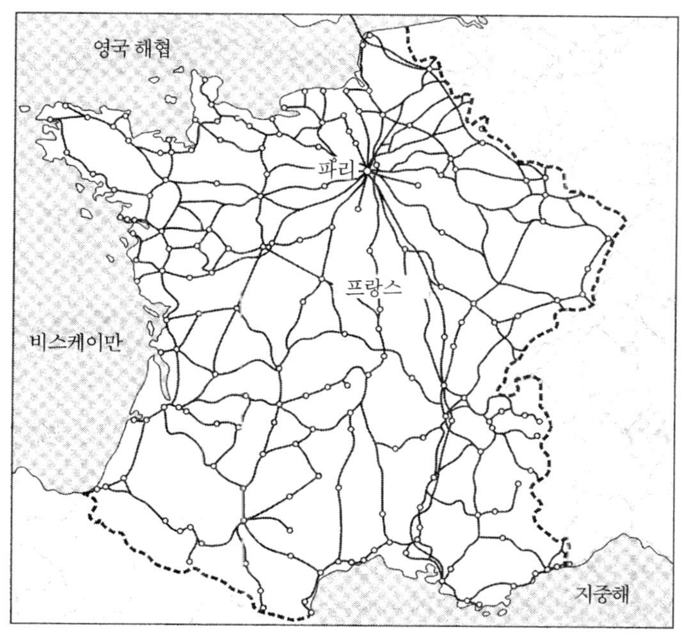

프랑스 철도지도

유럽국가 중에서도 프랑스는, 강력한 중앙집권체제가 확립되어 국토의 구석구석까지 자작농이 비교적 균질하게 퍼져 있다는 특징을 가진다. 그 국가영역의 공간통합 네트워크를 철도와 관련하여 살펴보면, 파리로의 일극집중(一極集中)이라는 결절성을 유지하면서 지배력과 거시경제를 국토의 구석구석까지 파급시키는 균질성을 나타내고 있음을 알 수 있다. 이처럼 공간통합이 연속성의 생산을 추구하는 가운데, 그 패턴은 경제·사회관계를 반영하는 네트워크 형태를 이루게 된다.

이 장에서 공부할 내용

절대공간의 실질적 포섭을 보다 구체적으로 살펴보았던 앞 장에 이어서, 본 장에서는 상대공간의 실질적 포섭이 초래하는 공간통합에 대해서 보다 구체적으로 알아보기로 한다.

공간통합은 상대공간을 실질적으로 포섭하여 인위적인 공간의 연속성을 생산하는 과정이지만, 완전한 균질평면을 생산하는 것은 아니다. 여러 개의 선분으로 이루어진 네트워크에 의해 평면을 통합하여, '균질공간'과 '결절공간'이라는 두 종류의 네트워크 공간을 편성하는 것이다.

1절에서는 원초적인 절대공간에 보다 가까운 균질공간이 공간통합의 영역에 거주하는 사람들을 평등하게 취급함으로써, 국가의 사회통합이 진전되는 과정에 대해서 살펴본다. 2절에서는 네트워크를 구성하는 각각의 선분이 갖는 효율성이 결절공간의 경우에 한층 높아지기 때문에, 신보수주의가 결절공간을 생산하여 공간의 불균등성을 점차 강화하려는 움직임을 보이게 되는 부분에 대해서 알아본다. 그리고 3장에서는 인터넷이라는 물리적인 결정공간과 가상의 균질공간이 겹쳐진 독특한 공간이 갖는 성격에 대해서 알아본다.

균질공간과 결절공간

〈그림 4-1〉에서 살펴볼 수 있는 것처럼, 지리학은 공간의 편성원리를 균질공간(homogeneous space)과 결절공간(nodal space)이라는 두 개의 개념으로 상정한다. 결절공간이란 한 개의 집적지를 중심축으로 교통·통신로가 방사상으로 확대되고, 중심축이 주변을 통제하는 양상의 공간편성을 일컫는다. 한편 균질공간이란 탁월한 기능을 가진 특정한 집적지가 존재하지 않고, 다수의 동등한 규모를 가진 집적지들을 연결하여 상호간의 거리가 보다 가깝고 등방적인 네트워크를 이루는 공간편성을 의미한다.

〈그림 4-1〉 네트워크의 두 가지 유형(모식도)

균질적인 공간통합 네트워크　　　　결절적인 공간통합 네트워크

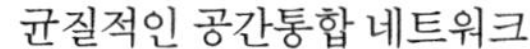
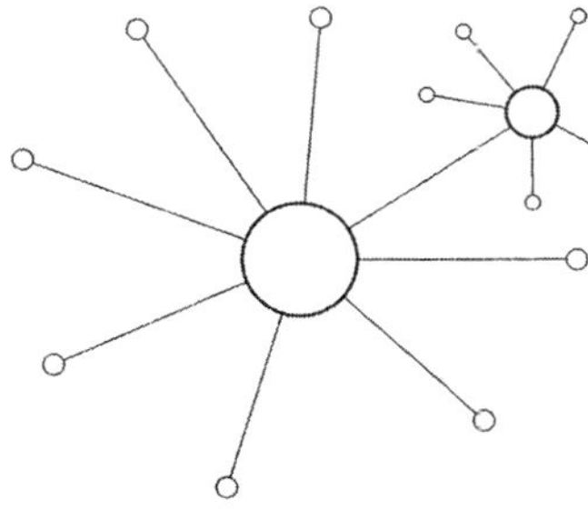

역사적·사회적 맥락 속에서, 상대공간의 실질적 포섭은 이 두 가지의 공간편성 가운데 한 가지 형태를 생산하게 된다.

3장에서는 절대공간의 포섭과 경계짓기에 관한 문제를, 국가영역을 중심으로 한층 구체적으로 살펴보았다. 본 장에서는 공간통합의 구체적인 양상을, 상대공간의 포섭과 관련된 균질화와 결절화라는 두 가지 측면에서 살펴보기로 하겠다.

1. 결절공간에서 균질공간으로

● 근대국가의 공간통합

근대국가와 공간편성

봉건제에 기초한 국가공간은, 영방이라든가 번(藩)과 같은 좁은 영역으로 분단되어 있었다. 또한 식민지에서는 종주국과의 결합이 가장 중요한 과제로 간주되어 항만도시와 내륙도시와의 접근성이 강조되는 한편, 분할통치를 위하여 식민지 내부의 상이한 저차영역들을 연결하는 교통수단의 접근성이 의도적으로 불충분하게 부여된 경우도 있었다.

근대 국민국가가 성립하면서, 그 영역 내부를 공간통합하여 보편적인 균질성을 가진 절대공간의 영역으로 실체화시키는 네트워크의 편성이 시도되었다. 이는 권력의 용기로서의 국가가 정치적 통일을 이루기 위해서는 물론, 부의 용기로서의 국가가 전 국토를 균질한 시장공간으로 포섭하기 위해서도 필수적인 것이다(☞pp.152-4).

근대국가를 공간통합하는 네트워크는, 특히 초기에 수도 및 그에 버금가는 대도시 등 집적지들을 중심으로 한 결절성을 나타내었다. 동시에 이러한 결절성을 유지하면서 '용기'를 보다 완전하게 하기 위하여, 장기적으로 보면 국토공간 전체에 상당한 수준의 균질성을 부여할 수 있는 공간편성이 필요하게 되었다. 이를 위한 수단인 교통로는, 거주지에 관계없이 모든 국민에게

균등하게 부과된 조세와 공적부채 및 공권력에 의해 동원된 부역 등에 의해 창출되었다.

근대국가의 통치기구는, 국토를 집합적 절대공간으로 하는 다수의 저차 영역의 정치적인 대표로부터 성립한 경우가 많다(☞pp.113-4). 자신의 영역을 조속히 공간통합의 네트워크로 연결할 경우 경제적·정치적 이점을 얻을 수 있었기 때문에, '아전인철(我田引鐵)'[1]이라는 단어가 상징하는 것처럼 정치가들은 교통·통신망을 자신의 영역에 유치하기 위한 적극적인 시도를 하였다. 이러한 이해관계가 얽힌 정치과정이 국토공간의 네트워크를 균질하게 만들었다는 사실 역시 부인하기 어렵다(☞pp.286-91).

일본의 국민국가 형성의 단초가 된 균질적인 공간통합

일본 국토의 특징은, 철도, 댐, 공항, 공업용수 등의 네트워크를 이루는 인프라가 전반적으로 균질하게 정비되어 있는 것이다. 이러한 균질한 공간은 어떻게 생산되는 것인가?

〈그림 4-2〉는 그 구조를 도식화한 것이다. 좌측에는 경제주체가 생산하는 자본주의적 공간을, 우측에는 그것을 소비·재생산하는 일생생활을 대비시켜 나타내었다. 이를 통해 자본주의적인 공간의 생산양식에 있어 그 세로축을 관통하는 국가가 어떠한 정통성에 토대하여 어떠한 수단으로 개입하는가를 표현하였다.

국민국가 형성에 있어 국가가 어떠한 인프라에 무엇 때문에 중점적으로 투자할 것인가에 대한 판단을 내리는가의 문제는, 군비를 포함한 국민국가의 체제를 정비한다는 국가목표, 그리고 그것을 달성하기 위해 공공토목사업을 중시하는 개발정치에 많은 영향을 받았다.

---

1) 1868년 메이지 유신 이후 일본 정부가 국책사업 및 민간투자를 통해 전국 각지에 철도를 부설하는 과정을 '아전인수(我田引水)'에 빗대어 표현한 조어(역주).

그러한 판단의 근거가 되는 것은, 국토공간의 균질화라는 지리적 이데 올로기이다(☞pp.166, 273). 자국의 영역을 전국적인 공간통합 네트워크에 편입시킨다는 국지적인 이익을 추구함으로써 국민의 지지를 획득하는 것은, 일본의 경우 2차대전 전후를 통틀어서 정당정치, 특히 보수정당의 지지기반 배양과 밀접히 관련되어 왔다(☞p.289). 이와 같은 경향은 다나카 가쿠에이(田中角榮) 수상의 '일본열도 개조론' 이후 더욱 두드러지게 되었다.

이러한 구도에 존재하는 것은, '자본의 2차순환'의 도식(☞pp.197-8) 그리고 조세와 공적부채의 이면에 놓여 있는, 국토·산업·도시계획 등이 수행해온 국가, 경제주체, 주민 상호간에 통치·피통치의 관계를 맺게 만들어온 역할과의 결합이다. 이에 따른 적극적인 공공투자는, 자동차의 대중화(motorization) 등 대량소비양식에서 찾아볼 수 있는 포디즘의 기반이 된다.

〈그림 4-2〉 국가 개입상태의 구도

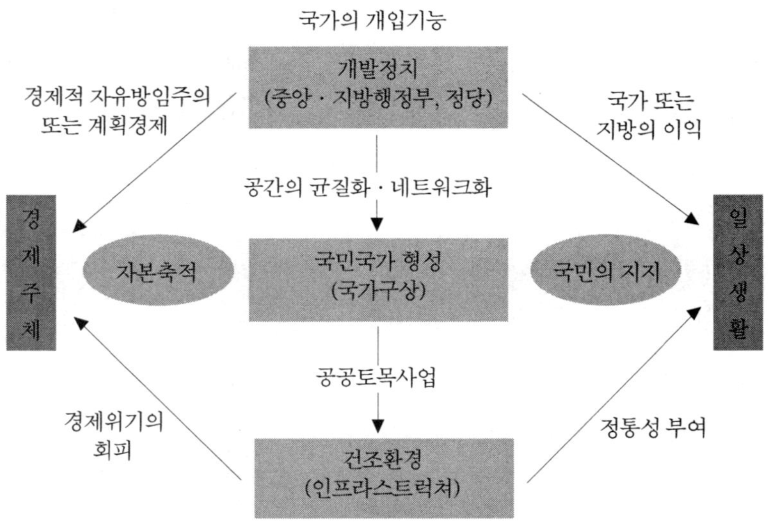

국토의 균질한 공간통합을 지탱하는 기술과 경제

이와 같은 균질한 국토공간의 통합은, 한편으로는 교통·통신기술이 가진 기술적인 균질성에 의해 지탱된다.

근대국가의 발흥기의 교통·통신기술은 간선, 지선을 불문하고 거의 동질적이었다. 증기기관차는 본선에서도 지선에서도 객차와 화차를 견인하였으며, 결절점에 대한 원활한 접근을 도모하였기 때문에 객차와 화차는 노선에 관계없이 비교적 자유롭게 승차할 수 있었다. 우에노(上野)[2]발 야간열차는 행선지가 아오모리(靑森),[3] 아키타(秋田),[4] 아이즈와카마쓰(会津若松)[5] 등 어느 쪽이 되었든 동일한 기존 노선에서 그대로 갈 수 있었다. 도로교통의 경우를 살펴보더라도 도로폭과 포장 등의 정비상태가 오늘날보다 균질하였다. 이는 사람들이 어떤 방면으로도 단위거리에 상당하는 근사적인 시간으로 등방적인 이동을 할 수 있었다는 것을 의미한다(☞ p.182).

국토공간의 통합에 의한 균질성은 경제적 수단에 의해서도 보장되었다. 자연지리학적 불균등성을 고려한다면, 험준한 산악지형이나 대하천을 통과하는 구간의 교통로를 건설·운영하는 데에는 막대한 비용이 소요된다. 또한 근대국가 이전으로부터 역사적으로 이어져온 인구분포의 불균등성도 있다. 교통로의 건설·운형에 필요한 수익을 내기 어려운 구간이 네트워크 내부에 존재하는 경우, 이러한 구간의 교통서비스를 유지하기 위하여 **내부보조**(cross subsidy)가 이루어졌다.

내부보조의 사례로는 거리당 요금이 전국적으로 균일했던 기존 국철운

---

2) 일본 도쿄 시내의 지명. 도쿄대 및 시장, 상가 등이 소재함(역주).

3) 일본 혼슈 최북단에 있는 현, 또는 그 혼청소재지(역주).

4) 혼슈 북서부에 있는 현, 또는 그 현청소재지(역주).

5) 일본 후쿠시마현에 있는 도시(역주).

임, 그리고 일본의 고속도로건설회계의 '요금 풀(pool) 제도'(☞p.184)를 들 수 있다. 기존의 신에쓰혼선(信越本線)[6]의 요코가와(橫川)-가루이(輕井)역 구간은 경사가 급한 지형이라 기관차를 증결(增結)해서 운행할 필요가 있었기 때문에, 평지구간의 약 10배에 달하는 비용이 소모되었다. 하지만 이는 균질한 전국 철도 네트워크 체계를 유지하는 데 필수불가결했기 때문에, 타 구간의 수입을 통해 여기에 소모되는 비용을 충당하였다. 또한 한산구간(閑散區間)을 통과하여 멀리 떨어진 도시 간을 연결하는 간선교통 서비스 이용자로부터 특급요금을 징수하여, 비효율적인 한산구간 유지에 소모되는 추가비용을 부담시키는 방법도 시도되었다. 기존 철도노선의 특급요금은 단지 빠른 속도와 안락함의 대가 뿐만 아니라, 이러한 네트워크 유지비용도 포함한 것이다.

이러한 것들이 국가영역의 네트워크를 정비하여 범위의 경제(☞p.128)를 유발했던 것이다.

도시집적과 도시권이라 불리는 결절공간

하지만 근대국가의 영역에 결절성이 없었다는 것은 아니다. 결절공간은 수도 및 그 이외의 지역 간에 존재했으며, 일반적인 도시에 거주하는 주민들의 일상생활의 행위공간으로 존속했었다.

노동자는 도심에 집적한 고용기회를 찾아서 주변의 주택지에서 도심으로 오가는 일을 매일 반복하였으며, 이는 교통수단을 통해 이루어졌다(☞pp.336-42). 교통수단의 도달범위인 **통근권**(commuting range)은 통근수단이 규정하는 시간과 비용에 의해 공간적인 한계를 부여받게 되었다(☞

---

6) 군마(群馬)현 다카사키(高崎)시의 다카사키역에서 군마현 안나카(安中)시의 요코가와(橫川)역까지와 나가노(長野)현 나가노시의 시노노이(篠ノ井)역에서 니가타(新潟)현 조에쓰(上越)시의 나오에쓰(直江津)역을 경유해 니가타현 니가타시 주오(中央)구의 니가타역까지 운행하는 동일본 여객철도(JR동일본)의 철도 노선(간선)이다(역주).

pp.267-71). 지구의 자전을 기준으로 24시간으로 규정되는 하루 일과 중에서, 노동시간 및 가정에서의 노동력 재생산 시간을 제외하면, 편도통근시간은 2시간이 한계이다.

통근권은 가전제품, 패션의류 등 **선매품**(選買品: shopping goods)이라 불리는 내구소비재의 상권과 공간적으로 일치하는 경우가 많다. 왜냐하면 선매품을 취급하는 점포의 상당수가 도시에 집적해 있기 때문에, 이들 재화를 구입하려면 주변의 거주지에서 도심으로 이동해야 하기 때문이다. '선매품'에 상대되는 개념이며 거주지 주변의 상점에서 일상적으로 구입하는 재화를 **편의품**(便宜品: convenience goods)이라고 한다. '편의점(convenience store)'의 어원은 바로 이 용어에 있는 것이다(24시간 영업하기 떠문에 편리하다고 해서 '편의점'이라 불리는 것이 아니다).

이렇게 해서, 자본주의 사회에서는 노동자가 도심의 기업에 노동력을 판매하고 임금을 받아 도심의 상점에서 재화를 구매하는, 도심을 거점으로 한 자금순환이 성립하게 된다. 도시에서 일어나는 다수의 경제·사회적 행위는, 결절적인 도시영역의 중심과 주변의 사이에서 노동자가 자본으로부터 얻은 임금을 다시금 사회에 대해서 소비재구입과 교환으로 환원시키는 '사회의 상점'과도 같은 형태로 완결된다. 이게 존재하는 행위공간이 바로 **도시권**(metropolitan area)이다.

과제 1. 독자 여러분이 거주하는 장소는 어떻게 전국적인 공간편성으로 편입되었을까? 전국적인 공간편성에 편입되는 방법은 20세기 동안 어떻게 변화해왔을까? 독자 여러분의 거주지 주변에 있는 교통 네트워크를 유지하기 위한 내부보조에 대하여 생각해보자.

2. 허브 앤 스포크 시스템

● 신보수주의에 토대한 새로운 결절공간화

국토공간에서의 결절성의 태두

국토공간의 편성은 오늘날 교통 · 통신기술의 혁신, 신보수주의가 주장하는 '작은 정부'론과 도시 간 경쟁의 심화라는 현실 속에서, 결절공간으로의 중대한 변화를 맞고 있다.

공간통합의 효율성을 높이기 위한 운송수단의 고속화와 대량화는 공간통합을 한층 불균등하게 만들고 있다(☞pp.128-30). 즉, 국토의 골격이 되는 네트워크는 유지하더라도 그 밀도는 줄어들며, 효율성을 유지하기 위해 그 편성이 '중핵'과 '주변'이라는 결절공간에 토대한 장소 상호간의 관계로 전환되는 것이다(☞pp.311-2).

단위거리당 건설비용이 기존 노선보다 한층 높은 신칸센의 개통은, 이러한 사실을 단적으로 상징하는 것이라고 하겠다. 도쿄에서 모리오카(盛岡)[7]까지는 분명 빠른 시간 내에 갈 수 있지만, 아키타로 가려면 모리오카를 경유할 수밖에 없으며 아이즈와카마쓰 역시 도쿄에서 가려면 환승해야 한다. 예전에는 균등했던 도호쿠 지역의 각 도시 간에, 교통서비스의 큰 격차가 발생한 것이다.

오늘날 표준적인 글로벌 교통수단으로 자리매김하고 있는 항공교통과 해상 컨테이너 수송에서는, 공간편성의 결절화가 더욱 큰 규모로 진행되고 있다. 메이저 항공사들은 세계에서 손에 꼽을 정도의 대규모 국제공항을 '허브'라 불리는 거점으로 설정하여 허브 상호간의 주요 노선에는 대형 항공기의 취항을 통하여 효율적으로 연결하고 허브와 허브 주변의 소도시들을 연결하는 소규모 노선은 소형 항공기를 취항시키는 **허브 앤 스포크 시스템**을

---

7) 일본 이와테현에 있는 도시. 도쿄에서 신칸센으로 2시간 정도 소요되는 거리에 있음(역주).

고안하였다. 동아시아와 동남아시아에서는 싱가폴, 방콕, 홍콩, 인천국제공항(서울), 나리타 공항(도쿄) 등 일부의 공항들만이 허브의 기능을 충분히 하고 있는 수준이다.

해상 컨테이너 수송은 홍콩과 싱가폴이라는 두 허브를 중심으로 이루어지고 있다. 이러한 대규모 컨테이너 터미널로의 화물 운송은 일단 소형 선박이나 트럭을 통해 이루어진 다음, 주요 항로를 오가는 대형 컨테이너 선박에 적재되어 유럽 등 각지로 운송되는 것이다. 일찍이 공간편성의 균질성을 지탱해온 내부보조가 신보수주의를 근거로 비판받는 한편 구간별 독립채산의 원리가 널리 받아들여지게 되면서, 말단구간의 적자경영을 허용하지 않는 분위기가 형성되었다. 게다가 국가 및 지방재정의 위기로 인해, 공적 부문에 있어서도 조세 등을 매개로 한 균등한 공간통합 네트워크의 생산이 계속해서 축소될 수밖에 없게 되었다. 이로써 네트워크의 효율성을 추구하는 허브 앤 스포크 시스템이 출현하게 된 것이다.

내부보조에 대한 비판

균질한 국토공간 네트워크를 유지하기 위한 내부보조에 대한 비판은 주요 구간의 '고객의 소리'를 대변하는 형태로 이루어지면서, 신보수주의적인 공간통합에 힘을 실어 주었다.

그 사례로, 고속도로의 네트워크 생산에 관한 다음의 잡지기사를 살펴보자.

고속도로 요금, 어느 선까지 오를 것인가?
고속도로 융자지옥의 부메랑

……일본 최초의 고속도로는, 도쿄 올림픽 바로 전 해인 1963년에 부분 개통된 메이신(名神) 고속도로이다(고마키(小牧)[8]—니시미야(西宮),[9] 190km).

---

8) 일본 아이치(愛知)현에 있는 도시(역주).

9) 일본 효고(兵庫)현에 있는 도시(역주).

일본 도로공단의 이치카와 요시히로(市川義博) 계획부장은 "국가에는 충분한 재원이 없었다. 하지만 올림픽을 맞아 고속도로를 정비하였다. 세계은행의 융자를 받아 메이신, 도메이(東名) 고속도로를 건설하면서, 그의 조언에 따라 통행료를 징수하여 용지 및 건설 비용을 상환한 것이다"라고 설명하였다.

법률에 의하면 메이신 고속도로와 1969년 개통한 도메이(도쿄—고마키, 350km) 모두 30년간의 건설비용 상환 후에는 무료로 개방해야 한다. 일반 차량 기준으로 거리당 요금을 계산해보면 km당 8엔, 도쿄-니시미야(西宮) 구간은 3,250엔이다. 하지만 건설성과 일본도로공단은 도메이 고속도로 개통 3년 후 당초의 약속을 파기하고, '요금 풀 제도'라는 기묘한 제도를 고안해냈다. 메이신, 나고야 등의 고속도로 노선별 건설경비 상환—무료개방이라는 당초의 계획을 철회하고, 새로운 고속도로 건설비용이라든가 기존 고속도로 노선 건설·유지비 등을 합산하여 그 총액을 30년 동안 상환하기 위한 km당 요금을 재산출하였다. 이를 토대로 전 노선에서 요금개정(인상)이 이루어진 것이다. 더욱이, 애초 '30년'으로 설정되었던 상환기간은 반영구적으로 연장되었다. 일본도로공단은 이런 방법을 통해, 기네스북에 오를 정도로 고액의 요금징수를 계속해온 것이다.

메이신, 도메이 두 고속도로 노선은 5회에 걸친 요금인상을 실시하여, 당초 8엔이었던 km당 요금은 현재 23엔을 기록하고 있다. 이는 미국의 8배, 프랑스와 이탈리아의 3배, 에스파니아의 2배에 해당하는 액수이다. 그러다 보니, 도쿄에서 오사카까지 자동차로 가려면 신칸센은 물론 비행기 운임보다도 비싼 요금을 지불해야 한다. 도메이, 메이신 고속도로는 '돈 먹는 하마 노선'인 셈이다……. 요금수입액의 28%는 적립된다. 이들 고속도로를 주행하는 운전자들은 자신이 이용하지도 않는 고속도로의 건설비용까지 지불해왔던 셈이다.……메이신·도메이 이후 건설된 고속도로들은 노선이 길게 연장되어 있는데다가, 일본 열도 횡단의 '늑골' 부분을 다수 포함하고 있다. 이 구간은 지형적으로 많은 터널과 교량이 건설될 필요가 있다. 건설비용은 높은데 교통량은 적은, 수지가 안 맞는 노선인 것이다.

……영국, 독일은 물론, 미국도 고속도로 건설비용의 약 90%, 프랑스도 약 20%까지는 국가 예산이 투입된다. 일본(1992년 기준)의 경우를 살펴보면, 재정투융자(이자율 6.5%)에 대한 이자보급 등을 포함하여 1,000억 엔으로, 국가 예산의

2%에 불과하다.

……서구 각국의 고속도로 사정을 간단히 소개하자면, 영국과 독일 양극은 전면 무료로 운영된다. 영국은 약 3,000km의 노선 가운데 극히 일부의 교량과 터널만이 유료화되어 있다. 건설비용은 국가의 일반재원에서 충당되기 때문이다…….

(『AREA』, 1992년 6월 16일자)

이 기사에서 기묘한 제도라고 비판한 '요금 풀 제도'가 축소되거나 폐지되면, 도메이 고속도로처럼 교통수요가 많은 간선구간에 대한 요금인하가 가능해져 대량의 교통과 유통이 집중된다. '일본 열도 횡단'의 구간에서는 요금이 인상되어 교통량이 감소하게 된다.

전체적으로 균질한 교통 서비스 네트워크(과소구간 포함)를 유지할 것이 요청되는 공공 교통기관의 사업자가 규제완화에 의해 내부보조의 제약으로부터 해방되면, 많은 수요로 인해 경영상의 이윤이 예상되는 구간에만 서비스를 특화시키고 네트워크 유지에 필요하지만 수지가 맞지 않는 구간 운영은 포기하는 **크림 스키밍**(cream skimming) 전략으로 변질되는 것이다.

신보수주의에 의한 규제완화에 따라 새로이 사업에 진출한 항공사는 도쿄―삿포로, 도쿄―후쿠오카 등 많은 여객수요가 예상되는 구간에만 사업의 초점을 맞출 것이다. 이들 항공사들을 크림 스키밍 사업자라고 불러도 좋다. 이러한 사업방식으로 인해 간선구간에서는 경쟁에 따른 운임인하가 일어나겠지만, 한산구간은 서비스가 축소되어 독점이 강화되면서 이용자들은 운임 인상, 운항간격 확대 등 열악한 서비스를 강요받게 될 것이다.

최근에는 크림 스키밍 사업자의 관심을 끌지 못하는 한산구간의 공공 교통기관에서도 독립채산에 의한 이윤추구가 시도되는 경우가 많다. 그러나 이 경우의 경영은 시장원리만으로는 성립하지 않기 때문에, 새로운 서비스의 공급자가 드러나지 않는 **제3섹터**(public and private partnership)의 양상

―절반은 사회자본의 형태―으로 이루어진다. 그러나 사회자본에서조차 경영의 원리가 강조되는 신보수주의의 토대 위에서는, 한산구간의 수지가 맞지 않는 공공 교통수단은 얼마 못 가 폐지될 것을 종용받게 된다. 결과적으로 한산구간에서는 공공교통 그 자체가 소멸하고 자가용을 통한 교통만이 이루어지게 되어, 자동차를 보유할 수 없는 사회계층의 교통권, 즉 행위공간에 대한 권리는 박탈된다.

이렇게 해서, 신보수주의 하에서의 공간편성은 밀도높은 균질공간 네트워크에서, 대도시권의 집적을 축으로 하는 소수의 효율적인 노선에 교통량이 집중되는 허브 앤 스포크 형태의 결절공간으로 크게 변화하게 되는 것이다. 이러한 변화에 따라, 시간에 의한 공간의 소멸 가능성은 장소별로 한층 불균등하게 된다.

일본의 제5차 전국총합개발계획에서 제안된 **국토축**(〈그림 4-3〉) 구상은, 보수정당의 정치기반을 강화하는 국토계획에 관료집단이 적극 개입하여 국가의 정통성이라는 명분하에 허브 앤 스포크 형태의 간선 교통체계를 공식화하는 것에 불과하다.

교통로의 허브 내지는 규모의 경제가 이루어지는 간선교통의 터미널을 가진 도시집적지에는, 높은 성장의 가능성이라는 경쟁상의 비교우위가 계속해서 부여된다(☞p.347). 이는 허브 및 '국토축'을 유치하기 위한 한층 격심한 도시 간의 경쟁으로 이어진다. 이러한 경쟁에서 승리한 '거대도시'만이, 전 세계적인 신보수주의적 경쟁의 물결 속에서 한 나라를 대표하는 도시, 나아가 '세계도시'(☞pp.369-81)라는 명성을 얻을 자격을 부여받게 되는 것이다.

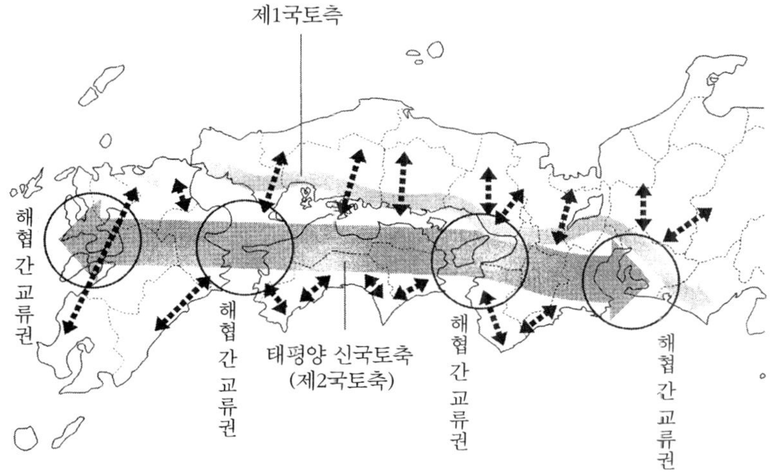

과제 2. 본문의 글상자를 통해 언급한 『AREA』의 기사는, 내부보조를 비판하면서도 실제로는 공간통합 실현을 위한 소득의 공간적 분배 시스템에 대한 비판과는 정면으로 모순되는 또 다른 주장을 내포하고 있다. 기사를 읽어 보면서, 그러한 주장은 무엇인가에 대해서도 생각해보자. 현실의 대중매체 논의를 보면, 이와 같은 모순이 때때로 이목을 끈다. 이 책을 집필한 목적 중에는, 이를 간파해내는 안목을 기르는 것도 포함되어 있다.

3. 인터넷이 창출한 공간의 이중성

● 시장의 모습을 닮아가고 있는 사이버 공간

서비스 공간의 성장

교통에 의한 공간통합이 불균등성에서 벗어나지 못한다면, **인터넷**(internet)이 구축한 사이버공간은 어떻게 될 것인가?

기존의 네트워크는 대형 범용 컴퓨터 1대를 서버로 하는 결절성이 강한 체계였지만, 인터넷에서는 결절점 역할을 하는 다수의 서버가 분산 배치되어 있다. 인터넷의 성장사를 살펴보면, 그 기원은 냉전체제 하에서 베트남 전쟁이 한창이던 1969년, 1개소의 지령 컴퓨터가 가상적국의 공격을 받더라도 또 다른 컴퓨터로부터 계속해서 지령을 받아 반격할 수 있도록 설계된 패킷 교환기술 기반 분산형 시스템인 알파넷(ARPANET)이 미 국방성의 지원 하에 국가 프로젝트로 채택되어 실험을 개시한 것으로 거슬러올라간다.

1973년에 들어서는 베트남 전쟁에 반대하는 입장을 취했던 미국 서부 해안지역의 어느 급진적 성향의 컴퓨터 기술자가, 일반 대중들도 컴퓨터를 자유롭게 사용하여 그것이 사회적, 정치적인 역량을 발휘(empowerment)할 수 있는 수단으로 자리매김할 수 있도록 하려는 취지로 '전자게시판(BBS)'을 개발하였다. 이는 대형 범용 컴퓨터의 단말기를 주거지에 위치한 상가 등에 설치한 다음 그것을 통해 누구나 게시판에 자신의 의견을 올릴 수 있도록 하여, 불특정다수의 사람들이 사이버 공간상에서 의견을 주고받을 수 있도록 한 시스템이다.

지배자와 일반 대중 양측이 만든 네트워크의 모델에는 다양한 정보처리 기술의 혁신이 계속해서 이루어졌다. 개인용 컴퓨터, GUI(Graphic User Interface) 기반 소프트웨어, 인터넷상의 정보전송 프로토콜인 TCP/IP, 그리고 홈페이지 제작 언어인 HTML 등이 글로벌 스탠더드로 자리매김하기 시작한 것이다. 데이터 전송용 광케이블이 세계를 연결하고 있는 오늘날에는, 바야흐로 글로벌 사이버 공간이 성립하게 된 것이다(古瀬·広瀬, 1996).

인터넷은 낙서나 전봇대에 붙은 유인물과 같은 것인가?

인터넷을 사용하면 클릭 한 번에 원하는 모든 정보를 얻을 수 있다. 인터넷 사용자는 세계 어디에서든 다양한 정보에 손쉽게 접근할 수 있으며, 집

안에서 도서관 이용이나 쇼핑을 할 수 있다. 거리가 완벽에 가까울 정도로 소멸된 보편적 확대라는 속성을 내포한 원초적 절대공간과도 유사한 균질한 사이버 공간이 컴퓨터를 다룰 줄 아는 모든 사람들에게 열려졌다는 사실은, 의심의 여지가 없어 보인다.

게다가 기존의 대중매체와는 달리, 사이버 공간에서는 정보의 흐름이 양방향적으로 이루어지면서 다양한 입장에 토대한 의견이 교환될 수 있게 되었다. 지난날 일반대중들이 의견을 제기할 수단은, 신문의 투고란, 담벼락에 낙서하기, 전신주에 유인물을 붙이는 것 정도 뿐이었다. 신문에 의견을 투고했다 하더라도 편집자의 검열을 통과한 것만이 신문지상에 게재될 수 있었다. 담벽의 낙서나 전신주에 붙은 유인물은 타인의 소유물에다 자신의 의견을 무단으로 적어넣는 '불법행위'인데다, 담벽이나 전신주 인근의 국지적인 공간에 거주하는 사람들에게만 그 효과를 발휘할 수 있었다.

이와 달리 오늘날 사이버 공간에서 널리 활용되고 있는 메일링리스트나 게시판은, 일반대중이 전 세계의 불특정다수를 대상으로 자신의 의견을 표명할 수 있는 시스템이다. 시애틀에서 WTO 반대운동에 참여했던 사람들의 대다수는 인터넷을 통해서 모였던 것이다(☞pp.41-43). 일본에서도 '2채널 (http://www.2ch.net)' 등 많은 사람들이 접속하면서 익명으로 자유롭게 자신의 의견을 업로드할 수 있는 대규모의 전제게시판 사이트가 등장하고 있다(☞pp.480-91).

사이버 공간의 경계짓기

오늘날에는 인터넷이 우편이나 전화처럼 모든 사람들이 향유할 권리를 가진 '보편적 서비스(universal service)'라는 주장이 설득력을 얻고 있다 (Kahin and Keller, 1995). 인터넷의 개발과 보급에 의해, '자유, 평등, 박애' 라는 보편적인 이데올로기를 가진 가상적인 절대공간이 우리 앞에 펼쳐지기 시작하고 있는 것인가?

실제로는 인터넷의 가상적인 균질공간 자체 내부에 상업주의가 침투하여 경제공간으로 자리매김하게 되면서, 사이버 공간은 균질평면으로부터 점차 멀어지고 있다.

우선, 인터넷에서 정보를 검색하는 데 필수적인 검색 사이트에 문제가 있다. 검색 사이트의 운영비는 주로 화면에 표시되는 광고를 통해 얻은 수입에 의해 충당된다. 검색 사이트에는 로봇이 자동적으로 인터넷 사이트를 탐색하는 구글 방식과 야후와 같이 웹사이트들을 수동으로 검색 데이터베이스에 등록하는 방식의 2가지 유형이 있다. 후자의 경우 어떤 사이트가 검색되도록 할 것인가는 검색 사이트 운영자 재량에 달려 있기 때문에, 기업의 견해를 대표하는 '공식 사이트'는 바로 검색되지만 일반대중이나 시민이 기업을 비판하는 '고발 사이트'는 검색하기 어렵도록 하는 식의 정보조작이 가능하다.

인터넷상에서는 재화의 소재적 독립성 부여가 어렵다는 사실 역시, 시장주의의 토대 위에서는 문제시된다. 개별 재화 거래의 독립성이 전제가 되는 시장경제는, 재화의 가분성이 상존함을 전제한다(☞p.119). 하지만 물리적 거리가 애당초 존재하지 않는 가상적인 사이버 공간에서는, 물리적 거리에 의한 재화의 가분성이 형성되지 않는다. 절대공간의 연속성이 재화와 편익의 불가분성을 유발하게 되는 골치아픈 문제가 발생하여, 전통적인 '재화'의 개념을 유지하는 것이 곤란하게 되는 것이다. 인터넷을 경유하여 공급되는 음원(音源) 소프트웨어는 통상의 재화가 가진 소재적 독립성을 결여하고 있기 때문에, 뷰캐넌이 언급한 '재화의 불가능분성'이 강한 사례라고 할 수 있다. 그러나 개개인의 취향이나 기호가 강하게 반영되는 음원 소프트웨어는 공공재로 공급되기는 어려우며, 이에 대한 가격 지불은 개별적인 경제주체 간에 시장기구에 의한 결제를 통해서 이루어질 수밖에 없다. 그렇기 때문에,

전자상거래에서는 이용자의 가격을 지불 및 결제의 사실여부를 입증할 수 있도록 암호화 등 '보안'에 관한 기술이 계속해서 강조되는 것이다.

또한 인터넷을 통한 재화의 거래는 거시경제의 부문에서도 중요한 문제를 제기한다. 통상적인 무역에서는 재화가 국경을 물리적으로 통과할 때 관세조사가 이루어져 관세가 징수되지만, 인터넷에서는 거래행위를 물리적으로 포착할 수 없다. 따라서 국제 간 상거래를 국가당국이 포착하기 위해 사이버 공간에 '국경'이라는 장벽을 어떻게 설정할 것인가의 문제가 제기된다.

특정 경제주체가 글로벌 시장경쟁에서 우위를 점하려면, 그와 관련된 소수자가 기술을 독점하여 그것을 토대로 경제활동에서 다른 주체들을 앞서야 한다. 미국이 사이버 공간의 생산에 관련된 IT 기술을 '지적소유권'이라는 명목 하에 독점하면서, 이 분야에서의 절대적 우위를 유지하고 있는 것이다.

이렇게 해서 가상공간이 강한 보안기술에 의해 계속해서 경계지어지면서, 현실의 물리적인 공간과 마찬가지로 파편화된 집합적 절대공간의 모자이크로 자리매김해 나가고 있는 것이다.

물리적인 사이버 공간이 가진 강한 결절성

인터넷의 가상적인 균질성이라는 배경에는, 유선통신을 경유하는 대형 범용 컴퓨터 수준까지는 아니더라도 여전히 결절성이 높은 물리적 네트워크가 자리잡고 있다. 가상과 실체라는 이러한 극단적인 대비가, 운수 등과는 차별화되는 인터넷의 공간편성의 중요한 특징이 된다.

사이버 공간의 편성이 가진 균질성과 시간적 즉시성이 인터넷을 '시간에 의한 공간의 소멸'이 사실상 완성된 형태가 되도록 하는 한편으로, 광케이블 등 정보의 흐름이 실제로 이루어지는 유선 네트워크는 미국을 중심으로 전 세계의 몇몇 대도시들을 부차적인 허브로 하는 결절성 높은 공간을 형성하고 있다.

인터넷상의 정보는 '패킷'이라는 작은 단위로 나누어져 전송된다. 개개의 패킷에는 정보의 목적지를 나타낸 데이터가 입력되어, 다수의 정보가 마치 도로를 주행하는 자동차와도 같이 패킷이 동일한 회선에서 동시에 교환된다. 전화와 같이 하나의 이용자가 하나의 회선을 배타적으로 점유하는 형태가 아니기 때문에, 회선이 '통화중' 상태가 될 일은 없다. 그렇지만 적은 회선의 **대역폭**(bandwidth)에 대량의 패킷이 전송될 경우, 좁은 도로에 자동차가 밀려든 것과 같은 양상의 '정체'가 발생하여 정보전송이 지연된다. 이 경우, 컴퓨터 사용자는 사이버 공간의 물질성을 새삼 실감하게 된다.

이를 역으로 바라보면, 고객의 만족을 얻어 전자상거래의 경쟁에 승리하려면 서버에서 패킷 정체가 발생하지 않도록 충분한 규모의 대역폭 회선이 집중되어 있는 결절적인 도시에 서버를 설치해야만 하는 것이다. 더불어 시류에 편승한 상품을 제때 입수하여 소비자에게 신속히 배송할 수 있는 시스템을 정비하기 위해서도, 전자상거래 업무가 대도시에 집중될 필요성이 있는 것이다.

전자상거래의 수요공간은 사이버 공간의 즉시성과 균질성을 토대로 하며, 이러한 흐름은 전 세계적으로 확대되고 있다. 그렇기 때문에, 전자상거래 업무의 공간편성은 극단적인 업무집적과 광대한 수요공간으로부터 성립하는 강한 결절성을 유발하게 된다.

이는 인터넷 회선의 허브를 가진 도시에, 전자상거래의 밀도 높은 집적에 의한 발전의 잠재력을 제공하는 것이다. 도시 간 경쟁에 승리하여 세계도시로 자리매김하려면, 대규모 공항이나 해상 콘테이너 터미널 등과 함께 대역폭이 큰 인터넷 회선을 도시 중심에 결절적으로 부설할 필요가 있는 것이다. 이러한 노력이 성공한다면, 그 도시는 전 세계적으로 확대되는 가상적인 수요공간의 결절점이라는 비교우위를 얻게 될 것이다.

정보의 공간통합이 보여주는 퍼러독스

인터넷이 정보공간을 완전히 통합한다는 환상을 깨뜨릴 또 하나의 요인은, 정보 그 자체가 가진 패러독스이다.

상호간에 경쟁하는 경제주체들에게는, 누구든지 입수할 수 있는 균질하고 보편적인 정보는 가치를 갖지 못한다. 예를 들면, 인터넷상의 홈페이지나 검색 사이트는 보편적 정보를 광범위하게 유포시키거나 획득하는 데는 매우 용이하지만, 심층적인 교섭이나 경쟁력 있는 개별정보 수집에는 적합하지 않다. 경쟁상태에 있는 경제주체들에게 중요한 것은, 지극히 스수의 집단 구성원만이 독점할 수 있는 개별화·차별화된 정보인 것이다.

시장경제는 화폐를 매개로 하는 탈인격적인 관계만을 의미하며, 그 중요한 전제가 되는 '정보의 완전성'을 충족시키는 것은 일반적으로 불가능하다. 이런 점에서 정보는 그것을 취득하기 위한 특별한 인격적 관계를 필요로 하는 경우가 많다. 이러한 종류의 정보에는 거래 상대의 납기기일이나 품질에 대한 신뢰, 업무의 성실함 등, 시장 자체를 지탱하는 데 필수적인 내용도 포함되어 있다. 게다가, 신기술이나 새로운 시장에 관한 정보와 같이 인격적 관계를 통해 얻은 정보가 오히려 개별 시장주체의 경쟁우위에 조극 공헌하는 경우도 있다. 이는 대면(face-to-face) 접촉을 위한 공간을 물리적으로 소멸시키는 한편, 특정 장소에서만 얻을 수 있는 정보를 교묘히 입수함으로써 경제주체의 경쟁상 우위를 강화시키는 것을 염두에 둔 입지결정을 하도록 하는 인센티브를 시장주체에 부여하게 된다(☞pp.347-8).

이렇게 해서, 정보공간은 인터넷을 매개로 한 절대공간의 보편성을 추구하면서도, 다른 한편으로는 특정한 비교우위를 가진 장소에의 집적이라는 공간의 개체화를 더욱 추구하게 되는 것이다.

오늘날 시장경제는, 그 모습을 빼닮은 사이버 공간의 보편적 확대를 현실의 물리적 공간과 마찬가지로 '영역의 모자이크'로 재편성해가고 있다. 글로

벌한 균질성을 가진 가상적인 절대공간의 확대라고 할 수 있는 사이버 공간
에서는, 보안기술과 대역폭에 토대한 경쟁의 집적에 의해 경계짓기와 결절
화가 이루어지고 있다. 이렇게 해서, 공간통합은 점차 시장화된 결절공간으
로 변용되는 것이다.

공간통합이 생산하는 공간적 불균등

근대국가의 성립과정은, 공간통합 수단을 국토의 방방곡곡까지 포괄하는
균질한 네트워크의 구축을 시도하여 국내의 시장공간을 균질한 절대공간에
가까운 공간으로 만드는 과정이다. 이것이야말로 근대 국민국가의 영역을
실체화하기 위한 핵심이 되며, 국가 간의 관계라는 측면에서 접근하면 출범
무렵의 EU도 이와 같은 등질적인 네트워크의 이면에 자리잡은 국가연합을
구축하려고 했던 것이다.

하지만 오늘날의 신보수주의는 네트워크를 또 다시 결절적인 편성으로
되돌리려고 한다. 그 정점에서 최고의 경쟁우위를 가진 허브는, 바로 미국이
다. 글로벌리즘이 회자되는 오늘날, 글로벌 공간편성은 균질하고 등방적인
평면에서 갈수록 멀어지고 있는 것이다.

과제 3. 윈도우의 시작메뉴를 눌러 실행 메뉴를 클릭한 다음, 'tracert www.hku.
hk'라고 입력해 보자(tracert를 입력하고 스페이스로 간격을 한 칸 띄운
다음에는, 여기 나와 있는 웹사이트 주소 이외에 다른 주소를 입력해도
무방하다. 여기 있는 주소는 홍콩대학교의 웹사이트 주소이다.). 그런
다음 엔터키를 치면, 그 포스트로부터 정보가 전달될때까지 경유하는
결절점의 서버가 화면에 차례로 표시된다. 이를 보면서, 정보의 전달경
로에 대해서 생각해보자.

칼럼 5.

실리콘밸리(Silicon Valley)

산업집적의 '재발견'은 해외의 사례에 강한 영향을 받는다. '벤처 비즈니스의 성지'라 불리는 미국의 실리콘 밸리로 대표되는 집적지의 경제적 성공이, 그 전형적 사례에 해당한다.

실리콘 밸리는 실제 지명이 아니라 1971년 저널리스트들이 붙인 통칭이며, 샌프란시스코 남쪽에 위치하며 차편으로 1시간 정도 걸리는 산타클라라(Santa Clara) 카운티를 중심으로 하는 지역을 말한다. HP와 인텔을 위시한 컴퓨터 관련 유명 기업들이 이 집적지에서 탄생·성장하였다.

샌프란시스코 대도시권의 교외에 위차한 이 장소에는, 온난한 기후로 인해 원래는 과수원이 넓게 펼쳐진 지역이었다. 그러다 어느덧 연구기능과 더불어 기업단지까지도 육성하려는 스탠포드 대학교가 중심이 되어, 전자산업을 기반으로 하는 하이테크 산업의 집적이 형성되었다. 기업 간 및 기업과 대학, 그리고 연구자와 벤처 기술자, 벤처 자본가, 변호사 등의 전문가들 간의 상호 신뢰관계를 토대로 성립한 유연한 인적 네트워크가 기술개발을 선두하는 동시에 기후변화에 대한 대책 마련을 가능하게 하고 있다.

이처럼 상호신뢰에 바탕한 공동체는, 상호보완과 제재의 시스템에 의해 유지된다. '실리콘밸리에서는 다른 사람을 속이거나 부정확한 정보를 퍼트리는 등의 행위를 하면, 나쁜 평판을 얻게 되어 결과적으로는 공동체에서 배제된다'는 이야기가 있을 정도이다. 그렇지만 한편으로 '만약 실패하더라도 성실하고 모범적인 모습을 보인다면, 해당 분야의 전문가라는 평판을 얻게 되어 강단으로 복귀한다든지, 다른 벤처기업 또는 대기업에 새토이 채용되는 등의 과정을 거칠 수 있는 만큼 인생의 패배자가 되는 일은 없는' 곳이기도 하다(石黑, 2002).

이러한 사실로부터, 실리콘밸리가 보여준 성공사례를 통해 특정한 경제적·사회적 속성을 공유하는 공동체가 어떤 장소에서 완성되는가 하는 문제를 살펴볼 수 있다. 속성을 공유할 수 있는 행위공간의 확대에는 한계가 있다는 사실, 활동의 중심축인 중소기업들의 다양한 기업 간 관계에는 국지적인 요소가 다분하다는 사실로부터, 지리적 집적이 중요하다는 논의를 이끌어낼 수 있는 것이다(☞p.346).

실리콘밸리에 대한 연구를 진행해온 색스니언(Saxenian)은 다음과 같이 언급한 바 있다.

> 모순된 논리로 들릴지도 모르지만, 생산과 시장이 점차 세계화되고 있다고는 해도 지역은 여전히 경쟁우위를 생산하는 중요한 요인으로 자리잡고 있다. 지리적 인접성은 의사소통을 촉진하여 상호 신뢰의 토양으로 작용하게 된다. 장기간에 걸친 협력의 지속, 기술 및 기능의 신속하고 즉각적인 조직화 등은 이를 토대로 이루어질 수 있는 것이다. 생산이 지역의 사회구조나 제도에 깊이 착근될 경우 기업은 지역 관련 지식 및 관계를 활용하여 혁신적인 제품 및 서비스를 생산할 수 있게 되므로, 경쟁에서 우위를 점할 수 있다. 산업 부문의 분화와 분열은 유연성을 가져오는 것이지, 세분화로 이어지는 것은 아니다(Saxenian, 1995: 275).

〈나가오 겐키치〉

참고문헌

石黒憲彦, 2002,「シリコンバレーモデルの本質」, http://bizplus.nikkei.co.jp/colm/colCh.cfm?i=t_ishiguro03.

Saxenian, A., 1995, 大前研一 訳,『現代の二都物語』, 講談社.

Harvey, D., 1991, 水岡不二雄 監訳,『都市の資本論ー都市空間形成の歴史と理論』, 青木書店.

古瀬幸広・広瀬克哉, 1996,『インターネットが変える世界』, 岩波書店

Kahin, B. and Keller, J. 1995. *Public Access to the Internet*, Cambridge, MA: MIT Press.

5장

상관공간
절대공간과 상대공간 상호간의 연계

도카이도(東海道) 하코네(箱根)의 관문에서 검문받는 에도 시대의 여행자

에도막부는 5개의 주요 가도를 효시로 일본 전역에 전국적인 공간통합 네트워크를 정비하였다. 하지만 이와 동시에 각지에 관문이 설치되었기 때문에, 민중이 가도를 통행할 때에는 엄격한 규제를 받아야 했다. 이를 통해 막부는 전국적인 공간의 연속성을 통한 지배를 할 수 있었고, 민중을 공간적으로 분단시켜 그들이 연대하여 막부에 저항할 수 없도록 시도하였다. 이같은 공간편성을 계획적으로 생산함으로써, 에도 막부는 250년에 걸쳐 안정적으로 존속할 수 있었던 것이다. '연속성'과 '분단'에 대한 관리는 고금을 막론하고 중요한 지배수단이 된다.

(그림: 아오이가오카 홋케이[葵岡北溪], 「지역명소 소슈 하코네 관문[諸國名所 相州 箱根關」 [부분], 가나가와[神奈川]현립 역사박물관 제공.)

이 장에서 공부할 내용

본 장에서부터는 '상관공간'이라는 중요개념이 등장하며, 이를 통해 본서의 내용은 새로운 이론의 단계에 접어들게 된다.

상관공간은 제2장에서 살펴본 절대공간과 상대공간의 상관, 그리고 이 두 가지 유형의 공간이 실질적으로 포섭되면서 생산되는 공간과 원초적 공간과의 상관을 토대로 형성되는 공간이다. 이 두 요소의 상관으로부터, '연속성'과 '분단'이라는 새로운 공간속성의 이원성이 산출되는 것이다.

어떠한 경제·사회를 지배하는 주체는 그 경제·사회를 유지하기 위하여 그 연속성과 분단을 자신의 관리하에 둠과 더불어, 이 두 속성을 최적화시키기 위한 공간편성의 총체를 생산할 필요성을 가진다.

이러한 상관공간의 실질적 포섭 과정에는, 기존의 경제입지론과 밀접한 관계를 갖는 영역의 수직적 체계에 질서를 부여하는 '영역통합', 그리고 수평적 체계에 질서를 부여하는 '토지이용조정'이라는 두 개의 과정이 존재한다. 이들 각각에 대해서는 제2절과 제3절에서 다룬 바 있다. 다만, 토지이용조정에 내포된 자본주의 도시에 관한 논점에 대해서는, 본 장이 아닌 제10장에서 상세하게 다루기로 한다.

제2장에서는 절대공간과 상대공간이라는 원초적 공간의 두 가지 속성과 그에 대한 포섭을 각각 살펴보았다. 하지만 그 수준은 이 두 속성의 연속성 이 필요에 따라 언급되는 정도였다.

하지만 공간의 두 가지 속성 및 각 속성의 실질적 포섭이 생산된 공간은 원래는 하나의 공간이었으며, 이들이 상호간에 밀접히 얽히게 되면서 경제 와 사회에 관계되는 공간을 편성하는 것이다.

이처럼 절대공간과 상대공간의 속성을 분리하기 어려운 연속된 공간이 바로 **상관공간**(relational space)이다. 원초적 공간은 절대공간과 상대공간이 라는 이원성을 가진다. 이것이 상대공간에서는 '연속성'과 '분단'이라는 새로 운 이원성으로 전환되는 것이다.

경제와 사회가 스스로를 유지할 공간을 확보하려면, '연속성'과 '분단'의 조 합이 경제와 사회의 구조와 최대한 동질적이면서도 경제 · 사회관계를 지지 하는 형태로 이루어져야만 한다. 이를 실현하기 위해서는, 공간의 포섭이 상 위단계로 진전될 필요성이 있다. 이것이 바로, 상관공간이 경제와 사회에 실 질적으로 포섭되는 과정이다.

상대공간의 포섭과정에는 두 가지 형태가 있다. 첫 번째 형태는 '영역통 합'으로, 이를 통해 다수의 공간 스케일에 걸쳐있는 영역의 수직적인 계층체 계에 질서가 부여된다. 두 번째 유형은 '토지이용조정'으로, 이에 의해 집적 지와 교통로로부터의 거리 또는 위치의 관계에 수직적인 질서가 부여된다.

본 장에서는 이같은 상관공간이 생산, 포섭되는 과정에 대해서 살펴보기 로 한다.

1. 상관공간

상관공간이란?

제2장에서 살펴본 원초적 공간의 여러 성질과 그것이 경제·사회에 포섭되는 과정을 다시 한 번 되짚어 보자.

원초적인 절대공간은 원래부터 연속성이라는 성질이 있어, 그 안에 있는 물질과 관계를 균질화하는 성향이 있다. 한편 상관공간이 경제·사회에 포섭되면, 네트워크를 이용한 공간통합에 의해 일정한 연속성이 인위적으로 생산된다. 이처럼 절대공간의 원초적인 속성과 상대공간을 기초로 생산되는 공간의 속성 사이에는, **연속성**(contiguity)이라는 공통 요소가 자리잡고 있다.

이와 대조적으로, 원초적인 상대공간은 원초적으로 거리에 의한 분단, 그리고 위치의 개별성을 통한 개체화를 지향하는 속성을 지닌다. 한편, 절대공간이 경제와 사회에 포섭되면 경계짓기에 의해 상호 격리되어 개별적인 의미를 가진 영역이 되면서, 분단이 인위적으로 생산된다. 이처럼 상대공간의 원초적인 성질과 절대공간에 기초하여 생산되는 공간의 속성 간에는, **분단**(separation)이라는 공통된 요소가 존재한다.

이상에서 살펴본 내용을 종합해보면, 여기에는 흥미로운 관계가 있음을 발견할 수 있다. 절대공간의 실질적 포섭인 경계짓기에 의해 인위적으로 산출된 '분단'은, 애초 상대공간의 거리가 원초적으로 가진 속성이기도 하다. 한편, 상대공간의 실질적 포섭인 공간통합에 의해 인위적으로 산출된 '연속성'은, 애당초 절대공간의 확대가 원초적으로 가진 속성인 것이다. 이처럼 원초적 공간의 실질적 포섭의 과정에서 원초적 공간의 두 가지 속성이 각각 경제·사회에 포섭되는 과정을 통하여, 서로 반대되는 공간속성이 원초적으로 갖고 있는 성질이 인위적으로 생산된다. 절대공간의 포섭은 상대공간의 속성을 인위적으로 생산하고, 상대공간의 포섭은 절대공간의 속성을 인위적으로 생산한다.

그 관련성을 살펴보면, 원초적 공간의 '절대공간과 상대공간'이라는 이원적 속성은 상대공간의 '연속성과 분단'이라는 또 다른 이원적 속성으로 변환된다. 원초적/생산된 절대공간과 원초적/생산된 상대공간의 총체가 통합되어 새로운 이원적 속성을 갖기에 이르는 것이다. 이것이 바로 상관공간이다. 그런 만큼 상관공간은 절대공간과 상대공간이 상호관련된 것이며, 동시에 원초적 공간과 생산된 공간이 상호관련된 것이라고도 할 수 있는 것이다.

상관공간의 형식적 포섭

경제·사회관계가 존속 및 발전해나가기 위해서는, 그 조직을 가장 적절하게 유지할 수 있는 공간편성을 확보해야만 한다. 이는 연속성과 분단이라는 특정한 형태로 이루어지는 공간의 편성이기도 하다. 연속성 또는 분단이 원초적 공간에서도 별다른 문제가 없는 경우에는, 원초적 공간은 긍정적 요소로 작용하여 그대로 포섭된다. 원초적 상태 그대로는 경제·사회와의 모순이 초래될 때에는, 경계짓기 및 공간통합이 시도되어 새로운 연속성 또는 분단이 생산된다.

문제는, 어떤 공간편성이 어떠한 경제·사회관계의 입장에서부터 바라보았을 때 적절하고 합리적인 연속성과 분단의 조합으로 자리매김하게 되는가 하는 것이다. 정치적·사회적으로 중립적인 공간편성은 존재하지 않는다. 지배적인 정치·경제주체에 의해 질서가 부여된 결과로 이루어진 공간편성은, 어떤 의미에서든 중립적이라고 볼 수 없다(☞pp.252-7).

이런 질서부여에 있어 극복되어야 할 형식적 포섭의 모순은 다음과 같다.

첫째, 절대공간의 경계짓기는 완전하지 않다(☞pp.107-12). 경계에는 투과성이 있어, 일상적으로 영역을 지배하는 주체가 관리할 수 없는 상태로 방치되면서 실질적으로 포섭되지 않는 고차적인 연속성이 잔류하게 된다. 공간통합의 네트워크는 교통로와 집적지의 불균등한 집합으로부터 이루어지기 때문에, 공간통합의 주체가 관리할 수 없는 상태로 방치되면서 실질적으로 완전히 포섭되지 않는 거리와 위치의 요소가 잔존하게 된다.

이처럼 완전히 설질적으로 포섭되지 않는 연속성의 요소 및 그와 마찬가지로 완전히 실질적으로 포섭되지 않는 거리가 유발하는 분단은, 경제와 사회 사이에 여러 가지 장해를 끊임없이 불러일으킨다. 따라서 상관공간이 지배적인 경제·사회관계에 포섭되어 지배적인 생산양식의 모습을 갖춘 최적의 편성으로 생산될 수 있기 위해서는, 실질적으로 포섭된 절대공간과 상대공간의 단순한 집합 정도에 그쳐서는 안 된다.

상관공간의 실질적 포섭: 두 가지 형태

이렇게 해서 형식적으로 포섭된 상관공간은, 한걸음 나아가 경제·사회관계의 조직에 있어 가장 적절하게 상관되는 연속성과 분단의 총체를 생산하는 과정에도 관여될 필요가 생긴다. 이것이 상관공간의 실질적 포섭 과정이다.

상관공간의 실질적 포섭에는 두 가지의 형태가 존재한다. 이는 상관공간을 구성하는 절대공간과 상대공간이라는 두 개의 공간속성을 반영하는 것인 동시에, 각 속성별 특유의 포섭과정을 반영하는 것이기도 하다.

첫 번째 형태는, 어떤 하나의 공간 스케일에서 경계짓기에 의해 실질적으로 포섭할 수 없는 연속성을 다른 공간스케일과 관련지으면서 통제하고, 상관공간이 포섭되는 경제·사회관계에 요청되는 질서를 수직적으로 중층화되는 복수의 공간 스케일의 총체에 부여하는 과정이다(☞pp.113-4). 이를 **영역통합**(territorial integration)이라고 한다.

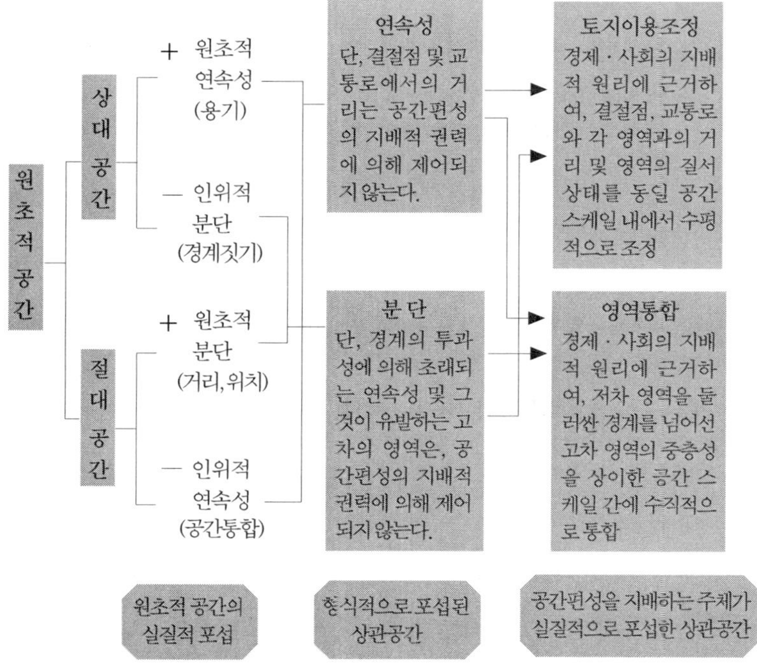

두 번째 형태는, 공간통합에 의해서는 포섭되지 않는 결절점 또는 교통로에서 거리에 따른 분단 요소를 통제하여, 수평적인 모자이크를 이루는 집합적 절대공간이 그것을 포섭하는 경제와 사회의 입장에서 볼 때 전체적으로 하나의 질서를 갖게 되는 과정이다(☞pp.133-4). 이를 **토지이용조정**(land-use coordination)이라고 한다.

경제와 사회는 이 두 가지의 포섭형태를 통하여, 방치된 연속성과 분단을 스스로의 강제법칙과 의사에 따라 봉쇄하고, 그 조직을 유지하는 충분한 분단과 연속의 조합을 생산한다. 이러한 공간적 사회과정에 의해, 지배적인 경제·사회관계가 가장 순수한 형태로 유지될 수 있는, 분단과 연속성을 치밀하게 편성한 중층적인 집합적 절대공간이 생산된다. 경제와 사회는, 자신의 모습과 유사한 공간을 재현하는 것이다(☞p.254-5).

과제 1. 본 절에서는 '경제와 사회는 자신의 모습을 닮은 공간을 편성한다'라는
　　　　명제에 대해서 살펴보았다. 이와 같은 공간편성에 장애가 되는, 지배적
　　　　인 경제·사회관계에 의해 방치된 채 관리되지 않는 '연속성' 및 '분단'
　　　　의 사례를 각각 몇 가지씩 제시해보자.

2. 영역통합

● 상관공간의 실질적 포섭(첫 번째 형태)

영역통합은 공간통합(☞pp.124-7)과 달리 경계가 지어진 각 영역의 존재
를 전제로 하는 공간통합이다. 또한 고차와 저차라는 일련의 공간 스케일의
중층적 조작(☞p.113)과도 달리, 다수의 스케일이 동시에 존재하는 것을 전
제한다. 공간통합은 고차 스케일에서는 관리되지 않는 연속성을 실질적으
로 포섭하여, 하나의 중층적 체계로서의 공간을 의식적으로 생산한다.

고차 스케일의 연속성이 어떠한 경제·사회체계에 의해 그에 적합하게
통제되면서 각 공간 스케일 상호간의 중층적 체계가 전체적으로 해당 사
회·경제체계에 합당하게끔 수직적 재편이 이루어지면, 공간 스케일의 하
위에서의 분단이 상위의 연속성에 의해 극복되는 관계가 봉쇄되면서 무정
부적인 경계의 투과성은 폐쇄되고, 공간편성이 보다 의식적으로 그 지배적
인 경제·사회관계를 유지하는 하나의 중층적인 체계로 조정되는 것이다.

일반적으로 그 조정을 담당한 경제·사회권력은, 이러한 다수의 공간 스
케일 전체에 걸쳐 그 경제·사회를 지배할 수 있는 공간적인 기준이 된다.
강력하게 통합된 영역의 중층적 편성은 그 지배적 계급·계층의 입장을 포
상하며, 그 지배적인 계급·계층에 의해 정통성을 부여받는다(☞pp.253-5).

크리스탈러의 중심지 이론

이러한 조정에 관한 문제를, 오늘날 공간·도시경제학의 시조이자 신고전주의 지역경제이론과 도시경제론의 표준적 교재로도 널리 사용되고 있는, 독일의 경제지리학자 **크리스탈러**(W. Christaller)의 **중심지이론**(central-place theory)과 관련지어 살펴보자.

그다지 잘 알려진 사실은 아니지만, 영역의 수직적인 계층성에 질서를 부여하고 중층적인 공간편성을 생산하는 과정에 대한 이론적 해명을 최초로 시도한 인물인 크리스탈러는 사회주의자이기도 하였다(Hottes, 1983). 1893년생인 크리스탈러는 하이델베르크대학교에서 경제학을 공부했고, 졸업 후에는 하이델베르크주의 에어랑겐대학교에서 후일 중심지이론의 고전이 될 논문인 「남독일의 중심지」(Christaller, 1969)로 박사학위를 취득하였다. 하지만 지지(地誌)적 방법론이 주류를 이루던 보수적인 독일 지리학계에서 그의 업적은 충분히 평가받지 못하여 평생토록 대학에서 정규 교수직을 얻지 못했을 뿐만 아니라, 2차대전 이후 서독에 거주하던 그는 서독 정부로부터 동독 스파이로 몰리기까지 하였다. 그의 업적은 계량경제학의 조류가 대두하면서 미국 지리학계에서 재평가받게 되었지만, 이 무렵 미국 사회에 불어닥친 매카시즘의 광풍 속에서 그는 공산주의자라는 이유로 미국 입국심사에서 입국을 거부당했다. 미국으로부터 초청 강연 요청을 받았으면서도 미국에 건너가지 못했던 것이다. 그는 1969년 타계하기 직전 서독 대통령 등으로부터 여러 종류의 상훈을 수상하면서, 그제서야 '명예회복'을 할 수 있게 되었다.

이처럼 파란만장한 삶을 살다간 크리스탈러의 초기 모델을 검토해보면, 시장경제의 **보이지 않는 손**(invisible hands)이 아닌 사회주의적 평등의 원리에 기초한 공간 시스템을 계획하는 '보이는 손'에 의해 편성된다는 전제를 하고 있음을 확인할 수 있다. 이는 인간이 재화의 취득에 있어 거주지의 공간적 차이에 의해 차별받아서는 안되며, 거주지에 관계없이 재화를 평등하게 공급받을 수 있는 공간적 평등주의를 전제하는 것이다.

크리스탈러는 모든 재화에는 두 종류의 거리가 수반된다고 보았다. 첫 번째는, 소비자가 재화를 구입하기 위하여 이동할 수 있는 최종거리이다. 이 거리를 넘어서면, 이동을 위한 시간과 비용이 과중하게 소요되어 결국에는 소비자가 해당 재화의 공급을 받을 수 없게 된다. 이를 **재화의 도달범위의 상한**(range)이라고 한다. 두 번째는, 공급자가 재화 공급을 통하여 경제적으로 수지를 맞추는 데 요구되는 최소한의 수요공간의 반경으로, 이를 **재화의 도달범위의 하한**(threshold)이라고 한다. 도달범위의 거리는 상한과 하한 공히 재화마다 상이한 고유의 값을 가진다. 고정적인 위치에 점포가 입지할 수 있으려면, 도달범위의 하한보다 상한의 반경이 커야 한다. 왜냐하면, 점포에 물건을 구입하러 올 수 있는 공간적 범위 밖에 거주하는 소비자는 유효한 수요공간의 구성원에 포함될 수 없기 때문이다.

다수의 재화 공급이 한 지점에 집적하게 되면 소비자의 **다목적 구매여행**(multiple-purpose trip)이 발생하여 더 많은 고객이 집중하기 때문에, 분산된 경우에 비해 수익이 증대된다. 따라서, 평등주의의 전제가 충족되는 한 각 중심지에서의 재화 공급은 최대한 집적될 필요가 있다. 이러한 크리스탈러의 전제는, 크루그먼이 경제집적을 설명할 때 사용한 **수확 체증**(increasing returns) 이론과도 공통분모를 가진다.

크리스탈러의 중심지 체계: 평등주의의 원리에 기초한 영역통합

크리스탈러는 앞서 살펴본 전제들을, '도달범위의 상한선'이라는 개념에 기초하여 중층적인 영역통합의 모델로 제시하였다.

먼저, 결절점이 〈그림 5-2〉의 흰색 원과 같이 균등하게 분포하는 균질한 평면을 상정해보자. 이들 결절점에는 다양한 도달범위를 가진 재화의 공급이 집적된다. 경제활동의 공간적 중심에 있기 때문에, 크리스탈러는 이러한 집적을 **중심지**(Zentrale Orte)라고 명명하였다. 중심지의 주변에는 크리스탈러가 **보완지역**(Ergänzungsgebiet)이라고 명명한, 중심지로부터 재화를 공급받는 균등한 밀도의 수요공간으로부터 성립하는 배후지가 펼쳐져 있다. 도시는, 보완지역을 따라 다수의 재화의 공급기능이 집적된 하나의 결절적인 행위공간의 중심지로 정의된다.

〈그림 5-2〉 계층 A 중심지의 균질한 네트워크

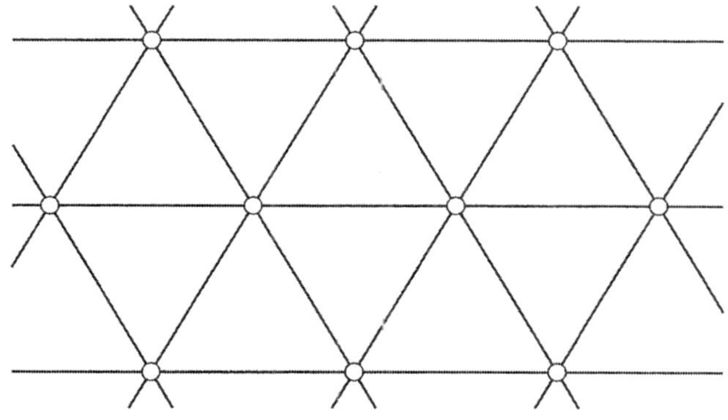

출처: Heinritz, 1979: 25.

〈그림 5-2〉의 평면을 균질하게 덮은 흰색 원으로 표현된 결절점을, 계층 A의 중심지라고 한다. 중심지 계층 A로부터 공급되는 다양한 재화들은, 각 재화 고유의 다양한 도달범위의 상한을 가진다. 도달범위의 상한반경이 충분히 큰 고차의 재화라면 평면 전체의 범위를 도달범위로 할 수 있겠지만, 저차의 재화인 경우에는 그 상한범위가 작기 때문에 충분히 도달되지 않는 부분이 발생한다. 도달범위가 계속해서 줄어들어 이처럼 도달되지 않는 부분이 두드러지게 된 재화 α(이를 **한계계층규정재**[hierarchical marginal good]라고 부른다)의 도달범위를 α라고 규정해보자. 이 재화에 의해 도달범위가 한

계적으로 단축되어, α-Δ인 재화 β의 경우 계층 A의 중심지로부터 재화의 공급을 받지 못하는 **간극의 구매력**(interstitial purchasing power)이 평면상에서 발생하게 된다(〈그림 5-3〉). 이 간극의 존재는 크리스탈러가 애초에 전제했던 영역 전채의 지배원리로서의 평등주의와 상충하기 때문에, 그 중심지에는 계층 A의 중심지보다 한층 저차의 중심지인 계층 B가 계획주체에 의해 배치되어야만 하는 것이다. 〈그림 5-3〉에는 이와 같은 중심지 계층 B의 간극의 구매력을 도식하였다.

〈그림 5-3〉 크리스탈러의 평등주의적 계획원리에 입각한, 하위 중심지 계층 B의 성립

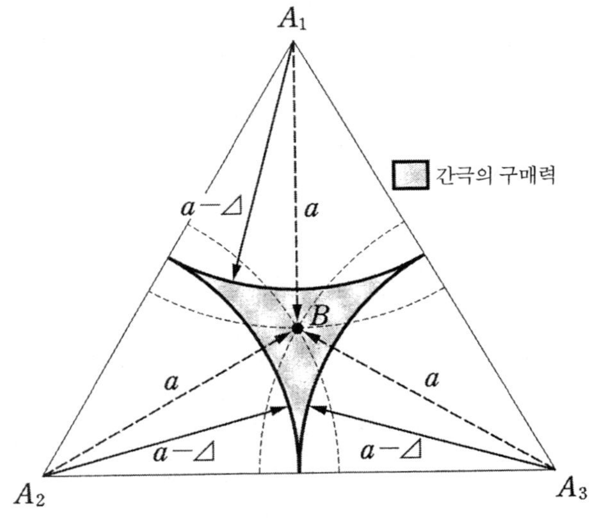

출처: Heinritz, 1979: 29.

저차의 재화 및 계층중심지에서도 이와 동일한 과정이 반복되면서, 〈그림 5-4〉와 같은 경제공간이 편성된다. 여기서는 공급기능을 가진 집적지의 중심지인 경제영역이 공간적 평등화라는 영역의 지배적 원리에 따라 가장 적절하게 중층화되는 형태로 통합되어, 크리스탈러의 '거주지에 관계없이 재

화를 평등하게 공급받을 수 있어야 한다는' 전제가 위치를 불문하고 충족가능하게 된다. 소비자는 각 재화의 공급을 담당하는 동일한 계층의 중심지들 중에서 가장 가까운 중심지로부터 재화를 구하기 때문에, 동일한 계층의 보완지역 상호간 경계를 초월하여 연속되는 재화 유통의 행위공간은 존재하지 않으며, 동일 계층의 보완지역은 상호간에 완전히 분단되는 것이다.

〈그림 5-4〉 중심지 체계에 의한 영역통합

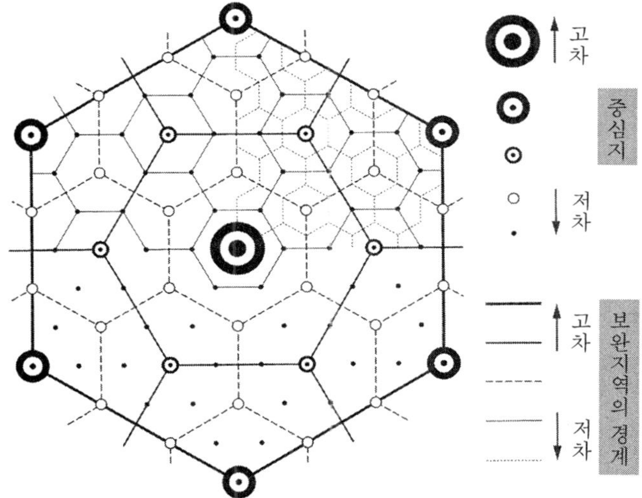

출처: Heinritz, 1969: 87(일부 내용 수정).

이상에서 살펴본 결절공간의 중층적인 편성에서, 저차영역에서의 분단을 넘어 상위영역으로 확장되는 연속성의 요소는 각 공간 스케일을 포괄하는 영역 전체의 지배원리인 평등주의에 의해 완전히 의식적으로 관리된다. 이렇게 해서, 상관공간의 연속성과 분단의 요소는 완전히 실질적으로 포섭되는 것이다.

이윤법칙의 토대 위에서의 중심지 체계

이상에서 살펴본 크리스탈러의 전제와는 달리, 이윤추구라는 시장주체의 지배원리에 토대하여 영역의 계층체계를 살펴보는것 또한 시도할 수 있다. 이 경우, 중심지의 계층체계는 어떻게 변화해 나가는 것인가?

예를 들어, 도달범위의 상한과 하한이 동일한 재화에 대해서 생각해보자. 하한에 토대한 영역의 계층체계의 경우, 간극의 구매력이 상한에 토대한 체계의 경우와 마찬가지로 한계량 $\varDelta$만이 발생하면 재화 β(☞p.210)가 충분한 수요공간을 확보할 수 없으므로 하위 계층의 중심지 B는 성립하지 않는다. 이것이 시장의 **보이지 않는 손**(invisible hand)에 의해 발생하는 것은, 간극의 구매력이 재화 β의 도달범위를 반경으로 하는 원의 면적과 동일하게 되는 경우이다. 이 경우에는 〈그림 5-5〉의 빗금쳐진 부분의 면적이 A$_2$를 중심으로 하는 원의 범위와 동일해진다. 이와 같은 조건을 충족하는 것은, 도달범위가 재화 β보다도 훨씬 짧은 저차의 재화이다. 따라서, 이러한 경우 도달범위의 하한에 따른 체계와 상한에 따른 체계 간에 각 계층의 중심지가 공급하는 재화의 다양성을 비교해보면, 도달범위의 하한에 의한 체계에서는 각 중심지와 더불어 한층 저차의 재화만이 공급되고 고차의 재화 공급은 결여된다. 그렇기 때문에, 수요자가 재화의 구입을 위하여 이동해야 하는 거리는 하한에 따른 체계쪽이 상한에 의한 체계에 비해 더욱 길어지다 보니 이동거리가 도달범위의 상한을 상회하게 되어 재화 구매 자체가 불가능해지는 경우도 발생할 수 있다.

이상과 같이, 시장경제에서도 재화의 공급과 관련해서 중심지를 계층적으로 편성하여 영역통합이 이루어지도록 하는 메커니즘이 형성된다는 사실을 분명히 알 수 있다. 하지만 이렇게 해서 시장경제의 지배적 원리로 자리매김하게 된 중심지체계는, 크리스탈러가 의도한 평등주의라는 영역통합의 지배적 원리에 기초한 체계와 비교해보면 재화구입을 위해 소비자가 보다

먼 거리를 이동해야만 하게 된다든가, 또는 소비자가 재화를 완전히 획득할 수 없게 되는 경우도 발생할 수 있다. 시장주의는 공간적 민주주의의 입장에서 보았을 때 문제의 소지를 내포한 공간편성을 생산할 우려도 있는 것이다.

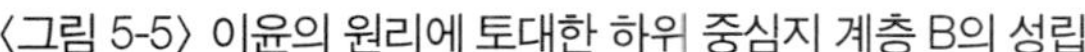

〈그림 5-5〉 이윤의 원리에 토대한 하위 중심지 계층 B의 성립

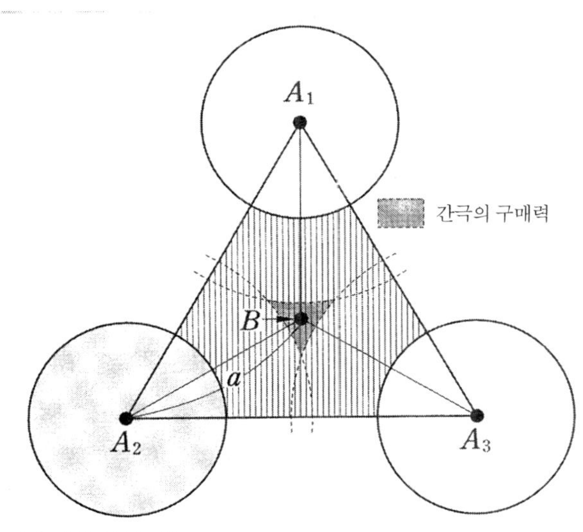

출처: 水岡, 1988: 209.

영역의 계층체계가 가진 역동성과 주변화

경제와 사회의 변동과 공간통합 양상의 변용은, 이와 같은 영역의 계층체계의 편성을 변용시키는 원동력이 된다.

공간통합이 진전되어 중심지로의 이동이 용이해지면, 각각의 재화가 가진 도달범위의 상한은 한층 확대된다. 한편, 기술진보에 의해 규모의 경제가 증대하면, 이는 수요공간의 최적규모를 증대시켜(☞pp.131-33) 도달범위의 하한 역시 확대된다. 이는 재화를 전체적으로 저차재로부터 고차재로 이동시키는 효과를 유발하여 고차중심지에서만 공급되는 재화의 양을 증가시키게 된다. 이로 인해 저차의 중심지는 재화의 공급기능이 위축되면서, 점차 쇠퇴하게 되는 것이다.

기존에는 바다로 인해 육지와 분단되었던 도서 지역에 교량이 가설된다든가 신칸센 등 고속·대량 교통수단이 개통된 경우에도, 도달범위의 상한이 급격히 증가된다. 동시에 이를 통해 잠재적인 수요공간이 확장되기 때문에, 한층 대규모의 경제를 실현할 수 있게 된다. 이는 **스트로 효과**로 불리는 저차중심지의 쇠퇴와도 연관점을 가진다.

자급적·폐쇄적이고 분단성이 강한 경제영역이 팽창하는 시장경제의 경계에 편입되어 전국적 또는 글로벌한 시장에 포섭되면, 중심성이 위축되면서 주변화된다(☞p.148-9). 이렇게 해서 고차의 중심지가 가진 중심성이 한층 탁월해지면서, 더욱 많은 사람들이 한층 고차의 중심지에서 제공하는 직장에 근무하게 되는 것이다.

하지만, 공간통합이 한층 진전되면 이러한 주변화된 영역에는 기존과는 상이한 새로운 부차적 중심성이 발생하기도 한다. 이는 저임금 노동력을 활용한 생산활동, 풍부한 자연·문화유산, 인간을 소외시키는 시장경쟁에 전적으로 포섭되지 않은 '인간미'와 같은 것들로, 노동집약적인 생산집적(☞p.363), 새로운 관광형태 및 사회적 스트레스의 '치유공간'으로서의 기능이 '주변'에서 일어나기 시작한다(☞p.388). 이러한 움직임의 이면에는, 광범위한 도달범위를 가진 시장경제에 의해 문화라든가 '소박한 인정'을 상품화하려는 주변부의 자연·문화유산 및 인간성이 착취적으로 이용당할 위험 또한 상존하고 있다.

글로벌 경제의 영역통합

지금까지 중심지 이론에 대하여 살펴보면서, 영역통합의 과정에서 영역을 지배하는 기준이 되는 '보이는 손'이 직접적으로 생산하는 공간편성의 경우, 그리고 무수히 많은 주체 간의 경쟁이 산출하는 시장기구의 '보이지 않는 손'을 매개로 하여 경제·사회의 기준이 가진 원리가 공간편성을 생산하는 경우의 2가지 유형이 존재한다는 사실을 확인할 수 있었다. 이어서 이와 같은 2가지의 영역통합 과정이 현대 자본주의의 글로벌 시장공간에서 각각 어떤 양상으로 작용하게 되는가에 대해서 알아보도록 하자.

글로벌 시장공간은 상이한 가능성(이동성)을 가진 다수의 요소로부터 성립한다. 자본과 정보는 사이버 공간의 네트워크(☞pp.187-95)를 통해 즉각 전 세계로 이동한다. 생산된 재화는 주로 컨테이너 운송의 허브·스포크 구조(☞pp.182-3)를 따라 1일 단위로 이동하게 된다. 노동력은 1일 24시간이라는 물리적 시간으로부터 노동시간, 노동력재생산(생활) 시간을 제하고 남은 시간은 통근에 투입하게 되기 때문에, 통근권은 공간적으로 한정된다(☞pp.336-43). 더욱이 생산 및 관리를 위한 사업체는 건조환경의 요소를 구성하며(☞p.240-2), 사회적 착근성(☞pp.348-9)과도 깊은 관계를 맺고 있다. 이는 일단 한번 입지하면 매몰비용으로 작용하게 되므로, 이동에는 많은 시간과 비용이 들게 된다.

다국적자본의 입지문제

'글로벌 수렴'을 제창하는 신고전주의 경제이론은, 거시경제학에서 전제하는 경제인의 개념을 충실히 따라 기업은 하나의 장소에 단일한 사업체만을 가진다는 전제하에 이론구축을 진행해왔다. 개별 기업은 완전경쟁이 가능한 최소 규모에서, 한 사람의 경영자가 내린 의사결정으로부터 생산관리 및 시장개척에 이르는 전 기능을 담당하는 것으로 파악되었다. 하지만- 세계화의 중추라고 할 수 있는 다국적기업은 대규모의 과점이라고도 할 수 있는 **다중사업체기업**(multi-establishment firm) 형태로 존재하고 있다. 본국에 있는 본사에 자리잡은 최고경영자(☞p.158)의 '보이는 손'이 수립한 계획의 토대하에, 관리본부 및 생산현장 등의 사업체가 여러 계층에 걸쳐 조직적 체계를 형성하며 경영이 이루어지게 되는 것이다. **보이는 손**(visible hand)이란 경영사학자 챈들러(A. D. Chandler, Jr.)가 제안한 것으로, 사내에는 계획성 높은 경영전략이 존재한다는 것을 의미한다(Chandler, 1979). 하이머가 '다국적기업은 자기자신의 모습 그대로 하나의 세계를 창조하는' 경향이 있음을 지적한 것처럼, 그 계층적 사업체조직은 전 세계적으로 중층적인 도시체계에 반영되면서 전 세계에 걸친 지배를 받게 되는 것이다(Hymer, 1979: 262).

극히 작은 규모의 무수히 많은 생산자들이 시장을 구성하는 국제분업의 경우라면, 국제무역의 단위가 되는 영역은 거시경제의 단위와 동일하게 국민국가가 된다(☞p.153). 하지만 다중사업체체제의 토대 위에서 각 사업체들에게 분업을 조직하는 거대한 다국적기업은 거시경제의 경제환경과 생산과정 고유의 기술조건(☞pp.361-5)을 접합시켜, 국경을 넘나드는 분할가능한 생산단위를 전 세계를 무대로 발전시켜 나가고 있다. 여기서는 먼저 다국적기업의 사업체 위치가 편성하는 영역통합에 대하여 살펴 보자.

다국적기업은 무국적기업이 아니다. 모든 기업은 사회적으로 착근된 고유의 사회, 문화, 기술과 관련된 로컬리티*를 내포한다(☞p.158). 해당기업의 전반적인 전략적 계획을 담당하는 최고경영자가 있는 본사 및 전략적 기술개발의 중심적 위치는, 기업의 본거지라고 할 수 있는 세계도시에 튼튼히 뿌리내리고 있다. 본사의 감독을 받는 하위의 관리사업체는 부차적인 전략 및 사업계획을 수립하는 임무를 맡고 있으며, 하위의 결절점에 각각의 관리영역을 설정받아 배치된다. 또한 이 하위영역들에는 주어진 반복적인 임무만을 처리하는 사업체 및 사무소가 존재하여, 배치된 각 결절점에 대응하는 영업권역 등의 영역이 설정된다. 어떤 경우가 되었든 여기에는 영역을 통괄할 수 있는 교통·통신 네트워크의 허브가 존재한다(☞pp.182-3). 그리고 내부에 사업활동을 지탱하는 데 적합한 인프라가 정비된 도시가 사업체 입지장소의 후보로 선택되는 것이다.

이렇게 해서, 사업체의 집적을 경제기반으로 하는 '경제중심(regional motor)'으로 작용하는 허브 도시와 그것을 둘러싼 '번영ㅎ-는 **배후지**(hinterland, 보완지역)'를 하나로 묶는 결절공간이 형성되어 시장의 경쟁적 과정을 통하여 국지적인 경제발전이 이루어지게 된다(☞p.369). 그 외부에는 글로벌 시장공간의 변경으로써 그 영역통합의 계층체제에 편입되는 주변부가 확대되어 그 내부에 '상대적으로 반영되는 경제적으로 혜택받은 섬'으로 자리매김하는 개발도상국의 거점도시가 새로운 결절점으로 형성된다(〈그림 5-6〉).

〈그림 5-6〉 글로벌 시장공간의 영역통합(모식도)

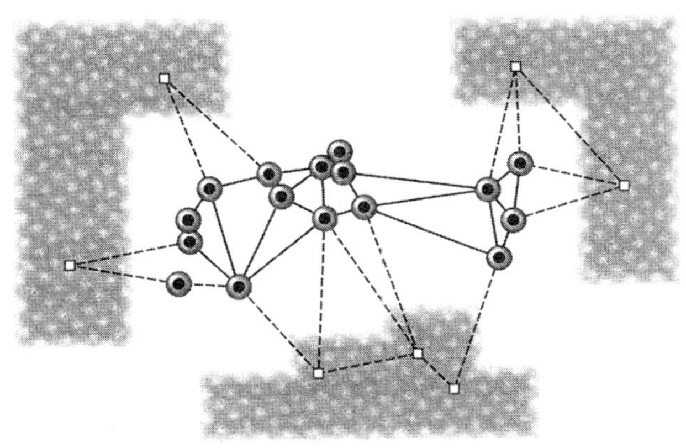

출처: Scott, 1998: 56.

영역 상호간을 연결짓기: 자금과 금융의 공간

다음으로, 금융공간의 자금유동과 관련된 영역통합의 양상에 대하여 살펴보자.

중층적인 경제공간의 각 계층 상호간에는, 거래수단인 화폐의 일부가 축적되면서 직접적인 생산과정과는 분리된 투기자본이 되어, 최고차 영역인 글로벌 금융공간에서 유통된다.

애당초 최고차의 경제적 연속성을 뒷받침했던 세계통화는 금·은이었다. 금·은의 가치는 화폐에 포함된 귀금속의 양에 의해 물리적으로 규정되었다. 이를 통해서 귀금속이라는 자연물이 경제에 포섭되는 과정을 확인할 수 있다.

귀금속을 이용한 세계통화를 정화(正貨, specie)라고 하며, 19세기 후반까지 전 세계적인 연속적 공간에서 유통되었다(Cohen, 2000: 57-8). 그러나 19세기 후반부터 각국은 국가통화 제도를 도입하게 되었다. 통화가 유통되는 행위공간은 그것에 국가의 상징성을 부여하려는 각국의 의도와 더불어, 부의 용기, 그리고 권력의 용기가 되어 국가영역의 핵심과 밀접한 관련성을 맺게 되었다. 이 과정에서 통화는 점차 영역 간에 분단되는 과정을 밟게 되었다. 예를 들면 멕시코 은화는 미국달러, 호주달러, 홍콩달러 등 영역명을 명기한 국가통화에 의해 분열되어, 통화(☞p.158-9)는 무색투명한 귀금속이 아닌 국가라는 제복을 입게 된 것이다(☞p.56). 정화와 국가통화라는, 통화의 중층적인 영역통합이 일어나게 된 것이다.

2차대전 종결 직전, 미국 뉴햄프셔주 브레튼우즈에 모인 전승국 관계자들은 미국의 달러화만을 금과 태환성을 갖는 기축통화로 설정하고, 세계 각국의 통화가치를 달러를 기준으로 일정하게 유지하도록 하였다. 이를 **브레튼우즈 체제**(Bretton Woods System)라고 한다. 통화의 영역통합은 이 체제에 의해 제도화, 안정화된 것이다.

하지만 그 이후 달러화는 위기를 맞게 되어, 미국 정부는 1971년 달러의 태환을 중지하였다. 국가통화 중에도 변동상장제로 이행한 경우도 있고, 또한 국가가 상장을 관리하는 경우도 있다. 공식적인 제도로서의 브레튼우즈 체제가 종언을 고함에 따라, 자금은 국가통화에 의한 분단을 뛰어넘어 국가

통화 상호간의 변환비율에 의해 작동하는 투기수단이 되었다. 이렇게 해서, 자금의 유통은 또 다시 전 세계적으로 연속화되었다. 즉, 최근 20여 년간 자금과 금융의 영역통합은 불안정화의 과정을 거쳐온 것이다.

글로벌 금융영역의 불안정한 통합

오늘날 자금은 세계적인 과잉축적으로 인해 직접적 생산과정에 투입되는 대신 투기수단화되어, 규제가 약한 역외시장(offshore market)을 발판으로 유통되고 있다. 1997년 태국 바트화의 외환위기로 촉발된 아시아 경제위기의 뇌관을 터뜨린 소로스(G. Soros)가 지적한 것처럼, 재화와 서비스의 거래 뿐만 아니라 전 세계 무역액의 약 100배에 달하는 투기자금 유통 역시 각국의 환율, 주식, 채권시장 등 '보이지 않는 손'의 영향을 받아 글로벌 경제의 영역통합을 불안정하게 만들어온 것이다(Soros, 1999).

이러한 투기자본은 국가영역의 범주를 넘어서 움직인다. 그것을 움직이는 주체가 되는 자본은 물리적 시설에 대한 투자 없이 글로벌 공간 스케일에서 통신 네트워크를 통해 자본을 즉시적으로 이동시킨다. 이와 더불어 거시경제영역들 간의 경제적 차이를 교묘히 이용하여 공간적 회피(☞pp.114-5)를 시도하면서, 투기적 이윤을 획득하고 있는 것이다.

투기자본의 공급원은 뉴욕, 런던, 도쿄와 같은 세계도시에 있는 금융시장이다. 이러한 자금의 이동에 의해 각국의 거시경제는 불균등하게 동요되어, 사업체 입지에 변동이 일어나게 된다. 국가에 의해 인위적으로 조작된 환율과 시장의 지배적 주체들이 유발한 거시경제의 기초조건 사이에 적지 않은 괴리가 일어나면, 여기에 투기자가 개입하면서 해당 국가의 국가통화를 대량으로 매입하는 것이다. 시장의 힘에 의해 국가는 환율관리를 변경해야만 하는 입장에 내몰리게 된다. 급격한 환율변동은 국내 사업체의 생산활동에 위기적인 영향을 미치게 되어, 거시경제의 위기로 이어진다. 이는 국가에 구조조정 정책을 강요하게 된다.

이렇게 해서, 각각의 거시경제 간의 차이를 이용한 전 세계적인 자금의 공간적 회피로 인해 각 경제에 불균등한 영향이 가해지면, 글로벌 금융공간은 거꾸로 균질화되는 성향을 띠게 되어 점차 추상적 공간(☞p.251)으로 순화(純化)된다. 글로벌 금융공간은 한편으로 불균등화와 개별 거시경제의 위기, 한편으로는 글로벌 금융시장 및 거시경제 양측으로부터의 균질화 움직임이라는 정반대의 상충하는 차원 속에서 변화하는 만큼, 안정적으로 통합될 수는 없는 것이다(☞p.368).

이와 더불어, 이러한 균질화작용을 시장의 논리에 따라 촉진함으로써 영역통합을 진전시키는 새로운 '보이는 손'이 등장하게 되었다. 이것이 바로 **신용평가기구**(rating agency)이며, **국제통화기금**(International Monetary Fund) 또한 이것의 하나이다.

신용평가기구는 각국의 국채, 사채부터 시작해서 정치의 안정정도까지 망라하는 다양한 요소들을 단일한 글로벌 기준으로 평가하고 순위를 매긴다. 그 본래의 목적은 투자자들에 대한 정보제공이지만, 실제로는 여기서 평가한 신용등급이 각국의 거시경제에 강한 영향을 미친다. 어떤 나라의 국채가 투자부적격으로 신용등급 판정을 받게 되면, 국채의 매각을 서두르게 되는 한편 금리의 상승도 이루어지면서 그 나라의 경제는 파탄의 위기에 내몰리게 된다. 각국의 경제가 위기에 빠져들면, IMF는 신보수주의라는 세계공통의 처방전을 통하여 민주주의를 무시한채 구조조정을 강요한다. 이러한 새로운 제도적 장치들을 살펴보면, 여러 거시경제 간을 분단시킨다는 측면이 두드러진다. 그런 한편으로, 이러한 장치들은 최고차 스케일의 금융공간을 연속적인 경제공간으로 균질화하면서, 세계시장공간의 영역통합을 촉진하는 기준으로서의 역할을 보다 저차적인 경제영역에서 지속적으로 행사해 가게 것이다.

국내통화의 공간

이러한 저차의 경제영역을 통합하는 주체는, 각국의 거시경제의 기축을 이루는 국가통화이다. 국가영역 내부에서 어떤 통화를 어떠한 금융정책의 토대 위에서 어떻게 유통시킬 것인가 하는 문제는, 부의 용기를 지배하는 국가가 법적 강제력을 갖고 규정할 사항이다(Cohen, 2000: 63). 각 국가는 거시경제의 경계를 유지하는 가운데, 환율관리의 실행을 통하여 국가통화를 임의적으로 조작할 수도 있는 것이다. 이러한 환율관리의 효율성을 제고하기 위하여, 각 국가는 통화의 공간을 경계지어 자국의 국가화폐만이 배타적인 거래수단으로 작용할 수 있도록 국민들에게 강제하게 된다. 이렇게 해서 화폐는 점차적으로 국민경제영역 내부에 갇히게 된다(☞pp.157-8). 이는 글로벌 경제에서 국가가 국민경제의 경쟁우위를 확보할 수단이기도 하다.

하지만 최근에는 이러한 공간에서도 중층성과 불안정성이 증가하는 추세이다. 사람들은 자국의 국가화폐 이외의 통화를 거래수단, 또는 부의 축적수단으로 사용하게 된 것이다. 달러화에 대한 대항수단으로 국가연합체를 결성하여 **유로화**(Euro)와 같은 초국가적 화폐를 유통시키려는 시도 역시 이루어지게 되었다. 반대로, 경쟁우위 확보를 위하여 달러를 자국의 국가통화로 유통시키려는 '달러통용화(dollarization)' 및 풍부한 달러 보유를 배경으로 환율을 달러에 고정시키는 '통화위원회 제도(currency board)'를 채용하는 경우도 있다.

이렇게 해서, 높은 국가신용도를 바탕으로 전 세계적으로 유통되는 달러화로부터 특정 국가 내부에 유통되는 국가통화, 그리고 신용도가 낮은 서민층에 속한 사람들이 발생하는 공동체(지역) 통화(☞pp.483-4)에 이르기까지, 통화에 계층성이 부여된 것이다. 이는 통화 발행국의 국가 위신의 계층체계로 이어지며, 또한 글로벌 시장공간이 가진 영역통합의 중층성과 상호 동일하게 연결된다. 복수의 통화가 국가 내부에서 사용되는 경우, 어느 것을 실제로 사용할 것인가를 결정하는 것은 시장의 '보이지 않는 손'이다. 시장주체는 거래수단, 축적수단별로 가장 적합한 통화를 선호한다. 거래수단인 경우에는, 재화의 구입 활동을 통해 해당 재화를 직접적으로 손에 넣을 수 있는 것을 의미하는 획득가능성이 중요시되기 때문에 해당 지역의 국가통화가 선호된다. 하지만 축적수단인 경우에는 통화의 가치가 장기간에 걸쳐서도 안정성이 높아야 할 필요성이 있는데다 국제적 신용도 역시 중요한 만큼, 달러 및 유로화가 선호된다.

살펴본 바와 같이, 오늘날에는 국가통화에 관한 공간 역시 글로벌 금융영역과 유사한 중층성 속에서 경쟁이 이루어지고 있는 상황이 되었다. 이로 인해 각국의 금융정책은 점차적으로 자주성을 상실하고, 미국은 곧 달러화의 중심지라는 식의 금융정책 및 이와 밀접한 관련성을 갖는 신용평가기구와 IMF 등의 제도적 장치에 점점 종속되고 있는 것이다.

과제 2. 최근 들어 인터넷 등을 통한 통신판매가 확산되고 있다. 그 성립과정은, '재화의 도달범위의 상한', '도달범위의 하한'이라는 범주에 입각할 때 어떻게 설명될 수 있을까?

과제 3. 기업의 웹사이트, 회사소개, 유가증권 보고서 등에 기초하여, 다국적기업이 관리기능 및 공장, 사무소 등을 어느 장소에서 발전시키는가를 조사해보자. 그리고 이를 토대로 하여, 어떠한 영역통합이 일어나고 있는가에 대해서 생각해보자.

3. 토지이용조정

● 상관공간의 실질적 포섭(두 번째 형태)

다음으로, 상관공간의 실질적 포섭의 두 번째 형태에 대해서 살펴보자. 이는 상관공간의 포섭과정에서 아직 완전히 실질적으로 포섭되지 않은 거리가 유발하는 분단의 계기를, 절대공간 및 영역 내부에서의 조정을 통하여 지배적인 경제·사회관계에 가장 적합한 집합적 절대공간의 모자이크로 편성하는 과정이기도 하다.

토지이용조정

어떠한 주체가 절대공간을 경계지어 배타적인 영역을 생산하게 되면, 그로 인해 타 주체가 그 영역을 점유하지 못하게 된다. 이것이 고차의 공간 스케일을 구성하는 국가 등에 의해 정통성을 부여받으면서, 적법한 절차를 거치지 않는 한 불가침한 영역으로 인정받게 되는 것이 바로 **토지소유**(landed property)인 것이다.

절대공간의 한 부분을 어떤 주체가 영역으로 점유할 것인가를 결정하는 가장 원초적인 방법은, 먼저 점유한 주체가 그 배타적 점유권을 획득한다고 보는 '무주지의 선점 원칙'이다(☞pp.96-7). 지하철에서 승객이 좌석에 한번 앉고 나면, 그 승객은 하차할 때까지 그 좌석에 앉아있을 권리를 부여받게 되는 것이 이 원칙이 적용된 대표적인 사례이다. 만석(滿席)이 되면 더 이상 좌석에 앉을 수 없게 된다. 이는 1개의 공간 스케일을 구성하는 영역들이 경계를 확장해나가면서(☞pp.143-5) 집합적 절대공간을 성립시킨 상황이라고 할 수 있다.

자리에 앉는 것과 관련된 사례들 중에서도, 일본의 결혼 피로연의 경우는 특히 흥미로운 모습을 보여준다. 피로연 장소는, 신랑신부 등의 자리를 중심으로 그로부터의 거리에 따라 자리의 서열이 정해지는 결절공간을 이룬다. 손님 전부를 '상석'에 앉도록 하는 것은 물리적으로 불가능하다. 선착순으로 앉는 자유석을 도입하면, 의리상 찾아온 하객이 상석에 앉고 결혼식에서 꼭 모셔야 할 중요한 하례객이 하석에 앉게 되는 일이 발생할 수도 있다. 이런 일이 일어나서는 안되는 만큼, 피로연장이라는 영역 전체를 지배하는 주체가 되는 혼주측에서는 거리와 사회관계의 중요도가 반비례하게끔 자리를 지정하고, 자신의 지배원리에 입각한 자리 배치를 하객들에게 강제하게 되는 것이다. 이것은 상대공간의 실질적포섭이 갖는 두 번째 형태인, **토지이용조정**(land-use coordination)의 과정 가운데 하나이다.

저차영역의 편성을 재편성하는 고차영역을 지배하는 주체의 원리

어떤 집합적 절대공간에서 작용공간의 희소성이 생겨나면, 상대공간상의 유리한 위치를 둘러싼 경합이 발생한다. 이 경합은 그 집합적 절대공간 전체를 아우르는 고차의 영역 스케일을 지배하는 기준인 지배원리에 의해 조정된다(☞pp.420-2). 이러한 기제에 의하여, 저차의 집합적 절대공간이 가진 수평적 분단의 편성은 한층 고차적인 스케일의 연속적인 영역 전체를 지배하는 주체의 원리에 따라 재편된다.

토지이용조정의 가장 일반적인 모델은, 고차의 영역을 지배하는 경제·사회관계의 지배원리가 하나의 결절점을 둘러싸는 집합적 절대공간의 분단형태를 결절점으로부터의 상대적 거리관계에 대응하여 편성·재편성해가는 과정이다. 또한 집합적 절대공간이 영역의 내부에 전면적으로 성립하지 않는다 하더라도, 유리한 조건을 가진 부분에서 작용공간의 희소성 및 그에 토대한 경쟁이 발생하면 그 부분에서는 토지이용조정의 과정이 발생한다.

독재자의 등장: 토지이용조정의 비시장적 과정

토지이용조정 가운데 가장 알기 쉬운 형태는, 고차 스케일의 영역을 지배하는 주체의 '보이는 손'이 저차 스케일에 존재하는 여러 영역들의 편성에 관한 질서 부여를, 앞서 언급한 결혼식 피로연의 사례에서처럼 계획적으로 또는 자의에 의해 독재적으로 행하는 과정이다.

작용공간의 점유는 배타성을 가지고 있기 때문에, 토지이용조정 과정은 흑과 백이 분명하고 타협의 여지가 없다. 영역이 가진 이와 같은 절대적인 배타성은, 독재적 권력에 의해 결정되기 쉬운 측면이 다분히 있다. 이 경우, 해당 영역의 각 행위주체들은 독재자에 의해 저차의 영역에 포함된 어느 하나의 지점에 착근된다고 할 수 있는 것이다. 아시아적 생산양식에 있어서의 농지, 일본의 봉건도시(☞p.423), 스탈린주의 체제 하에서의 도시들이 그 전형적인 사례에 해당한다.

구 사회주의 국가들의 도시계획에서는 노동기능과 거주기능의 공간적 근접성이 강조되어, 도심지역에도 다수의 거주기능이 배치되었다. 이는 자본주의 도시의 도심이 업무, 상업 등의 중심업무지구(CBD)에 특화되어 있는 것과 현저한 대조를 이루는 부분이다. 자가용 차량은 사치품으로 간주되었기 때문에 자동차의 대중화는 이루어지지 않았고, 반면 대중교통수단은 빈번한 횟수로 운행되었으며 운임도 낮았다. 따라서 장소의 차이에 의한 주거조건의 차이는 매우 적은 수준에 거물렀다. 하지만 도시의 각 기능 간에 거리가 전혀 존재하지 않았다고는 볼 수 없는 만큼, 거주하는 지역의 차이에 의한 공간적 불평등은 분명 존재했었다. 그리고 이러한 불평등을 '해결'하는 것은 시장이 아니라, 아파트 한 채를 장만하는 데 소요되는 10년도 더 걸리는 대기기간, 그리고 공산당 간부들과의 지저분한 유착관계였다.

농업입지론: 토지이용조정의 시장적 과정

이와 같은 독재적 정치과정에는, 물론 강한 비판이 제기될 것이다. 따라서 상당수의 근대 사회 체제들은, 토지이용조정을 저차의 집합적 절대공간의 스케일에서의 '달러를 이용한 투표'라는 시장경제의 경쟁에 위임하다시피해 왔다. 고차영역을 지배하는 주체는 이러한 시장경쟁의 수단을 결정하고 거기에 정통성을 부여하며, 성립된 토지이용조정을 훼손하는 행위를 규제하는 제재 기능을 담당한다.

토지이용조정에서의 시장경쟁은, **지대**(ground rent)를 매개로 이루어진다. 어떤 영역에 최고액수를 매긴 주체가 토지소유자로부터 그 배타적 점유권을 획득하는 것이다. 그 액수가 바로 지대이다. 지대를 통한 영역점유권의 거래는 **공간의 상품화**를 필연적으로 유발하여 추상적 공간을 형성하는 동시에, 지대 소유의 원천이 되는 토지소유자 계급의 성립을 초래하게 된다.

이 과정은 독일의 농업경제학자 튀넨이 제창한 농업입지론에 의해 규명되었다. 농업입지론은 광대한 균질평면 상에 존재하는 한 지점의 중심지에 집적하는 농산물시장과의 거리에 대응하여 복수의 경제형태가 동심원상(☞ pp.429-32)으로 입지하는 것을 전제로 하며, 각 경제형태가 단위면적(예컨대 1ha)당 지불할 수 있는 지대의 액수가 토지이용조정을 규정하게 된다고 설명하였다. 이러한 농업입지론의 관점은 동일한 공간적 조건을 가진 도시 내부의 입지를 설명할 때에도 적용할 수 있다.

독일의 농업경제학자 **브링크만**(T. Brinkmann)은 이러한 논리를 더욱 발전시켜, 단위면적당 자본집약도가 높은 토지이용일수록 중심의 시장에 근접하여 입지한다는 결론을 도출하였다. 일반적으로 토지이용의 집약도가 높을수록 그 토지로부터 많은 수확을 얻을 수 있기 때문에, 중심지의 농산물 시장으로의 운송에 소요되는 단위면적당 운송비는 상승한다. 단위면적당 운송비가 높을수록, 중심으로 1단위거리(예를 들면, 1km)를 이동할 때 발생하는 운송비 감소 정도(즉, 절약액)가 커진다. 이처럼 단위거리를 이동했을 때의 단위면적당 비용절감 액수를, **지대지수**(Grundrentenindex)라고 한다. 거리에 대응한 비용절감의 액수인 지대는, 중심지의 농산물 시장의 거리와 반비례하는 직선의 기울기로 표현된다. 지대지수가 클수록 직선의 기울기도 커진다(〈그림 5-7〉). 이러한 지대정보는, 토지이용조정의 시장에 질서를 부여하는 주체로 자리매김하게 된다.

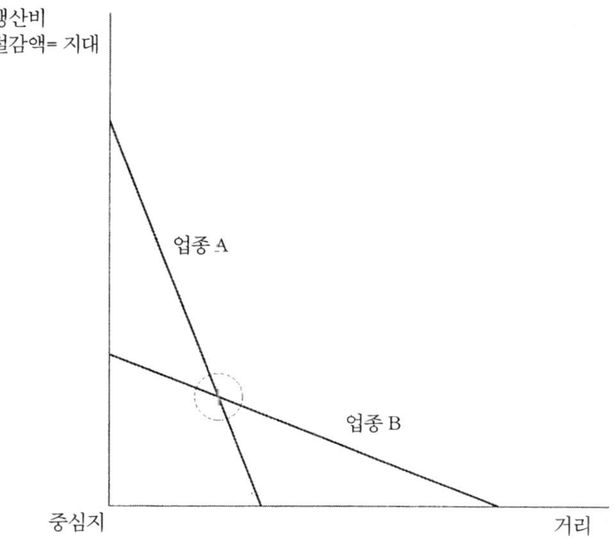

이렇게 해서, 한 지점의 농산물 시장을 중심으로 하는 동심원 형태의 입지
가 이루어지게 된다. 이 중에서 지대지수가 높은 업종 A와 지대지수가 낮은
업종 B를 비교해보자. 업종 A는 업종 B에 비해 1단위거리 입지를 이동했을
때의 비용절감이 한층 커지기 때문에, 이를 기회비용으로 파악하여 토지 이
용 및 확보를 위해 보다 많은 비용을 투자하게 되는 것이다. 토지소유자는
조금이라도 많은 액수의 토지이용료를 지불하는 분야에게 토지이용을 허용
하기 때문에, 지대지수가 높은 분야, 다시 말해서 지대직선의 기울기가 상대
적으로 급한 A가 동심원에서 한층 중심에 근접한 영역을 확보하게 되는 것
이다(〈그림 5-8〉).

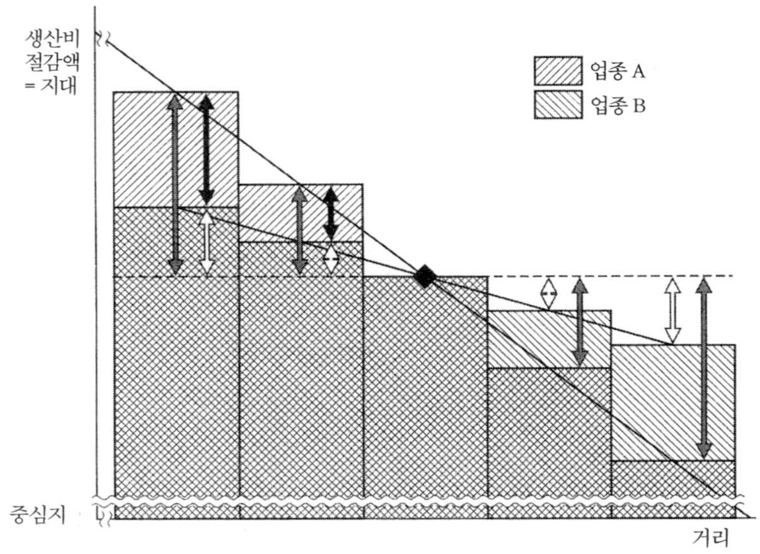

<그림 5-8> 입지이동시 비용절감

이 그림은 <그림 5-7>에서 ○로 표시된 부분을 확대·도식화한 것이다(알아보기 쉽게 하기 위해서, 가로축과 세로축의 비율은 다소 변경하였다). 단위면적당 운송비용은 도심으로부터의 거리에 의해 규정되며, ◆의 경작영역(경작지)에서 동일해진다. 막대그래프 정중앙의 막대 좌우에 2개씩 존재하는 세로막대에는 두 부문의 지대직선이 걸쳐 있으며, 세로막대에서 관찰할 수 있는 분야 간의 차이는 도심으로부터의 운송비용 차이에 의해 유발된 것이다. ◆의 경작지와 비교했을 때의 생산비 절감액 및 증가액은, 단위면적을 기준으로 확인할 수 있다.

⟸⟹ : ◆영역과 비교했을 때, 각 영역에서 일어나는 업종A의 생산비용 절감액 또는 증가액.
⟸⟹ : ◆영역과 비교했을 때, 각 영역에서 일어나는 업종B의 생산비용 절감액 또는 증가액.
⟸⟹ : ◆에서 도심으로의 입지이동이 이루어짐과 더불어 발생하는, 업종 A와 업종 B 간의 비용절감액 차이(차액). ◆에 비해 도심에 더욱 근접한 경작영역에서는 이를 토대로 업종 A가 토지소유자에게 더욱 유리한 토지이용료를 제시할 수 있기 때문에, 경작을 위한 작용공간을 확보할 수 있게 된다.

이로 인해 업종 B는 업종 A의 외측에 자리한 도넛 모양의 영역에 입지하게 된다. 하지만 업종 B 역시 운송비를 절감할 수 있는, 중심지에 보다 근접한 위치를 선호한다는 사실에는 변함이 없다. 그렇기 때문에 업종 B는 또 다시 내측으로의 입지이동을 도모하면서, 업종 A가 지불하고 있는 액수 이상의 토지이용료를 확보·지불하려는 시도를 하게 되는 것이다. 업종 A에서 생산하는 재화는, 업종 B가 업종 A를 둘러싸고 그 외측의 영역을 점유할 경우 업종 A의 작용공간이 확장될 수 없기 때문에, 공급량의 제한을 받게 된다. 따라서, 업종 A에서 생산되는 재화의 수요가 가진 가격탄력성에 따른 가격상승이 이루어진다. 이러한 상승액을 토지소유자에게 독점지대로 지불하면서, 업종 A는 중심지와 근접한 영역을 확보하게 된다. 요컨대, 지대지수 및 수요의 가격탄력성이라는 두 변수에 의해, 업종 A가 실제로 얼마 만큼의 영역을 결절점에 근접하여 확보할 수 있는가의 여부가 결정되는 것이다.

이 과정에 의하여 업종 B가 점유하는 환상(環狀)의 영역은 바깥으로 밀려 나게 되어, 도시집적지까지 더욱 많은 운송비를 부담해야 하게 된다. 이는 업종 B에서 생산하는 재화이 가격상승을 초래하여, 결국에는 수요량 감소로 이어질 수 있다. 업종 B가 실제로 얼마 만큼의 영역을 점유하여 도넛 형태의 동심원의 폭이 어느 정도로 결정되는가의 문제 역시, 수요의 가격탄력성 여하에 달려 있는 것이다(〈그림 5-9〉).

〈그림 5-9〉 상이한 업종 간의 공간경쟁에 따른 지대와 토지이용조정

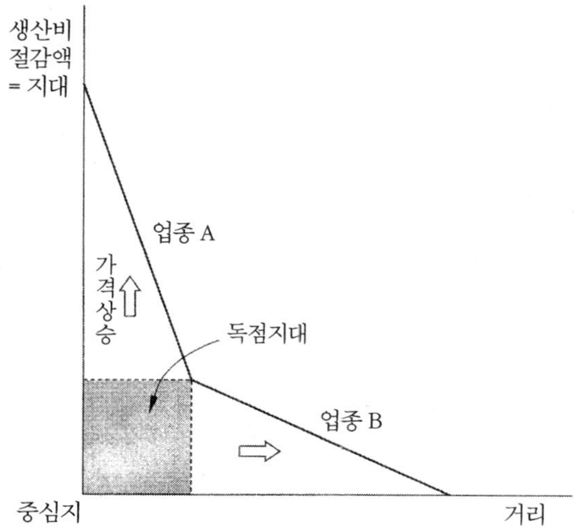

이상에서 살펴본 토지이용조정의 '보이지 않는 손'에 의하여, 작용공간으로서의 영역은 각각의 토지이용 주체가 갖고 있는 사회적 수요 및 토지이용자의 주체적 의사와는 완전히 무관하게 각 경제주체들에게 분배되는 것이다.

지대가 내포한 딜레마

지대는 2개의 기능을 가진다. 그 중 첫 번째 기능은 토지이용조정의 기능이고, 두 번째 기능은 토지소유자의 소득원으로서의 기능이다. 공간은 이 가운데 두 번째 기능에 의해 상품화된다. 여기서 토지소유자는 자신이 가진 토지의 지대가 극대화도록 하기 위한 행동을 하는 것으로 전제된다. 이러한 전제 하에서, 토지를 임대하는 주체인 기업가들은 토지이용료를 둘러싼 경쟁을 벌이게 된다. 이러한 과정에 의해 시장에서의 토지이용조정이 달성된다. 지대가 가진 이 두 가지 기능은 일체를 이루며 불가분의 관계를 가진다.

토지 거래는 종종 투기의 형태로 이루어지면서, 토지이용조정이라는 사회적으로 유용한 메커니즘을 훼손하기도 한다. 황폐한 건조환경을 가진 이너시티(inner city)*의 토지를 헐값에 매점한 다음 고급 아파트 단지를 개발하여 비싸게 판매하는 행태인 **젠트리피케이션**(gentrification)에 수반되는 임대료 차이(rent gap)는, 이같은 투기과정을 보여주는 전형적인 사례라고 할 수 있다(☞pp.338, 451-3).

하지만 미시적인 관점에서 살펴보면 투기는 토지소유자가 자신의 토지가 갖는 지대액을 극대화하기 위한 '합리적'인 행동으로서의 속성 또한 다분히 갖고 있는 만큼, 이를 완전히 저지할 방도는 없다. 투기 행위를 없애기 위한 '토지국유화'를 시도하여 토지시장을 소멸시킨다면, 그것을 전제로 한 시장의 토지이용조정 기능 또한 상실될 것이다. 이러한 경우에는 별도의 토지이용조정 담당기구의 필요성이 제기될 것이다. 이러한 별도의 기구에는 유착과 강제에는 도가 튼 독재자가 관여될 소지도 크다. 지대는 이와 같은 딜레마에 봉착해 있는 것이다.

무엇보다도, 시장의 토지이용조정에 있어서 또한 그러한 과정이 마지막까지 '보이지 않는 손'으로만 작용한다고 단언할 수는 없다. 고차의 공간 스케일에서 토지이용 및 소유 주체의 행동을 규제하는 국가 기능이 중요한 것이다(☞pp.108-9). 국가는 등기부와 지적도를 사용하여, 공간의 상품화를 통하여 이루어지는 토지이용조정의 귀결을 확정하고 보호한다. 타인 소유 영역에 허가없이 침입한다든가 그것을 물리력을 동원하여 점거하는 등의 부동산 침탈행위(trespassing)가 발생하여 토지이용조정의 결과가 침해될 때에는, 경찰이나 법원 등의 국가기관이 개입하여 원상복귀를 명령하게 된다. 그리고 이를 통해서, 국가제도가 정통성을 부여한 작용공간의 상품화만이 토지이용조정의 유일한 수단이라는 원칙이 재확인받게 되는 것이다.

국가영역의 토지이용조정

토지이용조정은, 국가 간의 영역조정이라는 글로벌 공간 스케일에서도 일어난다(☞pp.154-5). 여러 국가영역들의 토지이용조정 과정은, 국가 간의 전쟁 및 전후처리에 의해 이루어지는 국경선의 재획정에 의해 이루어진다. 이러한 국경선의 재획정은, 어떤 국가가 주변국, 나아가 글로벌 공간에 침입하여 해당 공간을 종속적 식민지로 만들어 자국의 세력권 내에 편입시키는 과정으로 이루어진 경우도 많았다.

하지만 2차대전 이후에는 글로벌 스케일에서 토지이용조정을 행하는 강력한 기구가 등장하게 되었다. 국제연합이 바로 그것이다. 전승국 주도로 이루어진 2차대전 전후처리에서 획정된 국경선이 생산한 영역은, UN 중심의 평화주의의 토대 위에서 전후 각국의 영유권의 기초로 고정되었다(☞ p.158). 이를 변경하려는 주체는 이유불문하고 '침략자'로 규정되는 한편, 2차대전 이후에도 계속해서 이어지는 종주국의 지배를 받게 된 지역에서는 타민족에 의한 지배가 변함없이 용인되었다. 이로써 오늘날 지구상의 토지이용조정은 견고화되었고, 물신성까지 갖게 되었다. 현대의 세계는 이와 같은 UN 주도로 이루어지는 토지이용조정의 고정화라는 토대 위에서 성립한 것이다.

과제 4. 결혼식의 피로연과 같은 공간적인 관계에서 '토지이용조정'이 이루어져 공간편성이 생산되는 사례가 우리 주변에 더 있지 않은지 생각해보자.

칼럼 6.

유럽통합의 변질과 패러독스

유럽 15개국의 통합으로 출범하였고 2004년말에는 발트3국 및 중유럽 각국을 위시한 10개의 신규 가맹국의 가입을 승인했으며, 2007년에는 동유럽 2개국의 가입 승인이 예정[1]된 유럽연합(EU)은, 일본에서는 글로벌리즘과 국제협력의 선구적 시도라는 점에서 호의적으로 인식되는 경우가 많다. 하지만 EU에의 가입을 거부한 노르웨이, 유로화 도입 거부의사를 표명한 덴마크와 같은 국가들도 있다. 유럽통합은 모든 사람, 그리고 모든 국가가 일률적으로 환영하는 것은 아니다.

유럽통합의 이념은 합스부르크 제국 붕괴 후 오스트리아 귀족이 내놓은 '범 유럽'의 주장에서도 확인되지만, 현실적으로는 나치스에 경제 기반을 제공한 루르 공업지대의 국제적 관리를 위한 시도의 하나인 '유럽 석탄 · 철강 공동체'(1952)에서 그 기원을 찾을 수 있다. EU가 1989년 제정한 '사회헌장', 전체 재원의 절반에 가까운 규모를 차지하는 농산물 가격보장, 농산물 이외의 수출보조금 등이 농업 관련 예산에 대해서는 회원국 간의 균질한 최저치를 설정하였다는 점에서, 서유럽 전체를 균질공간으로 통합하려는 상호부조적 조직의 성격이 농후하다고도 할 수 있다.

하지만, EU는 공동통화인 유로화의 등장과 더불어 변용되어 왔다는 점도 부정하기 어렵다. 유로화의 목적은, 영역 내의 환율변동 위험성을 제거하는 한편 달러화에 비견되는 국제기축통화를 창출함으로써, 유럽의 경제적, 사회적 지위를 향상시키는 데 있다. 브레튼우즈 체제의 붕괴로 인해 달러화가 공

---

1) 불가리아, 루마니아 2개국은 2007년 EU 가입이 확정되었음(역주).

식적으로는 기축통화의 지위를 상실했기 때문에, 유럽도 국제기축통화를 보유하고 경쟁에 뛰어들 기회를 잡게 된 것이다. 오늘날에 접어들어 유럽통합은, 신보수주의의 토대 위에서 미국을 경쟁자로 하는 글로벌 경제에서의 경쟁을 추구하는 영역적 단위로 완전히 변질되고 있다. 유럽통합 초기부터 거듭 시도되어 온 관세장벽만으로는 유로를 제2의 기축통화로 자리매김하도록 만드는 데 충분치 못했던 만큼, 각 회원국들의 거시경제를 수렴할 필요성이 제기되었다.

이를 위해 주장된 것이, 각국 간의 동등한 구조개혁 및 재정적자를 GDP 대비 3% 이하로 줄이기 위한 각종 경제·재정정책의 실시, 재화, 자본, 인적자원 등의 유동성에 대한 제도적 장벽들의 전면적 제거 등, 경제공간에 신고전주의적 관계를 부여할 정책들이었다. 일례로, EU 내부에서의 노동력 이동에 대해서 생각해보자. 여기에는 다음과 같은 신고전주의적인 공간의 논리가 암묵적으로 전제되어 있다. 즉, 노동이 중추지역의 고소득 산업집적지를 목표로 집중하게 되면, 중추지역에서는 노동력 공급이 증가하면서 임금이 하락한다. 한편, 주변지역에서는 인구의 유출이 일어나면서 주변의 노동력 공급이 감소하게 되어, 임금이 상승한다. 이와 같은 관점에는, EU는 이제 균질공간이 아닌 결절공간이라는 인식이 깔려 있는 것이다. 여기서 중심이 되는 지역은 영국, 독일, 프랑스, 베네룩스3국 등이다. 그 주변부에는 이탈리아, 스페인, 포르투갈, 아일랜드, 그리고 주변부의 외연에는 그리스 및 중부유럽과 동유럽의 신규 가맹국들이 동심원을 이루고 있다. 노동력 이동을 촉진하려면, 반주변부 및 주변부에 해당하는 가맹국들에서 노동자를 주변의 특정 장소에 정착시키는 효과를 가진 실업보험 등의 사회보장제도를 축소할 필요가 있다. 하지만 이는 주변에서의 과소화(過疏化) 및 공동체 붕괴의 결과로 이어질 소지도 있다. 물론 주변부에 해당하는 국가들은 이같은 구심적 과적을 회피하고 자국의 경제성장을 도모하기 위하여, 중심부 국가들 및 EU 외부에서의 원심적인 자본유치에 노력을 기울이게 될 것이다. 아니면, 온난한 기후와 낮은 물가 등을 상품으로 내세워 중심부 국가들의 은퇴자 등의 이주를 유치할 계획을 세우고 있을지도 모른다. 이와 같은 경우, 미국의 지리학자 엔젤 디 모로(S. Engel-Di Mauro)가 지적한 '식민주의적인 EU 확대'와 같은 상황이 일어나게 될 것이다(Mauro, 2001). 한편, 중심부 국가들의 집적지에서는 구 서독의 터키인 노동자들과 같은 외국인 노동자 차별의 문제가 발생하게 된다.

살펴본 것처럼, 유럽 전역의 결절공간으로써의 영역통합을 시도하고 있는 지역 주체인 EU는, 민주주의적인 제도에 확고하게 토대한 것이라기보다는 오히려 귀족주의적인 성격을 가진 조직이라고 해도 과언이 아닌 측면도 다분하다. 유럽의회는 단순한 자문기관 이상의 기구로 자리매김하지 못하고 있으며, 관료들의 영향력이 절대적으로 발휘되고 있다.

이를 역으로 살펴보면, EU는 유럽통합이라는 그럴듯한 명분 이면으로 위로부터의 강력한 정치적 주도를 통해 결절공간을 강화하고, 산업의 공간적 집적에 수반되는 이익(도시화의 경제) 및 그러한 집적지를 목표로 하는 노동력의 움직임을 허용하여, 유로화를 무기로 유럽이 다시금 글로벌 경쟁의 주체로 도약하게 만든다는 새로운 신보수주의적 전략을 추구하고 있는 것이다.

EU는 유럽의 균질한 영역통합을 목표로 하는 조직이라는 애초의 성격에서, 불균등한 결절적 영역통합을 허용하는 정도를 넘어서 고무하기까지 하는 조직으로 크게 변화되었다. 이에 대한 불만은 머지않아 EU 각국 내부에서 다양한 지역문제와 인종적·긴족적 문제, 그리고 신보수주의적 구조조정 강행에 대한 반발 등의 형태로 폭발할지도 모른다. 일견 글로벌 협력으로의 일보전진처럼 보이는 유럽통합은, 구심성과 원심성이 혼재된 가운데 EU 가맹국 각국 내부의 사회통합을 저해할지도 모른다는 모순이 서서히 축적되어 가고 있는 것이다.

〈미즈오카 후지오〉

참고문헌

Christaller, W., 1969, 江沢讓爾 訳,『都市の立地と発展』, 大明堂.

Cohen, B., 2000, 宮崎真紀 訳,『通貨の地理学』, Springer-Verlag Tokyo.

Soros, G., 1999, 大原進 訳,『グローバル資本主義の危機ー「開かれた社会」を求めて』, 日本経済新聞社.

Chandler, A. D., 1979, 鳥羽欽一郎・小林袈裟治 訳,『経営者の時代』, 日本経済新聞社.

Thünen, J. H. von, 1989, 近藤康男・熊代幸雄 訳,『孤立国』, 日本経済評論社.

中沢靖史, 2000,『図解 EU 大欧州のしくみ』, 中経出版.

Hymer, S. 1979, 宮崎義一 編訳,『多国籍企業論』, 岩波書店.

Brinkmann, T., 1969, 大槻正男 訳,『農業経済経営学』, 改訳版., 地球出版.

水岡不二雄, 1988,「中心地理論」, 朝野洋一 ほか 訳,『地球の概念と地域構造』, 大明堂.

Beavon, K. S. O. 1977. *Central Place Theory: A Reinterpretation*. London, UK: Longman.

Heinritz, G. 1979. *Zentralität und zentrale Orte*. Wiesbaden, Germany: B. G. Teubner.

Hottes, R. 1983. "Walter Christaller." trans. form German by Guido G. Weigend. *Annals of the Association of American Geographers* 73(1): 51-54.

Mauro, S. E. D. 2001. The Enduring National State: NATO-EU relations, EU-enlargement and the reapportionment of the Balkans. *Central Europe Revie* 111-146(http://www.mirhouse.com/ce-review/Empire.pdf).

Scott, A. J. 1998. *Regions and the World Economy*. New York, NY: Oxford University Press.

6장

건조환경

생산된 공간편성의 고착화

구루시마(來島) 해협 대교(서 세토[瀬戸] 자동차도로)

혼슈와 시고쿠를 연결하는 세토 자동차도로의 건설에는, 착공 이래 완성까지 23년 하고도 반 년에 걸친 공사기간과 8,100억 엔에 육박하는 총공사비가 소요되었다. 출혈 공사의 대명사로 일컬어지는 이 3연장 교량을 건설한 혼시(本四)공단은, 교량을 통한 수익을 전액 쏟아부어도 건설비용을 위해 마련한 부채의 이자조차 갚아 나가지 못하는 파산상태에 빠지고 말았다. 하지만 일단 건설된 교량은, 다양한 경제·사회주체들에 의해 이용돼어오고 있다.(사진제공: 혼슈—시코쿠 연락교 공단)

이 장에서 공부할 내용

상관공간의 편성은, 그것의 소재적 사물 및 제도가 되는 토지에 아로새겨
진다. 이것을 '건조환경'이라고 한다. 건조환경은 앞 장 3절에서 살펴본 토지
이용조정이 이루어진 결과, 다양한 건조물이 공간을 배타적으로 점유하여
경제와 사회의 물적 기반을 집합체로써 조성하게 된 현상을 일컫는다. 본 장
에서는 앞 장에서 살펴본 토지이용조정에 관한 논의를 계속하는 동시에, '건
조환경'이라는 새로운 개념을 도입하도록 한다.

건조환경은 경제와 사회에 의해 생산되는 한편으로, 그 자체가 경제와 사
사회에 반작용을 가져다주기도 한다. 건조환경의 생산에는 많은 시간이 소
요되기 때문에, 이로부터 독자의 자본순환체제가 형성되는 것이다. 작용공
간에는 배타성이 존재하여 하나의 영역에는 하나의 사물만이 존재할 수 있
기 때문에, 건조환경은 다수의 서회구성원들에게 공동으로 이용되면서 사
회통합의 기능을 하게 되는 것이다.

하지만 거꾸로, 건조환경이 가진 배타성으로부터 공간을 둘러싼 투쟁이
일어나기도 한다. 이는 상품화와 관료화가 토지에 새겨진 '공간의 재현', 그
리고 원초적인 신체성과 관련된 경험에 뿌리를 둔 '재현의 공간'을 둘러싼 투
쟁이며, 이는 11장에서 다룰 대안적인 공간편성의 개념으로 이어진다.

상관공간의 편성은, 물질 또는 제도의 형태를 띠면서 토지에 각인된다. 일단 토지에 상관공간이 새겨지게 되면, 이는 곧 사회관계가 아닌 위치에 따라 고착된 실체로 자리매김하면서 쉽게 변경할 수 없는 존재가 된다. 이 가운데 물체의 형상을 가진 상관공간이 건조환경으로, 이는 경제·사회관계의 공간적 재현이 되어 경제와 사회에 대한 연속성과 분단을 야기한 물리적 기반을 제공한다. 따라서 경제 및 사회관계가 상이하면, 최적의 건조환경의 편성역시 상이하게 이루어지게 되는 것이다. 또한 주체의 사회적 입장에 의해서도, 최적의 건조환경 편성은 달라진다.

작용공간에는 배타성이 있기 때문에, 특정한 위치에는 오직 하나의 건조환경만 존재할 수 있다. 그렇기 때문에, 건조환경은 필연적으로 어떠한 경제·사회를 구성하는 생산자, 소비자 등 상이한 입장을 가진 모든 사람들과 집단들이 공동으로 이용하는 행위공간의 장으로 자리매김하게 된다. 이렇게 해서 건조환경은 한편으로는 계급 및 계층 간의 사회적 대립을 내포하면서도, 다른 한편으로는 사회통합의 작용이 일어나게 하는 하나의 계기가 되기도 하는 것이다. 덧붙여 건조환경은 토지에 합체된 가시적인 요소이기 때문에, 사회통합의 현상적 의미 또한 가진다. 이와는 반대로, 배타성과 상징성이라는 속성은 건조환경과 그 공간편성을 놓고 사회계급 및 계층 상호간에 갈등과 투쟁을 야기하는 원인으로 작용하기도 한다.

본 장에서는, 이와 같은 건조환경의 성격 및 그것이 경제 및 사회와 관련해서 야기하는 여러 가지 새로운 관계에 대해서 살펴보도록 하겠다.

1. 건조환경

● 토지와 심리에 새겨진 상관공간

건조환경이란 무엇인가?

건조환경(the built environment)은 원초적 공간이 상관공간의 요소를 가진 건조물의 집합에 의해 포섭되면서, 경제와 사회를 실제적으로 지지하는 체제로 자리매김하게 된 인공적인 소재공간이다. 이 새로운 소재공간은 특정한 위치에 고착화되어 이를 생산한 경제와 사회의 기호인 상징성을 내포하면서, 영역과 장소를 보다 견고하게 만든다.

가공 및 변형된 소재적 공간인 건조환경은 원초적 공간의 확대라든가 거리와 같은 여러 속성과 함께, 인위적으로 질서를 부여받은 연속성과 분단의 중층적인 영역통합과 토지이용조정의 공간편성을 경제 · 사회에 제공한다.

건조환경 개념의 발달에 공헌한 인물로는, 지리학자 하비와 사회학자 르페브르를 들 수 있다. 하지만 그 원류는 20세기 초반 시간축에서 사상을 고찰하는 역사학과의 대비를 통해 **시간을 극복**하는 지리학 이론의을 구축을 시도했던 독일의 지리학자 슐뤼터(O. Schlüter)가 제창한 **경관론**(Landschaftskunde)으로 거슬러올라갈 수 있다(Schlüter, 1935). **경관**(landscape)이란 지표에 뿌리내리고 있는 가시적이고 움직이지 않는 인공적 지물 및 자연적인 지형의 집합이 가진 형태로, 가시적 형태를 가진 인공적 지물인 건조환경 개념과 근사성을 가진다.

건조환경의 사례

건조환경의 개념을 이해하기 위하여, 건물을 예를 들어 보자. 1개의 건물만을 완전한 건조환경이라고 할 수는 없지만, 그 내부를 살펴보면 건조환경 개념으로 발전할 공간이 이미 편성되어 있다.

우선, '방'이라는 영역은 행위의 용기가 된다. 건축된 상태 그대로의 방에서는, 문이 영역의 투과성을 제공하는 것을 제외하면 실내는 완전히 균질적인 공간이다. 그렇지만 실내에 책상 등 중심적인 가구가 배치되면, 내부에 결절성이 발생한다. 건물전체에서 바라보면, 이 방은 건물의 소유자 또는 설계자가 가진 지배적 원리에 따라 계획적으로 토지이용조정이 이루어지면서 분단된, 저차의 집합적 절대공간의 구획 가운데 하나인 것이다. 각각의 방은 저마나의 상이한 기능을 가지며, 건물전체의 관리자가 부여한 의미에 따라 해당 건물의 하나의 영역통합이 이루어진 결절적 공간체계로 편성한다. 결절의 중심이 되는 공간은, 예를 들면 호텔의 경우 로비, 주택의 경우 거실과 같은 교류의 장이다. 개개의 방이 복도와 계단, 내선전화 등의 네트워크에 의해 연결되면서, 공간통합이 이루어진다.

이상에서 살펴본 관계들은, 건물들의 집합으로 이루어진 도시라는 고차의 공간 스케일에서도 마찬가지로 존재한다. 각각의 건물들은 방에 해당하고, 건물이 들어선 영역은 토지이용조정 과정을 거쳐 경계지어진다. 도시영역의 통합에서 최고차의 결절점을 이루는 건물은, 일본의 경우에는 대부분 철도역이며, 유럽의 경우에는 도시 광장이 여기에 해당한다. 이러한 장소들은, 건물의 복도나 계단에 해당하는 도로, 지하철, 전화선 등에 의해 연결된다.

이를 전 세계적인 규모에서 살펴보면, 다수의 집적지를 중심으로 한 영역통합의 결절적 관계라고 할 수 있다(☞pp.182-3, 214-7). 각각의 국가영역은 국가 간의 토지이용조정의 결과 국경을 기준으로 분단되며, 이 상호간에 항공노선이나 해운교통, 광케이블 등으로 연결되는 것이다.

건조환경의 여러 요소들은, 살펴본 바와 같이 상관공간의 영역통합과 토지이용조정의 메커니즘을 물리적 형태를 통해 발전시켜 나가게 된다.

고정자본과 소비기금, 그리고 사회통합

건조환경은 그 기능에 따라 주로 물리적 재화의 생산 등의 경제활동에 관련되는 **고정자본**(fixed capital), 그리고 노동력의 재생산 등 사회적 소비행위에 관계되는 **소비기금**(consumption fund)으로 나뉘어진다.

고정자본과 소비기금은 각각 독자의 시설을 가지는 경우도 있다. 공장은 고정자본이며, 주택은 소비기금이다. 하지만 동일한 건조환경의 요소가 이 두 요소를 함께 갖고 있는 경우도 적지않다. 예를 들면, 도로 위에는 부품을 운송하는 화물차와 여행을 다녀오는 자가용 자동차가 함께 주행하고 있는 것이다.

자본의 생산에 필요한 공간편성과 일상생활을 영위하는 데 필요한 공간편성에는 공통되는 부분이 있기 때문에, 건조환경의 요소들 가운데 상당 부분은 사회 속에서 주체가 속한 계급과는 관계없이 그 행위공간 내부의 많은 사람들에 의해 공동으로 이용된다. 이렇게 해서 도시 건조환경은 **집합적 소비**(collective consumption)의 수단이 된다(Castell, 1989). 건조환경의 공동이용이라는 속성은 사회통합의 작용을 야기하게 된다. 건조환경의 생산 및 이용과 관련해서는 많은 사람들이 공통된 이해관계를 가지며, 경제관계 속에서 대립하는 계급관계가 국지적으로 은폐ㆍ완화되면서 **국지계급동맹**(local class alliance)이 형성되는 것이다(☞p.379).

이렇게 해서, 어떠한 국지적인 요소에 대한 공통의 이해관계를 갖게 되는 사람들의 지연집단인 **공동체**(community, Gemeinschaft), 그리고 이러한 의미에서의 **주민**(residents) 개념이 형성, 강화되는 것이다.

체제로서의 건조환경이 생산되기 위한 조건

건조환경은 건물, 교통로 등 다양한 요소가 일체화된 인간노동의 거대한 결정체라고 할 수 있다. 여기에는 하나의 체계로 형성되려는 **일괄성**이 존재하여, 완성되지 않으면 그 유효성이 발휘되지 않는 경우가 적지않다. 이를테면, 건물 한 채만으로는 도시로 기능할 수 없다(宮本, 1976).

시장경제에 영역통합과 토지이용조정의 메커니즘이 편입되는 과정에 대해서는 이미 살펴본 바 있다(☞pp.212-3, 224-9). 하지만 도시로 기능하게 되는 건조환경의 체계는, 이 메커니즘의 '보이지 않는 손'만으로도 충분히 생산되는 것이라고 할 수 있을까?

시장의 '보이지 않는 손'이 건조환경의 통합적인 생산에 유효하게 작용하기 위해서는, 다음에 제시한 세 가지 조건이 적어도 어느 정도는 충족되어야만 한다.

첫째, 전체 건조환경을 창출하는 자금이 일시에 충분히 공급되어, 그 환경이 하나의 체계로 일거에 창출될 수 있어야 한다. 둘째, 이러한 과정이 실현되기 어려운 경우에는, 물리적 형태로 고착화된 건조환경의 각 요소들이 시장의 조정에 즉각 대응할 수 있어야 한다. 셋째, 시장기능은 재화 및 그것이 제공하는 편익의 '불가분성'에 유래하는 외부성(☞p.101)에 의해 유지된다.

이러한 조건을 현실 속에서 '보이지 않는 손'이 충족시켜 주는 것은 쉬운 일이 아니다. 그렇기 때문에, 건조환경은 **도시계획**(urban planning) 및 국토계획을 통하여 공적 주체의 지배적 원리라고 할 수 있는 '보이는 손'에 의해 공적으로 생산·제공되는 것이다(☞pp.291, 429, 442). 건조환경의 각 요소들에 역시 공적으로 공급이 이루어지기도 한다. 이러한 과정을 통해서 순수한 시장경제의 기반 위에서 순환하는 일반적인 자본과는 상이한, **사회자본**(social capital)이라는 공적인 강제력을 매개로 순환하는 자본이 등장하는 것이다(水岡, 1989).

자본의 2차순환과 사회자본

사회자본은 장기간에 걸친 건설기간 동안 자원과 노동을 일방적으로 흡수한다. 장기간의 건설기간 및 투입된 거액의 자금을 투자하여 이루어진 세이칸(靑函) 터널[1]의 개통 과정은, 아무런 경제적 유용성도 가져오지 못한 채 막대한 자원과 노동력만 일방적으로 흡수해온 것이었다. 이같은 사회자본이 실현되기 위해서는, 그에 걸맞는 거액의 자본 축적을 필요로 한다.

이는 사회에 존재하는 과잉자본을 통해 충족될 수 있다. 과잉자본은 공채 발행이라든가 조세징수 등 국가의 경제적 권력을 매개로, **자본의 2차순환**(the secondary circuit of capital)이라 불리는 경제과정에 의해 건조환경을 사회자본으로 생산하는 양상으로 이루어진다(〈그림 6-1〉).

〈그림 6-1〉 자본의 2차순환

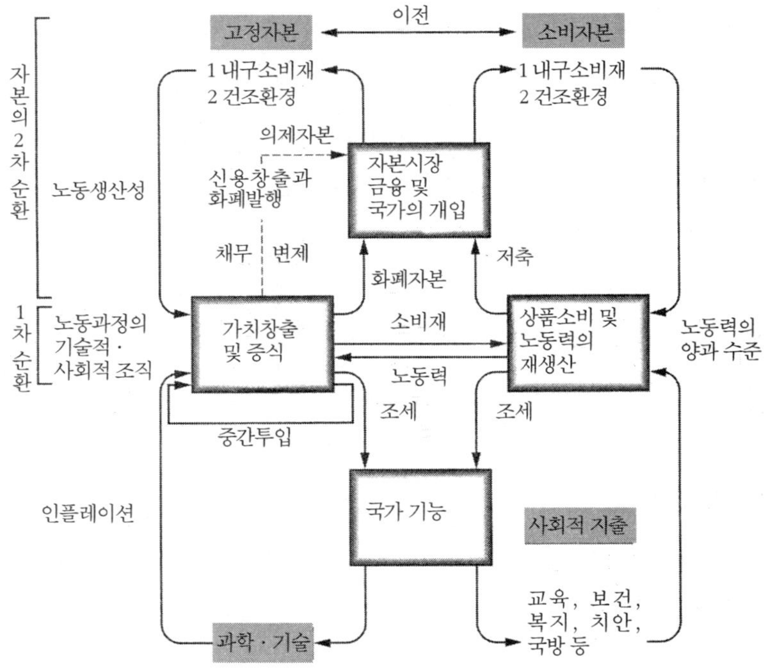

출처: Harvey, 1991: 24.

---

1) 일본 아오모리(靑森)현 히가시쓰가루군(東津軽)과 홋카이도 가미이소(上磯)군을 연결하는 해저 터널(역주).

자본의 2차순환은 과잉자본을 흡수하기 때문에, 경제공황을 회피하는 수단이 되기도 한다. 과잉자본이 제거되면 기존에 이루어진 공동이용을 통한 사회통합이 이루어지는 만큼, 건조환경의 생산은 자본주의 사회의 안정에 기여하게 된다.

자본의 2차순환은 포디즘(☞Column 8)의 시대에 현저하게 이루어졌지만, 시장경제의 시대에 예외없이 언제나 제대로 이루어져왔던 것만은 아니다. 충분한 자본축적이 거시경제에 존재하지 않는 경우에는 자본의 2차순환 또한 일어날 수 없기 때문에, 건조환경 및 그 요소들은 강제노동 등 권력에 의한 자원과 노동의 동원을 통해 생산되었다. 홋카이도 개척 당시의 공간통합 수단은 대부분 죄수노동 및 당시의 식민지에서 이루어진 노동력 징발 등을 통한 것이었다. 국토공간의 균질화(☞pp.176-9)는 이와 같은 과정을 통해 이루어졌다.

포스트포디즘 시대라고도 불리는 오늘날, 신보수주의를 배경으로 침투한 기업주의와 독립채산제(☞pp.185-6) 및 재정위기에 허덕이는 국가들은 통일성을 가진 체계인 건조환경 생산의 어려움에 직면하게 된 것이다.

사유화된 건조환경의 요소는 공급부족을 유발할 수 있다

건조환경의 수혜를 받는 상호관계집단(☞p.101)이 충분히 확대되면, 그 도달범위 내에 존재하는 상호관계집단 전체가 그 편익을 향유하게 된다. 하지만 사적으로 소유된 건조환경의 요소는 그 생산과 파괴에 관계되는 비용을 각 경제주체가 개별적으로 부담해야 하기 때문에, 개별 경제주체들은 자신의 개별적 수입을 통해 그 비용을 충당해야 한다. 외부성이 시장에 완전히 내면화되지 못하면, 개별 경제주체가 가지는 수입의 양은 도시 건조환경의 총체가 지탱하는 상호관계집단 전체의 편익에 합당한 액수를 밑돌게 된다.

등대의 예(☞p.100)는, 재화의 돌가분성으로 인해 사적인 경제주체가 그 건조환경의 요소를 생산하는 데 소요되는 비용을 충분히 회수하지 못하게 되는 사례라고 할 수 있다.

건조환경의 사적인 소유주체는 자신의 직접적인 수입만을 편익의 경제적 지표로 삼기 때문에, 이 경우 편익은 실제보다도 낮게 평가되며 소요된 비용이 편익에 합당하지 못하다고 판단되면 편익 제공을 하지 않는 상황도 발생할 수 있다. 이와 같이, 사적 소유의 원리에 기반한 시장경제의 토대 위에서는 체계적인 통일성을 갖춘 건조환경의 생산이 어려워진다.

건조환경은 소재적, 물리적 형태를 취하여 토지에 고착화되기 때문에 가격과 수요의 변동에 발맞추어 그 형태를 즉각적으로 변경할 수는 없으며, 그 혁신에는 막대한 비용이 소요된다. 건조환경을 사적으로 소유하는 주체는 그 비용을 충분히 마련하지 못하는 경우가 많다.

경제·사회조직의 변화 과정에서 자본축적 및 사회발전에 있어 장애가 되는 기존의 건조환경을 시장주체가 자율적으로 변혁할 수 있는 경우는, 새롭게 생산된 건조환경에 의한 수입이 기존의 건조환경을 계속 이용할 경우의 수입을 상회함은 물론 그 액수가 기존의 건조환경을 해체하는 데 소요되는 비용과 새로운 건조환경을 생산하는 데 소요되는 비용을 충당할 수 있는 경우뿐이다. 물론 이러한 조건은 일반적인 상황에서는 충족되지 않는 경우가 많다.

살펴본 것처럼 건조환경을 사적 비용과 편익의 관계로 일컬어지는 시장경제에 전적으로 맡겨두게 되면, 그 공급과 갱신이 제대로 이루어지지 못할 소지가 발생한다. 이로 인하여, 건조환경의 총체가 온전히 체계적인 형태를 갖추고 기능하는 데 어려움이 따르게 된다. 건조환경의 현실적인 물리적 편성과 어떤 특정한 편성을 가진 건조환경을 생산하려는 시장경제 간에는, 이처럼 일상적인 모순이 내포되어 있다(☞pp.250-1, 489).

기호로서의 건조환경, 심상지리 및 '고향'

건조환경은 지표 뿐만 아니라, 인간의 심리에도 각인 · 고착된다. 건조환경이라는 지물과 자연지리의 지형 및 식생은, 총체라는 의미를 갖는 심리학적 개념인 게슈탈트*와도 유사한 구성물이라고도 할 수 있다. 또한 어떠한 장소에서 살아가는 사람들 또는 오랜 기간 해당 장소에서 살아온 경험을 가진 사람들의 심리에는, 공통적인 장소의 기호가 부여된다.

이는 현상학*적 관점에 토대한 **인문주의 지리학**(humanistic geography)에서 다루는 개념인, **간주관성**(intersubjectivity)과 밀접한 관련성을 가진다.

주체의 내면에 내재된 경관 및 이와 관련된 사회관계는, **체험공간**(espace vecu), 주체의 **생활세계**(life world)(Harvey, 1981), 또는 '풍토' 등으로 일컬어진다. 어떠한 지역에 어린 시절부터 살아온 사람들의 주체의 내면에 내재된 장소는 '**고향**' 또는 Heimat라는 독일어 단어가 시사하는 바와 같이 **공간과 신체와의 자생적 결합**의 장소로 자리매김하면서, 모국어 등과 마찬가지로 주체가 가진 신체성의 일부가 된다. 고향은 장소의 경험이라는 실체적인 경제 · 사회의 이면에 자리잡은 영역 또는 장소라고 할 수 있다. 그향의 관념은 국지계급동맹 또는 주민들이 공유한 공동체의식을 강화한다(☞pp.288-9, 305-11). 그리고 '금의환향'이라는 속담에 절묘하게 나타난 것처럼, 기업주가 고향에 자기 회사의 공장을 입지시키려는 경향과 같은 형태로 산업입지에도 영향을 주게 된다.

건조환경의 상징성에 대한 간주관성은, 현실의 지형지물, 식생의 객관적 반영이라고만 할 수만은 없다. 우리는 자신이 가장 높은 관심을 가진 대상, 즐겁게 여기는 대상, 또는 자신이 자주 경험하게 되는 대상을 뇌리에 새기게 된다. 뇌리에 새겨진 지형지물 요소 상호간을 연결짓는 한편 객관적으로 존재하는 공간통합 네트워크를 반영하는 이러한 것들은, 개개인의 주관에 의해 변형된다. 이와 같은 과정을 거쳐 형성된 머릿속의 지도, 즉 **심적 지**

도(mental map)의 구성요소는 정적 또는 부적인 가치부여를 수반한다. 사람들은 어떤 상업집적지가 매력적인가에 대해서 자신들의 머릿속에 가치부여된 지도를 갖고 있으며, 그들의 구매행동은 이러한 지도에 입각해서 이루어지게 된다. 또한 현실로는 나타낼 수 없는 심리적인 현상에 불과한 것처럼 보이는 경계짓기가 머릿속에서 이루어진다면, 행위공간상에 제약이 이루어진다(☞제11장 과제).

다수의 사람들이 정 또는 부의 가치부여를 공유하게 되면, 그 장소는 '희망의 장소' 또는 '오욕의 장소'가 된다. 이렇게 해서, 심리적인 상관공간의 체계라고 할 수 있는 **심상지리**가 개개인의 심리 속에 형성된다. 어떠한 상업집적지를 비약적으로 발전시키려면, 다양한 재개발 계획을 일거에 실현시켜 강한 영향력을 유발시킴으로써 사람들의 심적 지도 자체가 바뀌도록 해야 할 것이다.

이와 같은 간주관성 및 심상지리와 관련된 문제는, 분명 공허한 주관적 관념론으로만 치부할 수 없는 것이다. 심상지리는 사람들의 건조환경에 관련된 경험으로부터 생겨나는 것일 뿐만 아니라, 사람들이 행위공간을 형성하는 시점의 기준이 되는 '지도'라는 실체이기도 하기 때문이다.

과제 1. 우리 주변의 건물과 도시를 예로 들어, 건조환경의 요소가 어떻게 상관공간(영역통합 및 토지이용조정)으로 편성되는가에 대해서 구체적으로 살펴보자.

2. 경제, 사회에 대한 건조환경의 포섭

● 소재적 공간이 경제사회에 미치는 반작용

건조환경의 소재 또는 그 요소는, 특정 시점에서의 경제적, 사회적 관계성 하에서 그것을 생산한 경제·사회관계를 표방하는 소재들의 집합체라고 할 수 있다. 하지만 건조환경은 경제·사회관계의 일방적인 탄영을 의미하는 것은 결코 아니다. 건조환경의 물리적 형태가 경제·사회관계에 편입되면서, 경제, 사회관계에 반작용을 행사하게 된다(☞p.471). 건조환경 자체 또한 경제, 사회의 양상이 변하게 되면 그 물리적 형태의 변용을 강요받게 된다. 이것이 바로 건조환경이 경제·사회에 편입되는 과정이다. 이와 같은 사회와 공간과의 상호규정적 관계를 **사회-공간 변증법**(socio-spatial dialectics)이라고 한다.

서양에서는 1970년대 후반부터 이같은 시각이 등장하여(☞pp.51-52), 역사학계에서 다루는 시간에 비해 경시받아왔던 공간이 사회과학의 중요한 개념으로 대두하게 되었다. 이와 비교하면, 예외주의적 입장의 경제지리학과 사회지리학은 경제구조와 사회구조의 일방적인 장소로의 반영이 구체적인 지역에서 일어나는 양상을 단순히 기술해 놓은 것에 불과한 수준이었다. **반영론**으로 불러야 할 만한 이러한 시각은 일본에서는 여전히 영향력을 발휘하고 있지만, 이 관점은 제한된 연구 관심분야를 갖고 있어 건조환경이 편성되는 공간이 경제·사회조직에 대해 어떠한 반작용을 미치게 되는가에 대해서는 간과할 소지가 크다.

보수화의 기능과 강제력을 유발하는 건조환경

지배적인 경제·사회관계는 장기간에 걸친 안정적 존속을 위하여 건조환경 및 그 요소들에 존재하는 특정한 기호로서의 의미를 부여하며, 그것을 긍정적으로 활용하려는 시도를 하게 된다. 화려한 '수도'의 계획과 건설(☞ p.148)은 그 전형적 사례라고도 할 수 있다. 이것이, 건조환경이 가진 **보수화의 기능**이다.

이러한 보수화의 기능은, 일상적인 생활양식에 대해 건조환경이 행사하는 물리적 강제력에 의해서도 유발된다. 이를테면 로스엔젤레스와 같이 도시 건조환경이 자동차 교통을 전제로 편성된다면, 시민들 사이에 환경보호 사상이 아무리 강하게 뿌리내린다고 하더라도 그들은 자동차를 일상적으로 이용해야만 할 것이다. 자동차의 대중화가 극도로 발달한 로스엔젤레스에서는 고속도로 건설에 반대하는 시민들의 수가 의외로 많으며, 환경보호를 이유로 내세운 고속도로 건설 반대운동이 성과를 거두어 자동차 노선이 축소되고 전철 건설이 이루어지는 경우도 있다. 하지만 이러한 운동의 최선봉에 선 활동가들에게 있어서조차도, 로스엔젤레스에서 자동차를 보유하지 않는다는 사실은 일상생활 속에서의 정상적인 경제 · 사회관계로부터 이탈됨을 의미하는 것이다.

과거의 건조환경과 현재의 경제 · 사회

보수화의 기능은, 그 강제력이 시간을 초월하여 발휘되도록 한다. 건조환경은 그것을 생산한 경제 · 사회관계 그 자체와는 달리, 전쟁 등에 의해 물리적으로 파괴된다든가 오랜 시간과 자연 현상에 의해 완전히 풍화 · 침식되지 않는 이상 그 형태에 변경이 이루어지지는 않는다. 그렇기 때문에, 건조환경의 요소에 **체화**(embody)된 특정한 경제적 · 사회적 관계는, 경관론에서 주장하는 것처럼 그 형태 속에 관계의 기호를 시간을 초월하여 보전한 다음 그것을 미래에 투사한다. 이는 심상지리에도 지속적인 영향력을 행사하게 된다.

따라서, 어떤 시점에서든 객관적 실재로서의 원초적 공간을 포섭하게 되는 경제 · 사회관계는, 과거의 시점에서 생산된 건조환경 또한 실질적으로 포섭해두어야 한다.

우선, 기존의 건조환경이 새로운 경제와 사회의 발전을 촉진하는 경우가 있다. 예를 들면, 어떠한 철도노선이 경제공황 이전에 이루어진 투기에 의해 건설되었다가 공황기에 건설주체가 경영을 계속하지 못하게 되는 상황에 내몰리더라도, 철도는 여전히 지표상에 남아 기능을 하게 되는 것이다. 이 철도가 회복기에 경제발전을 위해 활용된다면, 철도가 없는 경우와 비교했을 때 경제발전은 물론 일상생활에서 이루어지는 교류활동이 더욱 용이해진다. 쇼와(昭和) 공황[2]의 와중에 개통된 한와(阪和)선[3]은, 최초 시공을 맡았던 게이한(京阪) 그룹이 경영난 끝에 폐업함에 따라 결국 국유화되었다. 이같은 사례는, 구 식민종주국이 남긴 교통노선과 건조환경이, 식민지 독립 이후 각국의 경제개발과 경제부흥에 요긴하게 활용되는 경우에서도 마찬가지로 찾아볼 수 있다.

하지만 과거의 건조환경을 통하여 과거가 현재에 투사되는 것을 극복해야만 하는 경우 또한 존재한다. 이 경우에는 기존의 건조환경을 완전히 갈아엎음으로써 원초적 공간으로의 회귀가 이루어지며, 이러한 토대 위에 새로운 경제·사회관계에 어울리는 새로운 건조환경의 연속성과 분단 요소를 구축하는 것이 최선의 방법으로 여겨진다.

그렇다고는 하지만, 기존의 건조환경에 대한 파괴와 새로운 건조환경의 생산은 공통적으로 대량의 자원과 노동의 분배를 필요로 한다(☞pp.245-6). 이같은 분배가 제대로 이루어지지 못하게 되면, 경제·사회조직은 기존의 건조환경을 보존하는 한편 자신의 작용공간과 행위공간의 여러 요소들을 그 속에서 절충시킴으로써 그같은 건조환경에 의해 초래된 장애요소를 극복하려는 시도를 하게 된다. 하지만 기존의 건조환경이 내포한 낡은 연속성과 분단(☞pp.253-4)이 그려내는 계층적 공간편성 및 그것이 가지는 상징성, 그리고 그러한 공간편성에 의해 야기된 전반적인 심상지리가- 새로운 경제·사회환경이 출현한 뒤에도 잔존하면서, 현재에 투사된 과거가 현재의

---

2) 1930년대 전 세계적인 대공황의 여파로 일본에 불어닥친 공황을 일컫는 말(역주).

3) 일본 오사카부 오사카시 덴노지(天王寺)구의 덴노지역에서 와카야마현 와카야마(和歌山)시의 와카야마역 사이를 운행하는 서일본 철노 노선(역주).

경제·사회관계와 복잡한 접합관계를 형성하게 된다. 이를테면 서울의 경우, 일제 시대 경성이라는 건조환경의 결절점이었던 조선총독부 건물은 해방 후에도 국회의사당 등으로 사용되다가 1990년대 중반에야 철거되었다. 구 동독 정부는 동베를린의 프로이센 왕궁을 철거한 부지에 국회의사당을 건립했지만, 통일 후 독일 정부는 구 동독 국회의사당을 철거하고 프로이센 왕궁을 복원하기로 결정하였다.

이상적인 건조환경의 공간편성에 대한 관점은, 경제·사회조직 및 그 주체에 따라 상이하게 나타나는 것이다. 건조환경을 둘러싼 대립과 투쟁이라는 관점은, 이같은 측면에 뿌리를 두는 것이다.

상이한 건조환경의 공간편성을 둘러싼 대립: '공간의 생산' 이론

이러한 문제를 명시적으로 제기한 인물은 바로 르페브르였다.

공간의 생산(la production de l'espace)이라는 관점에서 공간 이론을 전개한 르페브르는 여러 경제·사회현상에 공간적 상상력을 부여하여, 일상생활이라는 측면에서의 본질을 국가주체 중심의 도식에 대항한 형태로 명시적으로 나타내었다(〈그림 6-2〉). 이는 하비나 소자(E. Soja) 등의 이론가들에게 영향을 주었으며, 나아가 경제지리학·사회지리학의 공간론적 전환으로 이어졌다.

르페브르는 자본순환 및 국가가 일상생활을 공간적으로 식민화한다고 간주하였다. 역사상에 존재한 여러 사회들이 저마다 갖고 있던 '사회공간'에서는, 경제적 생산 및 사회적 재생산의 요구가 뒤섞이는 현상이 일어났다. 르페브르는 '사회적 재생산의 공간'을 '경제적 생산'의 대립축으로 제안했으며, 생물학적 재생산에 신체공간, 노동력의 재생산에는 주택공간, 사회관계의 재생산에는 대중공간을 각각 위치지음으로써 해당 공간으로부터의 식민화에 대한 저항과 투쟁을 이끌어낼 수 있을 것으로 전망하였다(☞

p.203).

　이러한 대립축은, '추상적 공간과 구체적 공간' 및 '공간의 재현과 재현의 공간'으로 일컬어지는 2개의 대조적 논점을 통해서도 확인할 수 있다.

〈그림 6-2〉 그레고리의 권력의 눈

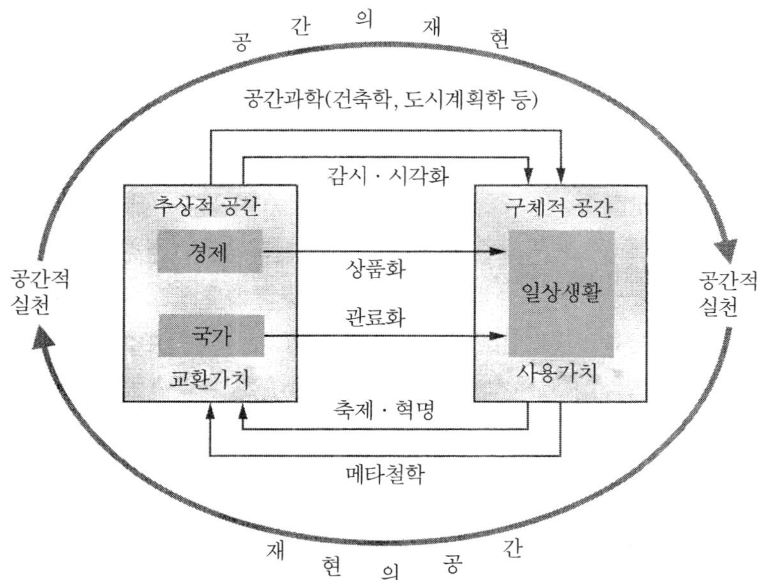

출처: Gregory, 1994: 401.

추상적 공간과 구체적 공간

　경제와 국가가 그 지배적 원리를 통해 행사하는 공간편성 및 건조환경의 생산은, 공간의 화폐화(☞pp.97-8)와 관료화를 진전시켜 일상생활을 경제와 국가에 종속된 식민지와 같은 양상으로 만들어버리게 된다. **추상적 공간**(espace abstrait)의 '추상'이라는 개념은, 맑스 경제학의 교환가치(가격) 개념을 실체화한 '추상적 인간노동'에서 유래한다(☞pp.56-7). 그리고 '구체'란 사용가치(효용)를 실체화한 개념인 구체적 유용노동에 유래한다. 추상적 인간

노동 및 그 상품형태는 자본순환 및 사유재산제도와 토지시장이 초래한 영역(☞p.225)으로써의 '공간의 모자이크'를 원초적 공간에 새겨넣는다. 그리고 사회생활을 국가에 의한 체계적인 감시와 통제에 종속시키는 관료주의가 법적·정치적인 공간편성을 원초적 공간에 새겨넣으면서, 다양한 행정체계에 의한 고유 영역의 경계짓기 및 제도화가 유발된다(☞pp.394-6).

이같은 철저한 공간의 상품화와 관료주의화의 프로세스는, 상호보완적으로 작용하는 한편 더욱 탁월한 '교환가치'의 공간인 추상적 공간을 편성해나간다(☞p.106). 20세기 중엽까지는, 경제와 국가의 수단이었던 추상적 공간이 일상생활의 구체적 공간을 일방적으로 지배하다시피 하였다.

> 자본주의적·수정자본주의적 공간은 수량화된 공간인 동시에 균질성이 높은 상품화된 공간으로 자리매김해 가고 있으며, 그 내부에 존재하는 모든 요소들은 교환가능한 형태로 전환된다. 동시에, 저항과 방해를 용인하지 않는 경찰공간이기도 하다. 이로 인해 경제공간과 정치공간은 모든 종류의 차이를 배제하면서 수렴해가는 것이다(Gregory, 1994: 401).

공간의 재현과 재현의 공간

공간의 재현(les représentations de l'espace)이라는 개념은, 건조환경이라는 물질적 요소를 통해 지배적인 사회질서, 상품화 및 관료주의화의 과정이 공간에 권위적·폭력적으로 각인되는 현상을 의미한다.

공간의 재현이란 공간을 둘러싼 개념과 관념(보다 정확히 표현하면, 권력, 지식, 공간성의 배치)을 지칭하는 것으로, 지배적인 지식과 이론, 기술에 의해 형식화·체계화된 공간의 편성인 동시에 생산관계와 결부된 공간의 개념도식을 의미한다. 또한 공간에 투영된 기호·암호화된 지배적 원리 또는 이데올로기이기도 하다. 이는 지배적인 경제·사회질서에 정통성을 부여하는 역할을 한다. 이는 〈그림 4-2〉(☞p.179)에 나타난 것과 같은 경제주체 및 국가의 개입에 의한 추상적 공간의 생산을 지지하는 이데올로기로서의 성격을 분명히 가지며, 상품화와 관료주의화라는 프로세스의 토대 위에서 추진되는 건조환경 생산의 과정이기도 하다(☞p.273). 여기에는 토목, 건축 및 도시계획, 도시공학의 구조가 투사되어 있다. 이처럼 공간의 생산이 질서화·형식화되어 이루어진다는 점에서, 공간은 단순히 감각을 통해 인지되는 원초적 존재로 접근하기는 어려운 체계가 되었다고도 할 수 있다.

이와 같은 경제와 국가의 측면에서 이루어지는 '공간의 재현'(르페브르의 추상적 공간 개념)의 생산에 직면하게 되면, 일상생활의 **공간적 실천**(pratique spaciale)과 재현(**구체적 공간**)을 어느 특정한 주체가 영유한 영역으로부터 '재현의 공간'으로 회귀시키려는 움직임이 일어나게 된다.

재현의 공간(les espaces de représentation)은 '공간의 재현'과 대립적인 공간을 지칭한다. 재현의 공간은 공간의 재현을 비판적으로 바라보고 저항적으로 접근할 방안을 제시한다.

재현의 공간은 지배적인 상관공간과 건조환경에 대한 회의를 제기하며, 최말단의 신체성이라는 측면에서 개개인이 경험하는 '체험공간'을 근거로 사회생활에 대한 비밀스럽고 비합법적인 측면(☞p.487)을 내포한 일상의 기준에서 형성되는 대안적인 공간편성이다. 재현의 공간은 저항을 위한 목표로 설정된 '살아있는' 생활 속의 공간이며, 비판적 심상으로서의 공간편성을 통해 현실의 공간과 건조환경을 비판하는 동시에 그에 개입하는 계기로, 나아가 해방적인 공간과 건조환경의 생산을 쟁취하기 위한 방법적·전술적인 매개로 구상된다. 여기서 중요하기 바라보아야 할 것은, 상품형태 및 여타의 물상화 양식에 의해 식민화되고 있는 근대국가의 추상적 공간으로부터 일상생활의 구체적 공간으로의 회귀, 재생이라는 측면이다(☞pp.493-501).

지금까지 살펴본 것처럼, 공간과 관련된 이론은 공간과 건조환경을 대립축으로 하는 운동이론으로 정리해볼 수 있다. 기존의 건조환경과 공간편성 그 자체가 저항과 활동적 투쟁의 초점이 되며, 저항 언설을 생산하고 대안적인 공간편성을 생산해내는 재현의 공간의 원천으로 자리매김하게 되는 것이다. 저항적인 발상이 공간을 축으로 하여 생산되는 것이다.

하지만 일본의 현실을 고려해보면, 중후장대한 건조환경에 둘러싸인채 개별화에 매몰되어 개별화, 파편화된 공간의 내부에서 그것을 소비하는 데에만 익숙해 있는 일본인들 사이에서는 새로운 재현의 공간을 마련하기 위한 메커니즘은 아직 작동하지 않고 있다. 일본에서는 르페브르가 신랄하게 비판한 공간의 재현의 생산회로라는 메커니즘이 강하게 작동하고 있는 것이다(☞pp.308-11).

대안적인 간조환경과 공간편성의 생산

그렇다면, 공간의 재현은 대안적인 재현의 공간을 갈구하는 사람들에게 어떠한 속박을 가져다주는 것인가? 그리고, 어떻게 하면 기존에 존재하는 공간의 재현으로부터 재현의 공간으로의 전환을 실현시킬 수 있을 것인가?

공간의 재현으로서 존재하는 건조환경이 재현의 공간을 생산하는 과정에 가져다주는 영향과 속박은, 연속성과 분단의 존재양상과 관련되면서 기존 건조환경의 공간편성과 대안적인 공간편성 간의 대립이라는 형태로 나타나게 된다. 공간의 상품화·관료화의 귀결이라는 성격을 갖는 건조환경 및 추상적 공간이 내포한 연속성은, 재현의 공간에서는 전혀 필요치 않은 경제적·사회적 연결성을 야기할 소지가 있다. 또한 상품화·관료화된 공간 및 건조환경에 내포된 분단은, 일상생활을 유지하는 데 필요한 사회관계와 연대를 일방적으로 분단 및 분열시킨다. 경제와 사회의 성장과 더불어 연속성을 야기하는 공간통합 수단의 용량이 부족하거나 정상적으로 기능하지 못하게 되는 경우 역시, 사회관계와 연대가 손상을 입게 된다.

이러한 점에서, 건조환경을 둘러싼 일상적인 생활로부터의 공간적 실천에는 공간의 재현이라는 측면에서 조장된 연속성과 분단의 편성 가운데, 대안적인 일상생활의 논리에 토대한 연속성과 분단에의 메커니즘을 어떻게 찾아내고 그것을 확장시켜 갈 것인가 하는 것이 과제로 부상하게 된다. 이는 대안적인 경제 · 사회관계 및 일상생활의 논리 구축을 목표로 하는 새로운 사회운동의 중요한 일부분이기도 한 것이다(☞pp.478-85).

과제 2. 혁명, 식민지로부터의 독립, 패전, 기타 이와 유사한 대규모적인 정치적 변동을 경험한 나라 또는 도시를 하나 떠올려 보고, 이러한 변동이 일어나기 전의 건조환경이 어떻게 변화 · 재구축되었는가에 대해서 조사해보자. 그리고 재구축이 이루어지지 않을 경우 모순이나 문제가 발생하게 될 것인가의 여부에 대해서도 살펴보자. 일제 시대의 경성이 해방 이후 서울로 변모한 사례라든가, 본 장에서 언급한 동베를린의 상황(☞p.252) 등이 일어난 배경에 대해서 생각해보는 것 또한 도움이 될 것이다.

칼럼 7.

디즈니랜드: 허구의 건조환경이 가지는 이데올로기

건조환경은 실제의 경제·사회활동을 유지할 공간으로 생산되기만 하는 것이 아니라, 그 자체가 허구적으로 생산되면서 하나의 이데올로기적 장치로 작용하는 경우도 있다. 1955년 디즈니랜드가 미국 로스엔젤레스 근교의 애너하임에 건설되었고, 이후 일본 지바(千葉)현에도 들어서게 된 것이 그 전형적인 사례이다.

디즈니랜드는 단순히 어린이들을 위한 놀이공원에 불과한 것이 아니다. 이는 부시 미국 대통령의 2002년 일반교서연설에서도 언급된, 미국 영역의 확대는 미개와 야만의 극복인 동시에 사회의 문명화 과정이라는 식의 과거 영국 식민주의와 상통하는 이상을 실현한 것이다. 또한, 무한한 '공간적 회귀'의 가능성 제시에 의한 허구적 해방, 건조환경을 통한 재현이기도 하다.

도쿄 디즈니랜드에 입장하면, 프랑스풍과 미국풍의 월드바자르를 왼쪽으로 통과한 다음 시계방향으로 둘러보게 된다. 관람객은 '어드벤처랜드'를 맨 먼저 접하게 된다. 이곳에는 아프리카(정글 크루즈), 아시아(지바현 특산물관), 중남미 등, 비 서구세계로 재현된 '미개와 야만'이 존재한다. 잔학행위를 일삼는 카리브 해적은 아시아나 중동 등과는 무관한 존재이지만, 이들은 이 코너에 등장할 뿐만 아니라 대단히 야만적으로 묘사되어 있다. 그 다음에 접하게 되는 '웨스턴랜드'는 미국 서부의 광산철도와 미시시피강을 항해하던 증기선의 이미지로 이루어져 있으며, 이를 통해 미국의 서부개척을 통해 문명화와 계몽이 점차 확대되어 가던 모습을 그리고 있다. 그리고 미국의 영역이 전 세계로 확대된 현대의 경제와 사회는, '판타지랜드'로 상징된다. 이러한 이미지는 1968년 뉴욕 세계박람회의 어트랙션[4]에 잘 나타나 있다. 이것은 세계 각지에서 온 고매하고 존경받는 사람들이 '조그만 세계(It's a small world)'라는 미국 노래를 합창하고, 이 노랫가락에 맞추어 춤추는 모습을 보여주는 '세상에서 가장 행복한 크루즈'라는 제목의 공연물이다. 이러한 공연예술이나 대중매체 등을 통해 미국인들이 자국을 중심으로 하는 세계의 영역통합이야말로 사람들에게 행복과 조화를 가져다줄 수 있을 것이라는 순진한 믿음을 갖게 될 법도 하다. 그리고 관람객들이 마지막으로 찾아가게 되는 곳은 미국의 우주개발기술을 상징하는 '투모로우랜드'이며, 서부개척에서 보여주었던 문명의 확장을 우주공간을 향해 더욱 발전시켜 나가는 이미지를 통하여 인류에게 공간적 확장보다도 훨씬 무한한 미래를 '약속'한다.

즉, 디즈니랜드라는 공간은 바깥으로 무한하게 개방된 허구의 공간에 '야만'을 부정해온 미국 중심의 '조화'를 충만시켜 놓은 세계인 것이다. 디즈니랜드라는 '허구의 건조환경'은 미국 시민들이 일반적으로 가질법한 세계관을 놀이공원이라는 가면을 쓴 채 입장자들의 머릿속에 교화시키는 동시에, 월트 디즈니 프로덕션에게 이윤을 가져다주는 문화적 장치로 자리매김하게 되는 것이다.

〈미즈오카 후지오〉

---

4) 극장 등에서 손님을 끌기 위하여 짧은 시간 동안에 상연하는 공연물(역주).

참고문헌

Castell, M., 1989, 吉原直樹 訳, 『都市·階級·権力』, 法政大学出版局.

Schlüter, O., 1935, 「人文地理学の目標」, 錦貫勇彦 訳, 『地理学方法論』, 地人書館.

Soja, E., 2002, 水內俊雄 ほか 訳, 『ポストモダン地理学―批判的社会理論における空間お位相』, 地人書房.

能登路雅子, 1990, 『ディズニーランドという聖地』, 岩波書店.

Harvey, D., 1991, 水岡不二雄 監訳, 『都市の資本論―都市空間形成の歴史と理論』, 青木書店.

Harvey, D., 1996, 水岡不二雄 訳, 「先進資本主義社会の建造環境をめぐる労働, 資本, および階級闘争」, 日本地理学会 「空間と社会」 研究グループ 編, 『社会·空間の地平』, 大阪市立大学文学部地理学教室, 12-31.

Buttimer, A., 1981, 井上朋子 訳, 「生活世界のダイナミズムの把握」, 千田稔 訳 編, 『地図のなかに―論集景観の思想』, 地人書館.

水岡不二雄, 1989, 「社会資本論の基本性格」, 『経済学研究』, 一橋大学 30号, 169-142.

宮本憲一, 1976, 『社会資本論』 改訂版, 有斐閣.

Andrusz, G., Harole, M., and Szelenyi, I.(eds.). 1996. *Cities after Socialism*. Oxford, UK: Blackwell.

Gregory, D. 1994. *Geographical Images*. Oxford, UK: Blawell.

Lefebvre, H. 1991. *The Production of Space*. translated by Nicholson-Smith, D. Oxford, UK: Blackwell.

우리나라의 사회적기업

도시라는 공간과 그 공간 내 여러 요소들의 배치는 주로 경제적·사회적 관계성 하에서 생산된 결과물들로 이루어졌으며, 그 결과물은 도시공간에서 살아가는 도시민들의 욕구와도 관련이 있다고 할 수 있다.

과거의 도시공간은 부의 축적을 위한 자본의 집적과 소비활동을 주된 특성으로 하는, 개발을 상징하는 공간이었다. 하지만 현재의 도시공간에서는 부의 축적, 개발 등의 개념만으로는 설명되기 어려운 새로운 사회서비스에 대한 수요가 날로 높아지고 있으며, 이에 따라 사회서비스들이 도시공간에 속속 등장하고 있다.

이 글에서는 사회서비스의 제공주체로서의 사회적기업, 그리고 현재 우리나라 사회적기업의 현황을 소개하고자 한다.

1) 사회적기업이란?

사회적기업이란 저소득층, 고령자, 장애인 등의 취약계층에게 일자리를 제공하거나, 취약계층을 대상으로하는 사회서비스를 제공함으로써 이윤을 추구하는 동시에 사회적 목적을 추구하는 기업을 말한다(사회적기업육성법 제2조 1항).

미국의 사회적기업 루비콘(Rubicon)의 창업자인 릭 오브리(Rick Aubry)의 "빵을 팔기 위해 고용하는 것이 아니라, 고용하기 위해 빵을 판다"라는 말로도, 사회적기업의 이념은 잘 설명된다(서울경제, 2012.3.4). 사회적기업은 보통의 영리기업처럼 이윤 극대화에만 목적을 두기보다는, 영리활동을 추구하는 동시에 해당 사업체나 지역사회의 목적을 위해 재투자하여 사회적 목적을 실현한다는 특징을 지닌다(송준호 역, 2011; Yunus *et al.*, 2010).

이들 사회적기업은 비영리조직과 영리기업의 중간 형태를 띤다고 할 수 있으며, 우리나라에서는 2007년에 사회적기업육성법이 제정된 후, 본격적으로 사회적기업들이 육성되기 시작하였고 2011년 12월 현재 활동 중인 인증 사회적기업은 644개이다(한국사회적기업진흥원 웹사이트).

2) 사회적기업의 목적과 제공하는 서비스는 무엇이 있을까?

우리나라의 사회적기업이 구체적으로 어떤 목적을 위해 기업을 운영하고, 또 제공하는 서비스에는 어떠한 것이 있을까? 사회적기업이 실현하고자 하는 '사회적 목적'과 '제공하는 사회서비스'를 기준으로 유형화하여 살펴보자.

① 사회적 목적 기준

우리나라의 사회적기업은 실현하고자 하는 사회적 목적에 따라 〈표 1〉의 5개 유형으로 분류할 수 있다.

〈표 1〉 사회적 목적에 따른 사회적기업의 유형

유 형	특 성
일자리제공형	취약계층에게 일자리를 제공
사회서비스제공형	취약계층에게 사회서비스를 제공
혼합형	일자리 제공형 및 사회서비스 제공형 혼합
기타형	사회적 목적의 실현여부를 고용비율과 사회서비스 제공비율 등으로 판단하기 곤란한 사회적 기업
지역사회공헌형	지역사회 주민의 삶의 질 향상에 기여

출처: 사회적기업육성법시행령 제9조 재구성

사회적기업의 사회적 목적 실현의 판단기준은 사회적기업육성법시행령 제9조를 따르는데, 그 유형은 다음과 같다.

첫 번째 유형은 일자리 제공형이다. 일자리 제공형 사회적기업의 주요 사회적 목적은 취약계층에게 일자리를 제공하는 것이다. 전체 근로자 중 취약계층의 고용비율이 50%[5] 이상인 경우 본 유형에 해당한다. 새터민을 고용하여 그들의 자립 및 자활에 기여하는 '메자닌아이팩', 음악 및 예술분야에 시각장애인을 고용하여 일자리를 창출하는 '한빛예술단'이 대표적인 예이다.

두 번째 유형은 사회서비스 제공형이다. 사회서비스 제공형 사회적기업의 주요 사회적 목적은 취약계층에게 사회서비스를 제공하는 것이다. 사회서비스를 제공받는 사람들 중 취약계층의 비율이 50%[6] 이상일 경우 본 유형에 해당한다. 요양기관 운영, 장애인 활동보조 지원 사업 등 지역에 돌봄서비스를 제공하는 '휴먼케어'가 사회서비스 제공형에 속한다.

세 번째 유형인 혼합형은 조직의 주된 목적이 취약계층에게 사회서비스와 일자리를 모두 제공하는 유형으로, 두 가지 사회적 목적을 공통적으로 추구하는 유형이다. 전체 근로자 중 취약계층의 고용비율과 조직으로부터 사회서비스를 제공받는 사람들 중 취약계층의 비율이 각각 30%[7] 이상인 사회적기업이 본 유형에 해당한다. 취약계층을 고용하여 일자리를 제공함과 동시에 결식이웃에게 무료 도시락을 만들어 배달하는 '행복도시락', 역시 취약계층을 고용하여 노인복지서비스를 제공하는 '한국재가장기요양기관' 등이 있다.

네 번째 유형인 기타형은 사회적 목적의 실현여부를 고용비율과 사회서비스 제공비율 등으로 판단하기 어려운 경우로, 위 세 가지 유형에 속하지

---

5) 2013년 12월 31일까지는 100분의 30으로 한다.
6) 2013년 12월 31일까지는 100분의 30으로 한다.
7) 2013년 12월 31일까지는 100분의 20으로 한다.

않는 사회적기업을 말한다. 물건의 재사용과 순환을 통해 친환경적 변화를 추구하고, 나눔을 통해 공익활동을 지원하는 '아름다운가게', 공정한 여행, 지속가능한 여행을 기획하는 '트래블러스맵' 등 다양한 활동을 하는 사회적 기업들이 이에 해당한다.

마지막으로 지역사회공헌형은 2011년에 새롭게 신설된 유형으로, 지역사회 주민의 삶의 질 향상에 기여를 목적으로 하는 조직들을 말한다. 지역[8]의 인적·물적 자원을 활용하여 지역주민의 소득을 향상시키고 일자리를 증가시키는 것이 주된 목적이라 할 수 있다. 해당 조직의 전체 근로자 중 조직이 소재하는 지역에 거주하는 지역취약계층의 고용비율이나 조직으로부터 사회서비스를 제공받는 사람들 중 지역취약계층의 비율이 20% 이상인 사회적 기업이 본 유형에 해당한다.

〈표 2〉 우리나라 인증 사회적기업의 사회적 목적 실현 유형별 현황

일자리제공형	사회서비스 제공형	혼합형	기타형	지역사회 공헌형	총계
387	51	109	94	3	644

출처: 2011년 12월 기준, 한국사회적기업진흥원 (http://www.socialenterprise.or.kr)

우리나라 사회적기업의 사회적 목적 실현 유형별 현황은 〈표 2〉와 같다. 2011년 12월 기준 현재 활동 중인 인증 사회적기업은 644개이다. 그 중 가장 많은 수를 차지하는 형태는 취약계층을 고용하여 일자리를 제공하는 것을 목적으로 하는 일자리제공형(387개)이며, 뒤이어 혼합형(109개), 사회서비스제공형(51개) 순으로 나타났다.

결과적으로 우리나라 전체 사회적기업 644개 중, 547개가 취약계층을 위

---

8) 고용노동부장관이 정책심의회의 심의를 거쳐 사회적기업에 의한 지역사회 공헌이 필요하다고 인정하는 지역을 말한다.

해 운영된다고 할 수 있다. 즉, 일자리제공 형태이든, 직접적인 서비스제공 형태이든, 혹은 두 가지 목적을 공통적으로 실현하는 형태이든, 결국 사회적 기업들은 취약계층들에게 기여하는 것을 주목적으로 한다는 것이다.

② 제공 사회서비스 기준

사회서비스는 사회사업이나 사회복지사업이라고 표현할 수 있으며, 구체적으로 취약계층의 소득보장, 의료보장, 사회복지로써의 주택, 교육 등을 포함하는, 굉장히 광범위한 개념이라 할 수 있다.

사회적기업육성법에서 규정하는 사회서비스란, '교육, 보건, 사회복지, 환경 및 문화 분야의 서비스, 그 밖에 이에 준하는 서비스로서 대통령령으로 정하는 분야의 서비스'를 말한다(사회적기업육성법 제 2조 3항). 위의 "대통령령으로 정하는 분야의 서비스"란 다음에 해당하는 서비스에는 구체적으로 보육 서비스, 예술·관광 및 운동 서비스, 산림 보전 및 관리 서비스, 간병 및 가사 지원 서비스, 문화재 보존 또는 활용 관련 서비스, 청소 등 사업시설 관리 서비스, 「직업안정법」 제2조의2 제9호에 따른 고용서비스,[9] 그 밖에 고용노동부장관이 정책심의회의 심의를 거쳐 인정하는 서비스 등이 있다.

〈표 3〉 우리나라 인증 사회적기업의 제공 사회서비스분야별 현황

교육	보건	사회복지	환경	문화	보육	간병가사	기타	총계
42	10	92	110	87	23	55	225	644

출처: 2011년 12월 기준, 한국사회적기업진흥원 (http://www.socialenterprise.or.kr)

〈표 3〉은 우리나라 인증 사회적기업의 제공 사회서비스분야별 현황을 나타낸 것이다. 환경과 관련된 서비스를 제공하는 기업들은 110개로 가장 많

---

9) "고용서비스"란 구인자 또는 구직자에 대한 고용정보의 제공, 직업소개, 직업지도 또는 직업능력개발 등 고용을 지원하는 서비스를 말한다(직업안정법 제2조의2 제9호).

은 것으로 나타났다. 하지만 교육, 보건, 사회복지, 보육, 간병가사 등의 서비스가 공통적으로 어린이들과 노인 및 기타 취약계층을 대상으로 하는 서비스라는 것을 생각해보면, 사회적기업이 제공하는 서비스들은 취약계층에 대하여 직접적으로 이루어지는 경우가 많다.

3) 우리나라의 사회적기업의 분포는 어떻게 나타날까?

해당 지역의 인구구성 및 취약계층에 해당하는 인구 수, 소득수준 등에 따라 필요로 하는 사회서비스의 형태가 다양할 뿐, 어떤 지역이든 사회서비스에 대한 수요는 존재한다. 그렇다면, 우리나라의 사회적기업은 구체적으로 어떤 지역에 많이 분포할까?

① 지역별 현황

〈표 4〉 우리나라 인증 사회적기업의 지역별 현황

서울	인천	경기	강원	부산	울산	경남	대구	경북	광주	전남	전북	대전	충남	충북	제주	총계
153	35	113	34	38	20	27	30	36	27	26	30	18	19	26	12	644

출처: 2011년 12월 기준, 한국사회적기업진흥원 (http://www.socialenterprise.or.kr)

〈표 4〉와 다음의 〈그림 1〉은 2011년 12월 기준, 우리나라의 전체 인증 사회적기업의 현황 및 분포를 나타낸 것이다. 서울시에 분포하는 사회적기업은 153개로, 전국대비 가장 많은 사회적기업이 분포하는 것으로 나타났다. 뒤이어 경기도에 113개의 사회적기업이 분포하는 것으로 나타났다.

수도권에 다수의 사회적기업이 분포하는 것으로 나타났고, 전국적으로도 광역시나 비교적 다수의 인구가 거주하는 도시들에 사회적기업들이 많이 분포하는 것으로 나타났다. 우리나라에서 사회적기업이 본격적으로 육성된 지는 그리 오래되지 않았고, 사회서비스를 포함한 일반적인 서비스의 수요

와 공급은, 그것을 필요로 하는 인구가 많이 집중하는 곳에서 높게 나타난다
는 점에서 위와 같은 분포가 나타난 것으로 보인다.

〈그림 1〉 우리나라의 인증 사회적기업 분포

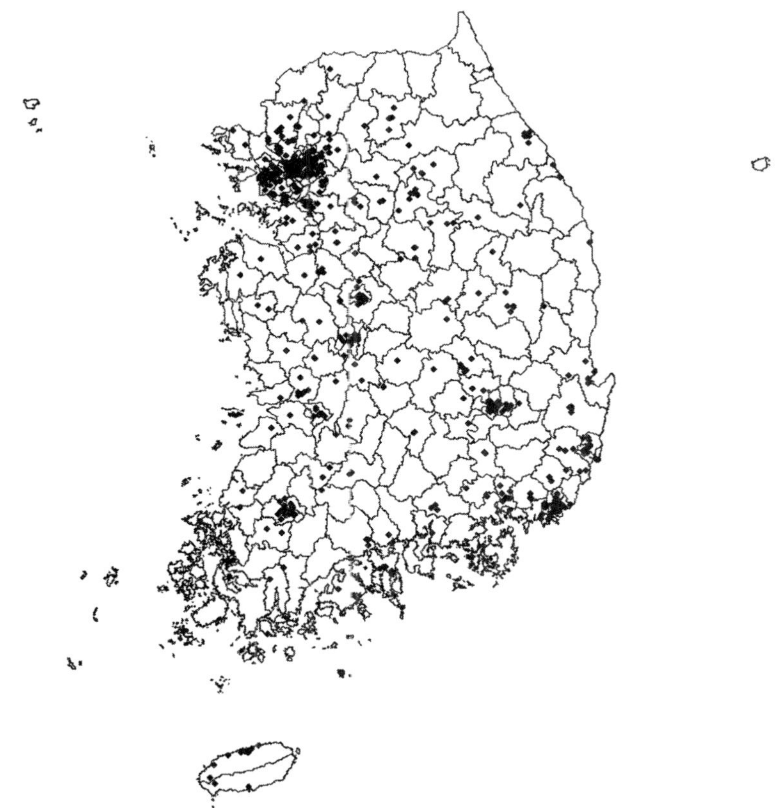

출처 : 2011년 12월 기준, 한국사회적기업진흥원 제공 사회적기업리스트 자료 재구성

　다음의 〈그림 2〉는 서울시에 분포하는 인증 사회적기업을 나타낸 것이
다. 2011년 12월 기준, 서울시에는 153개의 사회적기업이 분포하는 것으로
나타났다.

　서울시에서 가장 많은 사회적기업이 가장 많이 분포하는 구(區)는 영등포구로, 총 17개의 사회적기업이 입지한다. 뒤이어 마포구(15개), 종로구(15개), 광진구(11개), 중구(10개) 순으로 많은 사회적기업이 분포하는 것으로 나타났다.

　비교적 강남지역보다는 강북지역에 사회적기업이 많이 분포해있는 것을 알 수 있고, 강북지역에서도 특히 마포구, 종로구, 중구 일대에 다수의 사회적기업이 분포하는 것이 특징적이다.

〈그림 2〉 서울시의 인증 사회적기업 분포

출처 : 2011년 12월 기준, 한국사회적기업진흥원 제공 사회적기업리스트 자료 재구성

<표 5> 서울시 인증 사회적기업의 구별 현황(2011.12 기준)

서울시의 기초자치단체	인증 사회적기업 수
강남구	9
강동구	3
강북구	4
강서구	4
관악구	7
광진구	11
구로구	6
금천구	5
노원구	3
도봉구	1
동대문구	3
동작구	3
마포구	15
서대문구	6
서초구	7
성동구	2
성북구	7
송파구	2
양천구	2
영등포구	17
용산구	6
은평구	2
종로구	15
중구	10
중랑구	3
총계	153 개

출처: 한국사회적기업진흥원 (http://www.socialenterprise.or.kr) 자료 재구성

〈이민주(서울시립대학교 도시행정학과 석사과정)〉

참고문헌

법률 제11275호, 사회적기업육성법.

한국사회적기업진흥원 (http://www.socialenterprise.or.kr)

Yunus, M. 2010. *Building Social Business : The New Kind of Capitalism That Serves Humanity's Most Pressing Needs.* New York, NY: PublicAffairs(송준호 역, 2011,『무하메드 유누스의 사회적 기업 만들기』, 물푸레).

Yunus, M., B. Moingeon, and L. Lehmann. 2010. Building Social Business Models: Lessons from the Grameen Experience. *Long Range Plannning*, 43(3-3): 308-325.

『서울경제』, 2012.3.4. 일자 기사, "[이슈 인사이드] 청소용역 등 단순업종만 북적…문화 분야 등 다양화 과제로".

7장

일본이라는 국토공간의 생산이 갖는 지리적 이데올로기
서로 간에 먹고 먹히는 관계로 바라볼 수 있는 결절화와 균질화

포디즘적 집적체제를 지탱하는 경관

'황금의 나라 일본'(동방견문록에 나온 일본[ジパング]의 호칭, 영어 Japan의 어원). 이러한 표현이 시사하는 것처럼 일본의 국토공간에는 도시, 농촌, 어촌을 불문하고 대량의 돈('금'으로도 표현되는)이 투입되어, 건조환경의 실제와 그 내부에서 일어나는 흐름 속에서 넘쳐난다고 표현될 정도로 현저하게 나타나고 있다. 국토공간이 협소한 일본은, 공간이 과잉생산되어 불어터진 상태에 비유될 수 있다. 이를 근저에서 지탱하고 있는 것은, 국토와 관련된 업무를 맡고 있는 관료집단, 토건업자, 연고지의 이익증대를 유도하는 국회의원을 꼭지점으로 하는 '철의 삼각형'으로도 일컬어지는 일본의 '토건국가체제'이다. 본 장에서는 이러한 체제로 이어진 일본의 국토정책이 이루어져 온 과정과 이후의 전망에 대해서 살펴보기로 한다.(사진제공: 나가노현 스와 건설사무소)

큰 사진: 미즈시마(水島) 콤비나트
작은 사진: 시모스와(下諏訪)댐 완공예상도

이 장에서 공부할 내용

본 장에서는 메이지 이후 일본의 국토공간 생산의 역사를, 앞 장에서 살펴본 건조환경에 대한 이론 및 제4장에서 다루었던 균질공간과 결절공간이라는 두 가지 유형의 공간통합 네트워크와 관련지어 구체적으로 살펴보고자 한다.

국토공간에서의 도시개발 및 교통 등과 관련된 건조환경 생산은, 국가의 관료제라는 '보이는 손'이 담당하는 전형적인 '공간의 재현'의 생산과정이라고 할 수 있다. 이러한 과정은 국가의 지배적 이데올로기와 관련성을 가진다. 하지만 일본에서는 이러한 지배적 이데올로기가 억압적인 형태로 나타나지 않았으며, 오히려 국민들이 공동으로 이용하는 인프라를 국토의 방방곡곡까지 균질적으로 정비함으로써 보수정치를 축으로 한 국민의 사회통합이라는 역할을 해왔다. 그러나 2차대전 당시라든가 버블 붕괴 후와 같이 자본의 2차순환이 경색되면, 공간이 결절성을 강화하게 되면서 사회통합의 이데올로기를 외부에서 찾게 되는 움직임이 일어나게 된다.

본 장에서는 이처럼 공간과 정치가 얽혀서 형성된 이론을 검토해 보도록 하겠다.

국토영역의 공간통합이 현실화되어 나타나는 양상과 관련해서는, 균질공간으로부터 결절공간으로 이어지는 역사적 흐름에 대한 내용을 이미 살펴본 바 있다(☞pp.176-8).

사기업의 집합이라고 할 수 있는 시장의 '보이지 않는 손'이 건조환경의 구성요소를 한데 모아 영역통합 및 토지이용조정이 이루어지는 정합성있는 전체로 생산하는 것은, 쉬운 일이 아니다. 이러한 과정에 국가와 자본의 지배적 원리에 인도되는 '보이는 손'이 관련되면서, '공간의 재현'이 생산되는 것이다(☞p.255).

본 장에서는, 이와 같은 요소들을 일본의 현실에 비추어 구체적으로 살펴보고자 한다. 일본이라는 국토공간에서는, 어떠한 지배적 원리 또는 이데올로기를 토대로(☞p.153) 어떠한 공간편성과 건조환경이 생산되는 것인가? 일본은 오랜 기간 인프라 정비에 노력을 기울여온 전통이 있다. 이같은 공간의 생산 경향은 어떻게 성립해온 것인가? 그리고 이는 2차대전 후 강하게 나타난 '토건국가'적인 국토개발 형태와 어떻게 연결된 것인가? 이에 대한 역사적 배경을 살펴보면서, 일본의 국토공간 편성에 대해서 한층 깊이 있게 이해해보자.

1. 메이지 시대에 국가는 국토 개발에 어떤 식으로 개입했었는가?

메이지 초기의 개발 이데올로기

메이지 정부는 애초에 국가주의에 기반하는 후발 산업화 국가의 특징을 가진 개발 정책을 채용하였다. 이와 같은 일본의 개발지향적 정책은, 사적 경제활동에 대해 조정지향적 성격을 갖는 미국과는 상이점을 가진 것이었다. 일본의 경우에는, 경제발전에 대한 국민의 공통된 염원에 의해 지지되었던 국가의 이데올로기 그 자체가 공업화의 원천으로 작용하였다. 정부의 고유 역할 수행을 강조하는 한편 국가와 민족의 위상 강화라는 위로부터의 국가주의, 통합의 국가주의를 기치로 한 국가경영이 이루어졌던 것이다. 경제발전 그 자체에, 통합을 위한 국가주의라는 계급동맹이 존재했던 것이다.

19세기 후반부터 20세기에 걸친 일본의 개발주의는 포괄적인 고속성장 전략이라는 목표설정을 위하여 산업기반에 대한 대규모의 공공투자를 실시하였으며, 이는 시장주의와는 대립적인 성격을 보여준다. 이러한 이데올로기에 입각하여, 식산흥업(殖産興業), 부국강병, 생산력 확충, 전후부흥사업, 수출진흥, 완전고용, 고도성장 등이 장려되었다. 이러한 국가개입 전략과 맞물려, '국가구상'이라든가 '국시(國是)' 등의 용어들이 사용되었던 것이다. **국시**란 장기간에 걸쳐 모든 국민들이 다같이 이해해야 할 추상적인 국가목표를 의미하는 것으로, 사회통합의 상징이라고도 할 수 있다.

메이지 초기의 '부국', '강병', '입헌군주제'와 같은 구호들은 각각 경제, 군사, 내정이라는 국가정치의 과제에 대응하는 것들이다. 특히 '부국'이라는 구호와 관련해서는, 공부성(工部省) 주도의 관영공장, 철도, 항만개발, 광산개발, 홋카이도 개척 등 중앙정부 직영사업을 통한 공업화 정책이 추진되었다. 공부성은 민간 경제의 역량이 미성숙했던 19세기말 일본 사회에서, 중앙정부 주도의 공업화, 근대사업의 이식 및 **수입대체**(import substitution) 공업화를 담당하기 위하여 1870년 설치된 부서이다(☞p.384).

내무성 주도의 지역 진흥 정책 등장

하지만 1870년대 후반부터 생사나 차(茶) 등을 주력으로 하는 수출지향적 성격이 강화되면서, 일본경제는 1차산업 상품을 기반으로 하여 당시의 세계경제에 발판을 내딛게 되었다. 이 시기에 공부성을 대체하여 내무성 주도의 산업장려정책을 중심으로 하는 식산흥업(殖産興業)의 구호가 등장하였다. 그리고 1890년대 전반에는 농상무성 주도의 경제정책인 '홍업의견(興業意見)'이 등장하였다. 이는 비교우위를 가진 지방 전통산업을 진흥하여 수출을 촉진하는 동시에, 면방적 산업을 통한 수입대체 공업화를 진전시키려는 정책이었다(☞p.153).

하지만 중앙정부에 의한 적극적 · 포괄적인 산업진흥 구상은, 결국에는 자취를 감추었다. 이는 자신들이 살고 있는 지역의 발전을 중요한 사명으로 여기는 국민들을 포섭하기 위한, 목민적인 지방관 관할의 지방정부의 산업장려 정책으로 이어졌다.

이러한 추세에 대응하여, 국가개입의 형태는 1880년대 후반의 양상에서 변화하게 되었다. 즉, '부국=산업진흥정책'으로 대변되는 정부의 직접적인 개입으로부터, 내무성 주도에 의한 건조환경 등의 정비로 초점이 옮겨가게 된 것이다. 부국강병정책보다도 오히려 적극적인 군비확충과 부국정책 실시를 통해 염출된 예산이 한층 완전한 공간통합 및 한층 고도화된 노동력 양성기관의 확충 등의 **사회적 인프라스트럭쳐**(social infrastractures) 정비로 이어지게 되는 자본의 2차순환(☞pp.243-4)이 일어나게 되면서, 경제발전 그 자체는 이같은 건조환경과 사회적 인프라스트럭쳐에 토대한 민간부문에 의해 달성되었다. 이는 어떤 의미에서는 '야경국가'적 경제정책이라고도 할 수 있다(安場, 1996). 〈그림 7-1〉은 건설 분야에서 중앙정부와 지방정부의 자본형성(정부 · 비군사 부문) 합계치, 그리고 민간자본 투자의 점유율의 추세를 나타내고 있다. 이를 통해서, 메이지 시대 말기까지는 민간이 건설자본 형성의 50% 이상을 담당했던 사실을 확인할 수 있다.

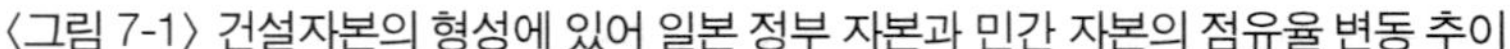

〈그림 7-1〉 건설자본의 형성에 있어 일본 정부 자본과 민간 자본의 점유율 변동 추이

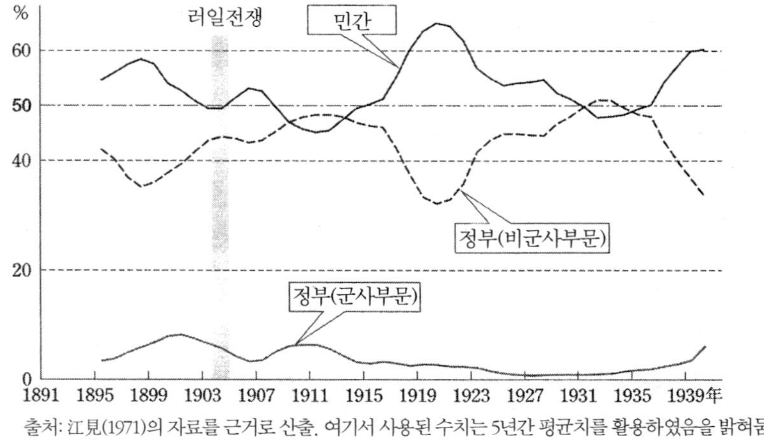

출처: 江見(1971)의 자료를 근거로 산출. 여기서 사용된 수치는 5년간 평균치를 활용하였음을 밝혀둠.

러일전쟁 이후, 특히 메이지 40년(1907년-역주)부터 다이쇼(大正: 1912~1926년까지 사용된 일본 연호-역주) 초기에 이르는 기간 동안, 건설자본에서 정부 자본의 점유율이 증대하였다. 이러한 사실은 중앙정부의 개입전략에 변경이 이루어졌음을 반영하는 것이며, 동시에 러일전쟁 후 국민의 애국심을 고양하기 위하여 하드웨어적, 소프트웨어적 측면에 걸친 내무성의 목민관적 지방정책이 전면적으로 실시되었음을 의미하는 것이기도 하다.

과제 1. 부국강병이라는 표어는 일반적으로 메이지 시대에 들어와서 일본 사회에 침투하였다고 여겨지지만, '부국'이라는 측면은 실질적으로는 후퇴하고 있는 실정이다. '부국'과 관련해서 구체적으로 어떠한 정책이 존재하는지, 그리고 어떤 부분이 제대로 작동하지 못하는 것인지에 대해서 생각해보자.

2. 하천, 철도, 항만사업에 대한 중점적 투자

다음으로, 앞 절에서 살펴본 흐름을 바탕으로 당시의 건조환경 정비사업에서 주된 역할을 했던 하천·철도·항만사업에 대해서 한층 상세하게 고찰해보도록 하겠다.

하천, 항만 수축사업의 효시

건조환경 정비와 법률적인 관계를 가진 법적 기준을 최초로 설정한 것은, 1873년 실시된 하항도로 수축규칙(河港道路修築規則)이었다. 인프라 관리주체의 공백을 해소하기 위한 이 법제는, 특히 에도 시대부터 대규모의 토목사업으로 자리매김해 온 **치수사업**에 대한 직할공사제도의 단서를 열어 주었다.

이후 제정된 중요한 법제로는, 1896년의 하천법과 97년의 사방법을 들 수 있다. 하천법은 내륙수운교통을 중시하는 저수공사(低水工事)[1]와는 차별되는 것으로, 관리와 비용부담의 원칙 확립이라는 토대 위에 견고한 제방 건설을 핵심으로 하는 고수공사(高水工事)[2]에 중점을 둔 것이었다. 동시에 하천 부지를 관의 소유지로 편입하여 경계짓는 한편 치수에 관한 모든 사적 권리를 배제하여, 관련 업무 전반이 내무대신의 행정권에 집중되도록 하였다. 즉, 국가가 치수사업에 대한 권한을 장악한 것이다.

이 무렵, 하천 부지 뿐만 아니라 입회지, 공유지 및 산림과 미개척 벌판 등 작용공간으로의 이용이 조방적으로 이루어지던 공간 또한 국유지로 편입되어 점차적으로 경계지어지면서, 주민들은 에도 시대부터 자신들의 신체와 자생적으로 이어져왔던 공간으로부터 소외되기 시작했다. 이러한 토

---

1) 강물이 최저(最低) 수량(水量)일 때에도 배가 다닐 수 있도록 일정(一定)한 너비와 깊이를 유지하기 위한 하천 공사(역주).

2) 하천의 범람으로 인한 홍수를 예방하기 위한 하천공사(역주).

지수탈에 대해서 전국 각지에서 국가를 상대로 한 소송이 제기되었지만, 대부분 원고패소로 끝났으며 토지수탈은 그 정당성을 강화받게 되었다.

항만 분야에서는 내해 해운의 거점 마련을 위하여 미야기(宮城)현 노비루(野蒜), 구마모토(熊本)현 미스미(三角), 후쿠이현 미쿠니(三國) 등지에서 중앙정부 직할의 항만정비가 이루어졌으며, 기업 공채를 이용한 거점개발 형태의 총합개발 프로젝트가 시행되었다. 하지만 이러한 사업들은 사업 추진을 위해 초빙된 외국인 기술자·전문가 및 소수의 일본인 기술자들에 의한 작품이라는 성격이 강하였으며, 경제성이나 규모의 측면에 대한 고려는 부족했던 만큼 큰 성과를 거두지 못했다.

철도 네트워크

일본 중앙정부의 정책전환기라고 할 수 있는 1880년대에 접어들면서, 철도가 우선시되었다. 철도는 '국시'로 지정되어 가장 중요하게 여겨졌으며, 1880년대의 사철(私鐵) 건설 붐을 거치면서 국토의 공간통합에 대한 중요한 역할을 해내게 되었다.

〈그림 7-2〉에 나타난 것처럼, 1890년대부터 1900년대까지 이루어진 민간의 자본투자는 거주용 주택건설에 이어 사철(私鐵: 민간철도)가 약 30%를 점하면서 2위를 기록하였다. 철도에 대한 관심 증대 및 실제로 보여준 효과는, 국유철도의 노선 연장과 맞물리면서 여러 유형의 철도론을 낳았다. 이는 철도 네트워크를 어느 정도로 구축할 것인가와 관련된 공간통합의 다양한 이론 및 그와 관련된 여러 쟁점을 야기하였다. 이 중에서도 특히, 경제적 운송수단으로서의 철도와 군사적 수송수단으로서의 철도라는 대립적인 성격이 존재했다는 사실을 잊어서는 안된다.

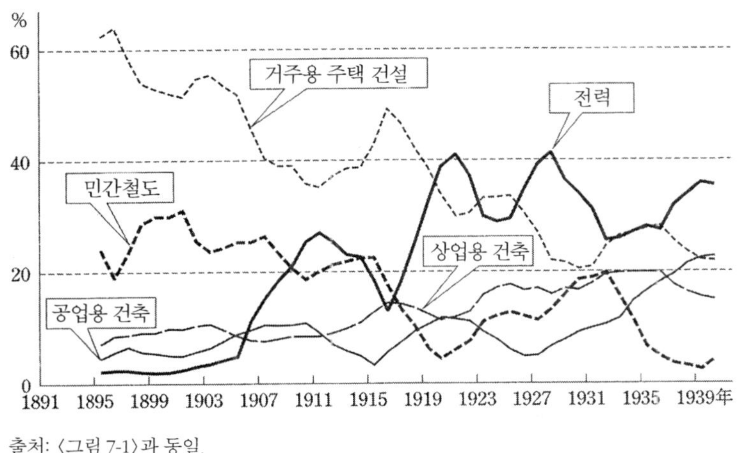

출처: 〈그림 7-1〉과 동일.

경제적 운송수단으로써의 철도기능에 대한 논의는 1891년 당시 철도대신 이노우에 가쓰(井上勝)의 '철도정책에 관한 논의(鉄道政略二関する議)'를 효시로 하며, 군사적 수송수단으로써의 철도기능을 대표하는 것은 1888년 일본군 참모본부가 발표한 『철도론(鉄道論)』이었다. 일본 육군은 혼슈 종단철도 구상을 제안하는 한편 이를 토대로 중앙선과 오우선(奥羽線) 등의 철도노선 건설·확충을 강력히 주장했지만, 산악지대를 관통하는 데 소요되는 거액의 건설비용 대비 경제효과를 의문시한 경제적 철도이용론자들의 주장에 굴복하여 그들의 의도를 실현시키지 못했다. 그럼에도 불구하고, 1906년 철도 국유법이 제정될 때까지 철도정책의 주도권은 육군, 철도청, 경제계의 사이에서 제자리를 잡지 못하고 있었다.

1892년 공포된 **철도부설법**(鐵道敷設法)은, 장기간에 걸친 관 주도의 전국적인 철도망 확장이라는 방침을 애초부터 명시하고 있었다. 그러나, 이는 사유철도의 존재 및 그 확충에 의해 유지되는 것이기도 하였다. 이후 1906년 철도국유법이 공포될때까지 사유철도 소유의 간선철도 역시 국유화되면서,

국유철도에 의한 공간통합 네트워크의 정비에 박차가 가해지게 되었다.

전력사업에 대한 투자

최대 규모의 민간자본 배출구였던 간선철도가 국유화되면서, 이와 관련된 자본의 투자는 대도시 주변의 단거리 교외철도 부설에 집중되었다. 이러한 교외철도 회사들은 대개의 경우 선로에 연하여 건설되는 전등 사업도 겸업하였다.

대규모의 자본투자 역시 전력생산에 집중되었다(〈그림 7-2〉 참조). 마침 1907년에는 야마나시(山梨)현 고마하시(駒橋) 수력발전소에서 생산한 전력을 도쿄 시내까지 송전하는, 일본 최초의 본격적인 원거리 송전이 실시되었다. 전력생산이라는 에너지 인프라는 국가개입으로부터 유일하게 자유로운 분야였던 만큼, 다이쇼 시대에 접어들면서 수력발전 분야에서 민간에 의한 전력 네트워크 지배를 둘러싼 경쟁이 이루어졌다. 이후 1938년 국가에 의한 전력통제가 시작될 때까지, 발전지점 확보를 위한 격렬한 경쟁과 송전에 관한 공간통합 네트워크의 조밀화가 이루어지게 되었다.

항만건설 등 장기계획에 입각한 정책

지금까지 살펴본 역사를 되짚어 보면, 1910년대 전반은 철도부설과 항만수축이 일본 각지에서 현실화된 동시에 그 이익이 여러 지역에 거주하는 사람들의 심상으로부터 실체로 전환되었던 계기이기도 하였다. 이러한 시대적 배경은 일본 각지에서 건조환경의 공적 정비를 요구하는 움직임으로 이어졌고, 지방의 이익 창출을 근간으로 하는 지방정치에 반영되게 되었다(☞ p.242).

1870년대 후반의 토목, 1880년대 전반의 철도, 청일전쟁(1894~95) 이후의 학교, 러일전쟁(1904~05) 이후의 수력발전으로 대표되는 것처럼, 각 시기에는 해당 시기 특유의 다양화된 지방의 이익과 욕구가 존재해왔다. 이러한 요구가 조직화되는 동시에 중앙정부에 본격적으로 의식되는 계기가 된 것은, 내무성의 러일전쟁 전후처리 정책이었던 '**전후경영**'의 기간정책이었다.

전후경영에서는 이른바 지방개량운동(地方改良運動)이 하나의 '국시'였다. 이러한 지방개량운동을 하드웨어적인 측면에서 결과적으로 지탱해주었던 것은, 일종의 총합계획적 성격을 갖고 있기도 했던, 건조환경정비와 관련된 장기 계획의 제정이었다.

일본의 중앙정부는 정부 개입의 명분을 장기계획에 반영시키기 위하여, 항만건설과 치수에 중점을 두었다. 1906년 항만조사회 설치 및 제1차 치수계획(10년 단위 계획이었음)의 실시, 그리고 같은 해 이루어진 임시치수조사회의 설치에 의해, 치수 및 항단수축행정의 전국적인 장기계획이 수립되었다.

전국 각지에서는 바다를 향한 지역개발의 거점 확보를 목표로 한 항만 유치·건설 경쟁이 일어났다. 이런 가운데 임시항만조사회는 1907년 항만행정의 지침이 될 '항만 수축의 대 지침'을 지정하여, 중요 항만 14개항, 1종항 4개항, 그리고 2종항 10개항의 시공 계획을 수립·발표하였다. 계속해서 이어진 항만건설 경쟁은 가열차게 이루어졌다. 〈그림 7-3〉에 나타난 것처럼 이 시기 항만건설은 전체 공공토목사업 투입 자본 대비 20% 전후를 차지하여, 하천치수 다음으로 높은 수치를 기록하고 있다. 항만건설의 열풍으로 인해 각 지역에서는 자기 지방의 위신을 걸고 경쟁을 벌이게 되었으며, 항만은 지방의 이익을 지탱해주는 유력한 인프라스트럭쳐가 되었다. 이러한 과정에 의해, 해운에 관련된 공간통합 네트워크가 조밀하게 형성되었다.

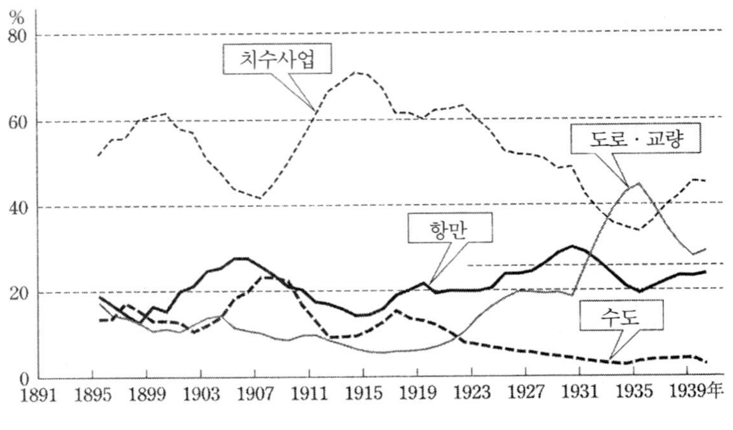

출처: 〈그림 7-1〉과 동일.

치수사업의 장기계획

당시 치수사업은, 중앙정부에 의한 국토에의 투자대상 중에서도 최대 규모였다. 메이지 시대 말기에 이르러, 일본 각지에서 홍수와 침수 피해가 속출했다. 도시집적지 등 일본 경제를 지탱하는 작용공간의 물리적 확보에, 기존의 도시 건조환경을 안정적으로 유지하는 기능을 부여한 것에는, 홍수시의 응급조치에 그치지 않고 하천, 산림, 사방 등을 연관시킨 계획을 채택하여 국토의 자연을 실질적으로 포섭(☞pp.67-8)하는 것이 중요했다. 중앙정부는 이러한 점에 착안하여, 근본적인 치수계획을 수립했던 것이다. 이는 관청 간의 벽을 넘은 총합적인 국토관리계획의 제정을 처음으로 기획한 것으로, 각 정당과 관료계의 파벌들은 소속과 정파를 막론하고 자신의 정당을 대표할 인사들은 물론 관련 기술자들과 지식인들까지 아우른 총합적 조사심의회의 설립이 이루어졌다.

1910년 임시치수조사회는 치수사업에 중요한 방향을 부여하여, 치수는 지방행정의 주역으로 자리매김하게 되었다. 하천도로수축규칙(1873)에 입각한 14개 직할하천 공사와 하천법(1896)에 의한 11개 하천수축공사가 이미 시행 중에 있었지만, 임시치수조사회는 65개 하천공사를 새로이 선정하였다. 1차 개수사업에 의해 20개 하천공사가 우선 착공되었고, 그에 이어 2차 개수사업에서는 45개 하천공사를 실시하는 것을 내용으로 하는 장기계획(제1차 치수계획)이 수립되었다. 이는 치수사업에 대한 청사진을 마련한 사건으로도 인식되고 있다(〈표 7-1〉은 1차 개수사업기의 공사대상 하천 전부, 그리고 2차 개수사업기 공사대상 하천 가운데 1920년대까지 착공된 하천들을 수록하고 있다).

치수사업 대상이 된 하천 등은 유역면적 및 과거 12년간의 수해규모를 고려하여 선정되었다. 이러한 기준에는 생산 및 생활을 위한 작용공간의 확보 및 도시 건조환경과 농경지의 유지, 그리고 이를 실천할 장기적인 비용 절감이라는 의도가 깔려 있었다. 그렇다고는 하지만, 치수공사 대상 하천의 선정 과정을 살펴보면 여러 지역의 하천들을 정부의 개수 대상에 어떤 순위로 포함시킬 것인가에 대한 갈등의 골이 깊어지면서, 하천·산림정책의 통합 및 근본적인 통합적 국토계획의 수립에 관한 논의가 제대로 이루어지지 못했다. 그러다 보니, 애초에 선정될 자격을 충족하고 있던 하천조차 지역 간의 이해관계 대립으로 인해 선정되지 못하고 탈락해버리는 상황이 연출되었다(☞p.300).

관료들에 의해 작성된 국토계획에 대한 마스터플랜이 지역의 이해관계에 민감한 정당정치가들에 의해 부분적으로 왜곡시켜 가는 가운데 국가정책의 구체적인 그림이 그려진다는 도식은, 이 시기에 이미 성립했었다고 보아도 무방할 것이다.

<표 7-1> 제1차 치수사업 대상 하천의 하황(河況), 착공순서 및 공정 상황

하천명	관련 지역	1873년 직할하천 공사 시작년도	1896년 하천법 공사 시작년도	범람 면적 순위	1896-1907 수해피해액 순위	1911년 제1차 치수계획	
						1차 개수사업 시작연도	2차 개수사업 시작연도
이와키강 (岩木川)	아오모리현			15	33	1918	
기타카미강 (北上川)	미야기현	1882		6	8	1911	
아부쿠마강 (阿武隈川)	미야기현	1884		10	15		1919
나루세강 (鳴瀨川)	미야기현			35	28		1917
오모노강 (雄物川)	아키타현			9	7		1917
모가미강 (最上川)	야마가타현	1883		16	16	1917	
도네강 (利根川)	이바라키현, 지바현	1875	1900	1	1	계속	
와타라세강 (渡良瀨川)	도치기현		1910	-	-	계속	
아라카와강 (荒川)	도쿄부			7	9	1911	
다마천 (多摩川)	도쿄부, 가나가와현			34	27		1918
시나노강 (信濃川)	니가타현	1876	1907	1	2	계속	
아가노강 (阿賀野川)	니가타현	1884	8	11	1915		
진즈강 (神通川)	도야마현			25	19	1918	
쇼가와강 (庄川)	도야마현	1883	1900	41	12	계속	
구즈류강 (九頭龍川)	후쿠이현		1900	22	6	계속	
사이가와강 (犀川)	나가노현			-	-		1918
덴류강 (天龍川)	시즈오카현	1884		11	13		
후지강 (富士川)	시즈오카현, 야마나시현	1883		17	5	1920	
오타강 (太田川)	시즈오카현			57	-		1919

오이강 (大井川)	시즈오카현	1885				
기소강 (木曾川)	아이치현, 기후현	1878	1896	4	3	계속
요도가와강 (淀川)	오사카부	1874	1896	3	4	계속
가코강 (加古川)	효고현			38	21	1918
마루야마강 (圓山川)	효고현			55	-		1920
히이강 (斐伊川)	시마네현			23	42	1922
다카하시강 (高梁川)	오카야마현		1907	33	29	계속
요시노강 (吉野川)	도쿠시마현	1884	1907	20	10	계속
지코쿠강 (築後川)	후쿠오카현, 사가현	1885	1896	13	22	
온가강 (遠賀川)	후쿠오카현		1906	44	24	계속
미도리가와강 (綠川)	구마모토현			28	34	1925

주: 1차 개수사업에서 '계속'이라는 표현은, 하천법 지정하천 공사의 계속을 의미함.
출처: 土木工學會 編, 1965, 『日本土木史-大正元年·昭和15年』, 西川.

후발주자가 된 도로사업

일본에서 중앙정부에 의한 장기계획 착수가 가장 늦게 이루어진 분야는 도로사업이었다. 도로법은 1888년 공공도로조례의 초안이 발표된지 32년이 지난 1919년에 이르러서야 공포도었다. 이 법의 공포는, 도로에 의한 국토의 공간통합 네트워크가 국도 및 각종 지방도의 구분으로 구분되는 계층성을 갖게 된 최초의 계기였다. 이는 도로회의관제의 시행 및 재원마련을 위한 도로공채법의 제정, 그리고 제1차 도로개량계획을 통한 국도, 군사도로 및 특정 지방도의 개량사업 등 일련의 신중한 조치를 통하여 완벽한 도로개선사업을 추구한 획기적인 법제이기도 하였다. 1930년대에 접어들어 중앙정부의 도로사업 투자액은 전체 공공토목사업 가운데 40%를 상회하여, 치수

분야를 누르고 1위에 올랐다.

주목할 점은, 지방정부에 있어서는 도로법 시행 이전부터 전체 공공토목사업 가운데 도로사업 투자액이 30%를 상회하여 가장 높은 비율을 점하고 있었다는 사실이다. 이러한 투자액은 부(府), 현(縣), 도(道) 및 도시 내부의 도로정비에 사용되었지만, 도로법 시행 이후에는 이와 관련된 투자액이 중앙정부와 지방정부에서 차지하는 비율이 함께 높아진 것이다.

과제 2. 치수사업, 항만사업, 철도사업의 사례를 살펴보고, 그 건설에 있어서의 우선순위 및 입지의 특징과 관련된 정치적, 지리적 의미에 대해서 생각해보자.

3. 지방이익론에서 2차대전기에 이루어진 계획까지

장기계획의 갱신과 국토공간의 균질적인 포섭

제1차 세계대전(1914~18) 이후 이루어진 1910년대 후반의 호황은, 민간자본의 급격한 상승을 수반하였다. 〈그림 7-1〉에서 살펴볼 수 있는 것처럼, 민간 건설자본은 1920년을 전후하여 전체 대비 점유율 60%를 상회할 정도로 활발히 이루어졌다. 이는 세수의 증대를 의미는 것으로, 자본의 2차순환은 더욱 활성화되었다. 관련 정책들이 차례로 갱신되면서 작용공간과 기존의 건조환경이 보다 확실하게 확보되었고, 공간통합 네트워크의 밀도증대가 시도되었다. 이러한 과정을 통하여 일본의 국토공간의 실질적 포섭이 한층 진전된 것이다.

치수 분야에서는 1921년 제2차 임시 치수 조사회의가 발족하였고, 이에 따라 2차 개수하천공사가 시작되었다. 항만 분야에서는 1922년 지정항만 제도(指定港灣制度)가 제정되고, 1925년에는 임시 항만 조사회가 설치되어 개축대상 항만 및 그 우선순위가 결정되었다. 철도 분야에서는 간선철도가 아닌 지방 철도망의 확충에 의한 '전국 2만 마일론'이 목소리를 높여 갔으며, 1922년 발표된 개정 철도부설법은 중앙정부가 일본 각 지방의 방방곡곡까지 철도를 부설해줄 것을 명문화하였다. 농업토목 분야에서는 경지정리와 개간에만 초점을 맞추었던 관점과 정책에서 벗어나, 1923년 용배수로(用排水路)[3] 간선수로 개량사업 보조예산이 제도화되면서 내무성 담당의 대하천의 수축에 대하여 중소하천 개수에 대한 농상무성의 보조금 지급이 제도적으로 확립되었다.

이렇게 해서 대표적인 건조환경 정비를 위한 장기계획들은 1920년대 초반까지 완전한 골격을 갖추게 되었다. 이는 철도, 항만, 도로 네트워크의 확립 및 강화, 그리고 치수사업에 의한 경제·사회의 작용공간 및 네트워크에 대한 자연적 저해요인의 배제를 어느 정도 확립시킨 계기라고 볼 수 있다.

이는 동시에, 자본의 2차순환이 공간적으로 분배되는 과정이 각 지방의 이익에 보다 강한 영향을 주면서 국토의 건조환경 정비의 균질화가 진행되기 시작한 계기이기도 하다(☞pp.176-8). 메이지 시대에는 개발의 주무대에 등장하는 주체, 개발이념, 대상이 많지 않았던데다 국토개발의 기본방향 설정이 개발 그 자체였던 경우도 있었지만, 다이쇼 시대에는 정치역학과 공간적 균질성에 대한 배려가 한층 강하게 이루어지게 되었다. 이러한 과정 속에서 각지의 지배계급동맹이 자기 지역의 이익 추구를 위해 활용했던 정치력이 매개체가 되면서, 국토영역의 균질성을 추구하는 경향성이 한층 강화되었던 것이다.

---

3) 논이나 밭에 물을 대어주고 빼어주는 수로(역주).

'아전인철'

이와 관련된 전형적인 사례를, 철도에서 찾아볼 수 있다. 철도 네트워크의 정비 방향과 관련해서는, 공간통합의 이론(☞pp.124-5)을 반영하여 네트워크의 밀도를 고도화시킬 것인가, 아니면 기존 네트워크에 포함된 개개의 선분이 가진 용량과 속도를 높일 것인가 하는 2개의 선택지가 존재했었다. 정우회(政友會)[4]의 적극주의를 대표하는 정책으로 일컬어지는 개정 철도부설법은, 네트워크의 고밀도화라는 선택지를 채택하였다.

개정 철도부설법을 이루었던 요소의 대부분은, 지방철도노선과 관련된 것들이었다. 사실 애초에는 철도 건설 및 유지와 관련된 방대한 재원을 어떻게 조달할 것인가의 문제가 불투명하였고 자동차 운송 쪽이 합리적이라고 판단되었던 경우도 있었던데다, 기존의 철도부설법에서 언급되지 않았던 예정노선의 시공순서와 예산분배도 명기되어 있지 않았다. 건설노선의 결정에 정당의 이해관계가 개입되었다는 비판도 뒤따랐다. 결국 철도에 대한 지극히 소박한 열망이라고도 할 수 있는, '지방으로부터의 염원의 목소리, 국민의 소리'로 일컬어지는 일본 전국의 지역사회로부터의 철도건설 요구가 중요한 요소로 떠오르게 된 것이다.

물론 대도시와 급경사 구간의 전철화에 의한 운송의 효율화를 위한 노력도 이루어졌지만, 철도역 및 선로 부설에 대한 열망은 쇼와(昭和: 1926~1989년 사용된 일본 연호-역주) 시대에 접어들어 **'아전인철'**이라는 단어로 묘사될 정도로 강렬했었다. 하지만 철도 부설을 위해 외채까지 발행했던 **정우회**의 적극주의에 대해서는 비판의 목소리도 높다. 민정당(民政黨: 2차대전 이전 정우회와 함께 일본 정당정치의 양대산맥을 이루던 정당. 정식명칭은 '입헌민정당(入憲民政黨)'이었음-역주)을 대신해서 내무성이 운영하는 버스를 도

---

4) 1900년 일본에서 결성된 보수 정당. 정식 명칭은 '입헌정우회(立憲政友會)'였으며, 오늘날 일본 자민당의 모태가 됨(역주).

입하였고, 1933년에는 철도회의에서 지방 철도노선을 중심으토 28개 노선의 개설을 결정하였다. 이렇게 해서 철도 네트워크의 조밀화가 이루어졌지만, 운송효율은 쇼와 시대에 들어서 저하되기 시작하였다.

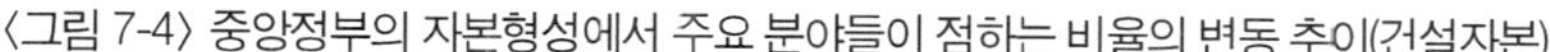
〈그림 7-4〉 중앙정부의 자본형성에서 주요 분야들이 점하는 비율의 변동 추이(건설자본)

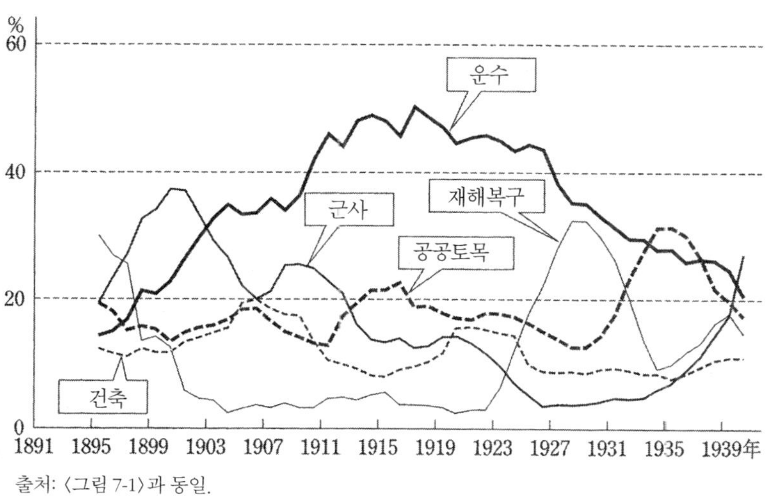

출처: 〈그림 7-1〉과 동일.

근대 일본 정치의 중심사상이기도 한 이러한 **국지적 지배계급동맹**(ruling class alliance)(☞p.242)이 갖는 정치력은, 1920년대의 정당 내각 시대에 확립되었다. 이는 정당정치를 매개로 한 자본의 2차순환이 기능하게 된 단계라고도 할 수 있다. 하지만 각 지역의 이해관계를 기초로 인프라 공급순위 및 규모를 결정한다는 것은, 경제적 합리성과 효율성이라는 관점으로는 쉽게 설명되지 않는다. 1910년대와 20년대에는, 〈그림 7-4〉에서 볼 수 있는 것처럼 철도(운수 항목) 부문이 중앙정부의 건설투자액 가운데 절반 가량을 점하고 있었다.

같은 시기 이루어진 중앙정부의 공공 토목사업 투자를 살펴보면, 〈그림

7-3)에 나타난 바와 같이 치수사업에 60% 이상의 투자가 이루어졌음을 확인할 수 있다. 국시와 국책의 원리에 비추어볼 때 이는 중앙정부의 용인을 받을 수 없는 것이었지만, 정당정치의 관점에서는 이처럼 철도, 치수 등과 관련된 정책이 지역의 이익을 유도하는 데 가장 효과적이었다 보니 아이러니컬하게도 국토공간의 균질한 포섭으로 연결되었던 것이다.

공간의 생산을 둘러싼 정당정치와 총력전 개념의 대립

제1차 세계대전 종전 후 1910년대 후반부터 20년대 초반까지 일어난 호황은, 자본 투자에서 민간 부문의 현저한 확대를 야기했다. 하지만 이러한 민간투자의 확대는, 어느 정도 자립해가던 일본의 자본주의 경제 및 지방경제에 대하여 국가가 경제정책에 개입할 필요성을 본격적으로 자각시켰던 계기이기도 하였다.

1916년의 경제조사회 및 1917년의 임시 산업조사국 설치, 고토 신페이(後藤新平)에 의한 대조사기관(大調査機關)의 설치안의 제출 등은, 제1차 세계대전을 통해 유럽에서 실감했던 총력전 개념이 일본에서도 급속하게 중요시되었다는 견해와 일치한다. 유럽에서 일어난 전쟁의 체험은, 인간과 재화 및 정보를 효율적으로 배치하고 네트워크화하여 동원하는 총력동원 체제를 탄생시켰다. 이러한 총력전 체제는, 일본에서도 중앙정부의 정책과제로 인식되기 시작했던 것이다.

하지만 철도, 치수, 도로, 항만 등 지방의 이익과 결부된 개별 개발정책들은, 앞서 살펴본 것처럼 총동원 체제 실현에 필요한 총합화, 계획화와는 전혀 어울리지 않는 정치과정을 통해서 결정되고 이루어져 왔다. 개개의 국지 지배계급동맹의 이익을 매개로 한 정당정치가 표명하였던 국민의 '최소한의 요구'를 통한 국토공간의 균질화가 가져온 비효율성은, 1929년 이후 일어난 대공황으로 인해 국가의 허용범위를 넘어서기 시작했다.

일본의 정당내각은 1932년 그 종지부를 찍었다. 중앙정부의 테크노크라트 관료들은 이러한 개별 개발정책 남발에 대한 비판의 목소리를 높이면서, 정책의 총합화 및 계획화라는 성격을 강화해갔다. 또한 '행정합리화'를 위하여 테크노크라트의 정책 주도를 요구하는 목소리도 높아져 갔다. 이러한 움직임은, 중앙정부의 관료들이 정당에 의한 지방이익 유도 위주의 정치가 불러온 폐해를 타파한다는 명분 하에서 내놓은, '공간의 재현' 이데올로기의 의사표명이라고 할 수 있다.

여기서 중앙정부 관료들이 주장한 폐해란, 정당정치를 통해서 보다 균질한 건조환경 정비의 도입이 국가재정의 건전화와 모순을 빚는다는 것, 그의 사결정과정이 비합리적이며 비효율적이라는 것, 정당의 세력 확장을 위한 사적 이해관계 주장이 국가의 질서를 파괴한다는 것 등이었다. 이와 같이 공간의 생산과 관련하여 관료들이 내놓은 정당정치 비판은, 정당내각과 정당정치의 종언을 불러왔다. 정당정치의 종언 이후에는, 총합화·계획화의 이데올로기를 토대로 자본의 고도 축적체제에 대한 중앙정부의 직접적면서도 적극적 개입이 이루어져 갔던 것이다.

도시계획

그 시초가 된 것은 도시계획이었다. 공간에 대한 면 개념으로써의 인식에 토대한 건조환경의 통합적 정비가 요구되는 도시계획은, 총합화와 계획화를 현실적으로 받아들이기에 용이한 것이기도 하다(☞p.243). 1919년 공포된 **도시계획법**은 시의적절한 측면은 있었으나 정책형성의 과정에서 보았을 때에는 갑작스럽게 이루어진 것으로 평가되며, 국가에 의한 위로부터의 개입이라는 성격을 매우 농후하게 갖고 있었다. 이는 테크노크라트 관료들이 '내무성-현청-지방 도시계획 위원회'라는 체제를 고수하여 중앙정부의 직접적 개입을 제도적으로 보장했던 것에 기인한 현상이다.

　도시계획 사업은 1920년대 초반부터 6대 도시(도쿄, 요코하마, 나고야, 오사카, 교토, 고베의 6개 대도시를 일컫는 개념으로, 1922년에 제정된 '6대 도시 행정감독에 관한 법률'에 의해 법적으로 규정되었음-역주)를 중심으로 진행되기 시작하였으며, 1923년에는 간토 대지진의 복구사업을 위해 중앙정부 직할의 부흥원이 설립되었다. 이를 통해 육성된 인재와 기술은, 이후 규격화된 매뉴얼에 따른 개별도시에 대한 도시계획의 시행 및 도로 신설·개축사업을 통하여 일본 전역에서 발휘되었다. 그리고 1930년대에는 지방도시 또한 일제히 도시계획 사업에 착수하였다.

　도시계획 사업은 도시의 건조환경을 생산·정비하는 데 불가결한 것이지만(☞p.431), 획일성 및 사업이 시행된 도시 지역에만 혜택이 돌아간다는 문제점, 그리고 수익자 부담의 문제 등도 안고 있어 지방이익 위주의 정치와는 어울리지 않는 정책이기도 하였다.

건조환경의 생산에서 케인즈주의의 대두

　1930년대부터 강조되기 시작한 '행정합리화'를 위하여, 테크노크라트의 지배가 점차적으로 강화되었다.

　국가개입의 일환으로 공공 토목사업이 중앙정부에 의해 직접 시공되었으며, 보조금 정액화의 보급이 본격화되면서 농업 지원을 위한 토목사업 및 시국광구(時局匡救)[5] 사업이 국영으로 이루어지기 시작하였다. 케인즈주의적 국가개입, 다시 말해서 공공투자의 증감에 의한 경기와 인플레이션의 조정이라는 조정형의 국가개입이 나타나게 된 것이다. 이와 같은 국가에 의한 건조환경 생산이 사회문제 해결에 어떻게 관련되었는가에 대해서는, 상충하는 견해가 존재한다. 즉, 이러한 정책이 국가 개입의 강화를 통한 사회문제

---

5) 1930년대 초반 일본에서 시행된 일종의 농촌지원 정책으로, 농촌의 발전 정체와 궁핍을 재정적으로 지원하는 데 중점을 두었음(역주).

해결의 진전을 모색하였던 재정정책이었다고 보는 관점, 그리고 이와 같은 사업들은 국가 독점자본주의적인 성격을 갖고 있었기 때문에 사회문제 해결능력을 가진 것이라고 평가할 수는 없다고 간주하는 관점이 서로 대립하고 있는 것이다(加瀨, 1988).

〈그림 7-4〉를 통해서, 1920년대 후반부터는 재해복구를 목적으로 한 지진재난 부흥사업에 의해 공공사업 부문이 차지하는 비중이 확대되었으며, 1930년대 초반에는 중앙정부에 의한 공공사업 부문의 비중이 급격히 확대되었음을 확인할 수 있다. 〈그림 7-4〉에서 확인할 수 있는 것처럼, 그 중심축을 담당했던 것은 도로 및 교량에 대한 사업투자였다. 중앙정부의 공공투자에 의한 경기부양책이 일본에서 처음으로 시작된 사례인 것이다.

여기서 도로 관련 투자가 우선시되었던 것은, 당시 도로의 효용성에 대한 인식이 활발히 이루어지고 있었음을 보여주는 사례이다. 도로건설은 처음에는 실업자 구제사업의 일환으로 대도시를 중심으로 실시되었다. 하지만 1931년부터는 직할사업이 되면서, 동년의 실업구제 도로개량사업, 1932년부터 이루어진 생산진흥 도로개량계획, 그리고 1933년부터 이루어진 시국광구 도로개량계획 등의 형태를 통해 중앙정부의 직접 개입을 통한 정책으로 계속되었다.

국고보조의 확립

개별 개발정책의 측면에서는 개별 정책들을 통합하는 관점이 모색되면서, 1933년 토목회의관 제도가 제정되었고 이는 '토목회의'의 개최로 이어졌다. 토목회의 개최는, 도로, 하천, 항만 및 기타 토목 관련 중요사항을 조사·심의하는 일본 최초의 통합적·항구적 회의제도의 설립을 의미하는 것이었다. 도로에 관해서는 제2차 도로개량계획이 채택되어 일반국도의 대부분을 정부 직할로 개량하는 한편 지정 지방도에 대한 보조금 지급을 확대함으로써, 중앙정부의 도로정책에 대한 근본적 전환을 시도하였다. 또한 항만의 경우에도 지정 항만개량사업 지원에 관한 방침을 제정하여, 그때까지 지방정부에 경영이 위임되었던 항만들도 국고보조를 받을 수 있는 길이 열리게 되었다. 이는 항만 경영 주체였던 지방정부에 있어서는 획기적인 조치였다.

치수와 관련해서는 제3차 치수계획이 수립되어, 미완성하천의 조기완성 및 24개 하천의 직할공사대상으로의 추가 편입, 그리고 중소하천 개수에 대한 국고보조가 결의되었다. 이렇게 해서 이 시기에는 다수의 공공토목사업에 대한 국고보조가 확립되었으며, 이를 토대로 지방정부가 사업추진에 참가한다는 도식이 성립되었다.

단, 이러한 토목사업은 공업화와의 관련 선상에서 고려된 것은 아니었다. 이러한 사실은 1937년 이후의 총력전 시기에 이르러 명확히 드러나게 된다.

2차대전 이전과 이후의 연속성과 비연속성

이와 같은 2차대전 이전의 총력전 체제는, 2차대전 이후의 토건국가 체제와 어떻게 이어지는가? 이에 대해서는 2차대전 이전과 이후의 연속성과 비연속성이라는 관점을 통하여 살펴보자.

1930년대 후반에는 계획화 및 총합화를 국책으로 하는 법령이 차례로 제정되었다. 1938년 제정된 전력관리법과 일본 발송전 주식회사법(日本發送電株式會社法)을 효시로, 중앙정부에 의한 전력의 국가통제정책이 이루어졌다. 이보다 좀 늦게 시도된 수리 통제정책은, 1940년의 하수통제사업을 시발로 진행되었다. 교통사업과 관련된 부분을 살펴보면 1928년 육상운송행정이 체신성에서 철도성으로 이관되었고, 1931년 공포된 자동차교통사업법은 철도성을 육상교통을 관할하는 주체로 확정하였다. 여기에 효율적인 운영을 추구한 교통통제를 법적으로 규정짓기 위한 교통통제를 법제화하려는 목적으로, 1938년 육상교통사업 조정법이 공포되었다. 도시계획 분야에서는 신흥 공업도시 계획사업(☞pp.438-9) 및 1941년의 주택영단(住宅營團)이 공포되었다. 1940년 설정된 국토계획 요강은 계획에 그친 측면도 있지만, 도시개발, 지역개발에 대한 지방정부와 중앙정부의 본격적 개입을 선언한 것이라고 할 수 있다.

이와 같은 총력전 체제기의 국트개발, 그리고 이를 위한 정책들은, 2차대전후 고도 경제성장기 일본의 정당, 관료, 재계의 연대 시스템의 기반을 조성하였다. 이러한 연대 시스템은, 그때까지의 철도, 치수, 항만 등 개발정책의 개별적 정교화와 관련하여 건즈환경이 '공간의 재현'으로 통합적으로 생산되지 못했다는 측면에서 생겨는 것이었다. 개별 개발정책과 관련해서는 보조금 제도가 마련되고 이것이 가장 영향력있는 해결책으로 자리매김하면서, 중앙집권구조가 강화되었다. 결국 건조환경의 공적 생산을 자본의 대규모적인 2차순환 경로를 통하여 달성해갔던 **토건국가**라는 체제는, 총력전 체제 이전에 근대화가 시작되던 시점부터 존재해왔던 것이다. 그리고 최근까지 이루어진 이러한 공간적 분배의 메커니즘은, 국지 지배계급 동맹이 공공사업 및 그 토대가 되는 보조금 획득을 위해 벌인 경쟁의 결과 국토 전체가 한층 균등한 건조환경을 가진 영역으로 생산되는 2차대전 이전 정당정치의 재판이기도 한 것이다.

과제 3. 정우회와 민정당이 내놓은 건조환경 정비책의 특징에 대해서 생각해보고, 당시의 정당정치에 대해서 논평해보자.

과제 4. 토건국가 시스템의 원형은 총력전 체제에 있다는 관점에 대해서, 구체적인 예를 들어 논의해보자.

4. 전후부흥으로부터 포디즘적 공간편성으로

전후부흥사업

2차대전 후 일본의 건조환경은 연합군의 공습에 의해 전 국토가 고스란히 물리적으로 파괴되었으며, 군비지출에 의해 재정은 파탄에 이르렀다. 이로 인해 2차대전 이전까지 이루어왔던 자본의 제2차순환 구조는 일시에 붕괴되었다.

자금과 자재가 결핍된 가운데 이루어진 전후부흥사업(☞pp.440-3)은, 도시 건조환경 정비라는 관점에서 주목할 가치가 크다. 이는 개별 도시공간 내부에만 착안했다는 점에서, 대규모적인 사업을 위한 대단히 합리적인 계획이라고 할 수 있다. 일본 전국에 소재한 115개의 도시들을 대상으로 통일된 도시계획 매뉴얼을 적용하여, 역전대로, 역전광장 및 전쟁으로 파괴된 도로망의 정비가 토지구획정리사업과 동시에 이루어졌다. 1959년까지 이루어진 도로망 정비는 획일화된 정비였다는 비판을 받기도 하지만, 대규모적인 도시건조환경 정비사업이었다는 점은 분명하다. 하지만 사업의 범위가 전쟁으로 인한 대규모 화재의 피해를 입은 지구에 한정되었기 때문에 이후의 임해지역 및 교외지역개발과의 연계가 충분히 이루어지지 못했고, 미시행지역과의 격차는 오히려 커지게 되었다.

국토총합개발법과 다나카 가쿠에이의 의원입법

국토계획은 2차대전 이전에 이미 그 맹아가 관찰되지만, 그것이 2차대전 이후 본격적으로 이루어지게 된 계기는 1950년 제정된 **국토총합개발법**이었다. 구체적으로 살펴보면, 이는 당시 일본을 점령하고 있던 미국이 본국에서 이루어진 테네시강 개발계획(TVA)를 상정한 모델로 후쿠시마현 오쿠타다미(奧只見) 및 기타가와(北川)강 유역의 하천총합개발 계획이었다. 이는

당시 시급한 과제였던 전력수요에의 대응, 그리고 귀국자의 증가로 인한 식
량증산의 필요성으로 인해 요청되었던 농촌 및 산촌의 재건을 위한 총합적
이면서도 중요한 계획이었다. 하지만 전국 51개 지역 간에 사업 유치를 위
한 쟁탈전이 일어나게 되어, 결국 특정 지역에 대한 총합개발계획으로 선회
하여 22개 사업지구가 지정되었다. 실제 사업은 2차대전 이후의 경제발전
에 원동력이 될 전력개발 분야에 치우치게 되어, 농촌 및 산촌의 진흥이라
는 관점에서 볼 때 총합개발의 이념은 유명무실화되고 말았다. 2차대전 이
전의 정당정치 시대에 나타났던 전국의 균등한 사업지구 지정이라는 정치
역학은, 이렇게 해서 2차대전 이후 얼마 지나지 않아 부활했던 것이다.

　이와 같은 자본의 2차순환을 확립했던 인물이, 1950년대 중의원(衆議院:
미국, 영국 등지의 하원에 해당-역주)을 지냈던 다나카 가쿠에이(田中角榮)
전 일본 수상이었다. 〈표 7-2〉에서 살펴볼 수 있는 것처럼, 그는 자신이 주
도하는 의원입법을 통해 일본 국토의 건조환경 정비에 관련한 다수의 법안
을 성립시켰다. 이 중에서도, 휘발유세를 목적세로 지정하고 도로건설 재원
을 세수로 충당했던 사실은 특히 주목할 만하다. 우선 상술한 총합계획법의
토대가 된 전원개발촉진법(電源開發促進法)과 관련하여, 1952년의 도로법,
1957년의 국토개발종관 자동차도로건설법 등을 입안, 공포시켰다. 동시에
1951년의 공영주택법, 주택금융공고법(住宅金融公庫法)의 개정, 1950년의
건축사법, 1954년의 토지구획정리법, 그 이듬해의 일본주택공단법 등의 주
택·도시계획 분야의 기초법령 또한 입안·시행하였다.

　다나카 가쿠에이는 1947년 중의원 당선을 계기로 정계에 입문하였다. 미
쿠니토케(三國峠)봉[6]을 깎아 계절풍이 간토 평야로 통과하도록 한다면 니가

---

6) 야마나시(山梨)현, 사이타마(埼玉)현, 나가노(長野)현에 걸쳐 있는 고부시가타케(甲武信ヶ
岳, 해발 2475m)산의 연봉. 해발 1820m의 고봉으로, 그 명칭은 세 현에 걸쳐 있다는 뜻에서
유래한다(역주).

〈표 7-2〉 다나카 가쿠에이에 의해 제안·성립된 의원입법(일부 게재)

국회	법률명	공포년월
제7회	수도건설법	1950. 6
	건축사법	1950. 5
	*주택금융공고법	1950. 4
	*건축기준법	1950. 5
	*국토총합개발법	1950. 5
제10회	적설한랭단작지대 진흥 임시조치법(積雪寒冷單作地帶振興臨時措置法)	1951. 3
	공영주택법	1951. 6
제13회	내화건축촉진법	1952. 5
	도로법	1952. 6
	도로법 시행법	1952. 6
	전원개발촉진법	1952. 7
	주택건물 거래업법	1952. 6
	*도로정비 특별조치법	1952. 6
	*특정 도로정비사업 특별회계법	1952. 6
제15회	*농어산촌 전기도입 촉진법	1952. 12
제16회	도로정비비용의 재원 등에 관한 임시조치법	1953. 7
	홋카이도 방한주택 건설 등에 관한 촉진법	1953. 7
	지방철도 궤도정비법	1953. 7
	*항만정비 촉진법	1953. 8
제19회	*토지구획정리법	1954. 5
제22회	*일본 주택공단법	1955. 7
	*아이치(愛知) 용수공단법	1955. 8
제24회	적설한랭지역의 도로교통의 확보에 관한 특별조치법	1956. 4
제26회	국토개발종간 자동차도로 건설법	1957. 4
제40회	다설지대 대책 특별조치법	1962. 4

*: 다나카 가쿠에이가 계획에 참여한 법안
출처: 早坂, 1987.

타현에는 눈이 내리지 않도록 할 수 있고, 산을 깎는 과정에서 나온 토사는 니가타현 사도 지역의 연륙(連陸) 작업에 사용한다는 식으로 '고향'의 풍토에 대한 지역민의 의식을 교묘히 이용한 정책을 통하여, 폭설로 골머리를 앓는 니가타현 농어산촌의 선거구에 거주하는 주민들의 인기를 확보했던 것이다. 농촌과 산촌을 가리지 않는 열정과 다나카 전 수상의 영향력은, 보조금과 공공사업을 통해 현지와의 연결성을 충분히 확보하여 현지의 지배계급동맹의 이른바 '이익대표'로 부상함으로써 **족의원(族議員)**[7]의 원형을 제공하게 되었음을 확인할 수 있다.

다나카 전 수상이 구축한 이와 같은 메커니즘은, 개별적인 성장계획들이 작동하기 시작한 1960년대 중엽에 확립되어 갔다. 공간통합계의 건조환경 정비는, 이러한 메커니즘에 의해 점차 강화되어 갔다(☞p.130).

중화학공업화와 도시·지역개발

고도 경제성장의 가장 튼튼한 기반이 되었던 것은, 임해지역의 공업화를 위한 작용공간과 건조환경 정비 정책들이었다. 그 원형을 살펴보자.

이와 관련된 정책들은, 1950년대 중반부터 2차대전 이전의 설비를 이용하는 형태로 시작되었다. 도쿄만과 수도권 내륙지역, 나고야 및 그 내륙지역, 오사카 등 이른바 '4대 공업지대'와 더불어, 구 일본군 연료저장시설이 있었던 미에현 요카이치(四日市), 야마구치현 도쿠야마(德山), 이와쿠니(巖國) 등지에서 제철, 석유, 화학 등 소저 산업 분야의 대규모 공업시설 유치를 유도하는 정책들이 일거에 이루어졌다.

지역에 기반을 기업체들과 지자체들은, 이러한 사업을 지탱해줄 지역기반 경제의 성장을 추구하는 국지 지배계급 동맹을 견고하게 구축해나갔다. 정치적인 관점에서 살펴보면, 주민들이 지역기반 경제의 성장을 추구하는

---

7) 일본에서 업계의 이익을 대변하는 의원을 통칭하는 용어(역주).

지배계급 동맹에 어떤 형태로든 편입되면서 혁신 정당은 정치적 기반을 상실하게 되어, 개발과 성장을 동일시하는 국지적인 경제전략이 별다른 저항 없이 관철되었다. 집중적인 설비투자와 건조환경에 대한 투자가 이루어지면서, 이후의 신산업도시(新産業都市) 건설 과정에서 관찰되는 거점개발형, 중후장대형의 공장기업 조카마치(城下町)[8]의 원형이 만들어진 것이다.

전국 총합개발 계획

1962년 제정된 **전국 총합개발 계획**은, 이와 같은 개발과 성장을 동일시하는 전략을 **거점개발**이라는 형태로 한층 강하게 추진시켰다. 공간적인 관점에서 살펴보면, **성장거점**(growth pole)으로 일본 전국에 건설된 **신산업도시**에 대한 집중적인 자원분배가 그 파급효과를 통해 주변 경제를 발전시켜 왔다는 논의가 전개되어 왔다. 여러 자원의 적절한 공간적 분배에 의하여, 도시의 과대화 방지와 국토의 경제적 불균형 최소화를 시도할 수 있다는 주장도 제기되었다.

신산업도시는 일본의 여러 지역 가운데 10개소 정도를 선정할 계획이었지만, 일본 각지에서 44개 지역으로부터 유치의 목소리가 제기되면서 이에 대한 정치적 배려도 이루어지게 되어, 결국 15개의 신산업도시와 6개의 **공업정비 특별지역**이 지정됨으로써 전국 각지에 거의 동일한 신산업도시의 건조환경이 공공사업으로 생산되기에 이르렀다. 다수의 신산업도시에서는 항만 및 공장부지의 조성과 더불어 넓은 차선의 간선도로망 및 사원 주거시설이 차례로 정비되면서, 도로 등의 인프라 공급이 대대적으로 이루어졌다.

---

8) '조카마치'란 본래 중세 일본 사회에서 지방 영주인 다이묘의 성 아래에 형성된 마을을 의미하며, 고급 무사들의 저택이나 시장 등이 들어섰다. 여기서는 대규모 산업 시설을 중심으로 한 도시의 형성을 비유하는 표현으로 쓰였다(역주).

이처럼 산업기반이 정비됨으로 인하여, 기업 입장에서는 기업 자체의 경영판단이라는 '보이는 손'을 통해 여러 대안들 가운데 경제적으로 합리적인 입지선택을 자유롭게 행할 수 있게 되었다. 그 결과 오카야마(岡山)[9] 남부, 오이타(大分),[10] 도야마(富山),[11] 다카오카(高岡)[12] 등 소수의 '개발의 우등생'이 등장한 반면, 공장 유치 그 자체에 실패한 신산업도시들도 다수 발생하였다. 그리고 전자의 경우에는 공해, 지역산업과의 연계성 결여 및 농업기반의 파괴 등의, 후자의 경우에는 재정위기라는 부정적 측면이 다수 발생하였다.

이와 같은 공업화 과정은, 동시에 대도시권의 도시화 또한 현저히 진전시켰다. 특히 이케다 하야토(池田勇人)[13] 내각 시기에 접어들어서는, 포디즘적 대량생산·대량소비에 의해 민·관 양자의 주도에 의한 뉴타운의 건설, 공동주택의 대량 공급, 시가지 재개발이 도시권 수준의 공간 스케일에서는 이루어지게 되면서, 2차대전 이전의 수준을 월등히 넘어서는 규모의 도시화가 일거에 실현되었다.

도시공간과 주택개발

후생성에서는 도시 거주 저소득층을 위한 복지시설 제공이라는 의미를 가진 주택정책을 구상했지만, 1951년 제정된 공영주택법은 이에 대하여 사회정책적 소프트웨어라는 측면을 약화시킨 건설성의 의도가 한층 강하게 반영된 주택정책이었다.

대도시의 공영주택은 10% 이상의 주택시장을 점유하였으며, 저소득층을

---

9) 혼슈 서부 오카야마현 현청소재지로, 중화학공업이 발달한 도시임(역주).
10) 규슈 북동부의 공업도시이자 항만도시로, 오카야마현 현청 소재지(역주).
11) 혼슈 중북부에 소재한 공업도시. 도야마현 현청 소재지(역주).
12) 도야마현 서부에 소재한 공업도시(역즈).
13) 1899-1965. 일본의 58-60대 수상(재임: 1960-64)(역주).

위한 주택사업이었던 만큼 입주자의 재산 보유액에 대한 제한을 명확히 설정하였다. 하지만 1955년 창설된 **일본 주택공단**은 공영주택법에서 규정하였던 기준 소득보다도 높은 소득수준의 계층까지 입주 대상으로 포함시켰다. 더불어 단지형 주택의 대량 생산을 통하여, 사람들로 하여금 하얀색 아파트가 줄지어선 뉴타운 건설이 이루어질 것이라는 미래에 대한 기대감으로 부푼 심상을 갖게끔 만들었다. 이는, 도시공간의 차원에서 볼 때 국가가 포디즘적 도시공간 편성에 관여했던 몇 안되는 사례이기도 하다.

한편, 공영주택법과 동시에 제정되었던 주택금융공고법은 주택 거래를 위한 금융을 정부에서 제공한 것으로, 자립적인 개인에게 주택건설을 위임한 것이기도 하였다. 이러한 정책이 교외 지역에 내 집을 마련한다는 목표로 일컬어지는 주택신화를 써 나가게 되면서, 영리추구적 부동산 개발에 주도되는 도시공간 편성이 유도되었던 것이다.

이와 같은 법령은 주택 중심의 기존 도시주택 시장에 결정적인 변동을 초래하였다. 하지만 교외 주택은 정부자금이 적극적으로 투입되지 않은채 소규모 민간자본에 의해 건설된 경우가 많았다(☞pp.445-6). 도시 건조환경의 정비는 가로망 수준에서는 그다지 보급되지 못하였고, 국가에 의한 도시계획의 유도가 이루어지지 못한채 교외에는 '보이지 않는 손'에 의한 무질서한 건조환경 생산이 계속되었다.

과제 5. 그랜드 디자인(grand design) 형태의 전국 총합개발 계획이 실제 지역의 변동에 어느 정도의 영향을 주었는가에 대하여, 독자 여러분이 살고 있는 지역 및 관심이 있는 지역을 주제로 삼아 구체적으로 살펴보자.

5. 장기계획과 공공투자

● 포디즘 체제 하에서의 균질한 국토공간으로부터, 신보수주의에 토대한 불균등한 국토공간으로

2차대전 이후의 공공투자 실태

공공투자액은 1958년부터 석유 위기가 일어난 1973년까지의 이른바 고도성장기에 최저 12%에서 최대 32%의 연증가율을 기록하여, 20% 내외의 증가세를 이어갔다. 국토공간에 대대적으로 투입된 자본의 2차순환의 내역을 살펴보면, 도로 분야는 1965년에는 20%대의 비중을 차지하여 당시의 공공투자의 주역을 담당하였다. 농림수산업, 교육·문화시설에도 대규모의 투자가 이루어졌다(〈그림 7-5〉). 또한 항만, 주택, 하수도, 공업용수, 민간의 설비투자도 증가하였다. 포디즘 체제 하의 공간 생산을 통한 고도경제성장이 절정을 이룬 것이었다.

〈그림 7-5〉 공공투자에서 사업별 비중의 변동추이

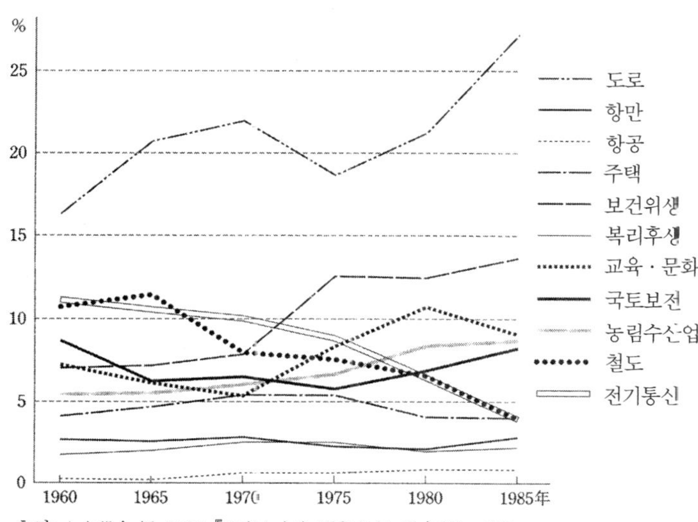

출처: 土木學會 編, 1995, 『日本土木史-昭和41年~平成2年』, 102.

1970년대에 접어들면서 민간설비투자와 공공투자는 역의 관계를 나타내기 시작했다. 공공투자가 경기조정책으로 활용된 것이다. 투자의 내용적인 측면에서도, 도로가 차지하는 비중이 대폭적으로 감소하였으며 항만과 주택 등에 대한 투조의 비중도 감소추세를 보이는 한편, 하수도 등의 비중은 증가하였고 농림수산업과 교육·문화 분야는 안정된 비중을 차지하는 구도가 형성된 것이다. 우선적으로 투자가 이루어졌던 도로와 항만 부문은 고도성장이 종식됨과 더불어 감소하였고, 보건위생 부문 및 농림수산업 부문이 안정적 또는 완만한 증가세를 보이는 경향이 1970년대 후반까지 이어졌다.

공공투자를 지역별로 살펴보면, 고도성장기에는 대도시권이 60%, 지방권이 40%를 점하는 형태의 추이가 이어졌지만, 1970년대 후반부터 80년대로 이어지는 기간에는 지방권에 적극적인 공공투자가 이루어지게 되었다. '지방의 시대'라는 **제3차 전국총합개발계획**의 캐치프레이즈를 토대로 '국토의 균형잡힌 발전'이 국토공간 곳곳에 파급되면서, 국토영역의 물리적인 균질화가 더욱 진전되었다.

임해 공업지대와 뉴타운

도시 지역인 오사카 대도시권에서는, 근린주거구역 이론* 등이 도입되면서 1950년대 후반부터는 수십만 명을 수용할 수 있는 규모의 뉴타운 개발이 시작되었다. 오사카 북부의 교외 지역에 등장한 지사토(千里) 뉴타운은, 주변의 한큐(阪急) 지역을 중심으로 한 민간자본 주도의 양호한 교외주택지의 집적이라는 형태로 이루어졌다. 여기서는 집합주택과 단독주택 건설이 계획적으로 혼재되면서, 화이트칼라 계층이 선호하는 양질의 주택지가 형성되었다.

축적체제의 고도화를 통한 도시 건조환경의 구현을 보여주는 전형적 사례로는, 오사카부 기업국이 그 기획과 실현을 전면적으로 주도하였던 사카이(界)·이즈미(泉)시 북부 임해공업지대의 조성, 그리고 이들 공업지대에 근무하는 노동자들의 주거지로 개발된 센보쿠(泉北) 뉴타운을 들 수 있다. 임해지구와 직접 연결된 고도로 규격화된 광폭도로와 고속철도를 통해 형성된 교통 네트워크는, 얼마 지나지 않아 구릉 지형의 농촌지구에도 출현하였다. 하지만 임해부에 진출한 다규모 철강·석유 기업들이 구릉지대를 끼고 들어서면서, 당초의 계획과는 달리 이즈미기타 뉴타운은 오사카시의 베드타운이라는 성격이 농후해졌다.

오사카시는 1970년에 개최된 만국박람회, 신칸센의 개통, 2개의 뉴타운 건설을 통해 교외와 도심, 그리고 도심 내부에서 지하철 및 고속도로 네트워크를 일거에 정비하였다. 도심부 뿐만 아니라, 특히 신(新)오사카·지사토 뉴타운과 직접 연결되는 남북 교통의 대동맥인 지하철 미도스지센(御堂筋線)을 연한 지역에는, 일대 부도심이 형성되었다. 1960년대부터 70년대에 걸쳐 오사카 대도시권의 남북에 출현했던 근미래적 경관을 가진 양 뉴타운에 대해서, 사람들은 도시성장에 대한 확신 및 그러한 뉴타운에 거주하는 교외생활에의 동경을 품게 되었다(☞pp.445-6, 449).

농업기반 정비의 공공 토목사업화

이어서 농촌 지역에 대해서 살펴보자. 1961년의 농촌기본법, 동년부터 시행된 **농촌 구조개선 사업법**, 그리고 장기계획의 일환으로 토지개량사업을 조직화한 **총합농정**의 등장에 의해 영세농가의 선별 및 겸업농가화가 이루어졌으며, 동시에 농업기반 정비에 대규모의 공공투자가 이루어지게 되었다. 이를 통해 경작지 정비, 농로 정비, 창고 건설 및 간척사업 등이 광범위하게 추진되었다. 농천 경관은 일변하였고, 미작(米作) 중심의 생산기반과 더불어 일본 전역의 농촌은 농업의 생산성과는 무관한 공공적인 건조환경 정비의 혜택을 일률적으로 받게 되었다. 1980년대 이후 농업부문 공공투자의 공공사업화가 현저하게 이루어지면서, 현재에 있어서는 '농촌 정비사업'의 이름 하에 농업의 공공사업은 일반적인 공공사업과 매우 밀접한 위치에 서게 되었다(〈표 7-3〉).

〈표 7-3〉 농업 예산에서 공공사업이 차지하는 비중의 추이

연도	농업예산(억엔)	식량수급 관련(%)	농업기반 정비(%)	일반사업비(%)
1975	20,000	45.9	20.5	21.9
80	31,083	29.3	28.9	29.8
85	27,174	25.6	32.3	28.5
90	25,188	16.1	40.7	26.3
95	34,251	7.9	50.7	27.0
98	25,444	10.6	42.6	32.4

*토목공공사업은 농업기반 정비에 해당함.
출처: 農林水産省, 「農林水産豫算」

1960년대에는 임업기본법, 산촌진흥법, 낙도진흥법, 70년대에는 과소지역 대책 긴급조치법이 제정되었으며, 농어산촌에는 건조환경 정비를 위한 거액의 국가자금이 한층 균질하면서도 충분히 투입되기 시작하였다. 그 결과, 기존의 산촌, 낙도 등 '주변'성이 강한 장소에서는, 거가이농(擧家離農)[14] 정책의 대상이 된 지역을 제외하면 공공사업이 가장 중요한 경제기반 및 고용기회 창출요인으로 자리잡게 되었다. 이때까지 경제생활을 지탱해왔던 1차산업의 붕괴 및 자본의 2차순환에 의해, 신체와 장소와의 결합(☞p.247)이 유지되는 경향이 갈수록 심화되었다.

개별 장기계획의 태동

대도시와 이격된 장소에서의 공업화를 중심으로 한 거점개발, 대도시에서의 포디즘적 도시공간 생산, 도로 네트워크의 기반이 일본 전국에 걸쳐 본격적으로 궤도에 오르게 된 것, 그리고 전국토적인 인프라 정비의 진행은, 〈그림 7-6〉에 제시한 여러 가지 개별 장기계획의 태동을 의미하기도 한다.

---

14) 가족 전체가 농촌을 떠나 도시로 옮겨가는 현상(역주).

<그림 7-6> 사회자본 정비 장기계획의 추이

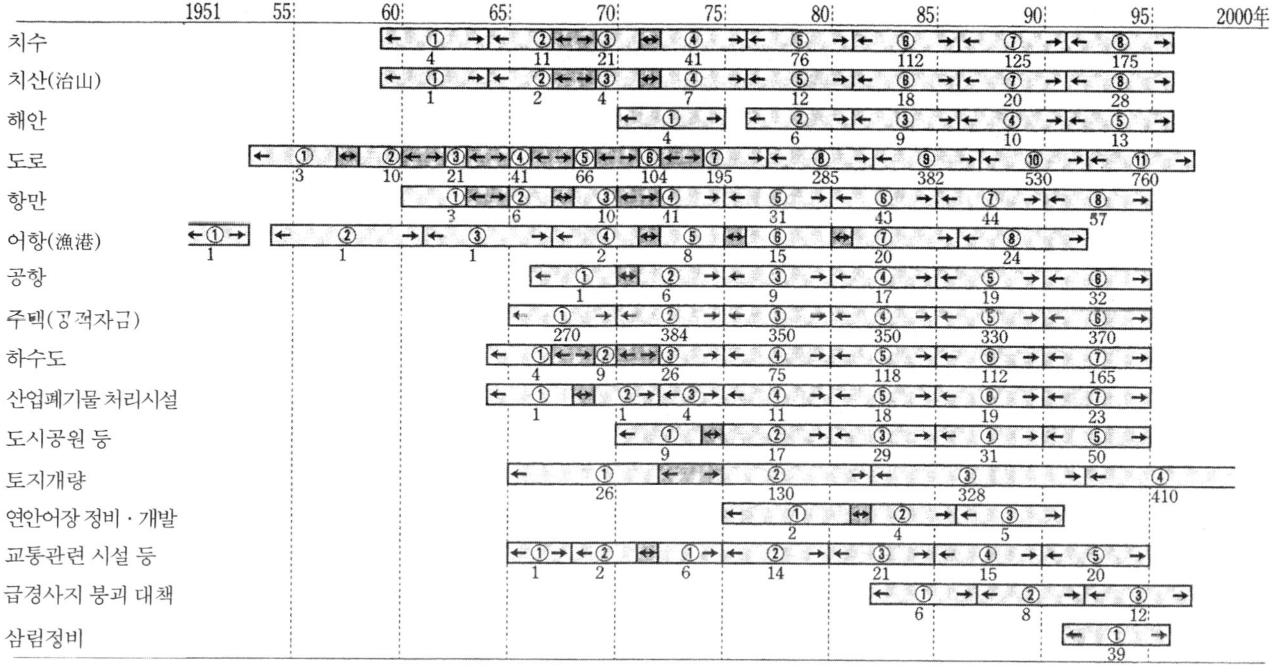

주: 숫자는 투자액, 단위는 천억 엔(단, 주택은 만호). 원문자로 표기한 숫자는 장기계획의 회차를 의미함. 진하게 표시된 부분은 계획의 예산을 앞당겨 사용한 경우를 의미함. 화살표는 해당 계획의 범위를 나타냄.
출처: <그림 7-5>와 동일, 105.

1951년의 제1차 어항정비계획(漁港整備計劃), 54년의 제1차 도로정비계획을 효시로, 60년대에는 개별 장기계획이 다방면에서 일제히 시작되었다. 이 중 상당수가 계획정책의 근거가 되는 법률을 제정하여, 5년간의 계획기간을 설정하였다. 1992년에는 16개의 장기계획이 진행되고 있었다. 이들 장기계획들은 국토총합계획 및 각 경제계획과 정합성을 맺는 가운데 조정되었지만, 국토공간을 밀도높은 건조환경으로 충진시키는 메커니즘은 총합계획보다도 오히려 개별적인 장기계획의 책정과 실시에 가깝다. 도로를 필두로 하여 하수도, 치수, 토지개량, 항만정비의 순으로 공공투자가 이루어졌다.

기본적으로는 5개년 계획으로 시작되었지만, 1960년대에는 소득증대계획을 목표로 5개년계획도 앞당겨 실시되었다. 이 시기에 도로 부문에서는 6회, 항만 부문에서는 2회, 치산치수 및 하수도에서는 1회의 집중적인 조기 실시가 승인되었다(〈그림 7-6〉). 이를 통하여, 건조환경 정비가 얼마나 급속히 이루어졌는가를 이해할 수 있을 것이다.

균질한 국토공간이 생산되다?

이와 같은 공공투자의 결과 유발된 국토공간의 균질화는, 고도성장기 이후의 도도부현(都道府縣)별 주민 1인당 공공투자액 추이를 나타낸 〈그림 7-7〉을 통해서 관찰할 수 있다(특화계수는 해당 도도부현의 전국인구비율이 대한 전국 행정투자액의 비율을 나타낸다).

전국총합개발계획, 신산업도시, 태평양 벨트[15]지대에 대한 집중적인 산업기반 정비가 이루어진 1960년대 공공투자의 초점은, 1965년의 데이터에 따르면 도쿄, 지바, 가나가와 아이치, 시즈오카(靜岡), 오사카 등 대도시권의 중추부, 홋카이도와 일부의 비대도시권(이 중에서도 특히 호쿠리쿠[北陸])

---

15) 일본의 미나미칸토 지방에서 기타큐슈 지방까지를 연결한 일련의 공업지역으로, 일본 공업생산액의 70~80%를 차지함(역주).

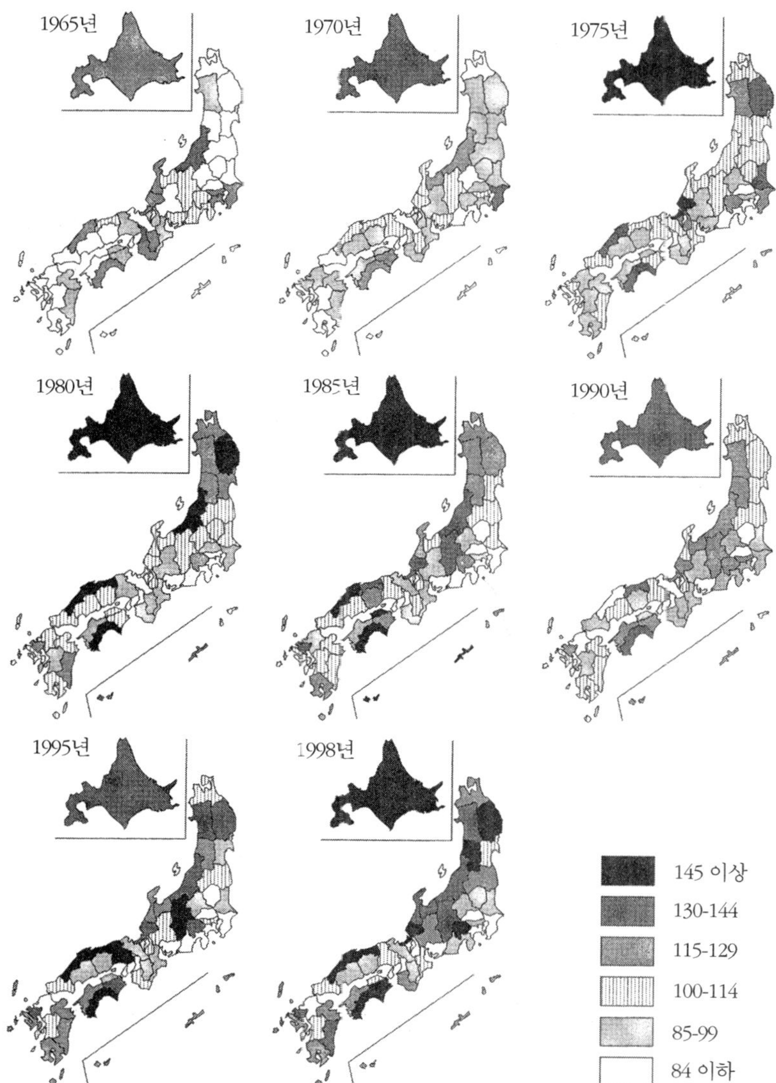

주: 특화계수= (해당 도도부현의 행정투자액/전국 행정투자액)/(해당 도도부현 인구/전국 인구)×100
출처: 自治大臣官房地域政策課『行政投資実績─ 都道府県別行政投資実績報告書』, 해당 연도 발행본.

지방[16]에 맞추어졌으며, 대도시권을 중심으로 한 도시화, 공업화에 대한 기반투자가 주를 이루었음을 확인할 수 있다. 1970년대에 접어들면, 1975년을 정점으로 하는 불황을 계기로 경기회복을 위한 공공투자라는 관점에서 비대도시권에 대한 투자가 급속히 활발해졌다. 1980년대에는 1965년의 데이터와는 정반대의 양상으로, 도호쿠, 호쿠리쿠, 고신에쓰, 산인, 시쿠, 규슈, 오키나와 등 비대도시권의 투자액이 급격히 상승하였다. 이처럼 비대도시권에 중점적인 투자가 대규모로 이루어지는 양상은, 1980~90년대에 지속적으로 이루어졌다.

정책이라는 관점에서 살펴볼 때 이러한 2차대전 이후 이루어진 국토영역 균질화정책의 효시는, 1968년 다나카 가쿠에이의 주도로 발표된 「도시정책대강」이었다. 이는 '도시'라는 명칭이 붙어 있기는 하지만, 실질적으로는 지역개발의 추진을 계획적으로 강조한 것으로 이후 '일본열도 개조론'의 토대가 되었다.

미쿠니토케를 내뚫어 눈을 내리지 않게 하고 사도 지방을 육지와 연결시킨다는 다나카 가쿠에이의 황당무계해 보이는 구상은, 1960년대 후반부터 개별 장기계획이라는 형태의 공공투자 계획으로 착실히 실현되어가고 있었다. 국토의 방방곡곡까지 영향을 미친 이 거대한 자본의 2차순환이야말로, 포디즘의 토대 위에서 국토영역의 균질화와 '재현의 공간'으로의 사회통합을 달성한 경제 시스템에 다름아니다.

이러한 추세는, 록히드 사건[17]으로 다나카 가쿠에이가 실각함과 더불어 정치선전으로는 쓰이지 않게 되었다. 하지만 개별 장기계획들은 이 시기에

---

16) 일본 혼슈 서부의 동해와 접하는 지역으로, 니기타현, 도야마현, 이시카와현, 후쿠이현의 네 현을 일컫는 말(역주).

17) 1970년대 미국의 항공·군수사업체였던 록히드(Lockheed)사가 항공기 판매 로비를 위해 다나카 가쿠에이 당시 수상 등 일본 정부의 고관들에게 총 1천만 달러에 육박하는 뇌물을 수수한 사건. 이로 인해 다나카 수상은 실각하고 투옥되었으며, 자민당 정권에 대한 불신이 초래되는 계기가 되기도 하였다(역주).

완전히 확립되면서, 안정적으로 집권했던 자민당 정권 하에서 브수적인 국지 지배계급 동맹을 강화하고 지방이익을 유도하는 절호의 소재가 되었다. 정당정치가들은 그랜드 디자인을 부분적으로 왜곡하고, 국가의 공공사업이라는 도식으로 확정하여 장기간에 걸쳐 실행하였다. 이를 통해서, 일본에서는 1980년대까지 중후한 건조환경으로 충진되었던 균질한 국토영역이 생산되어 왔던 것이다.

신보수주의와 재정위기

하지만 이와 같은 자본의 2차순환은 자금의 거시적 순환으로부터 무제한적으로 흡수되기 때문에, 결국 위기에 봉착하게 되는 것이다.

부동산 및 리조트 개발로 촉발된 버블 경제가 1991년 붕괴하면서, 일본 경제는 오늘에 이르기까지 불황에서 벗어나지 못하고 있다. 이른바 **불량채권**(non-performing loan) 문제가 초래되어, 유통, 은행, 증권 등의 분야에서 위세를 떨치던 대기업들조차도 도산해버리는 경우가 발생하였다. 자민당을 중심으로 한 여당연합은 이러한 불황을 극복하기 위하여 국채를 대량으로 발행함으로써, 1970년대 후반과 마찬가지로 케인즈주의적인 재정지출에 의한 경기회복을 추구하였다. 이는 대량으로 발행된 국채를 재원으로 하여 세수라는 자금의 입구가 이미 파탄난 자본의 2차순환을 억지로 기능하게 함으로써, 기존의 지역이익 유도형 국토개발전략을 계속 이어간 것이었다.

이러한 자본의 2차순환에는, 세수 외의 수단을 통해서 획득한 자금이 유입되었다. 이는 버블 붕괴 후의 장기불황이 야기한 투자처 없는 대량의 과잉자본이었다. 은행은 이 자금을 통해 국채를 매입하였고, 정부는 국채 발행을 통해 획득한 자금을 더욱 중후한 건조환경 정비 및 '국토축 구상'에 포함된 대규모 고속교통체계 건설에 투입했다. 이와 같은 새로운 자본의 2차순환에 의하여, 과잉자본과 공공투자의 사이에 자금수급의 기묘한 균형이 이

루어졌다. 이 과정을 통한 공적 채무의 잔고가 누적되면서, 일본의 1년 GNP
를 상화하는 수준에까지 도달하였다.

이러한 가운데 등장한 2001년 고이즈미 준이치로(小泉純一郎) 내각은, 구
조개혁 노선과 국채발행액의 축소를 정책으로 내세웠다. 이러한 구조개혁
노선은 앞으로 일본 정치의 향방과 직결된 것으로, 일본의 공간편성에 향후
지대한 영향력을 행사하게 된다고 보아야 할 것이다.

국토계획의 종언?

지금까지 살펴본 것처럼, 일본 전국 방방곡곡에 공공투자의 손길이 뻗어
갈 수 있도록 하는 것을 내용으로 한 이익유도 정치에 공간적인 분배기능을
부여한 자본의 2차순환은 일본의 국토를 균등화시키는 작용을 하였다. 재정
파탄과 하이퍼 인플레이션 등의 경제위기로 인해 이러한 순환이 축소 또는
붕괴가 이루어진다면 이는 곧 '국토계획의 종언'으로 이어져, 결과적으로 국
토공간의 균등한 편성을 가져오는 건조환경의 생산 및 재생산이 정체 상태
에 빠져드는 것을 의미하게 된다.

가령 적극적인 재정 구조개혁에 성공하게 된다면, 투자비용에 걸맞는 편
익을 내지 못하는 공공투자에 대한 대폭적인 축소가 이루어져 기존의 국지
지배계급동맹의 대표가 자기 영역의 이권과 관련된 공공투자를 유도하던
메커니즘은 더 이상 작동하기 어려워질 것이다. 그 결과, 이익유도 정치를
공간적 분배기능으로 하는 자본의 2차순환 역시 대폭적으로 축소될 것이다.
결과적으로, 국토계획은 기능하지 않게 될 것이다(☞pp.185-6).

이러한 경우에, 건조환경이 가진 보수적인 힘이 작동하게 될 것이다. 신
칸센, 고속도로 등 고속 교통체계를 축으로 한 결절공간의 대두는, 일본의
국토공간 편성을 한층 불균등하게 만드는 중요한 요인으로 작용해왔다(☞
pp.128-30). 하지만 이미 건설되어 토지에 각인된 고속 교통망은 그대로 이

용되면서, 신보수주의적인 지역경제의 발판으로써 '보다 효율적으로' 이용될 것이다. 한편 고속 교통체계로부터 소외된 농어산촌에서는 공공사업이 고갈되면서 고용기회가 대폭적으로 축소될 것이다. 공공사업이 곧 산업기반인 낙도나 산간지역에서는 고용기회가 상실되면서, 매우 심각한 과소문제, 이농현상이 초래될 것이다.

이렇게 해서, 농촌 지역에서는 고속 교통체계에 대한 접근을 통한 대도시 및 지방 중핵도시로의 유출이라는 형태의 인구이동이 또다시 발생하게 될 것이다. 도시에서는 실업, 빈곤, 과밀, 범죄, 노숙자문제, 슬럼화(☞pp.453-4) 등의 도시문제가 더한층 심화될 것이다.

하지만 재정난으로 인하여, 정부는 이같은 도시문제에 효과적으로 작용하게 될 안전망(safety net)을 구축하기가 대단히 곤란한 실정이다. 이러한 점에서, '자조노력', '경제적 패자의 자기책임'이라는 시장주의의 냉철한 논리에 대항할 유연하면서도 한층 강화된 아래로부터의 연대된 노력이 더욱 절실히 요구되는 것이다.

과제 6. 〈그림 7-7〉의 단계 구분도는, 공공 토목사업이 이루어진 정도를 공간적으로 표시한 것이기도 하다. 색의 농담차로 단계구분된 여러 지역·사례들 가운데, 어느 지역에 어떤 사업이 반영되었을 것인가에 대해서 구체적으로 살펴보자.

과제 7. 이와 같이, 메이지 시대부터 오늘날에 이르기까지 일본의 건조환경 정비정책에 의해 이루어진 공간편성은, 4장(☞p.186)에서 살펴본 '균질공간'과 '결절공간'의 사이를 시계추처럼 오가는 양상을 보여 왔다. '균질공간'은 어떠한 정치적·경제적 특징을 지닌 시대에 강조되며, 또한 '결절공간'이 강조되는 시대는 어떠한 정치적·경제적 특징을 가지고 있는가? 그리고, 각 시대에 어떠한 건조환경 생산의 이데올로기가 해당 공간편성의 생산에 영향을 주었는가? 시대의 경제적·사회적 특징과 공간편성과의 상호관계에 대해서 정리해보자.

포디즘

자본가 계급은 이윤 추구의 극대화를 위하여 노동자를 심하게 착취하며, 이 과정에서 임금에 대한 무제한적인 평가절하가 이루어짐에 따라 노동자들이 계급투쟁에 나서면서 자본주의는 붕괴하게 된다. ㅡ맑스는 이와 같이 논의하였다. 하지만 실제로는 노동자 대중이 빈곤해지면 시장의 유효수요가 줄어들게 되어, 자본가들이 생산한 상품을 판매할 수 없게 되면서 과잉생산을 원인으로 하는 공황에 직면하게 된다. 혁명과 공황이라는 자본주의의 양대 천적을 한 번에 초래할 저금리정책은 바람직하다고 보기 어렵다. 미국의 자동차왕 헨리 포드(H. Ford)는 이러한 모순을 해소할 묘안을 고안해냈다.

포드가 20세기 초반에 개발한 이어지는 작업의 흐름을 통하여 동일 규격의 차량을 대량으로 생산하는 혁신적 시스템(테일러 시스템)은, 자동차를 대량으로 소비하는 시장을 전제로 한 것이다. 이러한 시장확대는 그전처럼 자동차가 일부 부유층의 사치재로 머물러서는 실현될 수 없다. 이러한 점에서 포드는 일반 노동자들에게도 높은 임금을 제공하고 그러한 소득으로 자동차를 구입할 수 있게 함으로써, 사치재를 대중소비재로 전환시켜 자본의 순조로운 축적이 이루어질 수 있도록 시도하였다. 노동자들의 소득이 높아져 내구소비재를 입수할 수 있을 정도로 생활수준이 향상되면, 이에 따라 노동자들의 의식은 보수화된다. 이는 자본과 임금노동과의 계급 대립을 조정하여 사회통합을 이끌어내는 데에도 효과적이다(☞p.358).

자본이 형성한 상품 시장은, 그들의 착취 대상인 노동자들 사이에만 존재할 수 있다. ㅡ자본가가 단순하지만 중요한 이 패러독스에 주목하게 되면서,

'포디즘' 체제가 시작된 것이다.

'포디즘'이라는 용어의 기원은, 이탈리아의 사회주의자 그람시(A. Gramsci)가 자신의 저작에서 '아메리카니즘과 포디즘'이라는 표현을 활용한 데서 찾을 수 있다. 하지만 오늘날에 들어서는 1970년대 이후 활발히 활동해온 프랑스의 조절이론 학파*(☞p.348)가 제안한, 국민경제 수준에서 자본축적과 사회통합을 동시에 실현하여 자본주의의 안정을 기도한 조정양식, 축적체제의 의미로 사용되고 있다.

조절이론 학파에 의하면, 19세기 자본주의는 노동 시간의 연장과 고용의 확대에 의해 경제성장이 일어나게 되는 외연적 축적체제, 그리고 시장경쟁에 의해 임금이 결정되는 경쟁적 조정양식이라는 특징을 가진다. 여기에 대하여 2차대전 이후부터 1970년대 중반에 이르는 시기에 자본주의 선진국의 경제를 지배해왔던 포디즘은, 규격화된 기계와 비숙련 노동력을 이용한 테일러주의적 기술이 생산을 향상시키고 이것이 실질임금의 상승으로 이어지는 구조를 통하여 대량소비를 가능하게 만든다는 포섭적 축적체제, 그리고 노사 양측의 교섭에 의해 임금을 결정짓는 독점적 또는 관리된 조정양식이라는 특징을 가진다(Lipietz, 1993).

이와 더불어, 조절이론 학파에 따르면 포디즘의 축적체제와 조정양식은 1973년의 석유파동을 계기로 위기 상황에 빠졌으며, 이를 대체할 새로운 경제 체제의 모색이 요청되는 '탈 포디즘'의 시대로 접어들게 되었다. 신보수주의는 이와 같은 상황에서 대두한 것이다.

〈다카키 아키히코〉

참고문헌

有泉貞夫, 1980,『明治政治史の基礎過程』, 吉川弘文館.

江見康一, 1971,『長期経済統計4 資本形成』, 東洋経済新報社.

小川功, 1989,『民間活力による社会資本整備』, 鹿島出版会.

加瀬和俊, 1998,『戦前日本の失業対策ー救済型公共土木事業の史的分析』, 日本経済平論社.

加茂利男, 1993,『日本型政治システムー集権構造と分権構造』, 有斐閣.

Calder, K., 1989, 淑子Calder 訳,『自民堂長期政権の研究ー危機と補助金』, 文藝春秋.

Gramsci, A., 1962, 中村文夫 訳,「アメリカニズムとフォーザイズム」, 山崎功監修,『グラムシ選集』第3巻, 合同出版社.

櫻井良樹 編, 1998,『地域政治と近代日本』, 日本経済平論社.

西川喬, 1969,『治水長期計画の歴史』, 水利科学研究所.

早坂茂三, 1987,『政治家田中角栄』, 中央公論社.

松浦茂樹, 1992,『明治の国土開発史ー近代土木技術の礎』, 鹿島出版会.

御厨貴, 1966,『政策の総合と権力ー日本政治の戦前と戦後』, 東京大学出版会.

安場保吉, 1996,「日本経済史における資源ー1800~1940年」,『社会経済学』62(3), 291-312.

Lipietz, A., 1993, 井上泰夫・若森章孝 編訳,『レギュラシオン理論の新展開ーエコロジーと資本主義の将来』, 大村書店.

한국에서의 토건국가 논의

토건국가는 본래 일본을 사례로 발전된 개념이다. 토건국가는 도로, 댐 등을 만드는 건설회사와 유착된 정치권, 정부관료들에 의하여 국가경제에서 토건업의 비중이 비정상적으로 높고, 이로 인해 발생하는 생태계 파괴에 대한 문제의식이 담겨 있는 개념이다. 아래 선도적으로 토건국가를 연구한 정치학자 개번 맥코맥(Gavan McComack)의 인용문을 통해서 일본에서 어떻게 토건국가가 작동하는지를 간명히 보여준다.

> 우선 건설성은 공식적으로 인정되는 카르텔(담합)에 속한 회사들에게 발주를 할당한다. 이들 건설회사는 정기적인 수주가 보장되며, 경쟁을 걱정할 필요가 없다. 공사수주 가격은 초기에 이미 부풀려지기 대문에, 통상 1~3%에 이르는 상납금을 징수당한 후에도 충분히 이윤을 남길 수 있다. 이 돈은 지방 및 중앙수준의 정치조직을 유지하는 데 쓰인다. 또 건설회사들은 적절한 절차를 밟아 건설성 퇴직관료들에게 안락한 일자리를 마련해주거나 재(財), 관(官), 정(政)의 공동이익이라는 마법의 고리를 완벽하게 형성한다(McComack, 1998: 63).

국내서도 일본과 유사한 토건지향성이 나타나는 것을 이해하기 위한 연구가 활발히 전개되고 있다(홍성태 엮음, 2005; 박배균, 2008). 한국에서 토건국가가 출현하게 된 기원은 1960~70년대 '한강의 기적'이라고 불리는 급속한 경제성장이라는 역사적 맥락과 긴밀한 관계를 맺고 있다. 한국전쟁 이후 전쟁으로 인해 사회간접자본들(도로, 댐, 발전소 등)이 파괴되거나 부재한 상황에서 경제발전을 일으키기 위한 최우선적인 과제는 산업활동을 가능하게 하도록 지원하는 사회간접자본의 건설이 급선무였다. 특히, 도로와 같은 물리적 인프라에 대한 막대한 투자는 일본과 유사하게 건설을 담당하는 건설부의 영향력이 강해지게 되었고, 재벌 중심의 건설업체들이 상당한 성장을 하게 되었다.

〈표 1〉 OECD 주요 국가별 GDP에서 건설업이 차지하는 비중(1980~2000) 단위: %

국가 \ 연도	1980	1985	1990	1995	2000
한국	8	7.3	11.3	11.6	8.4
일본	8.9	7.5	9.6	7.9	7.2
독일	7.6	5.9	6.1	6.7	5.2
영국	6.1	5.6	6.7	5	5.2
프랑스	6.6	5.4	5.7	5.2	4.6
미국	4.9	4.7	4.3	3.9	4.4
스웨덴	6.6	5.7	6.7	4.4	4

출처: 한국은행(2004)

하지만 인프라가 전무했었던 경제개발 초창기만 하더라도 건설부와 건설업체들의 역할을 긍정적으로 볼 수 있겠지만, 1990년대 이후 세계화와 정보통신기술의 발달에 따른 한국경제의 재구조화가 필요한 시점에서도 여전히 물리적 인프라에 대한 투자가 상당한 비중을 차지하고 있는 것은 오히려 국가경제의 성장을 발목 잡는다는 비판을 받게 되었다. 〈표 1〉에서 보듯이 한국은 일본과 더불어 국가 GDP에서 건설업이 차지하는 비중이 다른 국가와 비교하면 상당히 높은 것을 알 수 있다. 최근에 한반도 대운하 사업이나 4대강 살리기 사업과 같은 국가주도의 개발정책들이 사회적 논란이 되고 있는 것도 이러한 정책들이 전형적으로 토건지향적이기 때문이다. 더욱 문제가 되는 것은 토건국가가 단순히 중앙정부 수준에서 한정된 문제가 아니라는 점이다. 1960~70년대 국가가 주도한 경제발전의 수혜를 받지 못한 지역에서는 중앙정부가 대운하 사업을 포기하는 결정을 내리는 것과 상관없이 각 지역의 지역정치인, 지역자본, 지역언론, 지방정부들은 운하사업을 유치하기 위한 능동적인 움직임을 통해 토건지향성을 드러냈기 때문이다(황진태, 고민경, 2008).

토건국가를 먼저 경험한 일본이나 최근 국내에서 발생한 건설업과 정치권 간의 부정부패사건에서 확인할 수 있듯이 앞으로 합리적인 경제성 평가에 근거하기 보다는 특정 세력의 경제적 이익을 실현시킬 목적으로 추진되는 국가사업은 세금낭비, 생태계 파괴 등의 부작용이 많다는 점에서 토건국가를 넘어서는 새로운 대안들에 대한 고민이 필요한 시점이라고 할 수 있다.

〈황진태(독일 바이로이트대학교 인구-사회지리학 전공)〉

참고문헌

박배균, 2008, 「한국에서 토건국가 출현의 배경: 정치적 영역화가 토건지향성에 미친 영향에 대한 시론적 연구」, 『공간과 사회』, 통권 31호, 49-87.

한국은행, 2004, 「OECD 국가의 국민계정 주요 지표」, 한국은행.

황진태, 고민경, 2008, 「지역주도의 개발주의 관성에 관한 검토: 한반도 대운하 프로젝트를 중심으로」, 『진보평론』, 제36호, 213-244.

홍성태 엮음, 2005, 『개발공사와 토건국가』, 한울아카데미.

McComack, G.(한경구 외 옮김), 1998, 『일본, 허울뿐인 풍요』, 창작과비평사.

8장

산업집적의 형성을 통한 공간의 물리적 소멸의 시도
로컬리티와 도시를 생산하는 시장기능적 과정

집적한 중소기업 현장에서 이루어지는 기업 간 교류

정보화가 전 세계적으로 진전된다고 하더라도, 거리가 '죽는' 것은 아니다. 일찍이 '일본경제의 이중구조'가 문제시되면서, 중소기업은 그 비효율성으로 인해 부정적으로 인식된 경우가 많았다. 하지만 작은 규모라 하더라도 기업이 산업연관 및 인적결합의 네트워크에 편입된다면, 그 활동에는 변화가 오게 된다. 공간적으로 인접해 있는 기업 간의 거래관계 및 노하우의 전수는, 그 집적지의 경쟁력이 강화되는 요인으로 작용한다. 신보수주의의 토대 위에서, 중소기업의 집적지는 새로이 주목을 끌게 되었다.

이 장에서 공부할 내용

건조환경은 계획의 '보이는 손'에 의해서만 생산되는 것이 아니다. 도시공간을 생산하는 또 하나의 원동력은, 시장의 '보이지 않는 손'이다. '탈산업사회'라는 단어의 이면에 자리하여 도시의 활동을 담당하면서 그 성쇠를 결정하는 최대의 요인은, 바로 도시의 산업활동이다. 최근 들어 산업집적이 높은 관심을 불러일으키게 된 것도, 도시에 있어 산업이 이같은 역할을 하기 때문인 것이다. 거리의 부정 및 경제활동에 있어 인격적인 공동사회의 유지ㆍ발전이라는 2개의 요인으로부터, '글로벌 수렴'으로 불리는 오늘날 세계에서의 집적이 이루어지는 것이다. 이것이 국지노동시장과 맞물리면서 도시공간을 형성하게 되면서, 신보수주의 체제 하에서 국가와 비견되는 비교우위를 가졌다고도 논의되는 공간적 단위로 자리매김하는 것이다.

본 장에서는 제2장에서 살펴본 가리감소효과의 개념을 연결성의 개념과 관련지어 이론적ㆍ구체적으로 살펴보고자 한다. 공정 간의 연결성이 시장 경유를 통해 이루어지거나 복잡한 경우, 또는 소규모이거나 다양하게 이루어지는 경우에는 단위거리당 연결성 비용이 높아지면서 집적이 촉진된다.

앞 장에서는 건조환경의 공간편성이 생산되는 과정을, 정부 주도의 공공
사업의 하나라는 측면을 중심으로 살펴보았다. 하지만 자본주의 경제의 기
본을 이루는 것은, 그 지배적 경제질서라 할 수 있는 자본주의 기업경영자의
'보이는 손' 또는 시장기구의 '보이지 않는 손'에 의하여 이루어지는 생산활
동과 관련된 '공간의 재현'의 생산이다. 본 장에서는 이와 같은 세계화 속에
서 이루어지는 로컬리티*의 생산과정이라는 측면에서, 산업공간 내지는 산
업집적의 성립에 초점을 맞추어 보았다.

최근 사회과학에서는 '지리학적 전환'이라고 불리는 연구동향이 일어나고
있다(☞p.81-2). 그 중에서도 특히 경제지리학이 주목받게 된 계기로 작용
한 것은, 이 장에서 살펴볼 내용인 **산업집적**(industrial agglomeration)이다.
무엇보다도 크루그먼의 집적이론은 집적의 요인을 '수확체증'에서 찾는 기
존의 경제지리학 및 지역과학의 전제(☞p.206)를 그대로 답습한 것이라, 그
자체만으로는 어떤 새로운 함의를 제공한다고 보기 어렵다. 중요한 것은 이
러한 '체증'이 어떠한 경제지리학적 요건들에 의해 가능하게 되는가, 그리고
'수확체증'이 집적의 유일한 여인으로 작용하게 되는가에 대한 문제를 살펴
봄으로써 오늘날 산업집적이 보여주는 역동적인 메커니즘을 밝히고자 했다
는 데 있는 것이다.

이와 관련하여 미국의 경제학자 스콧(A. Scott)은 계획적인 자본주의의 기
업경영이라는 '보이는 손'과 시장경제에 있어서의 '분업'이라는 '보이지 않는
손' 간의 경제적 경계에 착안하여, 그 경계의 양상과 생산단위 상호를 연결

짓는 연결성의 질적 ·양적 관계를 설정하고 이를 토대로 산업집적을 설명하는 새로운 이론을 도출하였다(Scott, 1996). 본 장에서는 이러한 스콧의 이론을 기초로 하여, 생산활동과 관련된 건조환경과 공간편성의 생산과정 및 이를 통해 이루어진 도시에서의 경제활동이 갖는 효율성, 유연성, 그리고 학습과정을 통한 혁신에 대하여 살펴보도록 하겠다.

1. 분업과 인접성

● 세계화의 흐름 속에서 일어나는 산업집적

먼저, 분업의 상호행위, 즉 경제주체들 간의 연결성(linkage)의 질과 집적과의 관계에 대해서 생각해보자. 집적에 의해 중간재의 시장공간에 어느 정도의 물리적 축소가 이루어질지, 그리고 이로 인한 거리의 소멸이 얼마 만큼의 편익을 창출할지는, 연결성의 질에 따라 상이하게 나타난다. 거리당 연결성의 비용이 높을 경우 집적은 이익을 낳겠지만, 비용이 낮을 경우에는 집적에 의한 이익을 기대하기 어려울 것이다. 이러한 점은 집적이 왜 일어나는가를 설명하기 위해 저술된 본 장을 이해하기 위한 핵심이라고 할 수 있다.

분업, 거리 및 집적

경제활동의 세계화가 이루어지는 가운데, 산업집적은 경쟁력을 제고시킬 하나의 요인으로 인식되고 있다. 세계화의 시대에 접어들어서, 어떤 장소에 기업이 집적한다는 지리적 현상이 '재발견'되는 것은 무엇 때문일까?

자본주의 경제의 기초는, **분업**(division of labour)에 있다(☞Column 3). 산업조직의 관점에서 바라보면, 이러한 분업에는 최고경영자(경영진)를 정점으로 하는 계층조직의 '보이는 손'에 의해 의식적으로 계획·조정되는 기업내조직(☞p.215), 그리고 시장거래의 '보이지 않는 손'에 의해 무정부적으로 형성되는 기업 간 조직의 두 가지 유형이 존재한다. 더불어 지리적 관점에서 살펴보면, 기업 내 분업과 거래의 네트워크는 특정한 사업소를 중심으로 공간적으로 정리되는 경우, 그리고 상이한 사업소이 분단되는 경우로 나누어볼 수 있다.

분업이 성립하려면, 공정 내지는 경제주체 간의 상호작용이 이루어져야 한다. 그렇기 때문에, 공정 전체의 흐름을 분할시키게 되는 부분작업은 거래에 있어서도 공간적으로도 결합될 수밖에 없다. 이 상호작용에 소요되는 비용을 **거래비용**(transaction costs)이라고 한다. 입지론은 거래비용 중에서도 운송비에 지대한 관심을 쏟아 왔으며, 최근 들어서는 정보의 전달도 거래비용의 중요한 요소로 자리매김하고 있다. 정보의 완전성이라는 시장경제의 전제를 장거리를 넘어 실현시키는 데는 막대한 비용과 노력이 필요하기 때문이다.

산업집적은 상대공간을 실질적으로 포섭하여 거래비용을 축소하는 공간적 사회과정의 하나이다(☞pp.123-4). 경제주체 간에 상대공간의 격리를 유발하는 시장공간의 확대가 커지면, 주변부에서 거리조락이 유발하는 행위비용의 절대적 증가가 유발된다. 이는 거래비용을 상승시킨다. 또한 전달된 정보의 내용에 오류가 대량으로 발생하게 되어, 상호행위의 질이 저하된다. 한편 시장공간의 확대가 축소되어 국지적인 공간적 범위에 경제주체의 정돈된 집적이 이루어지면, 이웃효과(p.120)에 의하여 거래비용의 절감이 이루어져 정보의 질 또한 높아진다. 이렇게 해서 특정의 협소한 국지적인 공간적 범위에 다수의 기업체 사업소 및 관련 조직들(예를 들면, 공공 연구소라든가 경제계 단체)가 집증하여 입지하면, 생산 및 정보로의 연계를 통하여 산업의 국지적인 시장을 이루는 산업집적이 형성된다.

어떤 장소에 다수의 기업이 집중해서 입지하면 국지적 시장이 이루어지게 되고, 여기에는 기업 간의 경쟁과 상호의존의 관계가 그에 따라 구축된

다. 다양한 제품, 부품 및 서비스를 타 기업에 의존하게 되는 한편, 기업 간
또는 노동자 간에 기술 및 노하우의 학습이 가능해진다. 더불어 신규 창업이
용이해지면서, 기술을 가진 숙련된 노동자가 풍부해짐으로 인한 비교우위
가 창출로 인해 경제효율 및 제품개발 능력이 향상되어 집적지의 생산 경쟁
력이 전체적으로 강화되는 것이다(☞Column 5).

수직적 통합과 수직적 해체

집적에 대한 고찰이라는 토대 위에서, 노동과정의 수직적 통합과 수직적
해체라는 대립적인 개념이 중요시된다.

수직적 통합이란 원료에서부터 완제품에 이르는 생산공정이 어떤 특정
한 사업소에서 일괄적으로 이루어지는 것을 의미한다. 또한 수직적 해체란
생산공정이 세부적으로 중간재의 각 생산단계로 나누어지는 것을 의미한
다. 예컨대, 핀을 한 사람의 숙련공이 원료로부터 제품까지 일괄 생산하는
것이 수직적 통합에 해당하며, 아담 스미스가 『국부론』의 모두에서 묘사한
것과 같이 여러 공정으로 분할시켜 생산하는 것은 수직적 해체에 해당한다
(Smith, 1969: 68-80)(☞pp.76-7).

우선, **수직적 통합**(vertical integration)으로의 경향은 상이한 공정을 동일
기업의 동일 사업소 내부에서 이루어지게 함으로써 거래 및 생산비용의 절
감이 가능한 경우 발생한다. 또한 한 사업소의 경영관리 과정이 직접 이루어
지게 되어 사업범위가 증가함으로써, 업무의 통합에 의해 불확실성을 제거
할 수 있는 경우에도 수직적 통합이 일어나게 된다. 신고전주의에서 전제하
는 정보의 완전성은 현실적으로 충족되지 않으며, 시장에서의 거래에 관계
된 사람들은 균일하게 정보를 획득할 수 없기 때문에, 이러한 정보의 비대칭
성을 제거하려는 시도로부터 수직적 통합이 발생할 가능성이 높다. 거꾸로,
기업 고유의 노하우 및 기술적 보완성이 거래에 포함되어 있어 이러한 정보

가 시장에 누출되는 것이 경쟁 기업에 유리하게 작용하는 것을 꺼리게 되는 경우에도 수직적 통합이 이루어진다. 또한 제조업에 있어 자사가 개발한 공작기계를 활용함으로써 경쟁상의 우위를 점할 수 있는 경우, 선철생산 및 철강생산과의 관계와 같이 장거리의 중간재 이동이 에너지 손실을 야기하는 경우 등에 있어서도 수직적 통합에 대한 유인이 발생하게 된다.

그렇다면, **수직적 해체**(vertical disintegration)로의 경향은 어떤 경우에 발생하는가? 우선 중간재 및 개별 업무에 생산의 최적규모가 상이한 경우, 각 공정에 대한 수직적 해체가 이루어지게 되면 개별 공정에 대한 최적규모의 생산이 가능해져 효율성이 제고된다. 특히, 다수의 기업에 중간재 및 서비스를 제공함으로써 규모의 경제가 태동하게 되는 경우에는, 이에 대한 수직적 해체를 통하여 각 공정을 독립된 기업이 담당하는 것을 통하여 최적규모에서의 생산이 이루어지게 되면 보다 효율적인 생산이 이루어지게 된다. 또한 사업소 내부에서 전체 공정을 실행할 경우 효율적 관리가 이루어질 수 있는 업무범위를 넘어서게 되기 때문에 여타의 사업소 및 시장에 일부의 공정을 위임하는 편이 비용이 절감되는 경우에도, 수직적 해체가 이루어지게 된다. 나아가, 분단된 노동시장이 있어 중간제품을 담당하는 기업에 말단조직 노동자가 많이 고용되어 있고 임금도 낮은 경우, 공정의 수직적 해체를 통하여 그 일부를 이러한 기업에 하청을 맡기게 되면 비용 절감이 가능하게 되어 기업은 순종적인 저임금 노동자가 경영에 가져다주는 이익을 누릴 수 있게 된다(☞p.334).

수직적 해체는 경영상의 리스크를 줄이는 데도 효과적이다. 의류산업에서의 인기상품처럼 최종제품 시장의 변화가 격심한 경우에는, 수직적 해체를 통하여 불확실한 부문을 배제할 수 있다면 재고 발생의 리스크를 감소시킬 수 있다. 또한 영화와 같이 성공 여부를 예측하기 어려운 경우, 프로젝트에 소요되는 예산이 크다면 수직적 통합을 통해 생산한 상품이 인기를 얻지 못하여 실패할 경우 해당 기업은 막대한 손실을 입게 된다. 하지만 이를 수직적으로 해체시켜 하청 등 외주(아웃소싱)를 통하여 기업 외부의 조직에 위임하게 되면, 경영상의 리스크를 분산시킬 수 있다.

물론, 분업이 수직적 해체에 의한 세분화라는 방향으로만 심화되는 것은 아니다. 기술의 진보와 변화에 의해 일괄 생산이 가능한 기계가 도입되는 경우, 분업의 축소, 즉 수직적 통합이 이루어지기도 하는 것이다.

분업에 있어서의 시장과 기업

이상에서 살펴본 수직적 통합과 수직적 해체와의 관계를, 산업조직의 관점에서 기업 내부에서 경영자의 '보이는 손'에 의해 이루어지는 공정의 세분화, 그리고 시장의 '보이지 않는 손'을 통해 세분화가 위임되는 경우로 나누어 한 번 더 이론적으로 살펴보도록 하겠다.

작은 규모의 시장을 대상으로 하는 제품은, 생산공정이 숙련공 한 사람에 의해 일괄 생산되는 수직적 통합에 의해 생산되는 경우가 많다. 하지만 시장의 확대에 의해 생산량이 증대되면, 생산공정에는 특화된 전문 업무를 기준으로 하는 수직적 해체가 이루어진다. 다음에 제시한 그림 자료를 토대로, 이와 관련된 역동적인 메커니즘에 대하여 고찰해보자.

〈그림 8-1〉은 어떤 자본주의 기업에 있어 실행가능한 두 종류의 기술을 제시하고 있다. 그 중 첫 번째는 분업을 행하지 않고 분할되지 않은 일괄생산의 노동과정을 이용하여 생산하는 경우이다. y로 표시된 최종재에 관한 평균비용곡선은 함수 $f(y)$로 정의하였다. 수량 $\hat{y}$는 비용이 최소가 되는 생산수준이며, 그 평균비용은 a^*이다. 두 번째는 기술적 분업이 이루어지는 경우로, 최종재 y는 두 단계의 공정으로 나뉘어진다. 첫 번째 공정에서는 x라는 양을 가진 중간재가 생산되며, 이는 두 번째 공정에 대한 투입물로 작용하여 y라는 양을 가진 최종재가 생산되는 것이다. x와 y에 대한 평균비용곡선의 함수를 $g(x)$와 $h(y)$로 정의내려보면, 이 두 함수는 분리불가능하며

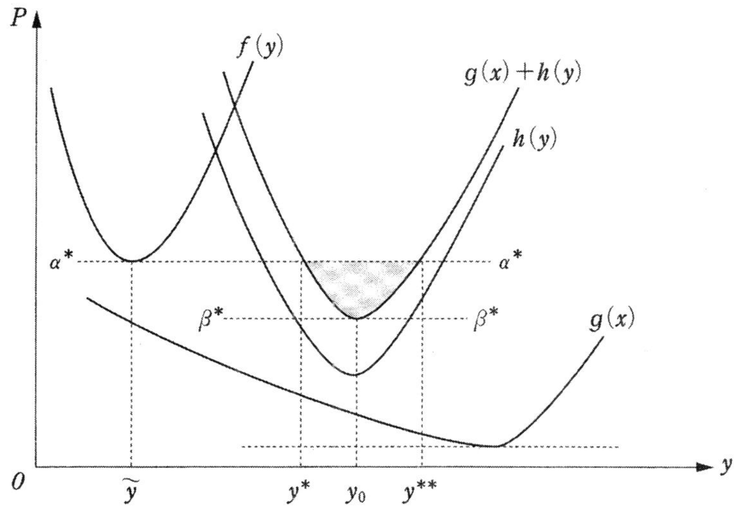

〈그림 8-1〉 수직적 통합과 자사 내에서의 수직적 해체

출처: Scott, 1996: 37(일부 내용 수정).

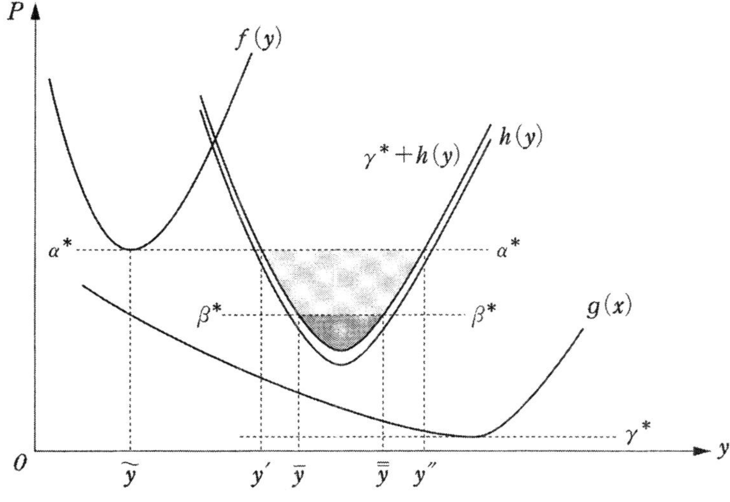

〈그림 8-2〉 타사에서 중간재를 구입하는 경우(시장을 통한 수직적 해체)

출처: Scott, 1996: 38.

가법적인 것이 된다. 이로써 총 평균비용은 g(x)+h(y)가 된다. 〈그림 8-1〉을 살펴보면, y^*에서 y^{**}까지의 구간에는 $g(x)+h(y) \leq a^*$라는 공식이 성립한다. 생산량이 y^* 이상으로 증가하게 되는 경우, 기업 경영자는 분업을 행하지 않는 산업에서 자사 공장 내에서 분업이 이루어지는 산업으로의 전환을 결정하게 될 것이다. 이것이 기업 내 분업의 기본적인 과정이다. 이 경우, 비용이 최소가 되는 최적규모에서 벗어난 y_0에서 중간재와 최종재의 생산이 이루어지게 되어 비효율성이 야기될 것이다.

하지만 이 경우에 경영자는 중간재를 자사가 아닌 타사로부터 시장을 통하여 조달하게 할 수도 있다. 이러한 전략은 x와 y의 최적 생산규모가 크게 상이한 경우에 특히 효과적이다. 이와 같은 경우 중간재 x는 타 기업에서 〈그림 8-2〉의 γ^*로 표시된 최소평균비용으로 생산된다. 그 결과, 최종재 y를 생산하는 데 소요되는 총 평균비용은 $\gamma^*+h(y)$가 된다. $\bar{y}$에서 $\bar{\bar{y}}$까지의 구간에는 $\gamma^*+h(y) \leq \beta^*$라는 공식이 성립하여, 생산이 최적규모를 벗어남에 따른 비효율이 소멸되고 평균비용은 자사 내에서의 분업보다도 더욱 낮아진다. 이러한 산출량에 있어, 다른 조건에 변동이 오게 되면 중간재 조달 경로에는 기업 내 분업에서 기업 외부의 시장으로 전환이 이루어진다.

이러한 점에서, 분업이 자본주의 기업의 내부에서 그칠 것인가 아니면 외부의 시장까지 그 범위를 확대할 것인가의 여부는, 전체적인 비용 절감 효과에 따라 결정된다.

세분화된 업무를 타사와의 거래에 의해 수행한다는 것은, 시장을 통하여 기업끼리의 결속이 이루어짐을 의미한다. 상이한 기업끼리의 연결성에 앞에서 수직적 통합이 이루어지는 이유라고 설명한 바 있는 비용이 부담되는 한편 불확실성이 증가함으로 인하여, 정보의 완전성 또한 유지되기 어렵게 된다. 하지만 이러한 비용부담에도 불구하고, 기업들 상호간의 시장에 대한 의존성에 의해 각 공정들의 비용이 최소화되는 최적규모에서의 생산이 실현되고 생산비용을 전체적으로 절감시킬 수 있다면, 개별 기업들에게는 그와 같은 경영범위를 축소는 한편 시장을 통한 외부의 경제주체와의 관계에 위임하는 편이 더욱 많은 이윤을 창출하게 된다. 이것이 '생산의 '우회성' 강화를 통한 수확체증'(Scott, 1996: 50)이다. 시장거래에 따르는 위험부담과 거래비용을 최소화하기 위해서는, 기업끼리 가능한 인접하여 입지함과 더불어 인격적 신뢰를 함양하여 불확실성을 제거할 필요가 있다. 이러한 점에서, 시장경제의 조직확장이 일어나는 가운데 산업집적이 태동하게 되는 것이다(☞pp.52-3, 123-4).

연결성과 공간적 인접성

연결성의 질은, 산업조직과 분업의 양상에 대응하여 다양한 상대적 규모와 상이한 복잡성을 보이게 된다. 이 상이성이 거래비용의 차이를 유발하여, 입지주체 간의 거리조락(☞p.121)이 상이한 양상으로 나타나게 만든다. 이것이 집적과 분산이라는 입지과정을 규정하게 된다.

우선, 경제주체 상호간의 관계가 소규모이며 표준화되지 않고 불안정함에도 불구하고 시장의 중개를 필요로 하는 경우, 연결성은 공간적으로도 시간적으로도 불안정해지면서 거리에 비례하여 높은 단위당 비용이 소요된다. 이처럼 거리조락이 높은 성격을 가진 분업을 담당하는 소규모 사업소에 있어, 시장의 행위공간은 가능한 협소한 편이 유리하다. 따라서 이러한 유형의 사업소들은 높은 연결성을 요청하는 대상과 서로 인접하여 모이는 형태의 입지를 통하여, 집적에 의한 국제적인 생산체계를 형성하는 경향을 보여주고 있다. 그리고 시간의 흐름과 더불어 수직적 해체가 진행되면, 생산의 우회성이 증대되어 수확체증이 실현되는 한편 국지 생산체계의 네트워크는 협소한 시장의 행위공간이라는 형태 그대로 심화·발전된다.

외주 또는 하청은, 전문화 하청과 가동형 하청의 두 종류로 크게 나누어볼 수 있다. **전문화 하청**(specialty subcontracting)은 발주기업이 갖지 못한 기술을 이용한 전문적인 가공 및 이에 토대한 제품을 외주하는 것으로, 수직적 해체의 한 가지 형태라고도 할 수 있다. 한편, 기술적으로는 발주기업의 자체적인 생산이 가능하지만, 생산능력을 초과한 생산에 대응하기 위하여 실시하는 형태의 외주가 **가동형 하청**(capacity subcontracting)으로, 이는 **수평분할**(horizontal disintegration)로 불리기도 한다. 또한 발주기업이 어떠한 공정을 자사에서 실시하여 생산하는 것보다 외주하는 편이 생산비가 적게 드는 경우에는 발주기업의 능력에 여유가 있더라도 외주를 실시하게 되면서, 수직적 해체와 수평분할의 중간적인 형태 또한 존재하게 되는 것이다. 여기서 살펴본 유형 가운데 어떤 형태가 되었든, 하청의 연결성은 협소한 행위공간 내부에 둘러쳐지게 되면서 산업체계는 한층 복잡한 구조를 취하게 된다. 〈그림 8-3〉은 이러한 국지적 시장권의 네트워크를 나타낸 것이다. 이것이 바로, 이른바 도시를 형성하는 근원적 형태라고도 할 수 있는 **국지적 생산체계**(localized industrial complex)인 것이다.

〈그림 8-3〉 세분화된 국지적 생산체계의 내부에서 이루어지는 외부거래의 네트워크

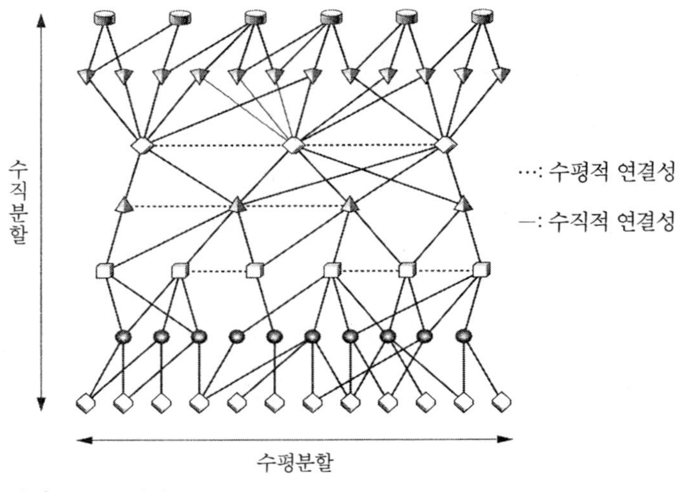

출처: Scott, 1996: 67.

한편, 연결성이 대규모이면서 표준화·단순정형화되어 안정적으로 나타나고, 그러면서도 다국적기업 등의 경영계층조직(☞pp.214-2)을 이용한 관리가 용이한 경우에는, 연결성은 거리에 비례해서 상대적으로 낮은 단위 %당 거래비용으로 이어진다. 이처럼 거리조락이 낮은 성격의 분업을 담당하는 기업이라면, 행위공간은 넓거나 저임금 노동력 시장(☞p.360)이 존재하는 등 기존의 생산의 집적지로부터 거리가 크게 떨어져 있으면서도 그와는 또다른 비교우위를 가진 장소에 입지하는 것이 자유로워진다. 이렇게 해서, 집적과는 반대되는 분산이라는 입지유형이 발생하게 된다(☞pp.362-5).

물론, 집적에 있어서든 분산에 있어서든 원료 및 제품의 운송, 기술자 및 관리직의 인사이동을 위한 교통 허브(☞pp.183-6)에 대한 접근성이 뛰어난 장소에 사업소를 입지시키는 것이 유리하다는 사실은 두말할 나위가 없다.

일본의 중소기업 집적

이제, 수직적 해체가 이루어진 중소기업 집적지의 구체적인 사례에 초점을 맞추어 보자. 클러스터적 생산양식이 탁월한 유연한 전문화(flexible specialisation)를 채택한 중소기업의 네트워크가 경쟁력을 발휘하게 된 '제3의 이탈리아'가 이에 관한 세계적으로 대표적인 사례(Piore and Sabel, 1993)이지만, 일본에서도 흥미깊은 사례들을 다수 찾아볼 수 있다. 이를테면, '대도시형'이라고 불리는 도쿄도의 조난(城南)지역 및 오사카부 히가시오사카(東大阪) 지역의 산업집적, '산지형(産地型)'으로 알려진 니가타현 쓰바메시(燕市)의 금속제 서양식기 생산이나 아이치현 세토(瀬戸)시의 도자기 생산 등의 산업집적(☞p.124)이, 이와 같은 공장 밀집의 전형적인 사례라고 할 수 있다.

최종재를 담당하는 기업과 하청기업 간에는 임금 및 노동조합 조직률의 격차가 존재하며, 분단된 노동시장이 형성되어 있는 경우가 많다. 이 경우, 임금이 저렴한 하청기업으로의 외주는 비용절약을 가능하게 해준다. 일본에서는, 기업규모에 따른 임금격차가 일본경제의 '이중구조론'에 있어서의 주요한 논점 가운데 하나가 되고 있다. 후생노동성이 발간한 『헤이세이 12년(2000년-역주)도 임금구조 기본통계조사백서』에 따르면, 제조업의 경우 '반드시 지급하는 현금급여액'을 살펴보면 기업규모가 1,000인 이상인 경우 398,800엔, 100인~999인의 경우에는 315,200엔, 10인~99인인 경우에는 274,700엔이라는 양상의 규모간 격차가 관찰된다. 생산비의 격차는, 임금격차 및 시간외근무 등과 같은 노동환경 등에 의해서도 발생한다. 가동형 하청의 경우 경기 조정 수단으로 이용되어, 경기침체기에는 발주감소 및 과당경쟁으로 인해 저가화되기 쉬운 측면도 가진다.

하지만 중소기업은 저임금이라는 특징만 가지는 것은 아니다. 중소기업의 성공사례에 대기업이 위기의식을 표면화하기 시작한 1990년대 중반부터, 이러한 중소기업들에 대한 대중매체와 연구소의 주목이 집중되기 시작하였다. 발주자의 다양성, 전문화된 다양한 가공업자들의 광범위한 존재, 유연한 생산조직, 제품개발능력 등은 대도시 중소기업의 특성을 이루는 요소이기도 하다(関, 1995). '대도시형'으로 분류되는 산업집적의 경우 다양한 집적의 이익이 관찰되지만, 여기서 가장 기본적인 중요성을 갖는 것은 지금까지 살펴본 분업과 연결성에 관계되는 요인들이다

히가시오사카시에서 이루어진 조사에 토대한 〈표 8-1〉에서 살펴볼 수 있는 것처럼, 이 지역의 중소기업들 중에는 분업의 한 가지 형태인 위탁가공을 담당하고 있는 사업체들이 많다는 사실을 확인할 수 있다. 또한 〈표 8-2〉에 나타난 수주처와 외주처의 분포를 살펴보면, 후자의 국지적 경향성이 강하게 나타난다. 즉, 외주기업과의 공간적 인접성이 산업집적의 요인으로 작용

하고 있음을 확인할 수 있다. '대도시형' 산업집적의 경우 '요코우케(橫請)'[1] 라든가 '동업 간(仲間) 거래'와 같은 소규모 사업체 간의 수평분할 또한 특징 으로 갖게 되면서, 공간적 인접성에 대한 고려 없이는 이러한 형태의 거래를 설명할 수 없다.

〈표 8-1〉 수직적 통합과 자사 내에서의 수직적 해체

규모	사업장 수	종사자 수	제조업출하액	가공비 수입액	위탁가공 비율
1~3	4,018	8,303	6,437,289	2,775,701	43.1
4~9	3,101	18,197	22,407,532	5,796,627	25.9
10~19	960	13,130	23,726,846	3,880,054	16.4
20~29	470	11,367	24,445,721	3,146,965	12.9
30~49	168	6,557	15,266,535	1,306,465	8.6
50~99	151	10,251	28,832,881	1,415,607	4.9
100~299	54	8,004	22,868,373	405,886	1.8
300+	11	7,042	19,183,836	17,063	0.1
	8,933	82,851	163,169,013	18,744,368	11.5

주: 금액은 만 엔 단위임.
출처: 植田, 2001: 91.

〈표 8-2〉 타사에서 중간재를 구입하는 경우(시장을 통한 수직적 해체)

지역	수주처		외주처	
	응답수	비율	응답수	비율
하가시오사카 시내	3,332	11.4	1,923	41.2
오사카부	7,884	27.0	1,857	39.8
긴키권 내	4,867	16.7	375	8.0
기타 일본 국내지역	12,448	42.7	478	10.2
해외	631	2.2	35	0.7
합계	29,162	100.0	4,668	100.0

주: 긴키권(近畿圈)이란 후쿠이(福井), 사가(滋賀), 교토, 효고(兵庫), 나라, 와카야마(和歌山)를 지칭함.
출처: 같은 책, 93.

---

1) 기술력을 가진 중소기업들이 상호 연계하여 대기업과 동등한 조건에서 계약관계를 맺는 것을 일컫는 말. '橫請'이라는 표현은 대기업과 중소기업의 수직적 관계라는 뉘앙스를 가진 '下請'에 대하여, 수평적 관계를 강조하는 뉘앙스를 가지고 있음(역주).

무엇보다도, 현실의 집적지에 나타나는 산업집적은 집적에 수반되는 비용절감에 기인하는 순수집적 뿐만 아니라, 베버의 **우연집적**(Zufallsagglomeration), 즉 다른 요인에 의한 지리적 범위 내에 기업들이 모여들게 되면서 형성된 경우도 포함하고 있다. 따라서, 집적지에 대해서는 기업수의 동향에만 주목할 것이 아니라 집적에 수반되는 경제적 이익의 내용 및 그러한 이익은 어떠한 형태의 기업활동에 의해 발생하는가의 문제에 대해서 음미할 필요가 있는 것이다.

과제 1. 신문 등에 소개되는 성공한 중소기업들은, 어디에 입지함으로써 집적의 경제가 주는 혜택을 받게 되었는가에 대해서 조사해보자.

2. 국제적 생산체계와 국지노동시장

● 도시공간의 생산

집적지에 있어서는, 기업과 노동자 모두에게 작용공간의 확보가 불가결한 요소로 작용한다. 따라서 집적지에 있어서도 완전한 '일점세계'는 실현될 것으로 보기 어렵다. 자본주의 기업에 노동력을 판매하는 노동력은, 주거지에서 통근해야 한다. 이로 인하여, 산업집적 및 이를 둘러싼 통근권으로부터 성립하는 국지노동시장이 형성되면서, 도시공간의 형태가 드러나게 된다.

국지적 생산체계와 노동시장

앞 절에서 살펴본 산업조직, 분업 및 연결성의 양상은, 성장의 중심과 공간적 집적의 발전을 담당하는 기본적인 변수들이다. 하지만 산업집적과 도시에 대한 보가 심층적인 이해를 위해서는, 집적과정에 있어 중요한 역할을 맡게 되는 **국지노동시장**(local labour market) 또한 중요한 변수토 접근할 필요가 있다.

신고전주의 경제학의 산업집적 이론은, 일반적으로 노동력이 되는 인간이라는 사회적 요소를 중요시하지 않는다. 노동시장은 국지적인 스케일에서 개별적인 상황과 결합하기 쉬운데다 자본과 임금노동이라는 2개의 계급이 충돌하는 장소의 역할을 하기 때문에, 신고전주의 경제학의 집적이론에서는 간과되기 쉬운 주제이기도 하다. 한편 사회학에서의 대도시 연구에서는, 시카고학파의 도시사회학(☞pp.429-32)으로 대표되는 것처럼 사회지구 분석 및 집합적 소비 등 노동력 저생산에 관한 연구에 치중된 측면이 있다. 따라서, 국지적 생산체계와 국지노동시장을 결부시켜 고찰하는 것은, 경제학과 사회학 사이의 가교 역할을 하여 도시공간의 연구를 총괄적으로 실행하기 위한 중요한 관점을 제공하게 된다.

노동자들은 자본주의의 생산관계 속에서 착취를 당하며, 자본과들과 가치생산물을 둘러싼 투쟁을 해나가게 된다. 이와 동시에, 그들은 노동과정의 직접적인 담당자로써 국지적 생산체계의 발전을 맡는 기능을 제공한다. 노동자들은 하나의 경제공간인 도시의 기본형태에 사회공간을 생산하는 '신체'라는 살을 붙여주는 존재인 것이다.

통근이동과 국지노동시장의 분화

경제활동의 세계화가 회자되는 오늘날에도, 사업체에서 근무하는 노동자들의 통근가능한 행위공간은 제한되어 있다는 사실에 주목할 필요가 있다. 고용기회의 장소가 되는 사업체는, 이러한 노동력 수요에 부합하는 노동력 제공이 예상되는 장소에 입지하게 된다. 또한 노동자의 주거지는, 주된 고용기회의 장소에 인접하여 입지한다.

통근의 흐름은 일반적으로 거리조락에 의해 거리에 반비례하며, 근거리

지대에서 원거리 지대로 갈수록 감소한다. 이렇게 해서, 사업체의 집적지를 중심으로 하는 통근의 행위공간인 통근권의 집합을 토대로 국지노동시장이 형성된다(☞pp.180-1).

국지노동시장은 자본에 비해 기동성(mobility)이 낮은 노동자가 일생생활을 해나가는, 노동자의 신체성과 가장 긴밀하게 관련된 스케일의 행위공간이다. 국지노동시장이 상이하다면 노동자들의 상호작용 빈도가 압도적으로 감소하여, 노동의 실천이나 질 등도 상이해지게 된다. 이는, 로컬리티*라는 장소의 특징이 형성되는 것으로 이어진다.

국지노동시장은 노동시장 그 자체의 사회적인 분단과 대응이 이루어지는 가운데, 대도시권 내부에서 한층 세부적인 행위공간으로 분화된다. 미국에서는 이미 클린턴 행정부 시절의 노동부 장관 로버트 라이시가 '우편번호의 지리(ZIP code geography)'라고 시사한 바와 같이, 대도시권에서는 인종, 계급 등에 의한 거주분화가 진행되고 있다. 의무교육에 대해서는 기초 지자체가 기본적인 역할을 맡고 있기 때문에, 빈곤한 지역에서는 교육이 충실하게 이루어지지 못하여 빈자만이 남는다는 악순환에 빠지는 경우도 적지않다.

미국 대도시권에서의 국지노동시장을 다양한 직종별로 비교해보면, 지위가 높다고 인식되는 직종일수록 통근에 의한 거리조락이 약화되고 통근의 행위공간은 확대된다는 사실을 관찰할 수 있다(Scott, 1996). 직장에서 높은 지위를 차지하고 있는 고소득층은 교육환경이 우수한 교외의 특정 고급 주택 지구를 선호하는 경향이 강했으며, 자동차로 원거리 통근하는 데 소요되는 비용을 감수할 수 있는 소득을 올리고 있었다(☞pp.429-32). 이에 대해서, 특히 통근비용을 부담할 수 있는 여력이 적고 행위공간이 협소한 저임금 노동력 및 이를 활용하는 사업체에서는 노동력 공급지에 인접해서 입지하는 현상이 관찰된다. 도심 주변의 이너시티*에 입지하는 노동착취 사업장*

이 대표적인 사례이다(☞p.161). 하지만 경기변동과 교통체증이 격심해지고 있는 오늘날에 들어서는, 돌발적인 경제상황의 변화에 대한 즉각적 대응책으로써 회사의 관리거점에서의 노동시간을 유연하게 신축·변경할 수 있도록 하기 위하여 고소득층의 젠트리피케이션(☞p.229)이라는 차-원에서 건설된 고급 아파트에 거주하게 되는 **도심회귀** 현상도 나타나고 있다.

덧붙여 일본에서는 통근수당 및 이를 유지하는 세금제도가 있고, 또한 부유층이 특정한 고급 주택지를 선호하는 경향이 미국 만큼 강하지는 않기 때문에, 직업의 지위와 소득에 대응한 거리조락의 명확한 차이는 관찰되지 않는다(☞Column 12). 다만, 통학권과 관련하여 살펴보면 미래의 느동시장에서 신분 상승의 기회 확대로 이어진다고 여겨지는 진학률이 높은 명문 고등학교에서는, 타 학교에 비해 통학권에 따른 거리조락이 비교적 약하고 학생들의 행위공간이 넓어지는 경향이 관찰된다.

국지노동시장의 공간적인 분화는 성별이라는 측면에서도 관찰된다. 일반적으로 여성의 통근권에 관한 행위공간은 남성에 비해 협소하다. 여성이 육아와 가사를 담당하는 경우가 많기 때문이다. 비교적 저임금으로 우수한 여성노동력을 활용해온 사무직이나 전화·통신회사의 입지는, 자본이 이러한 협소한 행위공간을 교묘히 이용한 사례라고 할 수 있다.

국지노동시장과 산업입지

국지 노동시장과 산업입지의 관련성을, 북미에 진출한 일본계 자동차회사에 사례를 토대로 살펴보자. 1980년대부터 북미에 진출한 일본계 자동차 조립공장과 부품공장들은 캐나다 온타리오주로부터 미국 테네시주까지의 범위에 걸쳐 있는 지대에 집중하여 입지했으며, 이는 '이식 공장 회랑(transplant corridor)'이라고 불리게 되었다.

일본계 자동차공장은 북미에서도 JIT(Just In Time: 간판방식)를 통한 부품

납입이 이루어질 수 있도록 하기 위하여, 이미 연고지의 부품공장이 집중·집적되어 있는 이같은 '이식 공장 회랑'에 진출하였다. 주요 부품의 납입을 담당하는 일본계 부품공장도 여기에 부응하여 '회랑'에 진출하였다. 국지 노동시장과 국지적 노동비라는 전통적인 입지요인은, JIT의 실행을 위한 조립공장에의 인접성에 비하면 사소한 요인으로 간주되었다.

그럼에도 불구하고, 다수의 부품공장에서 지급한 시급은 조립공장의 2분의 1에서 4분의 3정도였다는 사실에 주목할 필요가 있다. 만약 부품공장의 통근권과 조립공장의 통근권이 중첩된다면 한층 높은 임금을 지급하는 조립공장으로 노동력의 유출이 일어나기 때문에, 부품공장의 노동자 확보에 심각한 장애가 유발될 가능성이 있다. 이 때문에, 부품공장의 입지는 조립공장에서 160km 이내의 행위공간을 확보하여 2시간 이내에 부품 운송이 가능하도록 했으며, 그런 한편으로 노동자들로써는 조립공장이 멀다고 여기게 할 통근권 밖의 입지가 선택되었다. 이로 인하여, 부품공장에서 일하는 노동자들은 상대공간의 거리의 분단에 의해 조립공장이라는 고임금의 고용기회로부터 차단당한 것이었다(☞p.119). 일반적인 다국적기업 이론에서는 고려되지 않았던 로컬 스케일의 공간관계는, 글로벌 생산에 대해서도 적지 않은 의미를 가진다는 사실을 알 수 있다.

노동력의 이동

노동자가 어떠한 직장에서 이직하여 다른 직장에 취업하는 행위를 통하여 직장의 노동자 이동이 이루어지는 과정인 전직 또는 **노동력의 이동**(turnover of labour power)은, 산업집적을 강화시키는 중요한 요인이다.

개방된 노동시장의 토대 위에서 일어나는 노동자의 전직은, 기업조직을 초월한 지식의 순환으로 이어진다. 다음 절에서 상세히 다루겠지만, 집적지 내에서의 학습과정을 통하여 이루어지는 혁신과 효율성 제고는 산업집적이 가져온 경제효과에 해당한다. 노동시장이 개방되고 전직률이 높은 경우, 개별 프로젝트에 네트워크가 연결되면서 실험적인 시도라든가 기업가 활동 등이 촉진되기 용이해진다. 실리콘 밸리는 이처럼 유연한 네트워크에 토대한 산업집적의 대표적 사례이다(☞Column 5).

능력있는 노동자(talent)가 그 사이의 행위공간 속에 모여들어 국지 노동시장을 구성하게 되는 것 또한, 산업집적의 장소로의 고착을 강화시킨다. 예컨대, 미국의 남캘리포니아 지방에는 세계의 주요 자동차회사의 디자인센터가 집적해 있다(〈그림 8-4〉). 이는 노동자를 공급하는 교육기관이 충실하게 작동하는 한편 집적지 내에서의 노동자 전직이 계속적으로 이루어짐으로써, 집적이 심화된 사례라고 할 수 있다.

〈그림 8-4〉 남부 캘리포니아 지역에 소재한 자동차 회사의 디자인 센터

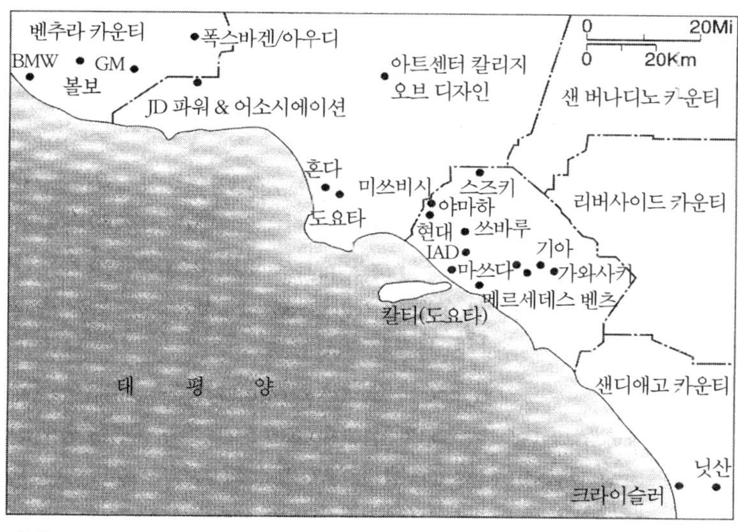

출처: Scott, 2000: 179.

하지만, 노동자의 전직이 경기변동을 기업의 틀로부터 국지 노동시장으로 외부화시키는 수단으로 이용되는 경우도 있다. 노동자의 이동은 경제의

단기적인 순환에 대한 적응을 가능케 해주기 때문에, 고용자와 노동자가 협소한 행위공간 속에서 상호간에 대한 높은 공간적 접근성을 유지할 경우 기업은 경제적 불확실성과 경제의 계절적 변동에 한층 유연하게 대응할 수 있게 된다. 예컨대, TV생산의 집적이 형성되고 있는 미국—멕시코 국경지대의 보세수출 가공지역인 마키라드라에서는, 높은 이직률이 크리스마스 시즌에 절정을 이루는 생산의 계절성을 조정하는 역할을 수행해 왔다. 하지만 최근 들어 마키라드라로의 집적이 진전되면서 고용기회 증대로 인해 재취업이 한층 용이해지면서, 이직률은 월 10%를 상회하게 되었다. 높은 이직률은 기업의 인적자본에 대한 투자의욕을 저하시키는 결과를 유발하여, 단순노무자의 전직이 반복되기만 할 뿐 실리콘밸리와 같이 지식과 기술의 순환으로 연결되지 못한다. 또한 저렴한 인건비로 인해, 기업은 신규 설비투자를 주저하게 된다. 이로 인하여 산업 집적지의 기술혁신은 정체되고, 노동력의 질 또한 단순노동 수준에서 벗어나지 못하게 된다.

살펴본 바와 같이, 노동력의 이동에 관한 개별 국지 노동시장들의 다양한 제도와 관습의 차이는 국지적 생산체계의 양상을 규정하는 요인으로 작용하게 된다.

집적에서 분산으로

생산단위에서의 자본집약화, 재통합, 비숙련화가 진전되면, 분산으로의 움직임이 일어난다(☞pp.331-3). 이는 외부와의 연결성의 질이 단순정형화되거나 외부의 연결성에 대한 의전도 자체가 저하되면서 거리조락이 저하됨에 따라, 산업집적으로부터 벗어나 인건비가 저렴한 장소가 입지장소로 선택되기 때문에 발생하는 현상이다.

분산이 진전되는 이유로는, 중심지 이론이 묘사한 수요공간 확보라는 요인도 있다. 시장규모 확대로 인해 시장이 공간적으로 크게 확대되는 경우에는, 시장을 몇 개로 분할하는 것처럼 사업체를 배치하는 시장영역의 통합(☞ pp.215-6)이 일어나게 된다.

이와 더불어, 집적이 진행됨에 따라 발생하는 외부불경제 또한 분산의 요인이 된다. 토지비용의 상승, 주택부족, 교통혼잡 등의 외부불경제는, 국지적 산업체계의 발전이 과도할 정도로 진전됨과 더불어 그 자체를 부정하는 공간적 메커니즘을 생산하게 된다(☞p.124).

과제 2. 직업(직종), 소득, 성별, 가족구성과 통근형태의 관련성에 대하여 조사해보고, 국지 노동시장과 도시공간의 형성에 대해서 생각해보자.

3. 글로벌 시장경쟁과 집적이 가져오는 우위

● 경쟁의 단위로서의 도시

분업으로부터 집적이 생산된다는 일방적인 흐름의 파악을 통해서는, 산업집적을 둘러싼 경제지리학의 연구가 마무리지어질 수 없다. '경제·사회로부터 공간으로'라는 방향성과 더불어, '공간으로부터 경제·사회로'라는 또 하나의 방향성도 파악해놓는 것이 중요하다. 집적의 존재는, 경제와 사회에 반작용을 가져온다. 즉, 집적의 형성에 의해 사회적 상호작용이 용이해지며, 그 질 또한 높아지게 된다. 한층 다양한 사회적 분업이 이루어져, 집적은 더 더욱 발전해가게 된다. 사회적 분업과 집적과의 관계는 전자로부터 후자에게라는 일방적인 관계가 아니며, 양자 사이에는 사회—공간 변증법이 작용한다(☞p.277). **포터**(M. E. Porter)가 제시한 경쟁우위의 개념이 집적이라는 클러스터의 존재에 크게 영향을 받은 것은, 이와 같이 공간으로부터 사회로라는 반대방향의 관계가 존재했기 때문이라고 해야 할 것이다. 최근의 다양한 사회과학 분야에서 산업집적의 중요성이 '재발견'되고 있는 것은, 산업 집적이 글로벌 경쟁의 단위가 되면서 여러 경제·사회관계의 양상을 규정 한다는 사실이 명확해졌기 때문에 일어나는 현상이다.

클러스터와 경쟁우위

신고전주의 경제학이 전제하는 정보의 완전성과 주체의 합리적 판단은, 집적지의 영역 전체를 작은 행위공간으로 주체가 공유함을 통하여 실현될 수 있는 것이다(☞pp.52-3). 산업집적 및 이와 연결된 행위공간은, 이러한 신고전파의 전제를 가장 충실하게 현실 속에서 재현시킴으로써 글로벌 경 쟁의 단위를 출현시키게 된다.

전 세계적인 신보수주의적 경쟁의 시대에 돌입함으로 인하여 학습경제와 지식경제가 핵심이 되는 오늘날의 경제와 사회에 있어, 산업집적은 **클러스 터**(cluster)로써 다시 한 번 주목받게 되었다. 클러스터는 애초에는 국가 스 케일에서의 비교우위를 가져오는 요소로 여겨졌으나, 최근에는 보다 협소 한 공간스케일에서 상호관련성을 가진 기업 간의 경쟁 및 여러 기관들의 연 대가 일어나게 함으로써 글로벌 경제에 대한 경쟁의 비교우위를 창출시키 는 공간적 단위로 이해되고 있다.

클러스터는 '특정 분야와 관련된 연관 산업, 전문성높은 공급업자, 서비 스 제공자, 관련업계에 속해 있는 기업, 관련기관(대학, 연구소, 산업재단 등) 이 지리적으로 집중해 있어, 경쟁하는 동시에 협동이 이루어지는 상태'이다 (Porter, 1999: 67). 포터는 "새로운 글로벌 경쟁의 시대에 접어들어, 국가(그리 고 도, 시 등 한층 작은 규모의 지역)의 특성은 지금까지와는 다른 요인으로 인 해 기존에 이루어진 것 이상의 높은 영향력을 갖게 되었다. 지역에서의 사업 환경 및 집적이 이루어진 관련 산업의 클러스터는, 생산성 및 혁신, 그리고 경 쟁우위와 관련된 중요한 역할을 담당하고 있다"(같은 책, ii)라고 언급하였다.

산업집적이 비교우위의 원천으로 작용하게 되는 까닭은, 공간적으로 집적한 산업의 집합이 보다 협소한 행위공간에서 밀도와 수준이 높은 연결성을 유발하기 때문이다. 이러한 연결성은 해당 장소에 입지해 있는 개별 기업들에 효율성과 유연성을 부여하고, 이를 토대로 경쟁력을 강화시키는 한편 로컬리티*의 특성을 활성화시키는 혁신활동을 통하여 경쟁우위를 확보할 수 있게 해준다. 로컬이라는 공간 스케일의 중요성은, 〈그림 8-5〉에 다이아몬드의 형태로 제시한 속성들의 실현을 위한 조건이라는 점과도 관련된다.

〈그림 8-5〉 입지의 경쟁우위의 원천(다이아몬드 형태로 표시)

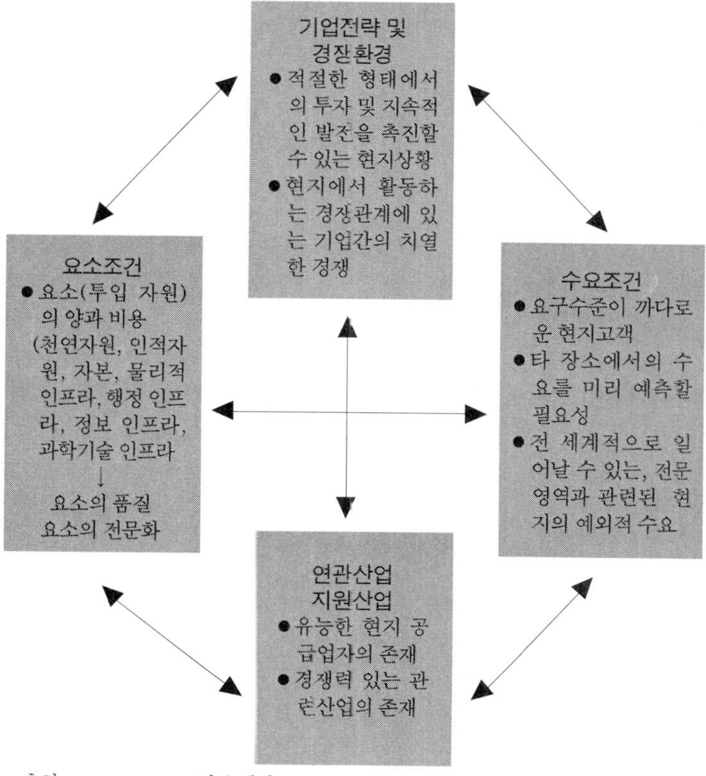

출처: Porter, 1999: 83(일부 개정).

클러스터의 특징은, 〈그림 8-5〉와 같이 4개의 요소를 핵심으로 하는 '다이아몬드' 형태로 표현할 수 있다. 이 다이아몬드의 내부에는 자원, 보조산업, 공공적으로 정비된 인프라의 공공이용이라는 '협력'의 측면, 그리고 동일한 클러스터에 입지해 있는 기업 간의 강한 경쟁이라는 '경쟁'의 측면이라는 두 가지 속성이 존재한다. 이 두 가지 속성에 의해 업계의 정보를 한층 빨리 확보하고 상호간의 직접적인 경쟁 하에 둠으로써, 경쟁기업에 대한 정보와 동시에 높은 효율성을 확보할 수 있고, 그런 한편으로 모방이 아닌 독자적인 차별화 전략을 수립할 수 있게 되는 등, 미시경제학이 암묵적으로 전제했던 내용들이 한층 현실적으로 자리매김하게 되는 것이다(☞p.124).

사업소를 입지시키려면 물리적인 형태를 가진 해외 직접투자가 필요하기 때문에, 일단 개설한 사업소를 폐쇄하는 데는 적지 않은 비용과 시간이 소요된다. 그렇기 때문에 다국적기업은 다양한 차원의 관리 · 생산기능을 동원하여, 연관부문의 경쟁관계에 있는 기업들이 집적해 있으면서 치밀한 분업의 네트워크라는 토대 위에서의 경쟁이 이루어지는 국지적 시장공간인 클러스터로의 계획적인 입지를 시도하게 되는 것이다. 클러스터는 글로벌 공간통합의 허브(☞pp.182-3) 또는 다중사업체기업의 총괄거점과 밀접한 공간적 관련성을 갖고 성립한다. 이렇게 해서, 클러스터는 글로벌 경제공간 내부에서 하나의 결절점으로 작용하게 된다(☞pp.213-4, 373).

경쟁과 관련하여, 지금까지는 무역이론을 중심으로 각국의 자원부존 및 노동력을 토대로 한 정태적인 비교우위가 중시되어 왔다. 하지만 오늘날에는, 혁신과 생산성 향상을 통하여 경쟁에서의 동태적 우위를 확보할 수 있는 경쟁력이 중시되고 있다. 지금까지 살펴본 국지적인 수직적 해체 과정의 진행과 국지적 생산체계의 강화는, 글로벌 시장공간 속에서 경쟁의 단위로써의 생산집적을 가진 여러 도시들이 부상하게 되는 요인으로 작용하고 있다.

네트워크와 학습

그렇다고는 하지만, 집적이 단지 기업과 노동자의 물리적 공간을 소멸시키는 것에 지나지 않는다면 그 의의는 제한적일 수밖에 없다. 공간에서 이루어지는 거래비용 소멸과 시장경쟁 촉진만으로는, 산업집적을 형성하고 유지하는 데 현실적으로 한계가 있다.

시장거래의 형태를 갖지 않는 상호의존성이야말로, 오히려 산업집적의 중요한 특징이 된다. 집적지 내부에 상호의존성이 존재하고 기술혁신을 촉진시킬 수 있는 신뢰와 호혜의 관계에 토대한 치밀한 네트워크가 형성된다면, 집적지에 입지하는 것이 가져오는 이익은 커지게 될 것이다(☞Column 5). 물리적 공간의 소멸에 따른 공간적 인접성이 행위공간의 범위를 좁히면서, 지금까지 존재하지 않았던 새로운 사회적 상호행위를 유발하게 된다. 이것이 장소에 경쟁력을 가져오는 새로운 경제 · 사회관계를 창출하는 것이다.

이와 같은 공간적 인접성은, 단순정형화된 활동에 있어서는 그다지 높은 중요성을 갖지 않지만 창조적인 활동을 행하는 데 있어서는 중요한 의미를 가진다. 제품의 연구 · 개발 등 혁신적인 활동과 관련된 기업 간의 협력과 공조가 이루어지기 위해서는, 상호신뢰가 불가결하다. 신뢰는 서로 알지 못하는 사람들 사이에 구축되기는 어려우며, 반복적인 대면접촉행위를 통하여 형성된다. 집적지에서의 신뢰에 토대한 치밀한 네트워크의 형성과 경험의 교류는, 환경변화에 대한 대처를 용이하게 만든다. 또한 새롭고 불확실한 프로젝트를 진행하는 경우에 있어서도, 집적지 내부에서의 신뢰를 배경으로 한 분업을 통해 리스크를 분산시킬 수 있다. 이와 같은 조건을 통하여, 산업집적은 거래비용을 감소시킬 뿐만 아니라 지식 축적에 의한 창조적인 활동의 장소로 전환되고 있다. 아이러니컬하게도, 인격적인 호혜관계는 논리적으로는 탈인격적인 경쟁관계를 기반으로 하는 시장경제를 부정함에도 불구하고, 실제로는 시장경제 안에 존재하는 장소에 경쟁력을 부여하고 있다. 산업집적이란 이것이 공간적으로 표명되는 것을 의미한다.

1990년대 후반에 접어들면서 **학습지역**(learning region)이라는 개념이 등장하기 시작하였다. '학습지역'이란 산업집적지에서의 조직 간 공간적 인접성에 의하여 생산공정과 시장에 대한 인격적 관계를 가진 상호관계가 성립함으로써, 효율적인 생산과 기술혁신이 이루어지게 되는 행위공간을 의미한다.

지식창조와 학습의 장소로서 산업집적이 중요성을 갖는다는 맥락에서 살펴보면, 일본의 산업집적은 제품을 기반으로 하는 기술적인 학습이 실천되어온 학습지역이라고 할 수 있다.

사회적 착근성과 국지적 조정양식

이러한 점에서, 산업집적은 사회활동과 불가분의 관계를 맺고 있다고 할 수 있다. 재화의 투입—산출이라는 단순한 연결성보다도, 특정 장소에 착근된 사회적 네트워크라는 요소를 두드러지게 갖는다. 시장주의의 입장에 토대한 크루그먼 등의 '신경제지리학'에서는, 이와 같이 집적에 있어서의 행위나 제도의 **사회적 착근성**(social embeddedness)이라는 사회적 측면의 중요성 또한 충분히 인식하고 있었다고는 보기 어렵다.

사회조절양식이라는 개념을 제시한 **조절이론***(théorie de la régulation)은, 일정 시기를 통한 자본축적의 안정적인 진행 및 이를 유지하는 사회통합의 실현을 위해서는 자본과 임금노동 간의 계급관계부터 출발하여 제도 등을 특정한 방법으로 조절하는 것이 불가결하다고 설명한다(☞Column 8). 조절이론은 주로 국가 수준에서 이루어지는 거시적인 조절양식을 채택하였다. 하지만 경제지리학 연구에서는, 공간 스케일을 고정시키지 않고 각각의 다양한 공간스케일에서 어떠한 사회조절양식이 이루어지는가에 주목해야 할 필요성이 요청되고 있다. 국토공간이라는 스케일에서도 조절양식이 존재하며(☞pp.303-12), 사회적 네트워크의 착근성과 학습과정은 산업집적이라는 로컬리티*의 국지적인 사회조절양식에 불가결한 요소가 된다는 것이다. 산업집적 및 이와 관련된 국지노등시장의 계급관계는, 국지적인 조절양식의 중요한 대상이 된다.

또한 산업집적의 스케일과 관련하여 **컨벤션 이론**(théorie de l'économie des conventions)이 시사한 바와 같이, 미시적인 개인 간의 상호작용을 통하여 형성되어 그들 간에 당연스럽게 여겨지는 관습과 암묵적 규범 및 이를 통해 구축된 공통적인 구조인 '질서' 또한 중요한 의미를 가진다.

이와 같이 사회조절양식과 질서를 담당하는 주체가 '공간과 신체의 자생적 결합'을 행함으로써, 특정 장소에 신체성의 차원이 깊이 착근되는(☞ pp.247-8) 경우를 적지 않게 찾아볼 수 있다. 이는 특히 전통적인 지방 고유의 산업에 들어맞는 부분이 크다. 네트워크 또한 이러한 주체의 관계성과 집적지라는 장소의 공유에 의해 산출되기 때문에, 해당 장소로부터의 이동이 곤란해지면서 공간에 각인되어 고정된 사회 네트워크라는 자산이 형성되는 것이다. 이렇게 해서 개별 산업집적지들이 가진 응집력이 강해지는 동시에 산업집적지 간의 이질성을 유발하게 되는 중요한 원인을 내포하게 되는 것이다. 행정에 의한 공업단지 조성 등을 통한 '제2의 실리콘밸리'를 형성하려는 야심찬 기대가 실현되기 힘든 것은, 그와 같은 장소를 여타의 장소에서 복제하기가 어렵다는 사실을 보여준다. 이는 물리적 거리의 문제와 더불어, 그러한 장소와 결부된 사회적 착근성이 중요한 의미를 갖기 때문이라고 보아야 할 것이다.

생산된 로컬리티

경제활동과 시장경제의 세계화는, 고차의 공간 스케일을 배경으로 하는 금융공간 등에 대하여 개개의 장소들이 갖는 개별성을 균질화시키는 방향으로 작용하고 있음이 확실하다. 그러면서도 동시에 글로벌 시장경제는 어떤 특정한 장소에 산업집적으로 생산하여, 경제활동의 공간적으로 불균등한 비교우위를 부각시키기도 한다.

하지만 일단 집적지에 물리적·사회적 네트워크의 결합이 이루어지면, 이는 건조환경의 경우(☞p.240)와 마찬가지로 해당 집적지의 네트워크를 구상하는 사람들의 사고가 정형화되면서 발전과정이 어떠한 틀에서 벗어나지 못하게 된다. 이로 인해 집적지의 경제주체가 산업구조의 전환 등에 대응할 수 있는 유연한 대처방법을 갖지 못하게 되는 경우가 있다. 이같은 경로를 따르게 되는 상황을 **록인**(lock-in) 현상이라고 한다.

본서를 여기까지 읽은 독자분이라면, 세계화의 토대 위에서 거론되고 있는 '지리의 종언'이라든가 '글로벌 수렴'이라는 통설이 얼마나 이론적 깊이가 얕은 논의인지 이미 통찰하고 계실 것이다. 글로벌 시장경제가 고정된 국가영역 및 다양한 분업을 담당하는 집적이라는 로컬리티*를 경쟁의 단위로 생산하면서, 글로벌 공간에서는 각각의 단위들이 자신의 비교우위를 무기로 삼아 신보수주의의 치열한 경쟁을 해나가고 있는 것이다.

과제 3. 독자 여러분의 일상생활과 관련된 사람과 조직의 네트워크를 살펴보고, 어떠한 경우에 공간적 접근성이 중요하게 다가오는가에 대해서 고찰해보자. 그리고 학습과정과 네트워크의 관련성에 대한 사례를, 현실 속에서 이루어지는 대학생활 등을 통해서 생각해보자.

나이키의 국제분업체제

1990년대 중반에 접어들면서 나이키(Nike) 운동화는 일본에서도 선풍적인 인기를 얻었다. 독자 여러분 중에도 나이키 에어 시리즈를 구입해본 분들이 있을 것이다. 나이키는 독특한 국제분업체제를 통하여 사업을 진행해왔다. 이러한 생산조직에 대해서 살펴보자.

나이키는 자체 생산설비를 갖지 못한 퍼블리스 기업[2]이다. 본사는 미국 오레곤 주에 소재해 있다. 본사는 총괄, 조절 및 연구개발만을 수행하며, 모든 생산공정은 해외의 하청기업에 발주한다. 나이키라는 브랜드가 탄생하였던 1970년대 초반에는 일본의 종합무역상사인 닛쇼이와이(日商岩井)와 파트너십을 체결하였고, 운동화 생산은 일본에서 이루어졌다. 이후 국제적 하청활동을 통한 신 국제분업(☞pp.359-61)의 활용과 더불어, 유연한 생산체제를 확립하였다.

고가의 신제품은 장기적인 거래관계가 있는 나이키의 전속 하청업체(전략적 제휴상대)에 발주하였다. 나이키는 이들 기업들과 연구개발에 있어서의 협력체제 또한 구축하였다. 한편 대량 생산을 통한 표준화된 가격경쟁이 치열하게 이루어지는 제품은, 전속관계가 아닌 기업에 수요동향을 고려하여 발주하였다. 조절이론* 및 '유연한 전문화' 가설을 토대로 대량생산으로부터 유연한 생산으로의 이행을 주장하는 안일한 연구도 있지만, 이 두 가지는 절대적인 관점에서 접근할 수 있는 연구주제가 아니다. 나이키의 사례에

---

2) 조립, 제조 등을 뜻하는 영단어 fabrication과 부재(不在)를 뜻하는 영단어 less를 합성한 일본식 조어로, 자사 공장을 갖지 않고 제품 기획과 개발에 집중하는 기업 형태를 의미함(역주).

서 살펴볼 수 있는 것처럼, 대량생산과 유연한 생산은 양립 및 공존하는 개념이다.

자사의 마케팅, 선전활동, 소비패턴의 변화를 토대로 생산을 총괄·조절하는 나이키의 국제적 하청은, 경영전략의 변화를 용이하게 할 수 있는 경쟁환경을 토대로 이루어질 수 있다. 하지만 수주기업과 2차하청을 담당하는 기업들 중에는, 비용 절감의 압력으로 인해 열악한 환경의 노동착취 사업장*에서 제품 생산을 수행하는 경우가 있다. 아시아를 중심으로 하는 개발도상국에 대해서 이루어진 다국적기업의 공장과 하청을 살펴보면, 일할 나이도 되지 않은 어린이들이 가혹한 노동조건에서 일하고 있는 경우도 발견할 수 있다.

1999년 시애틀에서 WTO 회담이 개최되었을 때 일어난 저항운동에서, 나이키가 저항 대상 기업이 되었던 사실을 기억하시는 분도 계시리라 믿는다. 이는 맥도날드 등과 함께 미국을 대표하는 기업이라는 이유 때문만이 아니었다. 미국에서는 직업이 없는 젊은이들도 몸치장을 위하여 운동화를 신고, 아시아의 노동착취 사업장*에서는 노동자들이 그럭저럭 입에 풀칠하기 위해서 생산에 종사하고 있다. 이처럼 경제활동의 세계화가 품은 모순을 규탄하기 위한 항의운동이었던 것이다.

〈나가오 겐키치〉

참고문헌

植田浩史 編, 2000,『産業集積と中小企業』, 創風社.

Weber, A., 1986, 篠原泰三 訳,『工業立地論』, 大明堂.

Saxenian, A., 1995, 大前研一 訳,『現代の二都物語』, 講談社.

Scott, A. J., 1996, 水岡不二雄 監訳,『メトロポリス』, 古今書院.

Smith, A., 1969, 大內兵衛・松川七郎 訳,『諸國民の富』, 岩波書店.

関満博, 1995,『地域経済と中小企業』, 筑摩書房.

Piore, M. J., and Sabel, C. F. 1993, 山之內靖・永易浩一・石田あつみ 訳,『第二の産業分水嶺』, 筑摩書房.

藤田昌久/Krugman, P/Venables, A. J., 2000, 小出博之 訳,『空間経済学』, 東洋経済新聞社.

Porter, M., 1999, 竹內弘高 訳,『競争戦略論』II, ダイヤモンド社.

Donaghu, M. T. and Barff, R. 1990. Nike Just Did It: International Subcontracting and Flexibility in Athletic Footwear Industry. *Regional Studies* 24(6): 537-552.

Scott, A. J. 2000. *The Cultural Economy of Cities*. Londeon: SAGE.

Storper, M. 1997. *The Regional World*. New York, NY: Guilford.

9장

경제의 글로벌 영역통합과 '세계도시'를 둘러싼 경쟁
그리고 그 대극점의 위치에 서 있는 최빈개발도상국

2001년 9월 11일, 뉴욕 세계무역센터 빌딩에 가해진 테러

각국이 비교우위에 입각한 경쟁이라는 차원에서 무역을 진행해온 결과, 기업관리와 생산기술 분야에서 우위를 점하고 있는 미국은 새로운 국제분업의 정점으로 자리매김하였다. 하지만 세계 최강국이라는 미국에서조차, 불황에 시달린 끝에 기업 도산이 잇다르게 되었다. 미국의 경제성장에 의존하는 시장경제의 영토 확장은 종언을 고하게 되었고, 세계 경제를 좌지우지하는 세계도시를 목표로 하는 실력에 토대한 반격이 빈곤에 허덕이고 있는 개도국들로부터 시작되었다. 글로벌 시장경제는 '새로운 제국주의'라는 카드로 이에 맞서고 있다. 세계 정세는 새로운 단계에 접어든 것이다.

이 장에서 공부할 내용

본 장은 5장에서 살펴본 상관공간의 실질적 포섭 중에서 '영역통합'의 개념을, 글로벌 시장경제의 진행이라는 맥락 속에서 구체적으로 살펴 보도록 하겠다.

우선 1절에서는 8장에서 살펴본 내용을, '신 국제분업'과 '제품주기이론'이라는 오늘날 다국적기업이 편성하는 산업공간의 글로벌 계층체계를 설명하는 2개의 개념과 접목시켜 살펴보도록 하겠다.

2절에서는 다국적기업의 사업소를 수용하는 도시 행정부의 정책을 1절의 내용과 결부시켜 봄으로써, 논의의 초점을 '세계도시론'으로 발전시켜 나가도록 하겠다. 이같은 개념을 제대로 이해할 수 있도록, 여기서는 글로벌 시장주의에 지배되는 세계경제의 '중핵'의 양상, 그리고 이를 결절점으로 하는 중층적인 영역통합체계의 생산과 그 기능에 대해서 살펴 보겠다.

한편, 지구상의 모든 공간이 완전히 시장주의의 영향권 아래에 놓인 것은 아니다. 3절에서는 글로벌리즘에 대항하여 서구와는 이질적인 가치관을 토대로 대안적인 세계화를 추구하는 사회운동이, 이러한 '주변부'로부터 대두해온 사실에 대해서 알아보기로 하겠다.

앞장과 5장 2절에서 살펴본 이론은, 결절공간화된 글로벌 경제 안에서 다양한 산업집적을 가진 도시가 분산되는 현상을 설명해 ₩준다. 여기에다 3장 3절에서 살펴본 국가공간의 중층성이 가미되면서, 글로벌 경제와 사회의 전체적인 공간은 '글로벌 수렴'도 '지리의 종언'도 아닌, 이와는 대척점에 선 매우 다양한 구성요소와 불안정성을 내포한 하나의 거대한 시장공간의 중층체계로 통합된다.

다국적기업의 경영자는 각지로 퍼져가는 산업집적의 성격을 글로벌 관점에서 주목하는 한편 각각의 집적이 가진 비교우위를 검토해가면서, 기업을 구성하는 다양한 사업부문을 운영하기에 가장 적합한 장소에 배치한다. 글로벌 경제에는 다국적기업이 지배하는 이러한 영역통합의 기준이 자체적으로 존재한다. 7장에서 살펴본 국토공간의 이데올로기 또한 이러한 특성에 대한 대응책으로, 지속적으로 기업주의화되는 도시정책의 토대 위에 가능한 한 많은 기업활동을 유치할 수 있는 공업단지나 '세계도시'를 형성하는 경쟁전략을 분명히 내세우고 있다.

본 장은, 위에서 언급한 5장에서 8장에 걸쳐 살펴보았던 다양한 측면을 총괄하는 동시에 글로벌 공간편성의 형태를 개관하는 데 목적이 있다.

1. 제품주기이론과 신 국제분업

본 절에서는 다국적기업의 '보이는 손'이 국민경제와 산업집적의 다양한 로컬리티*를 글로벌 공간의 여러 측면에 걸맞게 활용하는 경우 그리고 글로벌 사업소의 배치(☞pp.213-4) 등과 관련된 의사결정의 기저에 놓여 있는 기술, 시장, 이윤과 관련된 원리에 대해서 살펴보도록 하겠다.

국제분업과 세계의 경제지리

미국이 베트남 전쟁에서 패배하고 베트남 전 국토가 사회주의화되면서, 사회주의 체제를 군사적으로 봉쇄하는 동시에 개도국의 부패 정권에 대한 원조를 계속함으로써 자본주의 세계를 유지한다는 미국의 냉전체제하 세계 전략은 장벽에 부딪히게 되었다. 따라서 이를 대체할 전략이 요청되었다.

이에 대한 역할을 수행했던 것은, '비공산주의 선언'이라는 부제가 붙은 로스토우(W. W. Rostow)의 저서였다. 이는 중계무역 기능을 상실하게 되자 수출형 경공업에 대한 특화를 통하여 영국령 식민지라는 정치체제 속에서의 경제성장을 달성한, 홍콩의 사례를 모델(☞pp.473-5)로 하였다. 여기에 역외지향적 재화, 즉 **기반재**(basic goods)를 전략부문으로 강조함으로써, 선진자본주의 국가에 대한 수출지향 공업화를 통한 경제성장을 시도하는 개발도상국의 성장모형을 제시한 것이다.

만일 전 세계의 모든 사람들로 하여금 시장경제야말로 가장 자유롭고 공정한 사회의 원리이며 시장경쟁에 승리하는 것만이 빈곤에서 해방되어 높은 생활수준을 향유할 수 있는 유일한 길이라고 이해하도록 할 수 있다면, 개도국민은 사회주의 혁명을 위해 손에 잡았던 총을 놓게 될 것이다—이같은 판단을 내린 미국은, 자국 시장을 개발도상국에 개방하는 한편 미국 기업이 해외에서 미국제 중간재와 현지의 저임금 노동력을 활용하여 가공한 완성재가 미국에 수입되기 용이하게 하는 것을 골자로 하는 **역외조립규정**(offshore assembly provisions)을 도입하였다. GATT, WTO 및 IMF는 해외 직접 투자에 대한 국경의 투과성을 증대시키는 한편 각국의 거시경제에 구조개혁을 요구함으로써, 세계를 다국적기업이 자신의 공간편성이라는 그림을 자유롭게 그려볼 수 있는 '백지'로 재편성하여 이러한 글로벌 시장경제화의 전략을 지원하였다. 이로 인하여, 태국과 말레이시아의 오지에 본거지를 두고 혁명을 꾀하던 공산주의 세력은 붕괴하고 말았다.

수출지향형 공업의 생산현장은, 현지의 국적―즉, 현지 국가의 국경 안에서 살아가는―을 가진 저임금 노동자들이 담당하게 된다. 이러한 생산현장을 감독하는 다국적기업의 관리사업소는 현지인 간부들도 다수 채용하고 있다. 하지만 다국적기업의 경영진 및 기술진의 최상층부는 말할것도 없이 해당 기업의 모국 출신이거나 아니면 모국과 동일한 언어를 사용하는 사람들로 채워지게 된다. 미국에 국적을 둔 다국적기업의 경우, 최상층부 임원의 대다수는 영어를 모국어로 한다. 이와 같은 사람들이 국경을 초월하여 활동(☞〈그림 9-2〉)하게 되면서, 세계경제에 더욱 강력한 영향력을 행사하게 되는 것이다.

이것이, 베트남전 패전에 대한 미국의 대응이었다.

신 국제분업 이론과 개발도상국의 공업화

기존의 국제분업은 개발도상국에서 선진국으로의 자원(1차생산물), 선진국으로부터 개발도상국으로의 공업제품이라는 무역의 흐름이 주를 이루었다. 리카르도(D. Ricardo)의 비교우위론의 예시가 단적으로 보여주는 바와 같이, 여기서는 최종재(완성품)의 거래가 이루어졌다.

1970년대부터 점차적으로 최종재 뿐만 아니라 중간재(반제품)도 거래의 대상이 되어 왔다. 세계 규모에서의 기업 내 분업이 본사를 중심으로 결절적으로 조직되었다. 관리부문과 생산부문의 분리 뿐만 아니라, 생산과정의 분할과 사업부 시스템에 의한 생산부문 간에서의 분업도 진행되었다. 시장 경제를 살펴보더라도, 전 세계적인 규모에서의 중간재 거래가 이루어졌다.

이를 **신 국제분업**(new international division of labour: NIDL)이라고 한다.

독일의 경제학자 프뢰벨 등(F. Fröbel et al., 1980)의 논의를 토대로, 신 국제 분업을 기능하게 만든 3대 요인을 제시해보도록 하겠다.

첫째, **생산과정의 수직적 해체**(☞pp.324-32)가 기술적으로 용이해지면서 중간재의 거래 또한 쉬워졌다. 이는 대량생산기술이 확립되어 개별 공정에 대한 조작 및 유지가 용이한 자동화기계를 이용할 수 있게 된 점, 그리고 개별 중간재에 고유한 클러스터가 형성되면서 이것이 기업에 다양한 형태의 지원을 제공할 수 있게 된 점에 기인하는 바가 크다.

둘째, 고속·대량의 교통·통신수단이 도입(☞pp.182-3)되면서 **글로벌 공간통합**이 현실화되었다. 글로벌 공간통합에는 재화의 운송을 담당하는 해상 컨테이너 선박, 급작스런 기계의 결함이나 오작동에 대응할 수 있도록 기술자들과 지사들을 관리하는 임무를 맡은 임직원들의 이동수단이 되는 국제항공교통, 지사와의 긴밀하고 신속한 연락을 저렴한 비용으로 취할 수 있도록 해주는 국제 택배 서비스와 인터넷 등이 포함되어 있다. 공간통합의 네트워크는 불균질하게 이루어지는 경향(☞pp.125-31)이 있기 때문에, 기존에 존재하던 국제분업의 결절점과 클러스터와의 공간통합 내지는 공간적 인접성은 신 국제분업 체계에 포섭되기 위한 중요한 요인으로 작용하게 된다(☞p.331).

셋째, 중국의 개방정책과 개도국 농촌에 대한 화폐경제의 침투 등으로 인하여, **국지적인 저임금 노동력 인력시장**에 대한 이용가능성이 증대하였다(☞p.331). 국가는 출입국 관리를 통하여 노동력 이동의 장애가 되는 국경을 임의적으로 조작할 수 있기(☞pp.160-1) 때문에, 밀항이나 밀입국을 시도하지 않는 이상 해외에서 미숙련 단순 노동자가 취업하기는 어렵다.

이상에서 살펴본 내용에 덧붙여, 1970년대 후반 신 국제분업이 일어나도록 만든 역사적 요인을 하나 더 짚어볼 필요성이 있다. 이 무렵에는 오일 머니라는 과잉자본을 해외 직접투자에 용이하게 활용할 수 있었다는 사실 역시 간과해서는 안된다.

국제경제에 막대한 영향력을 행사해온 **종속이론**(dependency theory: Dos Santos, 1983)은, 세계체제이론(☞pp.145-6)과 유사한 이론을 전개하였다. 이 이론은 글로벌 경제의 결절점을 이루는 '중핵'이라고 할 수 있는 선진 각국이 개발도상국을 '주변부'로 하여 경제적으로 종속시켜 착취하면서, 개도국들이 발전해나갈 수 있는 길을 빼앗게 된다고 설명하였다. 신 국제분업은 글로벌 경제의 결절점을 '중핵'으로 보았다는 점에서, 종속이론을 계승한 이론이라고 볼 수 있다. 신 국제분업의 독자성은, 개발도상국이 저임금 노동력이라는 생산요소가 갖는 비교우위를 살리게 되면 비교적 단순한 공정을 가진 부문에 특화된 수출지향 공업화를 추진함으로써 글로벌 경제에 뒤처지지 않고 따라갈 수 있다고 본 점에서 찾을 수 있다.

제품주기 및 이윤주기와 생산입지

신 국제분업 이론에서는 시계열적인 사고방식이 항상 분명하기 관찰되지는 않는다. 이에 대한 보충적인 역할을 한다는 점에서 주목을 모은 것은, 신 국제분업 이론과 짝을 이루며 오늘날의 글로벌 산업입지를 설명하는 요소로 자리잡고 있는 **제품주기이론**(theory of the product cycle)이다.

제품주기이론은, 본래 어떤 하나의 제품(상품)이 '탄생→성장→성숙→쇠퇴→소멸'이라는 생애주기를 순차적으로 따른다는 사실을 설명하는 개념이었다. 버넌(R. Vernon)은 이 개념과 생산활동의 입지 간에 밀접한 관련성이 있다는 사실을 규명하였다(Vernon, 1966). 마쿠센(A. Markusen)은 이에 덧붙여 자본주의의 주역이라고 할 수 있는 과점기업에 초점을 맞추어, 제품주기이론에 이윤률(profit)의 주기에 기반하는 입지행동이라는 새로운 설명변수를 추가하였다(Markusen, 1985).

〈그림 9-1〉을 토대로, 신 국제분업 이론, 제품주기이론 및 이윤주기이론을 종합해보면서 산업입지의 분산과 글로벌 생산공간의 편성과정을 시계열

적으로 파악하도록 하겠다.

〈그림 9-1〉 제품주기

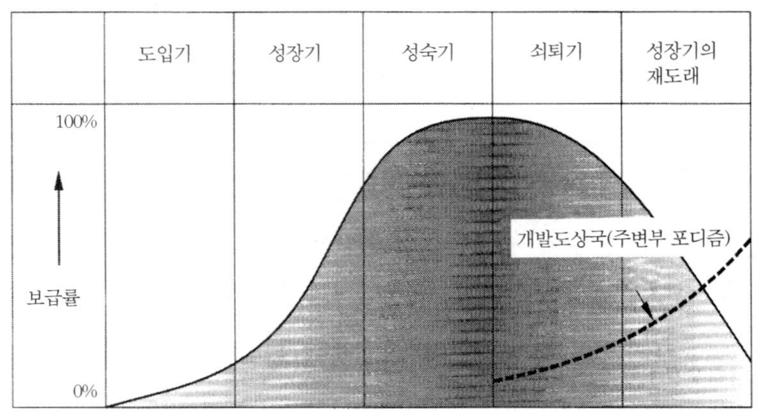

출처: Duncan, 2001, 上, 204(일부 개정).

우선 초기단계인 **도입기**(initial development)에는, 미국을 중심으로 하는 선진 자본주의 국가의 대도시에 집적한 클러스터에서 신제품이 개발된다. 개발 초기의 상품은 시행착오를 거듭해가며 소량 생산되며, 여기서는 벤처 기술자의 활약이 두드러진다. 개발비용이 기업의 수익을 상회하기 때문에, 벤처 자본이 사용된다. 미국에서는 냉전체제를 기반으로 연방정부의 군사기술 개발자금이 충분히 제공되었고, 그 성과가 점차 민간기술로 전용되었다(☞pp.187-8). 기존 기업들이 개발을 담당하는 경우에는 막대한 경영자원을 투입한 개발 제품은 기업의 장기전략과 밀접한 관계를 갖게 되기 때문에, 최고경영진에 의해 사업의 의사결정 및 해당 제품의 개발이 공간적으로 인접하여 이루어졌다. 제품 개발을 위해서는 그와 관련된 고도의 과학적·공학적 지식과 기술이 필요하며, 전문적인 부품 및 서비스를 제공하는 기업과의 신뢰관계도 중요하다. 선진 자본주의 국가의 대도시에 자리잡은 클러스터는 숙련된 노동자의 제공, 군사기술과의 연계, 기타 고도의 기술을 가진 보조적 기업 및 연구기관의 지원 등, 외부경제의 제공이라는 측면에서 비교우위를 발휘하게 된다(☞p.343-7). 완전히 새로 나온 제품인 만큼 수요는 적지만, 대도시에는 기존의 틀에서 벗어난 형태의 소비행위를 시도하는 사람도 있어 소비자는 존재하기 때문에 대도시의 산업 클러스터가 우위를 점하게 되는 것이다.

　다음으로 **성장기**(growth)에 접어들면, 많은 소비자들이 해당 제품의 효용성을 인식하기 시작하면서 시장이 넓어진다. 새로운 상품의 창출을 목적으로 하는 제품 그 자체의 개발이 아닌, 생산공정의 분할과 전문화 및 품질관리 등의 공정혁신이 보다 중요한 요소가 된다. 기술개발의 초점은 대량생산을 구현하기 위한 기술에 맞춰지며, 규모의 경제가 주는 혜택을 누릴 수 있는 테일러 시스템(☞p.314)에 의해 기술의 정형화가 이루어진다. 여기에 성공하여 대량생산 기계가 도입되면, 독립된 생산단위에서의 공정의 수직적 통합이 진행된다. 초기 단계에서 중요하게 작용했던 상품개발과 관련된 노하우 대신, 마케팅 활동을 통한 시장확대 및 대량생산 체제가 현실화되는 데 필수적인 자본이 중요시된다. 이러한 요인들과 관련하여 비교우위를 가진 생산주체는, 일본과 유럽 등에 연고를 둔 다국적기업들이다. 그 입지로는, 제품개발이 이루어지는 집적지와의 긴밀한 연결성 확보가 용이하고 대량생산에 적합한 장소가 선택된다. 제품개발이 이루어지는 집적지로부터 공간적으로 분산되면서, 자본과 마케팅 능력이 또 다른 집적지로 이동하는 경우도 적지 않다.

　성숙기(maturity)를 맞이하게 되면, 선진 자본주의 국가에서의 수요가 안정되면서 시장은 일단 포화된다. 생산기업의 수가 증가하는 한편, 각 기업의 시장지배력은 약화되며 이윤률도 저하된다. 하지만 기술이 안정적으로 자리잡고 생산기계의 결함 또한 감소하기 때문에, 생산공정의 수직적 해체 및 각 중간재 생산의 표준화 또한 용이해진다. 그리고 고도의 과학기술 및 이와 관련된 노동의 숙련도에 대한 의존도가 대폭적으로 저하되며, 비숙련 노동력을 대량으로 활용하는 완전히 단순정형화된 노동집약적 생산이 가능해진다. 이로써 연결성의 단순정형화가 이루어지며, 기업활동의 행위공간이 확장될 수 있게 된다. 이로 인해 생산은 선진 자본주의 국가로부터 이탈하여, 대량의 저임금 노동력의 공급원이면서도 지가가 저렴하다는 비교우위를 가진 개도국으로 분산된다(☞pp.331-33). 신 국제분업이 본격적으로 성립하기 시작하며, 개발도상국에서는 해외 직접투자에 의한 지사들의 집적이 진행되면서 선진 자본주의 국가의 시장을 지향하는 수출을 원동력으로 하는 경제성장이 현저하게 이루어지게 된다. 선진국 시장은 제로섬 게임과 같은 양상이 되어, 기업 간 경쟁이 심화된다. 이 때문에 이윤을 내는 기업과 이윤을 내지 못하는 기업 간의 격차가 발생하면서, 사업소의 재편이 진행된다. 그러나 한편으로는 경제성장에 의해 소득 향상을 이루기 시작한 주변부 포디즘(☞pp.331-33)적 개도국 시장에서 점유율을 선행해서 확보하기 위하여, 리스크가 잔존한 개도국으로의 시장지향적 입지라는 공격적 경영전략을 취하는 기업도 나타나게 된다. 중국과 베트남의 입지는, 저임금 노동력 확보 뿐만 아니라 이러한 의미 또한 높다고 할 수 있다.

쇠퇴기(decline)에 들어서면, 기업 간의 가격경쟁은 더욱 격심해진다. 선진 자본주의 국가에서 해당 제품은 기펜재(giffen goods)[1]가 되어, 소득향상에 따른 소비량이 감소한다. 이 때문에 지금까지 생산을 담당해온 선진 자본주의 국가에 입지하는 사업소는 폐쇄되고, 저렴한 생산체제를 구축한 개발도상국으로의 신규 입지가 더욱 촉진된다. 치열한 경쟁과 시장의 축소를 통해 쇠퇴부문의 재편이 이루어지면서, 일본의 철강산업에서 관찰되는 바와 같은 구설비를 이용한 공장에서의 생산을 중지하는 기업도 나타나게 된

---

1) 열등재(inferior goods: 소득이 증가할수록 수요가 감소하는 재화나 서비스)의 한 종류로, 가격의 하락(상승)이 오히려 수요량의 하락(증가)을 가져오는 재화(역주).

다. 하지만 해외 직접투자에 의한 소득향상이 이루어지는 개도국에서는 가격저하와 맞물려 제품수요가 높아지기 때문에, 개도국시장에서 자사제품의 점유율을 발판으로 확보한 기업은 앞서 언급한 성장기에 누렸던 발전의 과정을 다시 한번 누리게 될지도 모른다. 이와 같은 **성장기의 재도러**를 노리는 전략을 가진 기업의 집적이, 개도국에서 현저하게 나타나기 시작하고 있다.

제품주기이론과 신 국제분업 이론의 의의

미국 등지에서 먼저 개발된 내구소비재가 일본 등지로 이전한 다음 대량생산기술의 확립에 의해 급속히 보급되고, 이후 이러한 소비재의 생산지가 개발도상국으로 이동해온 역사는, 제품주기이론의 높은 설명력과 효용성을 보여주는 사례라고 할 수 있다.

사실 제품주기이론이 처음 등장하던 당시에는, 다국적기업에 의한 해외생산은 아직 본격화되지 않았다. 공간적 수직적 해체가 가능한 다량의 단순 정형작업을 담당하는 기업이 수출지향 공업화를 축으로 한 성장을 추구하는 개도국에서 이루어지고, 관리부문과 숙련노동을 필요로 하는 생산은 선진국에 입지한다는 공정 간 분업은, 그 후에야 이루어졌다. 하지만 이러한 과정은, 제품주기의 각 단계와 관련된 생산과정이 변화하면서 입지특성이 상이해진다는 사실을 잘 보여주는 것이기도 하다. 제품주기이론에서 다루는 최종재 수준만이 아니라 각 중간재에도 이러한 주기가 존재하여, 개별 입지를 최적화시키는 데 유리한 요소로 작용한다.

한편, 최근 들어 컴퓨터의 사례어서 관찰할 수 있는 바와 같이 대표적으로 보여주듯 제품주기가 단축되고 있는 만큼, 제품주기라는 개념을 특정한 물리적 시간을 나타낸 것으로 이해해서는 안된다.

공간적 분업과 주변부 포디즘, 그리고 국지적 생산체계

지금까지 살펴본 생산과정의 수직적 해체와 중간재의 무역을 통한 생산과정의 글로벌 분산에 의해 생산과 관리의 다양한 기능이 전 세계로부터 선별적으로 이루어지면서, 다양한 집적지에 지배되는듯한 양상이 나타나고 있다. 이처럼 산업의 전 세계적 분산으로 인한 공간적으로 불균등한 분업관계를, 영국의 지리학자 매시(D. Massey)는 **공간적 분업**(spatial division of labour)이라고 표현하였다(Massey, 2000). 매시는 그 중에서도 입지가 이루어지는 개도국과 쇠퇴지역 간의 관계가 일천한 **지사경제**(branch-plant economies)가 문제가 된다고 보았다.

공간적 분업을 실천하는 이들 사업소들은, 자사 내부에서의 관계를 상호 조절한다. 다국적기업은 상대적으로 독립된 경리에 의해 운영되는 자사 사업소 간의 거래에 있어서의 가격설정을 자의적으로 조작함으로써, 지사들이 입지해 있는 각국의 조세제도의 틈을 교묘히 빠져나가는 방식으로 기업 전체의 이윤을 극대화하려는 시도를 하게 된다. 이를 **이전가격 설정**(transfer pricing)이라고 한다.

개발도상국은 농촌의 잠재적 과잉인구(latente Übervölkerung) 분석 및 이들에 대한 적당한 수준의 교육을 통해 이들을 저임금 노동력의 공급원으로 유출시키는 데 성공할 경우, 세계적인 공간적 분업체계의 말단에 어떤 식으로든 자국의 거시경제를 위치시킬 수 있게 된다. 이처럼 농촌으로부터 빠져나온 미숙련 노동력을 고용할 수 있는 노동집약적인 의복산업이나 전기기계 제조업이, 개도국에 입지해 있는 기업의 중핵을 이루고 있다.

예컨대 ASEAN(동남아시아 국가연합)에 인접한 방글라데시에는 일찍이 1970년대 후반부터 한국 재벌기업인 대우그룹이 진출하여, 현지의 과잉 여성노동력을 활용한 노동집약적인 봉제산업을 뿌리내렸다. 오늘날 방글라데시에서는 영국 식민지 시대의 주요 수출품이었던 황마(黃麻)를 대신하여,

봉제 제품이 국가 수출의 70%를 점하게 되었다(Qeddus and Rashid, 2000). 이러한 과정을 통하여, 일부 개발도상국에서는 지금까지의 종속이론에서는 예상조차 하지 못했던 경제성장을 이룩하고 있기도 하다.

공간적 분업의 초기 단계에는 분명 지사경제가 진행될 것이다. 하지만 생산활동이 확대됨에 따라 노동자 계급이 형성되면서, 생활수준이 서서히 상승하는 한편 지역 지향의 재화라고 할 수 있는 비기반재의 소비가 증가한다. 또한 수출지향적 생산은, 노동집약적 경공업이 주를 이룬다 하더라도 이로 인해 생산과정에 필요한 보조기계 생산 등의 수입대체적인 생산재의 공업화 또한 유발된다. 이렇게 해서, 개도국들 사이에서는 미국을 비롯한 선진 자본주의 국가들에 대한 수출에 초점을 맞춘 기반재의 생산활동이 경제성장을 고취하게 되는 양상의 성장이 일어나게 되었다. 이러한 과정을, 리피에츠(A. Lipietz)는 **주변부 포디즘**(peripheral Fordism)이라고 지칭하였다(Lipietz, 1987).

주변부 포디즘이 확립되면서, 가도국에는 국지적 생산체계(☞pp.331-32)가 등장하기 시작하였다. 연관산업의 집적과 긴밀한 연결성, 그리고 학습과 노동의 숙련도가 일어날 수 있도록 하는 국지 노동시장의 형성(☞pp.348-9)은 다국적기업의 투자를 계기로 시작되지간, 이를 핵심으로 새로운 클러스터가 창출되면서 국지적인 생산체계로서 갖는 자율성이 더욱 고양된다. 오늘날에는 로컬 스케일의 집적 및 국지적인 연결성의 존재가 다국적기업의 활동을 규정하는 비교우위를 발휘하게 되는 경우 또한 적지않다(森澤, 植田 編, 2000).

예컨대 중국에서는, 예전의 저임금을 바탕으로 이루어지던 비지적(飛地的) 공업화에서 오늘날의 자율적인 국지적 산업체계 성립의 단계까지 산업발전이 이루어져 왔다. 일본의 품질관리 노하우를 도입하는 등의 노력에 의해 품질향상이 주목할 정도로 이루어져, 위탁가공을 담당하면서 원료와 부품을 일본 등 선진 자본주의 국가 및 홍콩에 의존해왔던 과거의 단계에서 탈피, 국내에서 비교적 고품질의 부품공급이 가능한 단계에 진입한 것이다. 이에 따라 중국에서는 일본경제의 정체와 대조적으로, 1990년대부터는 연 7%에 육박하는 높은 경제성장이 이어졌다. 주변부 포디즘의 추세가 한층 진행되면서, 특히 임해지역과 도시지역에서는 중국 시민들의 생활수준이 크게 향상되고 있다.

공간적 회피와 경제위기

하지만 이와 같이 다수의 개발도상국에서 공업화가 진행되면, 거시경제 간의 경쟁은 심화된다. 집적이 진전되면 노동비가 비등하기 때문에, 이들 국가에서의 이윤압축을 꺼리는 다국적기업은 글로벌 경제공간의 연속성의 스케일을 활용하여 공간적 회피(☞pp.114-5)를 시도하게 되면서 생산요소의 가격이 낮은 경제로의 입지이동이 이루어진다. 글로벌 금융공간을 지배하는 자본주의 또한, 이러한 시장공간이 가진 불균등성을 교묘히 이용하여 투기적 이윤을 획득하게 된다(☞pp.217-21).

1997년 아시아 경제위기의 시발점이 된 태국은, 홍콩 반환을 추구하던 중국에 의한 위안화의 일방적 평가절하로 인하여 중국에 비해 생산요소의 가격의 비교열위에 서게 되었다. 태국발 금융위기는 금융자본의 투기활동에 의한 대폭적인 감가 발생을 초래하였다. 이는 공간적으로 고정된 생산자본이 관련되면서 유발된 국제경쟁력의 우열이 유동성 높은 금융자본의 공간적 회피로의 빌미를 제공하여, 거시경제 간의 균형을 지향하는 경쟁과정이 작용하게 된 전형적인 사례에 해당한다. 신고전주의자들이 논의한 '글로벌 수렴'이 전 세계에 걸친 시장공간에서 진행되면, 개개의 거시경제에는 불안정과 위기가 초래되는 것이다(☞pp.217-21).

과제 1. 가전제품(예컨대 MP3플레이어나 텔레비전) 등 우리 주변에 있는 제품이 어떤 나라에서 생산되었는가에 대해서 조사해보자. 각 제품들은 제품주기의 어떤 단계에 해당하는지 살펴보고, 제품주기이론과 신 국제분업 이론을 토대로 공장입지를 설명해보자.

2. 글로벌 경쟁에 편입된 도시의 '세계도시' 지위를 노린 경쟁

산업의 전 세계적인 분산과 세계도시

산업의 전 세계적인 분산으로 인하여, 다양한 영역에 걸친 생산·영업활동의 전반을 총괄하는 다국적기업의 관리·경영업무의 중층성은 한층 높아지게 되었다. 또한 해당 업무의 수행을 지원하는 대 사업소 서비스의 수요도 증가하였다. 이러한 업무는 글로벌 공간통합의 허브를 이루는 소수의 대도시에 집적한다(☞pp.215-7). 대도시를 정점으로 하는 글로벌 스케일에서 계층적인 도시체계가 형성되고, 결절적인 중심지의 영역통합이 시도된다(☞〈그림 5-6〉, 217).

국가, 지방정부, 도시는 다국적기업 경영자의 '보이는 손'을 자신의 도시나 집적지에 효과적으로 끌어들이기 위하여, 지배계급동맹 결성을 통해 자신의 도시에 기업의 경영·관리업무를 유치하기 위한 경쟁을 펼쳐가게 된다. 신보수주의의 토대 위에서 일어나는 글로벌 경쟁은, 기업주의적 성격이 더욱 농후해진 국가와 지방행정을 이와 같은 과정을 통하여 포섭하게 되는 것이다.

세계적인 수준의 도시규모와 배후지를 가진 소수의 대도시들은, **세계도시**(world city)로 일컬어진다(☞Column 10). 본 절에서는 국민경제 및 도시의 지배자·경영자가 '세계도시'를 생산하는 것과 관련되는 계획적인 전략에 대해서 살펴보기로 하겠다.

세계도시: 7가지 명제

다국적기업과 국제 금융자본의 활동이 보여주는 전 세계적인 규모의 움직임이 강조되면서, '지리의 종언'이라는 이야기도 나오고 있다(O'Brien, 1992). 하지만 그 활동점은 균질공간을 형성하고 있는 것이 결단코 아니다. 세계적으로 소수의 도시를 중심으로 중층적인 결절공간을 편성하고 있는 것이다(☞p.219).

‘세계도시’라는 개념을 제시한 인물은, 도시계획연구자 프리드먼(J. Friedmann)이다. 그의 논문인 「세계도시 가설」(Friedmann, 1997)에 제시된 7가지 명제(〈표 9-1〉)는, 세계도시 연구의 중요한 기점으로 자리잡고 있다. 이는 본서 5장부터 8장까지, 그리고 앞 절에서 살펴본 여러 논점들을 도시에 초점을 맞추어 총괄한 것이기도 하며, 각 명제들 상호간에는 관련성이 존재한다. 여기 서는 전 세계적인 공간적 분업체계 속에서 도시의 경제와 사회는 ‘고립국’으로 존재하지 않으며, 그 내부에서 일어나는 구조의 변화, 그리고 도시에서의 자본 축적과 더불어 발생하는 여러 사회적 문제 등에 대해서 시사하고 있다.

〈표 9-1〉 세계도시의 7가지 명제

① 도시의 세계경제에 있어 통합의 양상 및 그 정도, 그리고 새로운 공간분 업 형태와 관련하여 도시에 부여된 기능의 실태는, 개별 도시의 내부에 서 일어나는 다양한 구조적 변화에 결정적인 영향을 주게 된다.

② 세계 각지의 여러 도시군들은, 전 세계를 무대로 활동하는 자본에 의해 그 공간의 조직과 생산이 시장과 접합하는 ‘거점’으로 활용된다. 그 결 과 생겨난 통합관계를 통하여, 세계도시는 공간상에 존재하는 하나의 계층구조로 편성된다.

③ 개개의 세계도시가 갖추고 있는 세계적 중추관리기능은, 해당 도시들 이 갖고 있는 생산 및 고용부문의 구조와 그 동태에 직접적인 영향을 미치게 된다.

④ 세계도시란, 전 세계를 무대로 활동하는 자본의 공간적 집중 및 그 축적 이 실현되는 중심적인 무대이다.

⑤ 세계도시는, 대다수의 국가내 · 국제적 인구이동을 유발시키는 요인이 되며, 이 경우에는 도달하고자 하는 목적지가 된다.

⑥ 세계도시를 형성을 통하여 산업 자본주의의 주된 모순점, 그 중에서도 특히 공간 및 계층상의 분극화에 초점을 맞출 수 있다.

⑦ 세계도시의 성장에는, 국가의 재정능력을 능가하는 수준의 사회적 비 용이 요청되는 경우도 적지 않다.

출처: Friedmann, 1997.

세계도시에 있어 집적의 경제

〈표 9-1〉의 명제 ①~명제 ④가 시사하는 바와 같이, 전 세계를 무대로 활동하는 다국적기업의 집적은 세계도시에 있어서는 불가결한 요소가 된다. 기업행동의 의사결정에 관여하는 경제적 중추관리 주체인 본사와 지역(총괄)본사, 그리고 이를 지원하는 법률, 회계, 정보 등과 관련된 전문적인 사업서비스 업체, 숙련된 노동자를 다수 확보하고 있는 국지노동시장 등이 상호 간에 연결되면서 집적이 형성된다. 세계도시 자체 또한 그 기능과 규모 및 관할영역에 상응하여 고차로부터 저차에 이르는 다양한 위계로 분화되면서, 집적의 경제에 토대하여 형성되는 각 도시들은 글로벌 스케일에서 중층적 체계를 형성하게 된다.

세계도시에는 기업, 은행, 증권시장, 광고대행사 등 세계를 관리, 지배하는 기능이 입지하며, 기업과 인간의 대규모적인 집적을 토대로 다규모의 도시공간이 형성된다(〈표 9-2〉). 기업경영을 원활히 해나가기 위한 사업서비스의 집적은, 확고부동한 세계도시의 지위를 유지하는 데 필수불가결한 요소이다(Sassen, 2001). 다중사업체기업의 증대와 기업활동의 수직적 해체에 의한 업무의 외부 위탁(아웃소싱)으로 인해 급속도로 성장한 사업서비스 분야는, 세계도시의 중대한 고용기반을 이루고 있다. 회계, 법률을 필두로 하는 전문적인 서비스는 다양하고 복잡한 수요를 충족시킬 수 있는 질적인 측면이 중요하게 작용하며, 업무와 관련된 전문지식과 더불어 개별 고객과의 대면접촉과 신뢰관계에 기반한 개별적인 업무수행이 필수적이다. 따라서 집적지에서의 상호작용을 통한 사업의 발주자와 수주자 상호간의 학습이 요청된다. 회계와 법률에 관한 업무에 살펴볼 수 있는 것처럼 여러 사업서비스 간의 연결성도 중요시되며, 입지의 인접성에 따른 이점은 적지 않다(☞ p.348).

⟨표 9-2⟩ 주요 도시들에 있어 기업집적의 순위

도시	기업	은행	주식시장	광고대행사
도쿄	1	1	3	2
뉴욕	2	6	2	1
런던	6	4	1	3
파리	3	2	5	5
프랑크푸르트	11	3	4	11
오사카	4	7		
시카고	7	38		4
디트로이트	5	62		7
뮌헨	8	9		
암스테르담	9	12		17
취리히	12	13		
샌프란시스코	13	18		8
로마	14	14		
뒤셀도르프	15	22		15
슈튜트가르트	20	21		
서울	10	66		16
밀라노	36	11		13
마드리드	33	17		
로스엔젤레스	34	42		6
베이징		5		
브뤼셀		8		
토론토		10		
보스턴	40	40		12
몬트리올		15		
샬럿(Charlotte)[2]		16		
헤이그	19			
맬버른		19		
미네아폴리스	107	39		9
상파울로		58		10
시드니		37		14

출처: Short and Kim, 1999: 36.

---

2) 미국 노스캐롤라이나 주에 있는 도시로, 상공업과 금융업이 발달한 도시임(역주).

공간통합을 가능하게 해주는 공항, 통신설비 등의 건조환경이, 경제활동에 국한되지 않고 사회활동 및 문화적 활동의 집적을 촉진시킨다는 점 또한 간과해서는 안 된다. 비영리단체(NPO)와 비정부기구(NGO)의 활동과 관련해서도, 세계도시에서 선진적인 시도가 이루어지고 있다(☞pp.478-80). 다양한 예술활동들은, 집적이 일어나는 데 필수적인 요소인 능력있는 노동자들을 정신적으로 만족시키기 위한 '삶의 질'을 구성하게 되는 것이다.

세계도시의 노동시장과 국제 노동력 이동

명제 ⑤에서 언급한 바와 같이, 세계도시는 생활을 유지하기 위한 경제기반을 찾는 것을 목표로 하는 국가 내·국제적 인구이동의 목적지가 된다. 개발도상국에 대한 직접 투자로 인해 개도국에서의 고용기회가 증대된다는 사실로 인해, 선진 각국으로의 이민자 유입이 억제된다고 생각될 수도 있을 것이다. 그러나 직접투자에 의해 이민자 유입이 분명히 감소하기는 하지만, 기업체의 진출은 밀항이나 승인받지 않은 활동을 포함한 인구유입의 경로를 오히려 강화하기도 하는 것이다(Sassen, 1992).

세계도시에서는 저임금의 비정구 노동력 시장이 형성되어 이주민들을 흡수하게 된다(〈그림 9-2〉). 세계도시를 유지하는 데 불가결한 생활 편의 시설로 기능하는 요식업소, 숙박업소, 오락시설 등의 노동시장이 이에 해당한다(주로 〈그림 9-2〉에 나타난 PS와 CS가 여기에 해당된다). 또한 다국적기업에서 불철주야 근무하는 고위직 임원들을 지원하기 위한 비서나 보조 사원에 대한 수요 역시 발생하게 된다(〈그림 9-2〉의 CS). 여기서 살펴본 〈그림 9-2〉의 PS, CS, LSS에 해당하는 직책에 대한 노동력 공급이 이루어질 수 있도록 하기 위하여, 정부는 미숙련 외국인 노동력에 대해서 '연수' 등과 같은 이런저런 명목 하에 노동자가 합법적으로 국경을 넘을 수 있는 허가증인 노동비자를 발급하기도 하는 것이다(☞pp.160-1).

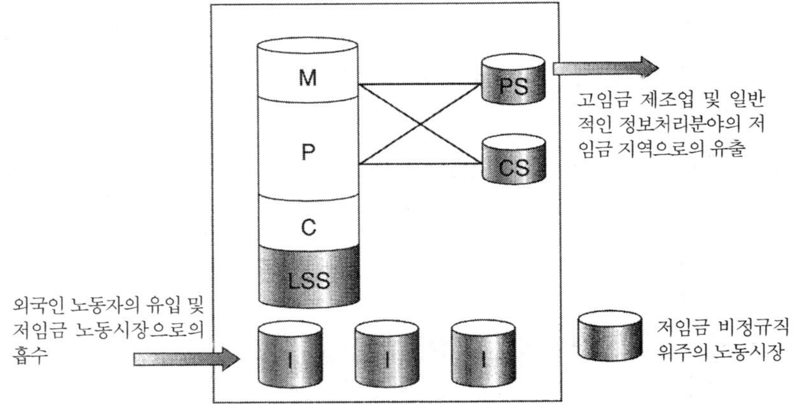

글로벌 관리능력의 생산
M   관리부문의 엘리트
P   전문적인 사업서비스(남성 비율이 높음)
C   사무직(여성 비율이 높음)
LSS   숙련된 노동력을 필요로 하지 않는 블루컬러 노동력
     (남성, 외국인, 소수민족의 비율이 높음)
PS   저임금 사업서비스
CS   저임금 소비자 대상 서비스업
I   제조업 분야에서의 저임금 직종(여성 및 외국인 노동자가 차지하는 비중이 높음)

관리부문의 엘리트 및 전문적인 사업
서비스가 이루어지는 상층부에 대한
서비스 제공을 주로 담당함(여성 및 외
국인 노동자가 차지하는 비중이 높음)

출처: Friedmann, 1997: 197(용어 일부 수정).

　　그렇다고는 하지만, 이주자의 일부는 '불법체류' 상태 그대로 국경을 넘는
다. 불법체류 외국인 노동자들은 자신이 소득을 얻을 수 있는 기회를 극대
화하기 위해 각국의 노동시장과 관련된 정보를 스스로 수집하여, 티보(C.
Tiebout)가 '내 손으로 투표하기'라고 표현한 바와 같이 국제노동력 이동에
동참하게 되는 것이다. 이와 같은 합리적 경제인의 행위는 원래대로라면 신
보수주의자가 극찬해야 마땅할 일이며, 자발적인 거주지 내지는 직업선택
의 자유로 표현되는 기본적 인권을 행사한 데 따른 결과이기도 하다. 하지만

이러한 행위는, 국가권력이 글로벌 공간을 경계지어 설치한 국경과 이민 관련 법규에 의해 엄중히 금지되고 있다.

그렇기 때문에, 불법체류 외국인 노동자들은 이주해 들어간 국가에서 불안정한 사회적 지위에 놓여지며, 노동자로서의 권리, 아니 그 이전에 인간의 권리를 주장하기도 어려워진다. 〈그림 9-2〉에 나타나 있는 I는, 노동착취 사업장*에서의 가혹한 장시간 저임금노동, 또는 성매매와 같이 신체의 존엄성 그 자체를 짓밟는 노동을 강제하는 경우이다. 이 경우에는 임금 미지급, 산업재해, 노예에 가까운 물리적 구속 등이 가해지더라도 호소할 곳을 찾기조차 힘들다. 고용자 측은 이들의 이와 같은 취약한 입장과 처지를 교묘히 악용하여, 멋대로 노동자들을 착취하는 것이다(☞pp.478-80).

이주 노동자들은 구직 또한 불안정하기 때문에, 이들에 대해서 일자리 관련 정보를 부단히 제공해줄 필요성이 있다. 또한 자가용 소유는 커녕 통근비용조차 부담하기 어려운 경우가 많기 때문에, 이들에게는 협소한 행위공간만이 주어진다(☞p.338). 그렇기 때문에, 이들은 직장에 인접해 있으면서 주거 건조환경이 노후화되어 집값이 저렴한 도심 부근의 이너시티에 거주하게 된다. 이와 같은 주거분화(☞p.120)로 인해, 세계도시는 명제 ⑥이 시사하는 것처럼 내부적 분극화에 놓이면서 '개발도상국을 내부에 떠안은 도시'가 된다(☞p.451).

물론 세계도시에는 능력이 탁월하거나 고액의 투자자금을 갖고 있는 부유한 외국인들도 다수 이주하며, 이러한 형태의 이주는 틈새산업을 필두로 도시에서의 혁신적 비즈니스를 담당하는 역할을 맡게 된다. 정부는 이러한 종류의 외국인들에게는 이민비자를 발급하는 등 우대조치를 취한다.

살펴본 바와 같이, 세계도시가 요구하는 다양한 노동력 수요에 어울리는 노동력 제공 및 노동시장의 질은, 비자발급 정책과 밀입국 심사 등으로 구성된 국가의 심사기준에 의한 영역성의 관리를 통해 실현되는 것이다.

세계도시의 계층

글로벌 영역통합이라는 측면에서의 세계도시라는 결절점이 계속해서 중요한 역할을 다하게 되면서, 기업경영의 계층체계와 사업소의 공간편성 간에 상호동일성이 나타나는 경우도 관찰된다(Heimer, 1979)(☞pp.215-7, 332). 이와 같은 상호동일성은 신 국제분업 체계와도 연동하여 작동하면서, 도시 간에 계층적인 결합관계를 편성하는 것이다. 주요 계층으로는, 동아시아 및 동남아시아, 남북아메리카, 중서유럽이라는 3개의 독립된 하위체계가 있다.

〈그림 9-3〉세계도시의 중층성

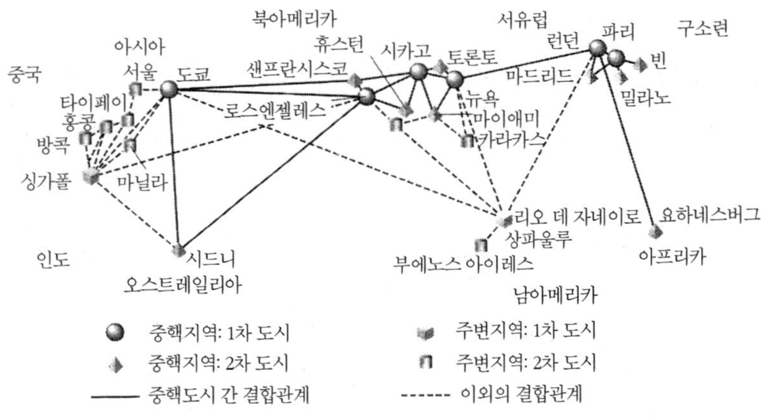

출처: Friedmann, 1997: 195(일부 개정).

〈그림 9-3〉에는, 프리드먼이 1986년에 제시한 고차에서 저차에 이르는 세계도시의 도시계층이 나타나 있다(☞pp.144-5). 당시의 중핵지역과 반주변지역으로부터, 다수의 1차도시와 2차도시들이 선정되었다. 1차계층에 해당하는 도시로는 도쿄, 런던, 파리, 그리고 당시의 주변부지역에 속해 있던 싱가프로, 리오 데 자네이루, 상파울루가 선정되었다. 2차계층에 해당하는 도

시는 1차계층에 해당하는 도시에 비해 규모가 작으며, 주로 특화된 기능을 가진 경우가 많다. 유럽의 경우 빈과 같이 기능이 특화된 도시들이 많기 때문에, 계층 분류는 결코 쉬운 일이라고 할 수 없다. 또한 도시계층은 결코 고정적인 성질의 것이 아니다. 이를테면, 일본의 경우 오사카의 상대적 쇠퇴와 지방 중추도시(삿포로, 센다이, 히로시마, 후쿠오카)들의 성장이 그 대표적인 사례가 될 것이다.

자본의 가동성이 증가하고 도시 간 이동이 용이해지면서, 글로벌 경쟁에서 뒤처지지 않기 위해서는 세계도시에 반드시 진입해야 함은 둘론 그 중에서도 고차의 계층에 위치해야 한다는 강박관념과도 비슷한 양상이 1980년대 이후 도시정부를 비롯한 각 지자체들을 지배하기 시작하였다(☞pp.475-6). 전 세계적인 도시간 경쟁에 있어 자기 도시 및 자국이 한층 고차중심지를 점하게 되면, 해당 도시 또는 국가는 일정한 영역에 대하여 여러 측면에서 지배적 영향력을 발휘할 수 있게 되는 것이다.

이를 위해서는, 영역통합의 체계를 자체적으로 진행·생산하여 자신을 그 보완영역의 중심에 위치시킴으로써 세계도시에의 성장을 추구하는 지정학적 경쟁전략도 효과적일 수 있다. 과거 대영제국의 주변에 위치했던 오스트레일리아가 2차대전 이후 '아시아 태평양'의 개념을 제시함으로써 자국을 그 중심에 위치시킨 것(大庭, 2000)이라든가, 싱가포르와 경쟁관계에 있는 태국 정부가 캄보디아, 라오스, 미얀마, 베트남 등 인도차이나 반도 국가들을 아세안보다는 범위가 협소한 '바트경제권'과 '메콩강 유역권(Greater Mekong Sub-region)'으로 통합하고 자국의 수도 방콕을 해당 영역의 중심에 위치시키고자 시도한 것 등이 여기에 해당하는 사례라고 할 수 있다.

'세계도시' 전략과 건조환경의 창출

조금이라도 고차의 계층에 자신들을 위치시키려는 개개의 도시정부들은,

'세계도시' 전략을 내걸고 자신의 도시개발에 적극적으로 관여하게 된다.

도시개발사업의 일환으로 도시 내의 공간통합을 가능하게 하는 지하철, 고속도로 등이 정비되면서, 교통·통신체계의 인프라 구축이 이루어진다. 또한 도시의 이미지를 제고하기 위한 이너시티의 젠트리피케이션(갱신)을 목적으로 하는 도시 재개발 사업이 진행된다(☞p.229). '세계도시'의 상징 구축이라는 차원에서 고층빌딩과 컨벤션센터의 건설이 이루어지면서, 거의 모든 도시들이 **몰장소성**(placelessness)에 빠지다시피 하게 된다.

한편으로 장소감(☞pp.247-8)의 강화가 시도되면서, 주민과 법인들이 도시공간에 의해 강한 신체적 애착을 갖도록 장려된다. 이러한 가운데 계급동맹이 형성되면서, 도시개발에 대한 주민 전체의 지지를 이끌어내기 위한 정책이나 시도가 이루어진다. 그 중에서도 가시적인 경관은 이를 실현함에 있어 중대한 역할을 하기 때문에, 식민주의의 유산 등 과거의 유물이나 경관에 대한 전시효과가 강조되는 경우도 있다(☞pp.452-3).

이렇게 해서 창출된 건조환경은, 지대 및 지가 상승을 초래하여 도시의 자산보유자들에게 투기적 이윤을 제공한다. 그렇지만 이들 사업에 대한 공적 지출은, 명제 ⑦에서 지적한 바와 같이 도시재정에 막대한 부담으로 작용한다. '세계도시'를 목표로 한 도시경영에 실패하여 도시 간 경쟁에서 패배하면, 도시는 거액의 부채를 짊어지게 된다. 이로 인해 도시를 구성하는 여러 계급 간에는, 이를 누가 부담해야 하는가에 대한 심각한 갈등이 야기되는 것이다.

도시 간 경쟁과 성장기제, 그리고 저항연대

경제성장을 통해 경쟁에서의 승리를 쟁취한다는 목적을 달성하기 위하여, 도시는 성장기제(growth machine)로 작용하게 된다(Logan and Molotch, 1987). 도시정부들은 마치 하나의 기업가와 같은 행보를 내딛기 시작하는 것이다.

기업으로서의 도시는, 토지소유와 관련된 이해관계에 높은 관심을 가진다. 지대와 지가는, 토지이용조정과 공간으로부터의 경제적 이익 확보라는 2개의 목적을 가진다(☞pp.229-30). 따라서, 지가의 상승으로 인해 자신이 보유한 토지의 상대적 위치가 유리해지게 되면, 투기적 이윤을 얻게 되는 개발업자, 부동산업자, 은행 등은 성장기제의 핵심 세력으로 작용하게 된다. 도시나 국지적 지역을 기반으로 하는 지역 연고 유력 기업, 각종 상공인 단체, 체육단체, 지자체, 대학 등이 이러한 세력을 지원하는 역할을 담당하면서, 전체적으로 **성장연합**(growth coalitions)을 형성하게 된다. 성장이 가져다주는 이익에 대한 공통의 관심은, 이해관계가 상이한 주체들이 계급동맹을 구성하는 토양으로 작용한다.

자신의 도시를 한층 고차적인 중심지에 위치시키는 데 성공하여 도시경제가 성장하고 이로 인해 고용이 창출되면, 공동체의식이 한층 고양되면서 주민들까지 포함한 계급동맹이 공고해진다. 경제성장을 통한 축적과 생활의 질의 향상이라는 '꿈'과 글로벌 경쟁에 패배할지도 모른다는 '공포'가 동시에 회자되는 한편 이러한 당근과 채찍의 조합이 주민의 공통된 의식으로 자리잡음으로 인하여, 도시 내부에는 도시개발정책에 대한 광범위한 동의를 구하기 용이한 사회적 상황이 형성되었다.

한편, 환경파괴와 성장의 재분배를 둘러싼 **저항연대**(counter coalition)가 형성되는 경우도 찾아볼 수 있다. 도시 재개발을 위해 불이익을 강요받은 사람들, 그리고 개발의 책임부담만을 강요받는 세납자들이 이와 같은 연대의 중핵을 이루게 된다. 저항연대는 인터넷 등을 활용하여 전 세계에 그 움직임을 확대시켜 감으로써, 자신들이 추진하는 운동의 영향력을 증대시키고 있다(☞pp.478-82).

끝없는 경쟁과 사회적 덤핑

일본서의 기업가주의적 도시를 보여주는 사례로는, 고베시를 들 수 있다. 2차대전 이전의 고베는 무역활동의 중심지로 국제적인 관리업무가 집적하였으며, 경제적·문화적으로 혁신적인 활동들이 장려되었다. 오늘날에도 이어져 오고 있는 고급 양과자나 빵 생산의 전통은, 이를 대표하는 사례라고 할 수 있다.

2차대전 후 고배시는 '주식회사 고베시'로 지칭되는 방식에 입각하여 포트 아일랜드(Port Island)[3]와 같은 도시개발사업을 진행하였고, 이는 지자체에 의한 '성공사례'로 주목을 모았다. 하지만 이와 같은 개발에는, 2차대전 후의 경제적 쇠퇴를 은폐하는 효과가 있다는 사실을 간과해서는 안된다. 2차대전 이후의 고베는 상업적 유통과 물류의 분리로 인해 국제적 업무의 축소가 이루어졌고, 거점도시로의 기능 또한 상당수가 오사카로 옮겨가게 되었다. 도쿄에 대한 오사카의 상대적 쇠퇴는 흔히 거론되는 이야기이지만, 오사카에 대한 고베의 쇠퇴 역시 무시할 수 없다. 한신 대지진 이후에도 저항연대의 항의를 무릅쓰고 고베 공항 건설을 고수했던 것은, 이러한 성장기제를 유지하려는 의도가 반영되어 이루어진 것이라고 볼 수 있다.

2차대전 이전에 고베와 비슷한 역할을 맡았던 중국 상하이의 사례 또한 매우 홍미롭다. 공산당 일당독재하에 놓인 중국에서는, 도시재개발에 있어서도 자발적인 저항연대가 형성되지 못하였다(☞p.362). 중국경제의 개방체제를 보여주는 상징이라고 할 수 있는 푸동(浦東) 개발이 실시되었던 지구는, 과거에는 2차대전 이전의 금융중심지였던 와이탄(外灘: Bund)의 피안에 펼쳐진 저밀도의 공업지대였다. 하지만 개발이 시작됨과 더불어 이전에

---

3) 1981년에 완공된 매립식 해양도시(해양에 구조물을 설치하거나 또는 매립 등을 통하여 확보한 대지 위에 거주시설, 공항, 항만 등을 건설함으로써, 해양의 공간이용 극대화를 추구하기 위해 설치되는 계획도시). 일본 고베항에 인접한 총면적 583ha의 해양도시로, 착공에서 완공까지 16년이 걸렸음(역주).

이곳에서 거주하던 노동자들은 별다른 저항조차 해보지 못한채 퇴거당했고, 푸동개발 프로젝트는 불과 10년 만에 완성되었다. 작용공간에 대한 관리와 관련된 사회적 덤핑이 자본주의적 개발 프로젝트를 가장 효율적이면서도 급속히 추진시켰다는 아이러니가, '사회주의 시장경제'의 토대 위에서 일어난 것이다.

도시주민은 신보수주의의 토대 위에서 일어나는 끝없는 경쟁에서 언제쯤이면 벗어날 수 있게 될 것인가? 다국적기업은 전 세계에 걸친 추상적 공간의 연속성(☞pp.97-9)이라는 토대 위에서 높은 가동성을 얻기 위하여, 진출대상 국가와 도시에 기술수준, 환경규제 및 사회·경제적 정책들을 조화시키기 위한 격심한 경쟁에 대한 압력을 가함으로써 모든 세계도시가 그에 적합하게 되도록 강요하는 양상을 나타내게 되는 것이다. 이 과정에서 각각의 거시경제와 도시들이 기업세율과 최저임금을 낮추는 한편, 사회보장제도 등을 축소·폐지하고 환경규제를 완화하며, 저항연대와 노동조합을 억압하게 된다. 이로 인해 결과적으로는 스스로를 가난하게 만드는 '빈곤의 악순환'을 되풀이하게 되는 것이다.

하지만 규제완화라는 명분에 의존한 사회적 덤핑만이 유일한 해법은 아니다. 그렇다면, 그에 대한 대안은 어떠한 것이 있을까? 다음절, 그리고 10장과 11장에서 이러한 문제에 대한 해법을 살펴보기로 한다.

과제 2. 본절과 5장 2절을 참고하여, 독자 여러분이 살고 계신, 또는 살고 싶다고 생각하는 도시 또는 지역이 도시계층의 어디에 위치해 있는가, 그리고 어떻게 해서 그러한 위치에 자리잡게 되었는가에 대한 설명을 해보자.

과제 3. 지금까지 대도시에서 어떠한 경제개발, 경제재생정책 또는 기업유치를 위한 계획 및 조치들이 시도되어 왔는가에 대해서 알아보고, 그 성과와 문제점에 대해서 토의해보자.

3. 글로벌 경제에 뒤처진 최빈도상국

● 이로부터 일어나는 대안적 시도

오늘날의 글로벌 시장경제가 구축해가고 있는 중층화된 영역통합은 다국적기업이 이윤추구를 위해 만들어낸 체계로, 크리스탈러가 구상하였던 전 세계 지표를 보편적으로 포괄하는 공정하고 평등한 체계가 아니다(☞ pp.208-9). 시장공간으로부터 탈락한 빈 틈이 존재하더라도 여기에 비교우위를 가진 투자기회가 없다면, 다국적기업은 이에 대해서 딱히 관심을 두지 않는다(☞pp.212-3).

그 중에서도, 일본의 장기불황 및 엔론 등 미국 투자자본의 파산으로 대표되는 오늘날의 전 세계적인 과잉축적이라는 현실 속에서, 선진 자본주의 국가들은 개발도상국의 상품을 더 이상 받아들이기 어렵게 되었다. 이로 인해 신 국제분업의 영역 확장으로의 기회는 닫히게 된 것이다. 주변부 포디즘의 공간적 확장은 정체 상태에 직면했고, 글로벌 경제로부터 잊혀진 영역, 즉 **최빈도상국**(least developed country, LDC)이 공업화를 통해 자본주의 시장경제를 발전시켜 나갈 길을 모색하기는 갈수록 어려워지고 있다.

본 절에서는 이와같은 글로벌 경제의 계층체계에서 완전히 뒤쳐진 최빈도상국의 현실과 이에 대해서 신보수주의측에서 내놓기 시작한 '새로운 제국주의'라는 공간적인 대응의 양상에 대하여 살펴 보기로 한다.

글로벌 경제로부터 스스로를 차단시킨 신흥독립국

아시아, 아프리카 국가들 중 상당수는 1960년대까지 이루어진 유럽 국가들의 식민지배로부터 해방되기 위한 독립투쟁의 성공(☞pp.155-6)과 더불어, 그 정도에는 차이가 있지만 글로벌 경제·사회와의 연결고리를 단절시켰다.

식민지의 독립으로 인해 서구 중심의 식민지 체제라는 당시의 글로벌 영역통합의 주변부에 포함되었던 영역들은, 베스트팔렌 체제(☞pp.147-8)적인 민족국가로 자립하였다. 현지인에 의해 수립된 새로운 정부는 국가 재건이라는 열정에 불을 지폈다. 이와 함께 서구의 '중핵'경제와의 연결성의 유지는 신 식민지주의적 종속을 의미하는 것으로 여겨 거부하고, 글로벌 경제의 결절적인 영역통합으로부터 자국을 단절키는 한편 수입대체 공업화에 의한 자급적 산업정책 및 개발정치를 채용(☞pp.273-4)하면서, 사회주의적 계획경제를 추구하였다.

영역이 경제적으로 자립하여 전 세계적으로 확대되어 가는 영역통합의 체계로부터 완전히 이탈하면, 글로벌 결절공간의 '주변부'라는 세계체제상의 위치관계(☞pp.145-6)는 상실된다. 이로써 해당 국가는 비록 그 규모는 작지만 스스로를 독립된 하나의 기준으로 삼을 수 있게 된다. 신흥독립국가들은 프랑스 혁명에 의해 새로운 사회의 주역으로 등장한 '제3신분'에 빗대어 자신들을 '제3세계'라고 지칭하였으며, '주변부'의 연대를 통해 전 세계의 공간을 지배하고 있던 '중핵'이라는 기준을 근본적으로 전복시키고자 하였다. 모택동주의 체제하의 중국은 이들 국가들과의 연대를 강화하기 위해, 아프리카 정글을 관통하여 탄자니아와 잠비아를 연결하는 타자라 철도 부설을 원조하였다. 북한이 제창한 주체사상 또한 신흥 독립국들에게는 일종의 희망처럼 받아들여지기도 하면서, 짐바브웨의 수도에는 거대한 김일성 동상이 들어서게 되었다.

수입대체 공업화의 실패, 국내의 정치적 부패와 빈곤

장기간에 걸친 백인들의 지배로부터 벗어난 이들 국가들은, 그에 걸맞는 원대한 정치적 이상을 갖게 되었다. 하지만 이를 뒷받침할 경제정책은 충분한 성과를 거두지 못하였다. 수입대체 공업화에 의한 경제자립의 시도는, 결국에는 이들 신흥독립국가들을 경제적 침체로 몰아넣었다. 공업화를 위해서는 새로운 생산수단과 기술이 필요한데, 이들 국가들은 그러한 수단과 기술이 충분히 갖추지 못했기 때문에 수입이나 원조에 의존하는 수밖에 없었다. 이러한 국가에 대한 사회주의 국가들의 원조가 눈에 띄게 이루어졌지만, 그 기술수준은 결코 세계 수준에서 최첨단의 것이라고 하기는 어려운 수준이었다. 국내시장은 공업생산이 규모의 경제를 실현하기에는 너무나 협소했고, 산업은 고비용 생산을 강요받았다.

새롭게 독립한 국가의 경제를 맡게 된 것은, **민족자본**(native capital)이었다. 하지만 이것이 독직과 부패로 가득한 독재정권과 유착하면서, '경제적 독립 유지', '자국의 유치산업 보호'와 같은 명목 하에 해외 수입품에 대한 높은 관세와 쿼터를 부과하여 수입을 저지하는 한편 국제경쟁을 억제함으로써, 기득권 유지와 자본축적의 도구로 변질되고 말았다. 또한 정부의 권력자들이 가능성있는 산업분야의 경영에 관여하는 경우도 있었다. 명목상으로는 민족소유였지만, 그 실상은 자본주의적 기업이었던 것이다.

이러한 국가들의 정치는, 법치에 의해 책임소재가 분명하게 구분되는 민주주의적인 정치조직을 통해 이루어진 것이 아니었다. 그 대신, 기득권을 갖고 자의적인 의사결정과 지시를 제멋대로 일삼는 부패하고 타락한 관료들에 의해 정치가 행해졌던 것이다. 노동자의 계급대립은 족벌정치가 횡행하는 정부에 의해 억압되었고, 특권계층이 된 민족자본의 이익에 대해서는 비호가 이루어졌다.

글로벌 경제와 담을 쌓은 민족자본의 국내 과점 상태 하에서 소비재의 가격은 폭등하였고, 극히 일부의 엘리트 계층은 사치스러운 소비생활을 향유했던 반면 대다수의 국민들은 빈곤으로 내몰렸다. 소비재의 대량생산과 대량소비를 통해 자본축적과 사회통합을 이루고자 하는 포디즘의 타협(☞ Column 8)은, 민족자본과 일반 국민들 사이에서는 나타날 수 없었다. 빈곤한 국민들은 부족한 교육 탓에 글자조차 제대로 읽고 쓰지 못하는 무지몽매

한 상태로 내몰린 끝에, 자신의 본래적·보편적 인권(☞pp.154, 497)에 대한 인식조차 하지 못하는 처지로 전락했다. 또한 기존의 자급자족 위주의 농어업이 경제의 중심으로 이루게 되면서, 민중의 경제적·사회적 지위와 생활수준의 향상은 기대하기 어려운 지경이 되었다. 식민지 시대부터 이어져온 지주제가 온존하게 되면서, 가난한 사람들에게는 부의 혜택이 돌아가지 못하는 경우도 많이 일어났다.

민주화운동과 민족운동의 대두

자국의 영역을 글로벌 공간으로의 통합에서 완벽히 분리시키려는 시도에도 불구하고, 높은 생활수준을 가진 선진 자본주의 국가들에 대한 정보가 엄중히 관리되는 국경의 조그만 간극을 투과하여 새어들어오면서 폐쇄적인 개도국의 국민들에게 전해지게 되는 것을 막을 수는 없다. 인권과 민주주의의 의식을 가지고 반정부운동에 몸을 던진 민주화 운동가들이 서서히 등장하면서, 민족자본과 정부의 유착이 유지되고 있는 자국의 경계적 속성을 뛰어넘어 보다 글로벌한 시야로 새로운 자립적 요구를 갖기 시작하게 된 것이다.

이러한 운동이 민중들 사이에서 고개를 들게 되면서, 수입대체 공업화의 진행이 정체된 개도국의 영역 내부에서는 사회통합이 점차적으로 목숨을 걸고 일어나는 민주화 운동을 억압하고 자유를 박탈하는 색채를 진하게 갖게 되었다. 미얀마의 아웅산 수치(Aung San Suu Kyi) 여사에 대한 사회주의 군사정권의 대응이 바로 그 전형적인 사례에 해당한다. 식민지 시대에 분할통치를 실현하기 위하여 고조시켰던 민족간 대립이, 이로 인해 더욱 참혹한 내전으로 이어지게 되는 경우도 찾아볼 수 있다.

수치 여사, 그리고 중국의 티벳 지배로 인해 망명의 길을 선택해야만 했던 달라이 라마(Dalai Lama)가 노벨 평화상을 수여받았다는 사실은, 오늘날에 이르러서도 이들 국가들에 인권·민족문제가 뿌리깊게 자리잡고 있음을 보여주는 것이라고 해야 할 것이다.

수출지향 공업화를 통한 글로벌 경제로의 포섭 시도 및 그러한 시도의 실패

미국은 베트남 전쟁에서 미국이 패배한 이후, 시장경제를 전 세계에 침투시킴으로써 세계의 패권을 확보한다는 냉전전략을 한층 분명히 하였다. 이러한 가운데 개발도상국의 경제성장을 위한 열쇠가 되는 선진 자본주의 국가 중심의 수출지향 공업화 전략이 대두하였고, 이는 전 세계적으로 지배적인 위치에 오르게 되었다.

이와 같은 상황 속에서, 기존에 스스로를 빗장쳐 두었던 신흥 독립국가들 중에서는 사회주의 국가들로부터 공여받았던 구식 기술을 통한 생산을 단념하고, 해외 직접투자를 유치하여 신 국제분업의 글로벌 영역통합에서 말단위 위치를 차지하여 새로운 성장의 기회를 모색하는 사례도 나타나기 시작했다. 이들 국가들은 세계은행과 IMF가 제공한 처방을 따라 수출지향 산업을 기반으로 하는 시장경제화라는 거시경제 안정에 입각한 전형적인 신보수주의 정책을 받아들였다.

하지만 시장경제는 개도국이 원하는 성장을 보장해줄 정도로 만만하지 않다. 개도국들을 체로 걸러내는듯한 선별과정을 통하여 글로벌 신 국제분업 체제상에서의 위치를 결정짓는 것은, 다국적기업의 최고경영진이지 개도국 자신이 아니다. 게다가 선진 자본주의 국가들의 경기침체와 세계적인 불황으로 나타나는 전 세계적인 과잉축적의 문제로 인해, 최근 들어서는 신 국제분업의 영역을 이 이상 공간적으로 확장하기도 어렵게 되었다. 이러한 의미에서, 전 세계적인 공간적 분업의 체제는 도스 산토스(T. Dos Santos)가 언급한 '기술·산업적 종속'의 범주에 딱 들어맞는다(Dos Santos, 1983).

최빈도상국의 측면에서 살펴보면 로스토우가 언급한 경제적 **이륙**(take off)이 성립하는 데 요구되는 물적·사회적 인프라의 정비에 필요한 자본축적이 크게 미흡하고, 이를 생산하는 자본의 2차순환에 유입되어야 할 과잉자본도 존재하지 않는다. 홈집투성이의 도로, 식민지 시대 그대로의 노후화된 철도설비 등을 통해 이루어지는 자국내의 공간통합은, 공업생산의 물류라든지 생산에 필요한 의사전달을 위한 신속·정확한 통신이 제대로 이루어질 수 있도록 보장하기 어렵다. 풍토병, 전염병, 한발 및 홍수 등의 자연재해는 끊이지 않고 발생한다. 사람들은 근대적인 교육, 의료, 재해방지수단 등의 혜택을 제대로 받지 못하고, 문해력이라든지 수리능력, 그리고 시간과 복무규율의 준수와 같은 단순 저임금 노동자들이 갖추어야 할 기본적인 자질조차 익히지 못하는 것이다. 그 원인이 되는 자본 부족의 문제를 근본적으로 해결해야 할 ODA[4]는, 본래의 목적을 충분히 발휘하지 못하고 오히려 부패한 정부관료 집단의 사리사욕을 채우는 데 이용되었다.

다국적 자본의 수출지향형 생산과정에 충분히 따라가기 어려운 여러 국가들은 이로 인해 세계경제의 저변에서 정체하게 되고, 이는 '남북문제'(☞ pp.152)가 풀리지 않고 지속되는 결과로 나타나고 있다.

신 국제분업에 포섭되지 못하는 개도국을 위한 발전전략의 선택지

신 국제분업에 포섭되지 못하더라도 글로벌 시장의 영역통합에 자신을 편입시킴으로써 경제발전을 이룩하고자 하는 최빈도상국에는, 특별한 발전전략의 선택지가 효과적으로 다가오게 된다. 자원개발, 플랜테이션을 통한 상품작물 생산, 관광자원 개발 등이 이러한 전략에 해당한다. 물론 이러한 수단은 신 국제분업에 포섭된 국가에도 효과적이다.

---

4) 공적개발원조(Official Development Assistance): 선진국에서 개발도상국이나 국제기구에 하는 원조(역주).

자원 중에서도 가장 중요성이 높은 것은, 석유, 천연가스 등의 자원이다. 석유는 자동차의 대중화라든가 플라스틱 생산 등에 있어서도 필수불가결한 자원으로, '**메이저**(major)'로 불리는 미국, 영국, 프랑스, 네덜란드의 국제 석유자본은 해당 국가의 정권을 전복해서라도 자신들의 이권을 확보하고자 한다. 이로 인해 환경의 지속성은 경시되고, 약탈 지향적 양상이 나타나게 된다. 개발대상이 되는 자원이나 농지가 자본의 본거지 외부에 존재할 경우, 어떤 한 국가에서 자원채취 활동 등에 의해 환경이 황폐해지고 나면 '까마귀 날자 배 떨어진다'는 식으로 해당 국가를 떠나 다른 국가에서 개발을 진행하는 경우가 많다. 외화 확보를 위한 자원 수출을 어떻게든 해내려는 최빈도상국은, 이를 승인하여 어떻게든 개발을 허용하게 된다.

선진 자본주의 국가들을 출발점으로 하는 글로벌 투어리즘*은, 국제 항공노선의 발달로 인해 실현되기 용이해졌다. 이는 또 하나의 유력한 선택지이기도 하다. 론리플래닛 등의 상세한 여행 안내서가 보급되면서 해외여행 또한 널리 보급되었지만, 개도국들은 다수의 관광객을 효율적으로 유치하기 위해 다국적 관광자본 및 호텔자본과의 결합을 통하여 배낭여행객들을 대량으로 받아들이는 경향이 있다. 이를 위하여 전통적으로 형성되어온 문화와 자연을 '관광자원'으로 삼아, 관광객들을 위한 구경거리로 왜곡시킨다든지 '미개한 자신'을 굴욕적으로 연출하는 등 **상품으로서의 문화**(culture for sale) 생산, 환경을 파괴하고 원주민을 별도의 장소로 추방시키는 리조트의 개발, 나아가서는 현지 여성의 신체적 존엄성을 짓밟는 섹스 투어리즘 등에 진력하게 된다(Marie, 1995). 이는 개도국 주민들의 반발을 누적시켜 선진 자본주의 국가에서 온 관광객에 대한 테러나 공격 등으로 폭발해버리는 경우 또한 찾아볼 수 있다.

농촌개발: 두 가지 대체적 방법

물론 최빈도상국에는 앞서 살펴본 움직임과는 완전히 상이한 대안을 찾는 움직임도 존재한다. 그 중 하나는, 거시적인 **농촌개발**(rural development)의 전략이다.

농촌개발이란 개도국의 빈민들에게 경제적·사회적인 역량을 길러주고(empowerment) 농촌의 경제·사회관계의 변용을 추구함으로써, 개도국 농촌의 빈곤, 보편적 인권의 경시문제, 성차별 등의 해결을 꾀하는 운동이다. 이는 NGO에 의해 이루어지는 경우가 많다. 이러한 농촌개발에는, 개도국 농촌의 방방곡곡까지 시장경제를 침투시키려는 움직임, 그리고 이와는 달리 사회관계의 변혁을 통하여 농민들에게 사회적인 역량을 길터주는 것을 추구하는 움직임의 2가지 경향이 있다.

첫 번째 경향으로 주목을 모으고 있는 것은, 소규모의 자금을 특히 여성 농민들에게 대부함으로써 농민들이 자신의 능력을 길러 스스로 성공적인 농업 경영을 할 스 있도록 지원하는 데 목적을 둔 **마이크로크레딧**(microcredit, 소액 대출)이다.

마이크로크레딧의 효시는, 1976년 방글라데시의 **그라민 은행**(Grameen Bank)에서 실시한 것이었다. 그 창시자인 유누스(M. Yunus)에 따르면, 농민들이 가진 잠재적 능력은 빈곤으로 인해 제대로 발휘되지 못할 뿐만 아니라 이슬람교의 교의로 인해 여성의 지위는 천시되었다. 유누스는 이러한 점에 문제의식을 갖고, 농민들에 대한 자금 대부를 통하여 빈곤한 농민들이 현실 속에서 능력을 발휘할 수 있도록 경제적 기회를 창출하고자 하였던 것이다(Yunus, 1998).

마이크로크레딧이 지금까지 자금을 획득할 기회를 갖지 못했거나 또는 고리대에 착취당해 왔던 농민들에게 새로운 경제적 기회를 열어주었다는 점은, 부인하기 어려운 사실이다. 또한 개도국 정부의 독직이나 부패에 비추어 볼 때, 농민들에 대한 자금 공급을 통해 보다 투명하고 공정한 시장경제를 개도국에 구축하는 운동에서는 그 나름의 적극성을 찾아볼 수 있다. 오늘날에는 변제율이 90%를 상회하는 실적에 착안하여 단기 계좌를 요구하는 선진국의 원조자금이 마이크로크레딧의 대부자원으로써 개도국에 유입되면서, 유사한 수단이 세계 각지의 개도국으로 확대되고 있다.

하지만 마이크로크레딧의 이자율이 15%에 육박할 정도로 높은데다, 가정에 불상사가 일어나거나 재해가 닥치더라도 이자감면 또는 변제기간 연장 혜택이 주어지지 않는 경우도 많다. 5명 정도씩 주민들을 소집단화한 다음 촌락의 공동체 규제를 활용하여 변제에 대한 연대책임을 지게 하거나 변제율을 높이는 등의 수단이 적용되기도 하며, 대출받은 돈을 도저히 변제할 형편이 안 되는 농민들이 야반도주해 버리는 경우도 있다. 최근 들어 마이크로크레딧이 대출업무를 자기목적으로 삼는 경향이 높아지면서, 그 운영단체들은 휴대전화 회사 경영에 나서는 등 기업주의화되는 모습을 보이고 있다. 이로 인해 마이크로크레딧이 오히려 농촌사회의 해체를 조장한다는 등의 지적도 일어나고 있다(Ahmad, 2002).

이러한 문제점을 개선하기 위해 나온 것이, 융자를 통한 전대자본(前貸資本)을 그다지 요구하지 않는 소규모 생산의 진흥, 그리고 채무보다는 저축액을 자금으로 하여 농민들의 사업 다각화 및 확대를 촉진하는 것을 핵심으로 하는 소규모 저축 위주의 방법이다. 하지만 이는 아직 보급 단계에 도달했다고 보기는 어렵다.

이들 방법들은 기존에 지주제의 압력 위에서 빈곤하고 자급적인 생산을 지속해온 농촌사회를, 지주제 중심의 사회체제는 그대로 둔 채 시장경제에 편입시키려는 움직임이라고도 할 수 있다. 전 세계적인 신 국제분업에 공간적 확장의 여지가 조금이라도 존재한다면, 마이크로크레딧과 소규모 저축 위주의 방법에 의해 설립되어 농가의 가정 내에서 이루어지는 소규모의 생산활동인 **가내공업**(cottage industry)이 신 국제분업 체제의 말단을 담당하게 된다. 이를 통하여 개도국의 농촌경제가 글로벌 시장경제에 편입될 가능성도 배제할 수 없다. 과거 일본에서는 생사(生絲) 생산에 뿌리를 둔 나가노현 농가의 가내공업 공장들이, 수출형 전기 · 전자산업의 말단을 담당한 바 있다.

두 번째 경향은, 이같은 개도국 농촌의 시장경제화에 편승하는 대신 이에 정면으로 저항하여 보다 확실한 대안을 마련하려는 움직임이다. 이는 농촌개발을 농촌의 토지소유 관계 자각 및 문자교육 등의 사회적 측면에서 추진하려는 관점에 입각해 있다.

그 사례로는, 영국의 농촌개발 연구자 로버트 챔버스(R. Chambers) 등이 개발한 '리플렉트 서클(reflect circle)'을 들 수 있다. 이는 농민의 자발적인 소집단 학습을 핵심으로 하여, 농민들에게 경제적 · 사회적 역량을 길러주는 데 목적을 둔 농촌개발 운동이다(Chambers, 2000). 이와 같은 농촌개발 운동은, 개도국 농촌의 민중 한 사람 한 사람으로부터 신 국제분업의 계층적인 체계에 이르는 하나의 거대한 대안적 요소를 추가하려는 시도라고 할 수 있다.

이슬람 원리주의: 글로벌 시장지배에 대한 궁극적 대항인가?

이러한 움직임과는 별도로, 최근 들면서 **이슬람 원리주의**(Islamic fundamentalism)가 미국을 정점으로 하여 신보수주의의 의도대로 영역통합을 해나가는 세계 기준에 대한 대항 세력으로 주목받고 있다. 이슬람 국가들은 정교분리 하에 서양의 글로벌리즘에 포섭되어 근대화를 시도하고 있는 터키와 같은 유형, 그리고 근대화를 거부하고 이슬람교의 원점으로 돌아간 국가와 사회를 이룩하려는 원리주의라는 유형으로 나누어볼 수 있다. 후자가 급속하게 세력를 신장하게 된 계기는, 호메이니(Khomeini)를 지도자로 하는 원리주의 정권을 수립시켰던 1979년의 이란 혁명이었다.

이슬람 원리주의는 글로벌리즘의 토대가 되는 서양 중심적인 가치관, 윤리관념과는 완전히 이질적인 성격으로, 코란에 충실한 이슬람 법률의 지배를 받는다. 글로벌리즘과는 거의 완벽하게 단절된 세계인 것이다. 오늘날 다수의 비서양 국가들이 서양 중심의 기독교적 질서와 윤리관에 토대한 '글로벌' 문화와 자국 고유의 '로컬' 문화와의 접점*에 대해 고민하는 가운데, 이슬람 원리주의는 서양 중심의 질서와 기독교적 윤리관에 의해 작동되고 있는 '글로벌리즘'을 의연히 거부하고 있다. 일체의 타협을 거부하는, 어떤 의미에서는 단순명쾌하다고도 볼 수 있는 이러한 이슬람 원리주의와 **지하드**(Jihad, 성전)의 논리에 공감을 표하는 이슬람 젊은이들도 적지않다.

이와 같은 이슬람 원리주의는, 신 국제분업 체제를 기반으로 하는 영역통합에서 완전히 뒤쳐진 최빈도상국을 영역적 기반으로 한다. 상술한 이란은 물론, 영국 식민주의가 만들어낸 상치경계의 재획정을 주장하였던 이라크,[5] 과거 러시아와 영국 간의 완충국 역할을 했던 아프가니스탄의 태반을 지배하였던 탈레반 정권 등에 의해, 이슬람 원리주의는 확고하게 실천되었다.

빈곤의 구제를 이슬람교의 교의에서 구하려는 사람들의 굳건한 신념과 미국을 최고차의 결절점 내지는 기준으로 하는 정치·경제의 글로벌리즘은 이슬람교도로써의 자아실현을 억압하는 것으로 여겨 반발한다. 이러한 점에서, 이슬람 원리주의는 소련을 중심으로 한 과거의 공산주의를 대체하여 오늘날 시장주의의 글로벌리즘에 대한 강력한 대항 세력의 하나로 자리매김하고 있다.

'새로운 전쟁'의 글로벌리즘

2001년 9월 11일, 세계도시 뉴욕에 소재한 글로벌 자본주의의 중추였던 세계무역센터 빌딩 2동이 납치된 민항기를 빌딩에 충돌시키는 형태의 공격을 받았다. 건물은 붕괴되었고, 2,795명(2002년 11월 1일자 뉴욕시 당국 발

---

5) 후세인 정권의 쿠웨이트 침공·합병 논리를 지칭함(역주).

표 기준)의 목숨이 건물 잔해에 파묻힌 채 사라져 갔다.

부시 당시 미국 대통령은 이 사건에 이슬람 원리주의자 빈 라덴이 깊이 관여되었다고 주장하고, 그의 비호세력인 탈레반이 실효지배하고 있는 아프가니스탄에 '군사적 보복'을 감행하였다.

이러한 행위는, 2차대전 후 UN과 집단안보체제(☞pp.156-8) 하에서 관리되어온 '전쟁'의 개념과 정의를 2차대전 이전으로 되돌린 것이었다(☞Column 11). 부시 당시 미국 대통령의 발언을 언급할 것까지도 없이, 이는 양측에 있어 전쟁과 관련된 기존의 질서와 제도 및 개념을 뛰어넘은 '새로운 전쟁'임에 틀림없다. 예전에 일어난 베트남 전쟁은 분명 대규모의 전쟁이었지만, 전투가 일어난 공간은 어디까지나 국지적이었고 구 프랑스령 인도차이나의 영역에 한정되어 있었다. 하지만 WTO에 저항하는 시위대(☞pp.36-8)와 마찬가지로, 이 '새로운 전쟁'의 행위공간은 이제 국지적인 영역을 넘어서게 되었다. 글로벌 자본주의와 동일한 공간 스케일에서 미국을 정점으로 하는 글로벌리즘에 대한 실력을 통한 도전에 의해, 전 세계에 완전히 새로운 기준을 구축하려는 시도가 이루어지고 있다. 한편 미국은 냉전체제 붕괴 이후 자국이 확보한 글로벌리즘에서 최고차의 기준을 사수하기 위해, 여성과 어린이를 포함한 아무 죄없는 사람들이 비참하기 짝이 없는 삶을 이어가고 있는 최빈도상국에 대한 공격을 그치지 않고 있다.

'새로운 전쟁'에서 이슬람 원리주의측이 파괴의 대상으로 삼은 것은, 중추관리 기능이 모여 있는 빌딩, 교통결절점, 산업집적 등이 입지한 세계도시라든가 글로벌 투어리즘의 거점 등 전 세계적인 공간적 분업을 뒷받침해온 건조환경이다. 파괴될지도 모른다는 공포는, 사람들로 하여금 경제와 사회를 지탱하는 건조환경이라는 생산된 공간의 자산이 갖는 거대함과 더불어 이러한 글로벌리즘의 물리적 기반이 얼마나 허약한가를 인식하게 한다. 건조환경 이용의 위험성이 향후 높아지게 된다면, 글로벌 공간통합에 부정적인 영향을 주게 되어 신 국제분업의 축소라는 결과로 이어질 것이다. 한때 서양의 기업들 사이에서는, 이러한 종류의 공격에 의해 운송설비가 파괴되는 경우에 대비하여 부품재고를 확대하는 움직임이 일어나기도 했었다.

미국이 아프가니스탄과 이라크에서 '새로운 전쟁'에 승리하더라도, 문제의 근본적인 해결에 접근하리라고 보기는 어렵다. 글로벌 행위공간에서 글로벌리즘에 도전장을 내민 이슬람 원리주의가 기반을 둔 영역은, 다국적기업의 공업생산으로부터 버림받아 신 국제분업의 계층체계에 뒤처진 최빈도상국들이다. 다국적기업의 관심 영역은, 대부분 약탈적인 자원채취에 한정되어 있다. 한편, 원리주의자들은 자본주의가 축적해온 부에는 미련도 집착도 갖고 있지 않다. 이것이, 자본주의의 생산력이라는 기반 위에 공산주의 사회를 건설함으로써 생산력 발전에 적극성을 보였던 과거의 자본주의의 대항마와는 근본적으로 차별화되는 점이다. 이러한 국가들 및 여기서 살아가는 사람들의 생활상은, '잃을 것이라고는 쇠사슬밖에 없다'라는 맑스의 표현이 완벽할 정도로 들어맞는 완전히 헐벗다시피 한 형국이다. 이러한 현실은 아프가니스탄과 팔레스타인에서 살펴볼 수 있는 체험공간을 빼앗겼다는 굴욕적인 기억과 맞물려, 조만간에는 제2의 빈 라덴, 제2의 아프가니스탄을 등장시킬런지도 모르는 일이다.

신보수주의에 의한 공간의 감시와 통제 및 폭력화

이슬람 원리주의자들에 의해 일어난 9.11 사태와 그에 대한 미국의 아프가니스탄 침공으로 인해, 살인이라는 행위를 제도적으로 금기시해왔던 이성은 거대한 파란에 직면하게 되었다. 세계의 패권을 쥔 국가만이 살육행위를 독점할 수 있는 정통성을 가진다는 기준은, 도대체 어디에 그 연원을 둔 것인가? 상대편을 '테러리스트'로 규정한 다음 2,795명을 상회하는 가난하고 죄없는 아프가니스탄인들을 살육한 그들에게는, '테러국가의 우두머리'라는 이름이 주여져도 전혀 어색할 것이 없다(Chomsky, 2002, 43).

　부시 전 미국 대통령은 이라크, 이란, 북한을 **악의 축**(axis of evil)으로 규정하고, 이들은 물론 소말리아와 같은 국가들에까지 무력행사를 확대할 채비를 해나가고 있다. 신 국제분업의 영역이 폐쇄적인 속성을 강하게 갖고 있는 오늘날, 기존의 동남아시아 지역에서 그랬던 것처럼 이들 국가들을 시장주의의 '태양계'로 끌어안는 것은 사실상 불가능한 일이 되었다. 글로벌리즘에 대한 저항적 관계는, 1975년 베트남 전쟁 이전의 상황으로 거슬러올라갈 수 있다(☞p.359). 미국의 침공에 대한 응전이 이루어지면서 파괴와 살육의 응보는 극한으로 치달았고, 이는 전 세계가 최빈도상국의 수준으로 전락할 때까지 계속될지도 모른다. 이는 아이러니컬하게도, 물리적 실력을 수반한 빈곤으로부터의 '글로벌 수렴'이라는 속성을 가진 것일지도 모른다.

　이와 같은 '역방향의 글로벌 수렴'이라는 상황 속에서, 글로벌리즘을 지배하는 측에서는 공간의 경계적 속성을 강화하여 고차의 연속성에 존재하는 지배자에게 관리받지 않고 방치된 저차의 영역을 파괴하고, 공간의 감시와 통제를 체계적으로 강화하는 조치를 취하기 시작했다. 이는 아직 충분하지 못한 점이 있었던 공간의 실질적 포섭을 한층 완벽하게 이루기 위한 의도라고 보아야 할 것이다.

　서양 중심의 세계질서에 따르지 않는 국가들은 '실패국가'이므로 서양 각국이 개입하여 식민지처럼 관리해야 한다는 **신 제국주의 이론**(new imperialism)이, 대표적인 신보수주의 경제지를 통해 제기되기 시작했다 (Wolf, 2001). 선진 각국에서도 세관 심사 강화를 효시로, 조밀하게 분포된 CCTV 등에 의한 개인행동의 감시, 신용카드 등을 통하여 본인의 동의 없이 이루어지는 개인정보 수집과 기록 및 그 관리, 정보공개 및 보도통제 등에 이르기까지 엄격한 관리가 이루어지게 되었다. '주민기본대장 네트워크'에 나타나 있는 바와 같이, '지방분권', '주민의 편익 향상' 등과 같은 마치 주민들과 사회적 약자의 편에 서 있는 것처럼 들릴법한 표현을 활용하여 관리와 통제를 강화해나가고 있다. 이는 2차대전 이전에 존재했던 파시즘 등과는 분명하게 구분되는 점이다.

절대공간의 확대는 이로 인해 일찍이 뉴튼이 생각했던 바대로(☞pp.64-5) 현실 속에 착근되면서, 연속적인 공간은 '경찰공간'이라는 성격을 가진 보편적 실체로 자리매김하게 되었다. 이로 인해 행위공간상에서 이동의 자유는 상실되고 공간의 분단이 진전되게 되었다. 글로벌리즘은 '지리의 종언'을 초래하여, 모든 사람들에게 세계와 관계맺을 수 있는 자유로운 공간을 부여할 수 있다는 믿음은 환상에 불과하다는 사실은 이제 명확해지게 되었다. 앞서 살펴본 시장의 자유는 공간의 관리와 일체라고 보는 관점(☞pp.103, 206-7, 253-4)이, 오늘날 그 형태를 변용시킨 채 **신보수의의 폭력화**라는 형태로 발현되고 있는 것이다.

과제 4. 신 국제분업으로부터 낙오된 수많은 개도국들에서는, 그로 인해 오늘날 빈곤과 기아 문제가 심각한 지경에 이르러 있다. 이러한 문제를 해결하려면, 어떻게 해야 할 것인가? 본 장 3절에서 살펴본 내용에 비추어 보면, 이러한 질문에 대한 답은 독자 여러분이 생각하고 계신 것보다도 훨씬 구하기 어렵다고 할 수 있을 것이다. 우선 이같은 어려움이 구체적으로 어떠한 것인가에 대해서 확인한 다음, 우리가 최빈도상국과 어떠한 관계를 맺는 것이 바람직할 것인가에 대해서 함께 이야기해보자. 또한 이러한 경우, 문화의 이질성에 대해서 어떻게 접근해야 할지에 대해서도 생각해보자. 11장의 내용을 참고하는 것도 도움이 된다.

칼럼 10.

세계도시, 글로벌 도시, 글로벌 도시-지역

글로벌 도시라는 이름에 걸맞는 수준의 규모와 배후지를 가진 소수의 도시들을, 본서에서는 세계도시라고 언급하고 있다. 하지만 이러한 도시들은 몇 가지 상이한 명칭으로도 불리고 있다. 이에 대해서 다음과 같이 설명하고자 한다.

세계도시(world city)라는 명칭 자체는 완전히 새로운 것이 결코 아니다. 이를테면 런던이나 파리와 같이 도시 규모가 크고 국가의 정치활동 중심지로 자리잡고 있으며, 무역활동을 통하여 식민지를 지배, 총괄하는 도시들은 이미 세계도시라고 불렀다. 그러나 오늘날에는 신 국제분업의 토대 위에서 지리적으로 분할되어 입지하게 되는 각 부문 및 이를 통해 생산되는 행위공간의 통합을 위하여 관리기능이 집중해 있으며, 광대한 스케일의 관리영역을 가진 도시를 세계도시라고 부른다(☞pp.369-70).

1980년대 프리드먼이 내놓은 가설이 도시와 세계경제 간의 연결성을 적확하게 제시함으로써, 세계도시는 새로운 의미를 갖게 되었다(〈표 9-1〉 참조. Friedman, 1997). 현실 속에서 '세계도시'라는 개념은, '광대한 배후지를 가진 거점'이라는 본래의 의미를 뛰어넘게 되었다. 이 단어는 수많은 나라와 도시들이 대도시의 재생이라는 목표를 위하여 벌이고 있는 경쟁적인 정책의 슬로건으로 자리잡게 된 것이다(Sassen, 2001).

중심도시의 내부라는 협소한 작용공간만으로는, 세계도시 및 글로벌 도시의 기능을 유지하지 못한다. 경제·사회활동의 공간 스케일 및 정치영역의 문제를 고려해보면, 도시권 등 보다 넓은 행위공간이 가진 의미는 결코

작지 않다. 1990년대말 로스엔젤러스에서 개최된 세계도시 회의에서, 스콧(Scott) 등은 '글로벌 도시-지역(global city-region)'이라는 용어를 사용하였다. 이러한 표현은, 공간 스케일의 의미에 대한 새로운 문제제기를 위한 의도에서 비롯한 것이다(Scott, 2001).

〈나가오 겐키치〉

칼럼 11.

아프가니스탄(Afghanistan)

19세기의 중앙아시아는, '거대 게임(great game)'이라는 단어로 불린 영국과 러시아 간의 영역 다툼에 유린당했다. 1880년대에 아프가니스탄은 영국의 보호령이 되었고, 여타의 아시아 및 아프리카 국가들과 마찬가지로 상치경계로써 영역결정이 이루어진채 1919년 독립한 후에도 영국의 위성국가로 기능하였다. 아프가니스탄은 파슈툰(Pashtun), 타지크(Tajik), 우즈벡(Uzbek), 하자르(Khazar) 등의 민족들로 구성된 다민족 국가로, 독립후 파슈툰족 출신의 국왕에 의해 점진적인 근대화와 서구화가 진행되었다.

하지만 브레즈네프(L. Brezhnev) 치하의 소련 세력이 강하게 침투하면서, 1978년에는 소련의 영향을 강하게 받은 타라키 정권이 성립하였다. 이러한 민심장악 시도가 의도한 것처럼 제대로 이루어지지 않는다고 파악한 소련은, 이듬해 카르마르 괴뢰정권의 '요청'에 의해 아프가니스탄에 대한 군사개입을 개시하였다. 당시의 냉전 체제 하에서 완충지 역할을 하였던 아프가니스탄이 소련의 권역에 포함되는 것을 위기라고 판단한 미국은, 이슬람 전사인 무자헤딘에 대한 게릴라전 실전훈련을 포함한 CIA의 개입과 더불어, 총액 33억달러에 이르는 거액의 자금 지원을 통해 무자헤딘 전사들이 소련과 맞붙어 싸우도록 하는 전략을 세웠다. 종교를 아편과 같이 취급하여 부정하는 맑스주의자들과의 싸움이라는 명분은, 무자헤딘 전사들이 이슬람교의 대의를 발휘하도록 하는 데 충분한 것이었다. 이슬람 세계는 이렇게 해서 미국에 의해 전 세계적인 냉전체제에 편입되었고, 이러한 관계성 속에서 성전(聖戰)이라는 대의가 사람들 사이에 퍼져나갔던 것이다.

힌두쿠시 산맥의 험준한 지형과 용맹스러운 무자헤딘 전사들의 저항에 패배를 맛본 소련은, 결국 1989년 철수하고 말았다. 하지만 그 후에도 아프가니스탄 국내에서는 민족 간, 군벌 간의 내전은 끊이지 않았으며, 이로 인해 '아시아의 기적'이라는 과거의 칭호가 무색한 최빈국으로 전락하고 말았다.

이 시기에 이어진 내전기에 세력을 얻기 시작하여 1990년대 중반에 이르러서는 아프가니스탄 전체 영역의 90%를 실질적으로 지배하기에 이르렀던 세력이, 이슬람 신학교의 학생조직에서 태동하였다. 파슈툰족들이 주도한, 탈레반(Taliban)이라는 이름의 이슬람 원리주의 조직이 바로 그들이다.

이슬람 원리주의에 기반을 둔 탈레반은, 당연한 이야기이겠지만 서양의 사상과 관습과는 상이한 측면을 다분히 갖고 있다. 하지만 이들이 아프가니스탄을 실질적으로 지배하기 시작하고부터는, 간선도로의 포장이라든가 간호학교 설립 등 어려운 여건 속에서도 착실히 국가건설을 추진하기도 했다는 사실을 간과할 수는 없다. 그러나 이러한 정책은 충분한 성과를 거두지 못했고, 수년에 걸친 한발이 이어져 500만 명이 아사 위기에 봉착하였다. 전인구의 30~50%에 달하는 사람들이 국제연합의 원조를 통해 간신히 목숨만 이어가는 상황에 처하게 된 것이다.

2001년 3월, 탈레반은 유네스코에 대한 항의의 표시로 바미얀 석불을 폭파하였다. 이로써 아프가니스탄의 이슬람 원리주의 세력의 존재에 전 세계의 이목이 집중되었다. 아프가니스탄이 완전한 평화를 되찾았더라면, 바미얀 석불은 '세계문화유산'으로 지정되어 글로벌 투어리즘*을 통한 관광수입 창출로 외화 획득에 공헌하고 있을지도 모른다. 바미얀 석불 파괴는, 이러한 '상품으로서의 문화'에 대한 강경한 반대의 메시지이기도 한 것이다.

탈레반 정권을 유지하였던 경제기반은, 양귀비 재배와 아편 수출이었다. 미국 중심의 글로벌리즘에 근본적으로 대항하는 정치세력이 선택할 수 있는 경제적 수단은, 심신을 좀먹기 때문에 대다수의 국가에서 불법화된데다

신 국제분업 체제로부터는 완전히 배제된 재화인 마약의 거래 정도밖에는 찾아보기 어렵다. 이와 같은 아이러니에는, 오늘날의 세계적인 공간분업 체제와 시장경제의 글로벌리즘에서 배제된 저항세력이 가진 심각한 경제적 딜레마가 드러나 있다.

탈레반 정권은, 2001년 가을 9.11 테러에 대한 미국과 영국의 보복 공격을 받아 붕괴되었다. 이러한 군사행동의 국제법적 근거는, UN 설립 이전부터 각국으로부터 승인받아 왔던 '개별적 · 집단적 자위권'이었다. UN 총회는 테러를 일으킨 인물이 법적인 제재를 받아야 한다는 결의를 하였다. 더불어 UN 안전보장 이사회는 결의 1368호를 채택하여, 테러 피해를 당한 국가가 UN헌장 51조에 의거하여 '자위권'을 행사할 수 있도록 하였다.

미국에서 무자비한 테러를 일으킨 사람들은 현행범으로 체포하여 충분한 증거를 토대로 심판할 수 있다고 하지만, 아프가니스탄은 독립극가임에도 이 나라를 실효지배하고 있는 정권을 '실패국가'라고 일방적으로 판단하여 전복한 다음 미국의 비호하에 '보복전쟁'에 공적을 올린 타지크족을 중심으로 하는 카르자이(H. Karsai) 신 정권을 수립하게 만든다든지, 클러스터탄과 같은 비인도적 무기를 사용하는 보복행위조차도 '자위권'이라고 보아야 할 것인가? 미국과 영국의 공격에 의해 UN관련 NGO, 촌락, 적십자 시설 등에도 폭격이 가해져, 수많은 민간인들이 학살당했다.

서구 사회와 국가들은 이성이라는 명분 하에, 인명을 해치는 행위조차도 정치적 시스템에 포섭하여 제도화시켜 왔다. 사형집행은 살인을 법적으로 정당화하는 제도의 사례라고 할 수 있다. 2001년 가을부터 시작된 미국과 영국의 아프가니스탄 공습은, 2차대전 후 세계평화를 열망하는 사람들이 간신히 쌓아올린 국가 간의 대등, 평등한 관계와 UN 안전보장이사회를 중심으로 하는 세계평화의 제도로부터의 일탈이라고 보아야 할 것이다. 또한 전 세계의 패권국가라고 할 수 있는 미국과 영국에 의한 '보복'만이 허용되는 미국중심의 세계질서를, UN의 이름으로 정당화시킨 것이기도 하다. 게다가 이는 이스라엘의 팔레스타인 침공이라는 새로운 전쟁의 불씨까지 낳고 있다. 이같은 아프가니스탄 전쟁은, 세계평화의 기준으로 여겨지고 있는 UN의 정통성에 중대한 의문을 제기하고 있다.

〈미즈오카 후지오〉

참고문헌

Marie, J., 1995, 加太宏邦 訳,『観光のまなざし―現代社会におけるレジャーと旅行』, 法政大学出版局.

大庭三枝, 2000,「『国境国家』と『地域』の時空論―日豪の地域アイデンティティ模索とアジア太平洋地域の創出」,『レヴァイアだん』第26号, 99-131.

Sassen, S., 1992, 三田桐郎 ほか 訳,『労働と資本の国際移動』, 岩波書店.

Dos Santos, T., 1983, 青木芳夫・辻豊治 訳,『帝国主義と従属』, 柘植書房.

Chambers, R., 2000, 野田直人・白鳥清志 監訳,『参加型開発と国際協力―変わるのはわたしたち』, 明石書店.

Chomsky, N., 2002, 山崎淳 訳,『9・11―アメリカに報復する資格はない！』, 文藝春秋（文春文庫）.

Dicken, P., 2001, 宮町良広 訳,『グローバル・シフト―変容する世界経済地図』, 上・下, 古今書院.

Hymer, S. 1979, 宮崎義一 編訳,『多国籍企業論』, 岩波書店.

Friedmann, J., 1997, 廣松悟 訳,「世界都市仮説」, Knox, P. L./Ryler, P. J. 編, 藤田直晴 訳編,『世界都市の論理』, 鹿島出版会.

Massey, D., 2000, 富樫幸一・松橋公治 監訳,『空間的分業―イギリス経済社会のリストラクチャリング』, 古今書院.

森澤惠子, 植田浩史 編, 2000,『グローバル競争とローカライゼーション』, 東京大学出版会.

Yunus, M., 1998, 猪熊弘子 訳,『ムハマド・ユヌス自伝―貧困なき世界をめざす銀行家』, 早川書房.

Rashid, A., 2000, 坂井定雄・伊藤力司 訳,『タリバン―イスラム原理主義の戦士たち』, 講談社.

Lipietz, A., 1987, 若森章孝, 井上泰夫 訳『奇跡と幻影―世界的危機とNICS』, 新評論.

Rostow, W. W., 1961, 木寸健康・久保まち子, 村上泰亮 訳,『経済成長の諸段階―一つの非共産主義宣言』, ダイヤモンド社.

Ahmad, M. M. 2002. Neo-liberalisation of the Rural NGOs(Non-Governmental Organisations) in the South, in F. Mizuoka ed., *Developing a Teaching Programme to be Designed for the University Mobility in Asia and the Pacific*. Tokyo: Hitotsubashi University, 60-93.

Foucault, M. 1986. Of other spaces, translated by Jay Miscowiec, *Diacritics* 16(1): 22-27.

Fröbel, F., Heinrichs, J., and Kreye, O. 1980. *The New International Division of Labour*. Cambridge: Cambridge University Press.

Logan, J. R., and Molotch, H. L. 1987. *Urban Fortunes: The Political Economy of Place*. University of California Press.

Markusen, A. 1985. *Profit Cycles, Oligopoly and Regional Development*. Cambridge, MA: MIT Press.

O'Brien, R. 1992. *Global Financial Integration: The End of Geography*. New York, NY: Council on Foreign Relations Press.

Quddus, M. and Rashid, S. 2000. *Entrepreneurs and Economic Development: The Remarkable Story of Garment Exports from Bangladesh*. Dhaka, Bangladesh: The University Press.

Sassen, S. 2001. *The Global City: New Yotk, London, and Tokyo*. 2nd., Princeton, NJ: Princeton University Press.

Scott, A. J. ed. 2001. *Global City-Regions: Trends, Theory, Policy*. New York, NY: Oxford University Press.

Short, J. R., and. Kim, Y-H. 1999. *Globalization and the City*. New York, NY: Longman.

Vernon, R. 1966. International Investment and International Trade in the Product Cycle. *Quarterly Journal of Economics* 80(2): 190-207.

Wolf, M. 2001. A Call for 'New Imperialism', *Financial Times*. 9, October 2001.

위의 사진은 신 국제분업의 현장을 보여주고 있다. 홍콩에 거점을 둔 교후(協豊)전자는 과거 수출형 경공업의 본거지였던 홍콩의 임금이 급등하자, 이를 회피하여 1994년 중국 광둥성 선전(深圳)에 공장을 입지시켰다. 이후 오무론, 데논, 카시오, 반다이 등 일본 대기업의 OEM(주문자 상표부착 생산) 생산이 이루어지고 있다. 종사자수는 총 1,000명으로, 전자기판 조립라인에서 묵묵히 일하고 있는 여사원들의 평균연령은 20세이다. 이들은 광둥성에서 멀리 떨어진 헤이룽장성, 쓰촨성 및 신장위구르자치구 등지에서 고용된다. 이들은 약 400위안(1999년 기준 약 6,000엔)의 급여를 받지만, 월 70위안으로 식사 및 기숙사를 제공받는다. 생산과정은 노동집약적이지만, 홍콩의 경영자가 불황에 시달리는 일본에서의 품질관리 기술자들의

수요가 남아도는 것에 착안, 일본인 기술자를 고용하여 일본의 QC서클(품질관리 소집단 활동) 기법을 도입하였다. 이를 통해 세계시장에서 경쟁력있는, 고품질 저가 상품을 생산하고 있다. 중국산 상품의 전반적인 품질 향상으로 인해, 일부 부품의 경우 중국 내에서의 조달이 가능하게 되었다. **원 안의 사진**은 NEC야마가타에서 트랜지스터를 생산하는 장면을 담은 것으로, 1970년 촬영되었다(NEC 제공).

샤히둘 이슬람(Shahidul Islam) 씨의 지도 하에 방글라데시 남서부의 사트키라(Satkhira)를 거점으로 활발한 활동을 벌이고 있는 NGO 우타란(Uttaran)은, 마이크로크레딧에 기초한 시장주의적 기법보다도 토지소유 등 농촌의 빈곤을 유발시키는 사회문제의 해결 및 여성 권리 신장을 더욱 우선시하면서 활동에 박차를 가하고 있다. **위의 사진**은, 지역 주민들이 농촌 사회의 소유관계 및 자신들을 둘러싸고 있는 건조환경의 문제점을 스스로 자

각하는 데 초점을 맞춘 활동은
'리플렉트 서클(Reflect Circle)'
에 참가한 여성들이다. 마을
의 그림지도(원 안)를 스스로
그려 보고, 이를 토대로 문제
의 해결책에 대해서 이야기를
나눈 다음 이를 실천에 옮기는
것이다.

세계도시 서울의 다문화 마을

서울은 현재 세계도시(world city)로서 전 세계의 다국적 기업들이 집적하고 있다. 서울의 최근 5년간 외국인 직접투자(FDI) 현황을 보면 2008년에는 투자액이 약 64억 달러이며 이는 전국에서도 절반을 넘는 54.7% 이다. 2011년에는 투자액이 41억 원으로 조금 주춤한 상태이지만, 서울에서 이루어지는 투자의 규모나 한국에서의 그 비중을 보았을 때 매우 높은 수준이라고 할 수 있다. 지역별 외국인 투자는 2008년에는 유럽 지역이 약 40억이었지만, 현재는 아주지역에서 가장 많은 투자액이 유치되고 있다. 또한 미국의 컨설팅 업체인 'A.T. Kearney'[6]의 발표에 의하면, 전 세계의 66개의 도시들 중에서 서울은 세계에서 가장 영향력 있는 도시 8위에 랭크되어 있다. 이 결과의 산정 방법은 산업, 인적재산, 정보, 문화, 정치참여 등의 사항을 고려하였다고 한다. 이와 같은 서울의 변화는 전 세계를 대상으로 비즈니스를 하는 다국적 기업들, 예를 들면 미국과 일본, 유럽계 국가들의 기업들이 서울로 모이게 하였다. 이처럼 서울은 경제의 글로벌화와 함께 만들어진 세계도시로서의 면모를 가지고 있다.

〈표 1〉 최근 4년간 한국의 외국인 직접투자(FDI) 현황(단위: 건/백만 불)

구 분	전 국	투자액	서울	투자액	비 중	투자액
2007년	3,559	10,509	1,623	5,153	45.6%	49.0%
2008년	3,744	11,705	1,695	6,404	45.3%	54.7%
2009년	3,131	11,484	1,071	4,251	34.2%	37.0%
2010년	3,107	13,017	1,302	2,676	41.9%	20.5%

자료: 서울시청(www.seoul.go.kr)

---

6) 자세한 내용은 A.T. Kearney의 홈페이지를 참조할 것(http://www.atkearney.com)

<그림 1> A.T Kearney에서 제공한 '세계에서 가장 영향력 있는 도시' 순위(서울은 8위)

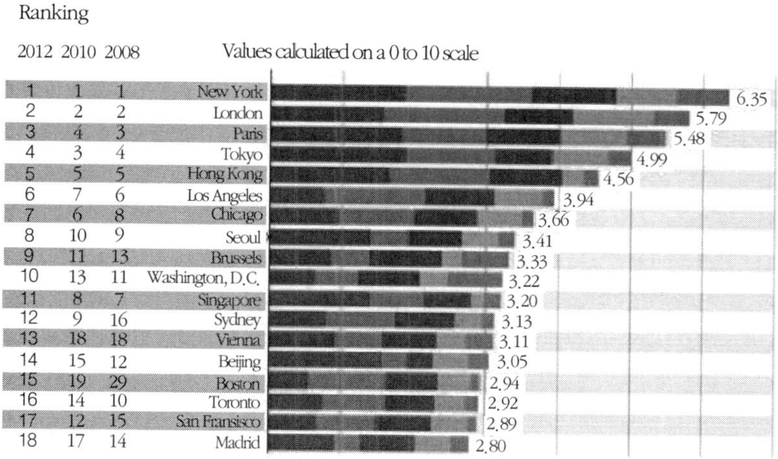

Ranking

2012	2010	2008		Values calculated on a 0 to 10 scale
1	1	1	New York	6.35
2	2	2	London	5.79
3	4	3	Paris	5.48
4	3	4	Tokyo	4.99
5	5	5	Hong Kong	4.56
6	7	6	Los Angeles	3.94
7	6	8	Chicago	3.66
8	10	9	Seoul	3.41
9	11	13	Brussels	3.33
10	13	11	Washington, D.C.	3.22
11	8	7	Singapore	3.20
12	9	16	Sydney	3.13
13	18	18	Vienna	3.11
14	15	12	Beijing	3.05
15	19	29	Boston	2.94
16	14	10	Toronto	2.92
17	12	15	San Fransisco	2.89
18	17	14	Madrid	2.80

자료 : 2012 Global cities index and emerging cities outlook(일부 수정)

한국전쟁 이후 1960년대부터 시작된 한국의 경제개발 계획은 한국의 생산 구조를 농업 중심에서 제조업, 중화학공업 중심으로 변화 시켰다. 그리고 한국 경제의 급격한 상승과 더불어 최근 한국의 산업 구조는 과거의 산업 구조를 버리고 첨단 산업 중심으로 변화하였다. 제조업, 중화학공업 등은 흔히 3D 업종이라 하여 노동자들에게 힘들고, 위험하고, 긴 노동시간을 요구하며 임금 수준도 매우 낮다. 따라서 경제성장을 경험한 한국인들은 이와 관련된 직종에서 일하는 것을 기피하게 된다. 그리고 한국인들이 기피하는 직종의 빈 자리를 채우기 위해 외국인 노동자들이 필요하게 되었다. 외국인 노동자는 이와 같은 업종들뿐만 아니라 서울이라는 세계도시를 떠받치기 위한 각종 산업에 종사하게 되며, 음식업, 서비스업 등 다양한 업종에서 그들의 노동력을 필요로 하고 있다. 이와 더불어 서울에는 외국인 마을이 형성되기 시작하였다. 외국인 마을의 현황은 다음의 표와 같다.

〈표 2〉 서울의 다문화 마을 현황

마을 명칭	위치	생성시기	규모
조선족 마을 (옌벤 거리)	구로구 가리봉동	1990년대 후반	구로구 내 약 15,000명 가리봉동 주변 약 12,000명
이슬람 마을	용산구 이태원동	1980년대 초반	주말 이슬람 인구 400~500명
화교 마을1 (리틀 차이나타운)	서대문구 연희동 마포구 연남동	1997년 이후	약 2,500명
프랑스 마을 (서래 마을)	서초구 반포4동	1980년대 후반	약 500명
일본 마을 (리틀 도쿄)	용산구 이촌1동	1970년대 초반	약 1,300명
몽골 마을 (몽골 타워)	동대문구 광희동	1990년대 후반	주말 몽골인구 300~400명
이탈리아 마을 (클럽 이탈리아)	용산구 한남동	2000년대 초반	주말 이탈리아인 인구 30~40명
필리핀 마을 (혜화동 일요장터)	종로구 혜화동	1995년 이후	주말 필리핀 인구 200여 명

출처: 김은미 외, 2008

〈표 2〉의 다문화 마을 현황을 살펴보면, 조선족 마을, 서래 마을, 일본 마을 등 한 공간을 중심으로 집중적으로 거주하는 다문화 마을이 있는가 하면 이슬람 마을이나 몽골 마을과 같이 주말에만 어떤 특정한 장소에 모여 다문화 공간을 형성하는 경우도 있다. 주말에만 모여서 커뮤니티를 형성하는 다문화 마을의 경우, 그 공간의 주인공들은 평소 서울 각지에서 거주하면서 자신의 직업 활동을 하다가 주말에 모여 정보의 교환과 종교 행사, 주말장터 등을 통해 그들의 다문화 공간을 형성하고 있다.

외국인들이 다문화 마을을 형성하는 이유는 여러 가지가 있다. 원주민들에 비해 상대적으로 소수민족인 외국인들은 이주한 나라에서 필요한 다양한 정보를 공유하고, 고향에 대한 그리움과 타지에서의 외로움을 견디고자 한다. 때로는 자신들의 권익을 위해 투쟁을 하기도 한다. 이를 위해 외국인들은 어떤 시간과 형태로든 간에 특정 지리적 공간에 모여서 그들에게 필요한 여러 가지 활동을 하고 있는 것이다.

이슬람 마을의 경우 용산구 이태원동에 있는 이슬람 사원이라는 상징적 공간을 중심으로 다문화 공간이 형성된다. 주변 건물들과 다른 실제 이슬람 사원의 건축 양식으로 만들어졌다. 이 이슬람 사원에는 '한국이슬람교 중앙회'가 있으며, 이슬람교의 종교 의식을 거행하고 있다. 이들의 문화에 감화된 주변의 한국인들은 이슬람교를 자신의 종교로 택하기도 한다. 한국의 여성들은 자신의 의상으로 짧은 미니스커트를 선호하기 때문에 그들의 문화에 맞지 않아 방문객들을 위해 긴 치마를 준비하는 모습도 볼 수 있다. 이슬람 마을의 소재지인 이태원은 1960년대부터 이태원 근처에 주둔하고 있는 미국 군인들을 대상으로 이국적인 거리로 활성화 된 공간이며, 현재도 펍(pub), 클럽(club), 그리고 외국의 다양한 의상과 음식들을 구매할 수 있는 상점들이 크게 형성되어 있다. 이와 더불어 이슬람 사원 또한 그 지역의 랜드마크 중 하나로서 시민들에게 유명한 공간이 되었다. 이 건물의 높이는 다른 건물들보다 높게 지어져 주변에서 쉽게 인식이 가능하다.

〈그림 2〉 이태원의 이슬람 사원 경관

출처: 한국이슬람교중앙회(http://www.koreaislam.org)

필리핀 마을은 지하철 4호선 혜화역 주변에 벼룩시장과 같이 필리핀 사람들이 모여서 잡지, 식품, 화장품, 심지어는 의약품까지 다양한 필리핀 상품들을 판매하고 있다. 유동인구가 많은 대학로 지역이기 때문에 이곳을 방문하는 한국인들에게도 많은 관심을 끌고 있다. 이 장터를 찾는 사람들은 필리핀 노동자들뿐만 아니라 한국인과 결혼해서 귀화한 필리핀인들, 그리고 인터넷 등의 미디어를 통해 정보를 얻은 한국인들도 이국적인 분위기를 느끼기 위해 이곳을 찾는다.

<그림 3> 가리봉동 조선족 마을의 경관

서울에서 가장 많은 외국인들이 거주하는 다문화 공간은 바로 조선족 마을이다. 조선족 마을은 가리봉동의 가리봉시장을 중심으로 그 주변에 넓게 형성되어 있다. 비록 조선족들은 중국 국적을 갖고 있으나 실제로는 일제 강점기를 중심으로 남한과 북한에서 중국 동북지방으로 이주한 주민들이다. 따라서 그들은 민족적으로는 외국인이라기보다 우리와 같은 민족이며 한국

의 동포(同胞)이다. 조선족 마을은 구로구 가리봉동에 위치하며, 서울시 인구 통계표에 의하면 가리봉동에는 2010년 현재 약 7,500명의 조선족들이 이 마을에 집중 거주하고 있다. 그들은 1992년 한중수교 이후 가리봉동 지역에 집중 거주하기 시작하였다. 가리봉동은 원래 1960~70년대 구로공단의 배후지로서 공단 노동자들에게 잠자리를 제공하였다. 주로 '쪽방촌'이라고 하여 좁은 단칸방에 공동 화장실을 사용할 정도로 생활환경이 매우 열악하였다. 그러나 그 당시에 가리봉동은 공단 노동자들에 의해 매우 활성화된 '문화의 거리'였다. 당시의 조선족 마을 지역은 오늘날의 명동처럼 많은 사람들이 붐비는 지역이었고 극장도 몇 개 있었다. 그러나 한국의 경제성장과 산업구조가 변화하면서 구로공단 지역의 여러 산업체들이 공장을 폐쇄하거나 의정부 또는 마석 등의 서울 외곽 지역으로 장소를 옮기기 시작하였다. 이와 함께 슬럼화 되기 시작한 공간을 중국의 흑룡강, 길림성 등 중국의 동북 지역에 거주하던 중국 동포들이 이주하기 시작하면서 이국적인 느낌을 주는 중국 동포들의 문화 거리로 변하게 된다. 이 조선족 마을은 중국식 간판과 음식점, 중국 상품들을 파는 가리봉 시장, 중국 동포들 등을 통해 시민들이 충분히 이국적인 매력을 느낄 수 있는 경관을 형성하고 있다. 그러나 범죄율이 많다는 주변의 인식과 구로구청의 재개발 정책 등으로 인해 혼란을 겪기도 하여 최근에는 이 마을에 거주하는 중국 동포들도 많이 줄어들었다. 건물도 많이 낙후 되어 그들의 거주지를 위한 대책이 필요한 실정이다.

이와 다양한 측면에서 비교가 되는 다문화 마을로는 서래 마을이 있다. 서래 마을은 1986년 한남동에 있던 프랑스 학교가 서래 마을로 이동하게 되면서 프랑스인들이 집중 거주하는 지역으로 유명해졌다. 서래 마을은 최근 4~5년 사이에 프랑스 마을로서 상업적으로 크게 성공하게 되었다. 프랑스 마을이라는 고급화된 이미지를 이용하여 이국적인 분위기의 상점들이 입주하게 되었고, 이를 느끼고자 하는 시민들이 이 공간을 찾고 있다. 그리

고 지자체 차원에서도 서래 마을의 상업적 성공을 위한 적극적 홍보 및 정책들을 지원하고 있다. 프랑스인과 한국인이 함께 할 수 있는 문화적 행사를 개최하는가 하면, 프랑스 파리의 대표적 명소의 이름을 따서 '몽마르뜨 공원'과 '몽마르뜨 길'을 만들기도 한다. 그러나 서래 마을은 실제로는 프랑스적인 분위기를 크게 느끼기 어렵다는 것이 일반적 인식이다. 서래 마을의 프랑스적 이미지를 이용해 오히려 프렌차이즈 상점들이 계속 늘어나고 있다. 프랑스 마을이라는 이미지를 통한 상업적 성공이 서래 마을의 임대료를 높이는 결과를 만들었다. 이 때문에 비싸진 임대료를 감당할 수 없는 서래 마을의 상인들은 자신들의 사업을 접거나, 혹은 서래 마을의 외곽 지역이나 혹은 아예 다른 지역으로 자신들의 사업장을 이전할 수밖에 없게 된다. 더욱이 서래 마을에 거주하는 많은 이들은 프랑스 다국적 기업의 직원으로 3~4년에 한 번씩 자신들의 거주지를 옮기고 있으며 전 세계를 대상으로 그런 생활에 익숙해져야 하는 직업을 가지고 있다. 그들은 공간 형성에 주체적으로 참여하고 있지 못하며, 그럴 필요성도 크게 느끼지 못한다. 또한 그들이 거주하고 있는 공간에는 프랑스인들뿐만 아니라 다양한 국적을 가진 외국인들이 거주하고 있다. 외국인들 중에서 프랑스인은 약 30%에 불과하며, 그들과 외모적으로 국적으로 분간할 수 없는 서양인들(미국, 영국, 캐나다 등)의 비율도 전체의 30%가 넘는다. 그리고 한국인 인구 비율에 비해 프랑스인 외국인 비율은 매우 작다. 따라서 외국인들이 서래 마을을 많이 찾는 주말을 제외하면 서래 마을에서 외국인을 만나는 것은 생각보다 쉽지 않다.

　서울의 '세계도시(global city)화'는 이처럼 다양한 종류의 마을을 형성하도록 한다. 이는 서래 마을과 같이 프랑스인들이 집중 거주하게 되면서 형성된 다문화 마을뿐만 아니라 가리봉동과 같이 중국 동포들이 임대료가 싼 '쪽방촌'에 집중 거주하는 조선족 마을을 형성하기도 한다. 이 두 마을의 형성 과정은 세계도시가 형성되는 과정에서 한국에 거주하는 외국인 인력들의 주거지가 지리적으로 매우 계층적인 공간을 형성하고 있음을 보여준다. 그리고 그들의 주거지 선택은 바로 그들이 가지고 있는 경제적 능력에 따라 좌우되고 있다. 국가적인 측면에서 보았을 때, 프랑스인들과 중국 동포들의 경제력 차이는 매우 크다. 이는 단순히 개인의 성향에 따른 공간 형성의 특징임을 넘어서 전 세계적으로 형성되어 있는 다국적 기업의 본거지인 서구 사회의 힘이자 거대한 흐름이라고 볼 수 있다. 또한 이와 같은 다문화 마을의 형성은 바로 서울이 세계도시로서 변모하고 있으며, 세계 경제의 흐름에서도 큰 영향력을 가진 도시라는 증거이기도 하다.

〈한준섭(단국대학교 도시계획 석사)〉

참고문헌

김은미, 김지현, 2008, 「다인종·다민족 사회의 형성과 사회조직: 서울의 외국인 마을 사례」, 한국사회학회, 42(2), 1-35.

박세훈, 2010, 「한국의 외국인 밀집지역: 역사적 형성과정과 사회공간적 변화」, 한국도시행정학회 도시행정학보, 23(1), 69-100.

우실하, 1997, 『오리엔탈리즘의 해체와 우리문화 바로 읽기』, 소나무.

조명래, 2009, 『지구화, 되돌아보기와 넘어서기: 공간환경의 모순과 극복』, 환경과생명.

최병두, 2009, 「다문화 공간과 지구-지방적 윤리: 초국적 자본주의의 문화공간에서 인정투쟁의 공간으로」, 한국지역지리학회지, 15(5), 635-654.

한준섭, 2011, 「다문화 마을의 형성 주체와 공간적 특성에 관한 연구」, 단국대학교 석사학위 논문.

〈인터넷 자료〉

서울시청 http://www. www.seoul.go.kr

A.T Kearney 홈페이지 http://www.atkearney.com/

한국이슬람교중앙회 http://www.koreaislam.org

10장

세계도시의 빈곤, 차별, 도시사회운동
도시건조환경과 토지이용조정의 역사적 변동

분단된 도시경관인가, 아니면 대안적인 도시경관인가?

오사카는 '세계도시'를 표방함으로써, 전 세계로부터 고객을 유치하는 것을 목표로 하고 있다. 하지만 그 도시공간에는 빛과 그림자가 공존하고 있어, 토지이용조정이 공식적인 차원과 비공식적인 차원의 2개로 분단된 조정과정으로 구분되는 것은 마치 당연한 일처럼 받아들여지고 있다. 이러한 상황은 노숙인들이 기거하는 천막이 늘어서 있는 도시공원이나 역 주변에서 특히 확연하게 드러난다. 그리고 그 긴장관계 속에서, 새로운 사회운동이 생겨나고 있다. 본장은, 이와 같은 도시공간의 역동성을 역사적, 그리고 현실적인 맥락을 살펴가며 이해하는 데 목적을 둔다.

이 장에서 공부할 내용

본 장은 5장에서 충분히 짚고 넘어가지 못했던 자본주의의 도시공간과 관련된 '토지이용조정'의 개념을, 도시공간 형성의 역사적 과정을 살펴보는 가운데 도시사회학의 모델 등과 관련지어 구체적으로 살펴보도록 하겠다.

또한, 사회운동은 앞 장 3절에서 살펴본 지구의 '주변부'로부터만이 아니라, '세계도시'를 표방하는 도시공간의 사회적인 '주변부'에서도 활발하게 일어나고 있다. 이러한 운동들은, 시장과 더불어 도시에서의 토지이용조정이 일어나도록 하는 원동력이기도 하다. 본 장은 이러한 도시 내부의 사회운동에 대해서도 구체적으로 다룬다.

이와 같은 2중의 주제를 가진 본 장은, 오사카를 사례로 하여 앞서 언급한 부분에 대해서 살펴보았다. 오사카는 일본의 대도시 중에서도 에도 시대부터 경제도시로 발달하였고 초기부터 공업화를 경험하였으며, 일본의 과거 식민지 지역과도 거리상으로 인접해 있다. 이러한 점에서 오사카는, 본 장의 내용을 살펴보는 데 있어서는 정치적 관리중심지로 발달해온 도쿄보다도 더 높은 적합성을 가진다고 할 수 있다.

최빈도상국의 대척점으로 글로벌 영역통합의 결절기능이 집중해 있는 세계도시에서는, 모든 사람들이 풍요로운 생활을 영위하고 시장과 더불어 도시에서의 토지이용조정이 일어나도록 하는 원동력이기도 하다. 본 장은 이러한 도시 내부의 사회운동에 대래서도 구체적으로 다룬다.

이와 같은 2중의 주제를 가진 본 장은, 오사카를 사례로 하여 앞서 언급한 부분에 대해서 살펴보았다. 오사카는 일본의 대도시 중에서도 에도 시대부터 경제도시로 발달하였고 초기부터 공업화를 경험하였으며, 일본의 과거 식민지 지역과도 거리상으로 인접해 있다. 이러한 점에서 오사카는, 본 장의 내용을 살펴보는 데 있어서는 정치적 관리중심지로 발달해온 도쿄보다도 더 높은 적합성을 가진다고 할 수 있다.

그리고 그와는 대척을 이루는 이면에서는, 불안정한 고용조건 하에서 일하는 저임금 미숙련 노동자들의 노동시장이 확대되면서 노동자들과 자영업자들이 지금까지 해왔던 노동과 생활을 보장받기 어려워진다. 이로 인해 그들의 노동공간과 생활공간에는 막대한 손실이 가해지게 된다.

앞 장에서 살펴본 세계도시의 7가지 명제들 가운데 ⑤ 이민의 도달점, ⑥ 공간적·계층적 분극화, ⑦ 막대한 사회적 비용의 발생은, 글로벌리즘의 토대 위에서 번영하고 있는 것처럼 보이는 세계도시가 떠안고 있는 또 하나의 현실이기도 하다. 글로벌 경제의 결절점에서도 마찬가지로 이러한 국지적 공간을 기반으로 하여 한층 고차의 공간을 지배하는 패권적인 기준에 저항하는 연대가 형성되어, 도시사회운동의 원동력으로 작용하고 있다.

산업집적을 축으로 하여 도시공간이 형성(☞pp.336-50)되면, 그 건조환경의 여러 요소들을 잘 정돈하여 토지이용조정을 해나갈 필요성이 요청된다(☞pp.221-26). 세계도시에 도달한 도시공간은 이와 같은 도시사회운동과의 사이에 어떠한 저항관계를 생산·전개시키는가? 본 장에서는 이같은 문제의 초점을 일본, 그 중에서도 오사카의 사례에 맞추어 살펴보고자 한다.

1. 세계도시의 공간편성에 각인된 역사

세계도시의 현실에 투사된 역사의 토지이용조정과 건조환경

역사를 되새겨 보면, 식민지주의, 제국주의라는 전 세계적인 패권주의의 흐름(☞pp.150-3), 그리고 이후 산업자본주의 단계의 도시에 작용하였던 균질화로의 움직임이라는 과정으로 이어져온 과정을 도출해낼 수 있다. 각 시대마다 최첨단의 위치에 서 있었던 대도시들에는, 시대와 장소를 막론하고 동일한 유형의 경제·사회적 토지이용조정의 지배원리가 부여되어 있었다. 이 원리는, 사실상 모든 도시들에서 동질적인 자본주의적·제국주의적 도시공간 편성의 생산이 이루어지는 데 기여하였다. 예컨대 산업자본주의라는 지배원리는 노동자들의 주거지, 부르주아의 주거지, 공장, 상품의 선적과 하역이 이루어지는 항만, 그리고 이들을 연결짓는 가로망과 운하 등으로 구성되는 건조환경으로써 지표를 충진하였다.

건조환경은, 고정자본과 소비기금이라는 두 가지 성격을 갖고 있다(☞pp.242-3). 따라서 도시 건조환경과 관련된 저항(☞pp.252-6, 378-9)을 현실 속의 도시에 구체화시켜 고찰해보면, 대도시에서 집합적 소비가 이루어질 필요성을 인식하는 주체, 그리고 이를 공급하는 주체가 어디에 위치하는가가 문제시된다. 이러한 건조환경의 공급양식 또한 역사적인 변천과정을 거쳐 왔다.

이와 같은 토지이용조정과 건조환경은, 각각의 역사적 발전과정마다 존재해온 공간편성의 원리라는 토대 위에서 생산되었다. 이러한 과정을 통하여 토지에 각인된 과거는, 오늘날 각 도시들의 공간에 포개진 채 존재하고 있다. 이는 또한 제국주의적인 도시 및 국민국가의 수도, 공업도시, 식민지 도시, 메트로폴리스, 개발도상국의 도시 등, 다양한 도시 및 그 계보를 이루는 체계망을 형성하고 있다.

글로벌 정치경제체제와 도시공간편성의 역사적 변동: 개관

노동자계급이 국제적인 사회집단으로 탄생하게 만든 것은, 19세기의 경쟁적인 산업자본주의였다. 그리고 도시는, 빈곤한 노동자계급과 자본이 공존하면서도 대립하는 공간의 전형이 되었다.

20세기에 접어들어, 테일러주의적 생산체제가 도입되면서 독점자본주의적인 도시가 등장하였다. 2차대전 이전의 전시계획경제, 총력전 체제, 뉴딜계획의 기저를 살펴보면, 국가관리형의 도시들이 도시공간편성의 주된 기축을 이루고 있다. 2차대전 이후 이러한 도시의 국가관리는, 케인즈주의적인 혼합경제, 복지국가 체제와 같은 포디즘(☞Column 8)적 도시 속에서 그 모습을 변용하였다.

하지만 그 후 석유위기를 계기로 불황이 이어지면서, 영국의 대처 행정부와 미국의 레이건 행정부에 의해 케인즈주의는 부정되었다. 그리고 신보수주의적 경쟁 속에서 관리기능, 재(再) 산업도시화, 대규모적인 소비를 유치하는 장소로서의 도시가 요청되기에 이르렀다. 이와 동시에, 그 대척점의 성격을 갖는 네오맑시즘, 페미니즘, 대안적 사회상 및 정체성을 추구하는 도시사회운동이 도시의 국지적 공간을 기반으로 삼아 글로벌 패권에 대한 도전장을 내밀고 있다. 한편 기존의 식민지 체제라는 토대 위에서 형성되었던 개발도상국 도시의 내부에서는, 글로벌 경제에 자신을 직접 편입시키기 위하

여 세계도시를 한층 극단적인 형태로 실현시키고자 자신의 토지이용을 그
에 적합하도록 편성하는 경우도 관찰할 수 있다.

본 장에서는 먼저, 이러한 역사적 과정 속에서 생산된 도시공간이 국지적인
각 사회집단들의 다양성을 통하여 어떻게 이질화되고 분단되는가를 살펴볼 수
있다. 그리고 도시공간에서 생산된 토지이용조정과 도시 건조환경으로부터 어
떠한 저항적, 변혁적 성격의 정치가 생산는가에 대해서도 살펴볼 수 있다.

과제 1. 전형적인 산업자본주의적 도시, 포디즘적 도시, 또는 국가관리형 도시
　　　의 공간적인 특징들을 열거해보자.

2. 19세기 산업자본주의와 도시의 빈곤지역, 그리고 도시사회운동

이 절에서는 앞 절에서 살펴본 도시의 역사적 발전과정 중에서도 특히 19
세기의 도시들이 산업자본주의에 지배를 받는 도시공간으로 자리매김해 갔
던 부분에 대해서 초점을 맞추었다. 제도와 일상생활의 저항체제를 다룬 르
페브르의 이론(☞pp.252-6)에 주목하여, 도시공간의 토지이용조정 과정으
로부터 일어나는 모순과 대립, 빈곤의 양상, 그리고 일상생활의 측면에서 이
러한 체제에 대항하는 도시사회운동이 어떤 과정을 통해서 어떠한 형태로
발현되는가에 대해서 살펴보자.

19세기 도시의 빈곤과 차별

산업주의 도시에 있어, 빈민은 도시의 지배계급동맹을 구성하여 도시정
치·경제를 지배하는 소수의 시민과는 대립되는 사회적 위치에 있다. 산업
자본주의의 사회에서의 빈곤은, 경제적으로 규정되는 빈곤, 그리고 산업자
본주의의 흐름에는 대안에 존재하는 것으로 인식되는 개인 자신과 인종·

민족에 의해 규정된 봉건적·카스트적인 주변성과 관련된 빈곤이라는 두 가지 유형이 존재한다. 이 두 유형의 빈곤을 구별하려면, 두 유형의 관련성에도 주의를 기울일 필요가 있다.

신분적 주변성을 가진 도시빈민들은, 도시의 일정 공간을 배타적으로 점유하였다. 19세기 초반—이 시기는 상업활동이 도시화를 견인하였던 시대까지 포함하고 있음에도 불구하고—까지 일본에서는, 상인과 장인 계층은 상하관계를 통해 규정된 거주분리로 인해 무사 계급과는 상이한 장소에 거주해야 했다. 빈곤은 이러한 신분제도 및 공동체가 만들어낸 산물이었다(☞pp.119-20).

유럽에서는, 로마시와 지방을 유랑하는 사람들(집시)에 대한 노골적인 차별이 존재했었다. 이러한 차별은 화폐, 즉 산업자본주의적인 빈곤의 척도로는 측량할 수 없는 것이었다.

일본에서는 에도 시대에 도시로서의 규모와 기능을 모두 만족시키는 조카마치(城下町)라는 형태의 도시가, 그 실체를 확립하였다. 쇄국하의 폐쇄적인 시장이었지만, 국내에서의 활발한 물류가 이루어진 덕택에 조카마치는 상업도시 그리고 기술을 양성하는 산업도시라는 기반을 구축하였다. 동시에 사농공상의 신분제라는 토대 위에서 합법적으로 형성된 '불가촉 천민'을 포함한 공동체에는, 조카마치의 계획적 토지이용조정을 기반으로 한 엄격한 주거분화(☞p.120)가 강행되었다. 일본 에도 시대에는 차별과 빈곤이 신분제 사회에 엮여들어갔고, 이는 계획적인 토지이용조정에 의해 통제되었다(☞p.224). 도시의 빈곤은, 신분제가 편성한 도시공간의 극히 제한된 장소에 배치됨으로써 교묘하게 은폐되었다고 할 수 있는 것이다. 이는, 자본주의의 거친 물결이 서서히 밀려오던 19세기 유럽의 도시와는 상이한 도시적 형태라고도 할 수 있다.

이어서 경제적으로 규정된 빈곤 계층인 노동자에 관해서 살펴보면, 에도 시대에는 그 숫자는 많지 않았지만 에도와 오사카 등 대도시에서 유랑 생활을 하던 노동자들이 목조 임대 숙박시설 밀집지구에 공간적으로 집중해서 거주하였다.

이러한 도시공간에는, 메이지 유신에 의한 공간구조와 사회구조 전반에 걸친 변동과 더불어 큰 변화가 이루어졌다. 공업화와 도시화로 인해 집중 거주하기 시작한 공장 노동자, 비대화된 도시 하층 노동자 계층, 최신 기술의 흐름에서 뒤처지게 된 장인 계층의 열악한 생활공간이, 슬럼가를 형성하게 되었다. 이와 더불어 신분제 하에서 은폐되어 왔던 하류 계층에 대한 시선이, 메이지 시대에 접어들면서 자본주의적 경쟁원리라는 틀 속에서 새로이 등장하게 된 것이다.

유럽에서는 19세기 중반 공업화가 그 기세를 계속해서 확장해가던 와중에, 엥겔스(F. Engels)가 묘사한 비참한 거주환경(Engels, 2000), 또는 채드윅(E. Chadwick) 등의 보고서를 통해 런던의 사회개량 촉진을 요청할 정도로 열악했던 도시의 위생수준이 문제시되었다. 이는 프랑스의 오스만(G. E. Haussmann)에 의해 이루어진, 슬럼 정비(slum clearance)*를 동반한 파리 도시개조라는 거대한 도시공간 재편성이라는 움직임으로 이어졌다.

공업화는 도시에 어떠한 빈곤의 공간을 출현시켰는가?

봉건 시대 일본 도시의 경제기반은, 농업생산을 통해 산출되는 쌀을 중심으로 하는 농산물의 유통거점, 그리고 봉건영주들의 영지로 하위국가의 성격도 갖고 있었던 번(藩)이라는 행정의 중심지에 의해 유지되어 왔다.

이러한 성격은 메이지 유신 이후에도 대부분의 도시들에서 이어져왔다. 번이 수행했던 행정의 중심지로서의 기능은, 각 현의 현청소재지라든가 지방의 상업 중심지로 전화되었다. 하지만 대부분의 구 봉건도시에서는 메이지 시대에 접어들면서 무가 인구의 감소와 더불어 대량의 공한지(空閑地)가 발생하여, 1890년대까지는 도시 규모의 축소가 이루어졌다. 1900년대에 접어들면서, 이들 도시들의 인구는 서서히 증가하기 시작했다. 이처럼 일본의 경우에는 에도 시대와 메이지 시대 사이에 일어난 정치체제의 대폭적인 단절로 인해 도시화의 진전이 지방도시에 한정되어 일어났으며, 이는 세계사적으로도 특이한 양상을 보이는 것이라고 할 수 있다.

　메이지 정부의 건조환경 정비 정책(☞pp.273-6)이라는 토대 위에서 도시 발전을 추진시켰던 요인은, 크게 3가지로 제시할 수 있다. 첫째 요인은, 현청 소재지로 대표되는 행정도시화에 의한 것이다. 두번째 요인은, 자본주의적인 민간투자 주도의 공업화이다. 그리고 셋째 요인은, 육해군 군수공장 설치에 다른 관수(官需), 다시 말해 제국주의적인 확장을 지탱했던 군비를 유지하기 위한 도시화였다.

　메이지 시대로부터 다이쇼 시대에 걸친 시기에, 살펴본 바와 같이 편성되어온 일본의 도시공간 내부에서 도시의 빈곤은 어떻게 발현되었는가?

　자본과 임금노동이 일상 속에서 맞닥뜨리는 장소, 공업생산 및 계급투쟁의 장으로써 산업자본주의의 도시공간이 편성되었다는 설명은, 이러한 물음에 대하여 손쉽게 내놓을 수 있는 답이라고 할 수 있다. 아니면 자본즈의적 공업화는 대량의 빈곤한 공장노동자들을 양산하여, 그 집적의 공간이 되는 도시에는 이러한 공장노동자들이 집단 거주하는 빈곤한 거주공간이 등장한 것이라는 설명도 이같은 질문에 대해서 비교적 용이하게 답을 내놓을 수 있다.

　하지만 이 단계에서 간과해서 안 되는 것은, 봉건 시대에 신분제로 보호받았던 도시주변사회라는 과거의 공간이 노출되었다는 사실이다. 신분제를 토대로 이루어졌던 주변부에 대한 토지이용조정을 핵심으로 한 도시 하층 노동계층의 집합적 주거, 그리고 대규모적인 방적공업의 발달에 의한 기숙사 거주 여성 노동자의 집단 주거가 이루어지게 되면서, 도시빈민층의 주거공간이 보다 다양한 형태로 형성되었음에 주목할 필요가 있다.

　요코야마 겐노스케(橫山源之助)는 이 시기의 사회상에 대한 기록과 묘사를 남겼다(橫山, 1985). 그 외에도 사쿠라다 분고(櫻田文吾), 마쓰바라 이와고로(松原岩五郎) 등 **빈민굴**에 초점을 맞춘 르포 문학이 대거 등장하였다. 여기서 사용된 '빈민굴'이라는 표현은, 근대에 접어들면서 생겨난 하류층에 대한 관점, 그리고 기존부터 이어져온 도시 주변사회에 대한 시각이 혼합되어 나타난 것이다.

'빈민굴'의 발견과 사회개량운동

오사카시는 공업화를 체험한 선구적인 근대도시이다. 조카마치에 그 기원을 둔 일반적인 도시와는 달리, 방적공업에 의해 주도된 공업화 및 구 시가지의 주변부에서의 급속한 시가지 형성이 1880년대부터 시작되었다. 요코야마 겐노스케의 책에서 볼 수 있는 것처럼, 니혼바시(日本橋)[1] 일대의 나가마치라든가 오사카 근교의 이마미야(今宮) 등지는 그러한 현상을 보여주는 전형적인 사례라고 할 수 있다.

농상무성에서 1903년 간행된 『직공사정(職工事情)』은, 당시 소규모 공장의 노동 현실을 알려주는 귀중한 보고서이다. 예를 들면 오사카 남부 교외지역의 이마미야에 소재했던 성냥 공장에 대한 기술에서는, '대다수의 성냥 공장들은 시가지 중에서도 이른바 끝자락에 위치한 빈민부락과는 멀리 떨어져 있다'라는 언급을 발견할 수 있다(農商務省, 1948: 153).

이마미야는 계획적으로 배치된 도로망이 부설된 조카마치 지구의 남단에 인접한 농촌이었지만, 러일전쟁에 공급하기 위한 군화와 말안장의 수요증대로 인해 이곳과 인접한 부라쿠(部落)[2]였던 니시하마(西濱)에서 피혁공업이 비약적으로 발전하게 됨에 따라 자연발생적인 시가지가 펼쳐졌다. 이와 같은 거주공간은, 상술한 것처럼 중소규모 공업과 도시 하층노동자 계층의 집적에 의해 성립한 것이다. 요코야마 등이 언급한 하층사회란 공간적으로는

---

1) 오사카에 있는 다리 이름, 또는 이 다리 주변 지역을 일컫는 지명으로, 도쿄에도 같은 이름의 지명이 있음(역주).

2) 에도 시대에 천민들의 집단 거주지역을 일컫던 말. 메이지 유신 이후 신분제가 소멸하면서 부라쿠는 법적으로 소멸하였으나, 부라쿠 출신자들에 대한 사회적·문화적 차별은 오늘날까지도 이어져 오면서 사회적 문제를 야기해왔음(역주).

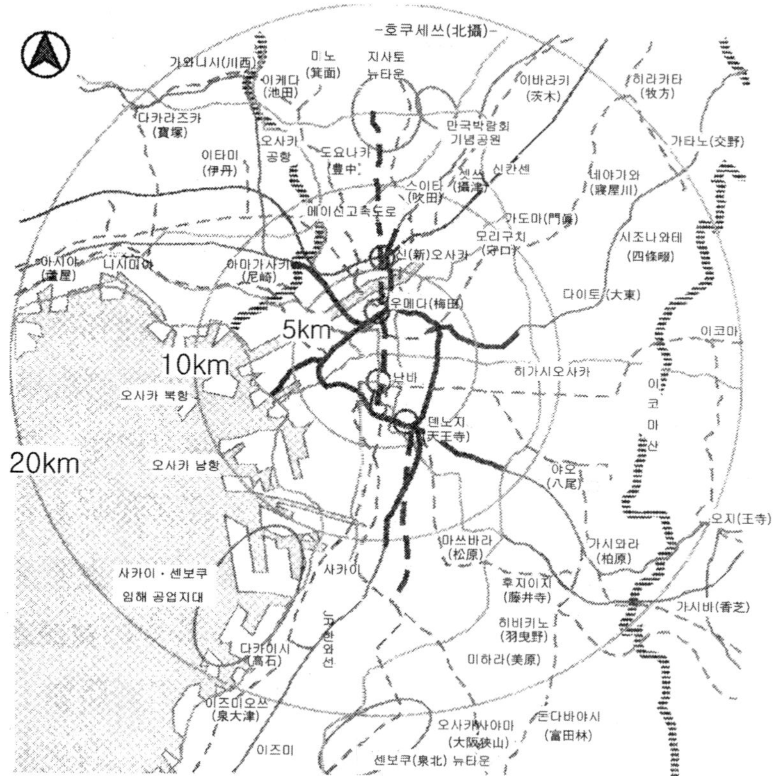

주: 굵은 실선은 오사카시내 JR노선, 굵은 점선은 지하철 미도스지센(御堂筋線)임. 오사카시 교외에
는 JR노선 및 주요 사철 노선과 고속도로 노선을 기입하였음.

이러한 장소를 지칭하는 것이다.

일본의 초기 공업화의 버팀목이 되었던 방적공업은, 여성 노동력을 기숙
사에 집중시켰기 때문에 일반 시가지와는 격리된 형태로 등장하였다. 이들
기숙사는 이른바 하층사회의 공간과 인접하여 입지했었다.

지방 개량운동은 애초 러일전쟁 이후의 불안정한 지역사회를 회유하는
데 목적을 둔 것이었지만, 이 운동은 하층사회를 서서히 정책과제로 부각시
켰다. 내무성 관료들은 1900년에 이미 '빈민연구회'라는 스터디 그룹을 결성

햇오사카시

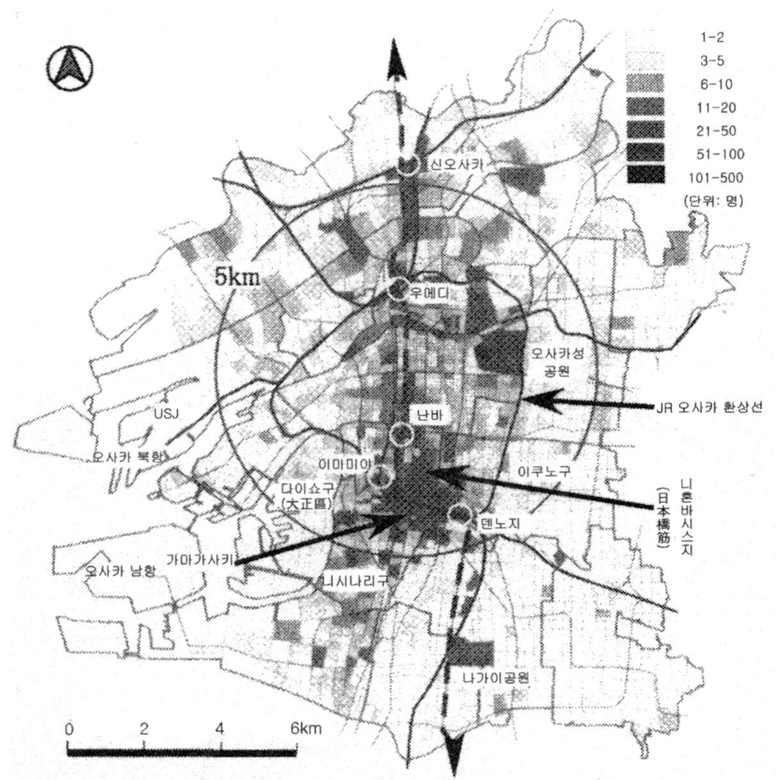

주: 굵은 실선은 신칸센을 포함한 JR노선, 굵은 점선은 지하철 미도스지센(御堂筋線)임.
출처: 大阪市立大學 都市環境問題研究所(2001), 『野宿生活者(ホームレス)に 関する総合的調査研究報告書. (지도작성: 木村義成)

었다. 이는 사회복지정책, 노동자에 대한 서양 국가들의 정책사례를 받아들이는 데 목적을 둔 연구회로, 이러한 흐름은 다이쇼 이후의 도시사회정책으로 연결되었다.

이같은 도시사회정책은 각지에서 이루어진 도시사회조사라는 실증적인 토대를 바탕으로 이루어지면서, 이후 일상적인 요소로 자리잡게 되었다.

그 효시는, 1912년 도쿄와 오사카에서 실시된 영세민 통계조사였다. 도쿄에서는 시타야(下谷)지구와 고이시가와(小石川) 지구 및 시내전역의 목조 영세 임대주택가, 오사카에서는 난바(難波) 경찰서 관내 및 전형적인 도시 하층 노동자층과 소규모 공장노동자들의 거주구역을 대상으로 하였다. 이 조사가 도화선이 되어, 다이쇼 시대에 접어들면 도시사회조사의 열풍이 일어나게 된다. 그 초점은 부라쿠, 중소공장 노동자 집단주거지구, 일용직 노동자 지구라는 3가지 유형의 하층사회에 맞추어졌다.

이러한 조사를 통하여, 사회의 화약고로 여겨졌던 '영세민'은 사회 체제 속에서 보다 철저한 감시하에 놓이게 되었다.

버제스의 동심원 이론과 일본 도시빈민층의 주거공간

미국의 도시사회학자 파크(R. E. Park)와 버제스(E. Burgess)는, 1920년대 시카고의 토지이용조정 양상을 설명하기 위한 이론을 개발, 제시하였다. 이것이 바로, 그 유명한 동심원 이론이다(〈그림 10-1, 2〉).

〈그림 10-1〉 도시 공간편성의 동심원 구조(Park&Burgess)

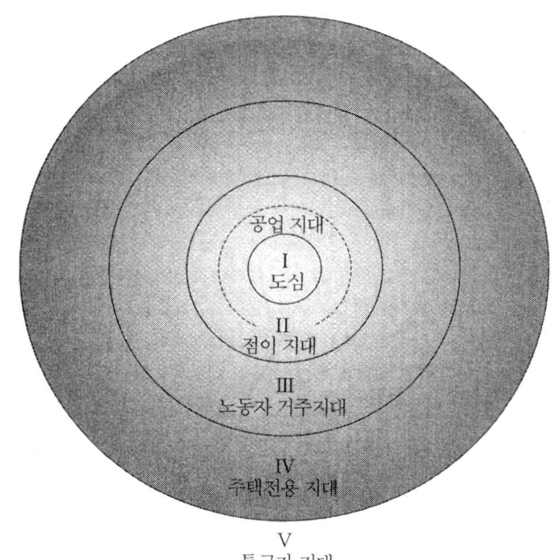

출처: Gergess, and Mackenzie, 1972: 52.

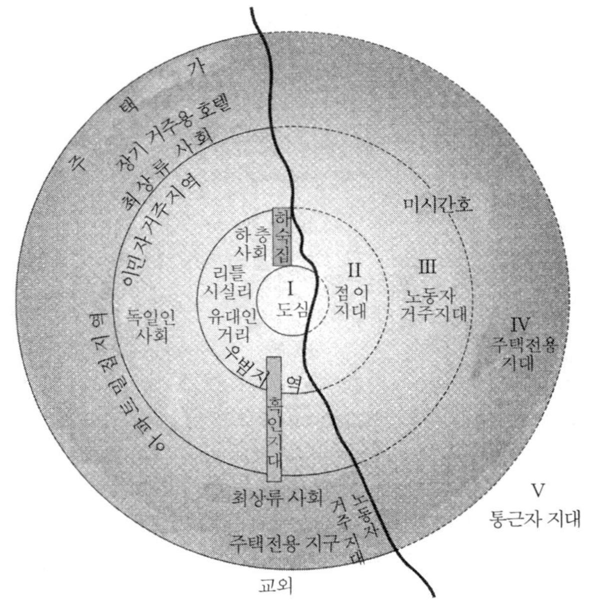

출처: 같은 책, 53(용어 일부 수정).

이 동심원 이론에서는, 도시빈민층의 주거공간과 관련된 두 가지 중요한 특징이 관찰된다. 첫 번째 특징은, 오늘날에는 **이너시티***(inner city)라 불리는 도심부를 둘러싼 환상(環狀)의 도시빈민층 주거지역이 존재하며, 그 외측에는 비교적 부유한 교외 주택지구가 펼쳐져 있는 것이다. 두 번째 특징은, 이러한 빈민층의 주거지역에는 인종적인 게토나 슬럼지역 및 공장 노동자계급의 집단 주거지가 있어, 양자는 공간적으로 구분된다는 것이다.

이러한 이론적 모형을 지금까지 살펴본 도시빈민의 주거공간에 관한 일본 도시들의 토지이용조정에 비추어 보면, 어떤 양상이 나타나는가?

앞에서 살펴본 바와 같이, 부라쿠를 중심으로 하는 어떠한 역사적 기원을 가진 게토 형태, 그리고 목조 영세 임대주택의 전통을 이어온 일용직 노동자의 쪽방촌 형태라는 두 가지 유형이 일본 도시 영세민 주거의 공간적 기반으로 자리매김해왔다. 이는 앞서 살펴본 봉건 시대의 도시건조환경이 근대이후에 투사되면서, 그 존재를 '영세민' 지구의 핵심으로 유지해온 것이라고도 할 수 있다(☞p.251).

다이쇼 시대 이후에는, 이러한 지구의 지변에 자리잡은 영세 공장지역에 당시 일본의 식민지였던 한반도 출신자들이 이주하였다. 이로 인해 민족·국적과 관련된 주거분화가 수반되면서, 이러한 형태의 집단주거가 이루어진 장소에 새로운 정체성*을 부여하였다. 오키나와 출신자의 집단주거 또한 이러한 유형의 주거지로 형성되어 갔다.

일본의 이너시티*가 갖는 이와 같은 토지이용조정의 특색을 살펴보면, 일본의 도시계획이 아직 제도화되지 않았던 암흑기가 반영되어 있음을 알 수 있다. 즉, 기존의 논과 논두렁길이 그 상태 그대로 무질서하게 급속히 시가지로 편성되었다든가, 아니면 경지정리를 통해 직각으로 정리된 형태 그대로 가로망과 시가지가 형성되면서 논두렁길이 그대로 가로망이 되는 등, 협소한 도로와 택지로 뒤덮힌 형국이 되고 말았던 경우도 적지 않았던 것이다. 오사카시의 경우를 살펴보면, 오늘날의 JR 오사카 환상선(環狀線) 일대는 집들이 빼곡이 늘어섰던 옛 시가지가 펼쳐졌던 지역이기도 하다. 이와 같은 도시 건조환경이, 오사카의 구 시가지를 고리 형태로 둘러쌌던 것이다.

1919년의 도시계획법(☞p.286)을 계기로, 높은 수준의 시가지 건설을 가능하게 해줄 법적 기반으로 자리매김할 수 있는 토지구획정리에 관한 법제가 정비되었다. 이후 이러한 자연발생적인 토지이용조정이 이루어진 이너시티의 외측에 토지구획정리가 이루어지면서, 계획적인 교외 시가지가 서서히 등장하게 되었다.

도시계획은 도시화 과정에 대한 국가의 개입이라고 할 수 있다(☞p.242). 도시계획의 등장은, 산업자본주의 하에서의 도시공간 생산에 있어서는 새롭고 획기적인 사건이었다. 그 결정적인 전환점은, 다이쇼 후기부터 쇼와 초반에 걸친 시기에 관찰된다. 산업자본주의에 주도되어 시장의 '보이지 않는 손'이 미치는 범위 내애서만 형성된 도시에 대하여, 시장 메커니즘만으로는 완성되지 않는 도시 건조환경의 종합적 양상과 토지이용조정이 국가의 개입에 의해 이루어지게 된 것이다.

살펴본 바와 같이, 오사카에서는 버제스의 동심원 구조가 한 시대만의 단면만을 보여주는 지표에 그치지 않고, 세월과 함께 누적되고 축적되어 온 도시화 과정의 연륜으로 자리잡고 있는 것이다.

건조환경을 무대로 한 도시사회운동

하드웨어적 측면의 도시계획에 대응하는 소프트웨어적 측면에서의 국가 개입은, 상술한 도시사회정책의 효시였다. 하지만 이 시기의 일본에서는 전후무후한 실력이 행사된 사회운동이었던 쌀 소동(1918)이 일어났다. 노동운동 또한 도시 건조환경을 교묘히 이용하는 형태로 발흥하였다.

일본 전역으로 일제히 확산된 쌀 소동은, 시민들을 도시의 거리로 나오게 만든 사상 최대 규모의 실력을 수반한 도시사회운동이었다. 사실 그 이전에도 도쿄와 고베 등지에서 러일 강화조약 반대와 가쓰라(桂) 내각 타도를 기치로 내걸고 방화, 협정 관계자의 자택 및 관련 시설 습격 등의 산발적인 형태의 도시사회운동이 일어나기는 했었다. 이와는 대조되는 쌀 소동의 도시지리학적인 특징은, 사무지구, 노동자지구, 교외 등 동심원적인 토지이용조정을 생산해왔던 자본주의의 도시공간 편성을 세간에 똑똑히 각인시켰다는 점이다.

노동운동 또한 점차 도시 건조환경을 자신들의 무대로 이용하기 시작하였다. 1차대전기의 호황으로 인해 일약 대규모로 성장한 중공업부문에서 공장노동자 계층이 대량으로 양산되면서, 대기업형의 노동조합 운동이 우애회(友愛會) 및 그 후신인 노동총동맹을 중심으로 세력을 확장해 갔다. 다이쇼 후기에 접어들어 도시형 입지특성을 가진 기계·조립공업 및 금속공업을 중심으로 시작된, 임금상승 요구를 필두로 단체교섭권 획득과 노동시간 단축에 관한 격렬한 계급투쟁은 끓어오르는 용암처럼 도시공간에 흘러넘쳤다. 그 대표적인 사례는, 1921년 기간산업이었던 가와사키(川崎) 중공업과 미쓰비시 중공업의 조선소의 소재지인 고베의 가두를 무대로 일어난 도시사회운동이었다.

도시 건조환경은 그 자체로 절대공간의 성질을 가진, 모든 사회계급과 사회주체를 평등하게 받아들이는 하나의 용기라고 할 수 있다(☞p.95). 20세기 초반의 일본에서는 노동자계급과 도시빈민이 스스로를 차단시켰던 '빈민굴'이라는 도시구획의 경계적 속성을 타파하고, 더불어 이러한 성질을 가진 도시 건조환경의 총체를 교묘하게 투쟁의 무대로 활용하면서 르페브르가 이야기한 '재현의 공간'(☞pp.253-5)을 창출했던 것이다.

1922년에는 부라쿠·부라쿠민 해방을 목적으로 하는 단체인 전국수평사(全國水平社)가 교토 시내의 부라쿠에서 창설되었다. 부라쿠가 특히 도시지역에서 팽창하면서 도시의 불량주택지구 개선과도 밀접한 관계를 가졌기 때문에, 이러한 **부라쿠 해방운동**의 하드웨어적인 측면 또한 도시형 사회운동이라는 성격을 갖게 되었다. 후술하겠지만, 도시사회운동에서 전국수평사의 영향력은 동일본에 비해 서일본에서 더욱 높았다.

과제 2. 일제 시대 일본의 수도 도쿄, 군사도시 구레(吳), 또는 식민지도시 다롄(大連) 등 당시 일본의 국가영역 내에 존재했던 도시들을 본 절에서 살펴본 세계화의 흐름이라는 넓은 맥락 속에 위치지어 보고, 각 도시에서 어떠한 토지이용조정을 통해 어떤 공간편성이 이루어졌는가에 대해서 구체적으로 생각해보자.

3. 도시 공간에 대한 공간의 생산을 통한 공적 개입

도시계획과 사회정책의 태동

이처럼 격렬한 도시사회운동과 노동운동에 가장 민감하게 반응했던 것은, 내무성과 도시정부였다.

이후 '오사카시 사회부 조사보고'로 개칭된 오사카시의 '노동조사보고'는, 1920-39년에 걸친 20년의 기간동안 출판된 256권의 보고서로 널리 알려져 있다. 조사대상은 봉급생활자, 교직원, 상인으로부터 공장노동자, 도시 하층노동자, 또는 불량주택지구, 빈곤계층 주거지구 등으로, 전반적인 노동·생활 실태조사가 반복해서 이루어졌다.

이러한 조사를 통하여, 이너시티*에 해당하는 지구에서 불량주택률이 높고 집값이 저렴하며, 외국인 비율이 특히 높다는 사실을 확인할 수 있었다. 주거분화가 자본주의에 의한 토지이용조정의 필연적 결과라는 사실 또한 확인되었다.

이와 같은 고도의 주거분화를 가진 도시공간편성에 대하여, 당시 '명 시장'으로 불리던 오사카시장 세키 하지메(関一)는 1920년대 후반에서 30년대에 걸쳐 공동숙박시설, 시민회관, 공영주택 등의 시설을 사회문제가 심각하게 대두된다고 여겨지던 장소에 중점 배치하여 원활한 노동력 재생산에 효과적인 건조환경을 창출하였다. 세키 시장은 이와 동시에 고속 교통수단·시설 및 교외 주택지를 망라하는, 도시권이라는 스케일을 배경으로 하는 도시 공간의 효율적 편성 또한 계획하였다.

1919년 내무관료 주도에 의해 갑작스레 시행된 측면을 가진 도시계획법의 발효로, 산업자본주의적인 '보이지 않는 손'에 모든 것을 맡기는 형태로 이루어지던 토지이용조정에 국가·정부 주도의 계획이 새로운 양상으로 개입하게 되었다. 산업자본주의적인 자유방임에 의해 편성되던 도시공간에 대한 노폭 확장 등의 도시개조 등의 수동적 대응이 아닌 교외의 도로 네트워크 및 시가지 환경 개선 등의 보다 적극적인 대안을 추진하게 된 것이다. 이를 통하여 공장노동자 및 화이트칼라 계층의 건전한 거주지 조성에 의한 도시 사회운동 예방 효과를 거둘 수 있다는 기대가, 도시 건조환경 생산에 녹아들어가게 된 것이다.

이는 다양한 사회운동의 근원이 된 도시의 빈곤을 이너시티에 경계지어(☞pp.102-3) 가두어둠으로써, 이러한 빈곤이 교외 지역으로 퍼져나가지 않도록 통제하려는 효과도 갖고 있었다.

다이쇼 중기부터 나타나기 시작한 도시의 주택난에 대한 대책으로 시범사업의 성격을 가진 소규모 시영주택이 공급되기 시작한 시기는, 국영 주택공급공사 격의 동윤회(同潤會)가 설립되어 내무성이 주택공급에 본격적으로 뛰어들기 시작한 1924년이었다. 이는 봉급생활자에서 공장노동자, 그리고 슬럼 정비를 통한 주택개량사업을 그 대상으로 하였으며, 1927년의 불량주택지구 개량법 시행으로 이어졌다. 이 법률의 대상이 된 지구는, 6대도시를 중심으로 한 수십 개 영세민 거주지구, 빈민굴, 슬럼지구였다. 이들 지역들은 각 도시의 이너시티에 존재했던 도시 내 부라쿠, 일용직 노동자 거주지구, 도시 하층노동계층 집단거주지구 등이었다. 이 법률에 의해 노후화된 좁은 가옥들은 철거되었고, 대부분 철근 구조 아파트로 대체되었다. 하지만 이들 지역들이 가졌던, 하층성이라는 도시공간의 사회편성이 갖는 특징 자체가 바뀌었다고 하기는 어렵다.

융화사업

1932년 시행된 구호법(救護法) 및 이와 동시에 정비되기 시작한 '방면위원(方面委員) 제도'에 의해 빈민이나 병약자들을 각 지역단위별로 등록하게 하는 제도가 실시되면서, 국가에 의한 구제정책의 그물망에 개인이 포착되는 체제가 이루어졌다. 하지만 이는 개인을 기준으로 한 사업이었던 만큼, 도시 건조환경의 생산이라는 본래의 문제의식과 틀에서는 벗어난 것이었다.

공간적 범위를 가진 커뮤니티 정책을 살펴보면, 차별 대상인 부라쿠민을 대상으로 한 융화사업, 지역 개선사업을 들 수 있다. 이 사업은 인보관(隣保館),[3] 목욕탕, 보육원 등의 부속시설을 갖춘 커뮤니티 시설 및 주택건설, 도로개량사업을 포함한 총합적인 계획이었다. 1920년부터 시범적으로 20개소가 선정되었고, 수 개의 도시형 부라쿠들도 이 사업의 대상이 되었다.

이와 같은 국가로부터의 도시 건조환경 생산을 매개로 하는 융화정책은, 자발적인 운동을 주장하던 해방운동 단체들로부터는 문자 그대로 '융화적'인 정책으로 간주되어 매서운 비판의 대상이 되었다. 해방운동의 주류 단체들이 그들에 대한 차별을 규탄하거나 또는 그에 대한 철폐 운동을 합법과 비합법의 아슬아슬한 경계 사이에서 해나가던 것이, 2차대전 이전의 특징이기도 하였다.

공업 노동자들의 노동조합 운동과 도시공간편성, 거주분화

온건한 노선을 취했던 대기업 중심의 노동총동맹 계통의 노동조합들이 1930년대에 접어들어 기업조합화되면서, 노조의 운동노선은 도시정책의 맥락과는 유리된채 공장 및 기업 내에 수렴되는 양상을 보였다.

이에 대해서 자본주의 체제와 분명하게 대립하기 시작한 좌파 노조들은, 1925년 이루어진 치안유지법 제정 이후 도시의 이너시티 또는 신흥 공업지역에 기반을 둔 지하활동을 시작하였다. 이처럼 첨예화된 사회운동은 프롤레타리아 소설, 그 중에서도 특히 도쿠나가 나오시(德永直)의 『태양 없는 거리』라든가 사타 이네코(佐多稻子)의 『캐러멜 공장으로부터』 등에 잘 묘사되

---

3) 19세기말~20세기 초중반 전 세계에 걸쳐 세워졌던 일종의 빈민구제시설. 오늘날의 사회복지관에 해당한다고 볼 수 있음(역주).

어 있다(德永, 1950; 佐多, 1959). 공업지역에서 이루어지는 노동자의 재생산을 지속시키는 지역 생협활동 및 중소기업 노동자들을 지역단위에서 결집시키는 지역 합동노조 등도 출현하여, 풀뿌리 민중에 기반을 둔 집합적 소비의 실현이라는 목표가 세워졌고 이를 구현하기 위한 시도 역시 이루어졌다. 1925년 제정된 보통선거법[4]에 의거하여 1928년 실시된 중의원 선거에서는 사회대중당 등의 좌파정당 출신 의원들이 노동자들의 지지를 배경으로 당선되었다. 이너시티 내부에는 이처럼 공장 노동자의 높은 지지율을 보여주는 선거구가 몇 개 정도 등장하게 된 것이다.

이처럼 1930년대에는 공장노동자로 대표되는 노동자계층이 도시에 확고한 지위를 구축하게 되었다. 이들 노동자들은 비교적 주거환경이 양호한 장옥(長屋)[5]에 거주하면서, 이른바 하층사회와는 공간적으로도 명백한 주거분화를 이루게 되었다.

새로이 등장한 화이트칼라 계층의 증가와 더불어, 교외주거에 있어 보다 세분화된 주거분화가 나타나기 시작하였다. 이는 예컨대, 메이지 초기에 곤와지로(今和次郎)가 도쿄의 혼조후카가와(本所深川)에서 시부야 방면으로 운행하던 전차 내부의 풍속 기술에 명료하게 드러나 있다(今, 1971). 한신(阪神) 일대에는 사철(私鐵) 노선에 연해서 교외주택들이 들어서면서, 도시의 생활권이 일시에 확대되었다.

1930년대의 일본에서는 점재(點在)해서 입지한 부유층의 교외주택지와 밀집해 있는 도심지의 공업지역, 그리고 하층민들의 주거지인 '빈민굴'로 표현되는 분극화된 토지이용조정이 대도시를 중심으로 등장했던 것이다.

---

4) 이는 '보통선거'라는 이름을 갖고 있었지만 여성, 식민지인 등에게 선거권을 주지 않는 등 사실상 '보통선거'라고 보기는 어려웠으며, 일본에서는 1945년에야 만 20세 이상의 모든 남녀에게 선거권을 부여하는 진정한 의미의 보통선거를 실시하기 시작했다(역주).

5) 메이지~쇼와 시대에 건설된 근대식 연립주택 형태로, 단층이나 2층 높이에 길이가 긴 형태를 이루고 있으며 그 내부에 여러 세대 또는 가구가 입주하였음. 일제 시대 우리나라에도 관사 등의 용도로 다수 건설되었으며, 그 일부는 오늘날에도 청주, 군산 등에 잔존해 있음(역주).

총력전 체제 하에서의 도시 건조환경

1930년대에는 내무성과 현청 주도의 국가관리주의적 색채가 농후한 중앙 지도형 지방행정이 이루어지기 시작했다. 재난 부흥사업을 통해 축적된 도시계획의 기술력을 토대로 도시 가로망 정비, 토지 구획, 정리사업이 본격적으로 진행되었으며, 계획을 그대로 적용한 획일적인 도시공간 생산이 일본 전국에 걸쳐 이루어졌다.

1931년에 일어난 만주사변과 1937년부터 계속된 중일전쟁을 거치면서, 일본은 총력전 체제에 돌입하였다(☞pp.291-2). 이에 따른 도시 건조환경의 생산은, 일본 국내에서는 신흥 공업도시 계획으로 대표되는 것처럼 군수도시 건설에 국한되어 이루어지게 되었다. 일본 국외의 사례를 살펴보면, 만주국 수도였던 신징(新京: 현 중국 지린성 창춘시)과 하얼빈 등지에서 일본 국내에서는 실현되기 어려운 계획의 이상을 대도시 건조환경에 체화시키려는 움직임이 일어나면서, 도시계획과 관련된 일본인과의 제휴가 이루어졌다(越沢, 1978).

1940년대에 접어들면서 본격적으로 고려되기 시작한 국토계획은, 도시인구 및 도시형 공업의 지방분산을 이념으로 한 것이었다. 이는 이 시기에 강한 영향력을 발휘하기 시작했다. 상술한 신흥 군수공업도시는 대도시 바깥에 공업 뉴타운을 건설하려는 초기 시도였으며, 이 계획은 가나가와현 사가미하라(相模原) 및 효고현 히로하타(廣畑) 등지에서 일부 실현되었다. 여기서는 획일적인 표준설계에 토대한 주택단지가 등장하였다. 또한 지방에 입지한 대규모 군수공장 주변에도, 다수의 획일적인 사택 단지가 출현하였다. 이는 건조환경의 생산을 통하여 사회계층이 균등하게 존재하는 사회를 창출하려는 시도라고도 할 수 있다. 높은 수준의 축적 또는 사회통합이라는 의미에서는 포디즘의 도시 만들기라고도 할 수 있겠지만, 고비용이라는 형태가 수반된 것은 아니었던 만큼 전시 하의 특이한 실험적 도시 건조환경 생산이라는 특징을 보여주는 것이기도 하다.

이러한 신흥 군수공업도시의 건설을 위해서는, 대규모의 토돈건설 사업을 위한 다수의 노동력 확보가 필요했다. 징병으로 인해 일본인만으로는 이처럼 전례없던 규모의 노동력 수요를 맞출 수 없었기 때문에, 한국인을 비롯한 수많은 식민지 출신 노동자들을 동원해야만 했다. 이로 인해, 일본 전국 방방곡곡의 공사현장 주변에서는 한국인과 중국인 노동자들을 위해 임시로 만든 노무자 합숙소들을 찾아볼 수 있었다.

도시 근교에 입지한 이들 합숙소들은, 전후처리 과정의 미숙함과 한반도 자체의 혼란으로 인해 2차대전 종전 후의 도시건조환경에 직접적인 영향을 미쳤다. 일본의 패전 후에도 이들 한국인 노동자들 중 상당수는 계속 일본에 남아 있었고, 이들이 패전시에 존재했던 노무자 합숙소 인근에 정착하게 되는 경우도 적지 않았다. 이렇게 해서, 2차대전 종전 후에도 다수의 한국인 집단거주지가 일본 각지에 인종적(에스닉) 요인으로 인해 거주분화된 지구로 잔존하게 었다. 적지 않은 사례가 **무허가 정착지**(squatter) 문제와 얽혀 있었고, 교토부 우지(宇治)시의 한국인 집단거주지인 우토로 마을과 같이 종전후 50년이 지나 거주지로부터의 강제추방이 이루어지는 경우도 있을 정도이다.

2차대전 말기에는 물리적인 건물 소개(疏開)라는 형태의 인위적인 도시 파괴가 일본인의 손으로 이루어지면서, 밀집된 시가지의 개착(開鑿)이 행해졌다. 그리고 최종적으로는 미군의 공습에 의해 다수의 시가지가 소실되어, 2차대전 전까지 이루어진 토지이용조정의 형태 그 자체가 물리적으로 소멸되었다. 전쟁은 도시 건조환경의 물리적인 파괴를 가져왔고, 이는 도시공간의 사회편성이 갖는 계보를 백지로 되돌려버렸다.

총체적 빈곤으로부터 전후부흥으로

1945년 3월부터 8월에 걸친 미군의 공습으로 인해 백수십 개의 도시들이 피해를 입었으며, 특히 대도시를 중심으로 시가지의 대부분이 소실되었다. 미군이 일본의 일반 시가지를 대상으로 가한 무차별 폭격을 정당화시켰던 면죄부는, 주거기능과 상업, 공업기능이 혼재했던 이너시티에 존재한 산업기능을 파괴하기 위한 것이었다는 명분이었다. 하지만 공습으로 인해 도시생활자들의 힘든 생활을 지탱해주던 고용기회였던 생산기능 뿐만 아니라 거주기능을 포함한 도시 건조환경 전체가 소실되면서, 수많은 주민들이 불길 속에서 목숨을 잃고 말았다.

하지만 이는 가로망과 도시구획의 조정, 도로의 확장 공원 조성 등에 있어서는 절호의 기회이기도 하였다. 이처럼 새로운 토지이용조정은, 1946년부터 십수 년간 이어져온 대규모의 전후부흥사업을 통해 일본 전국에 115개의 도시를 탄생시켰다. 가로망과 도로구획의 철저한 표준화 및 규격화는, 2차대전 이후의 경제부흥에 중요한 역할을 수행하였다(☞p.296). 하지만 이는 전쟁 재난지역만을 대상으로 한 사업이었으며, 이후 고도성장기의 임해부 및 내륙지역에서의 대규모 공장개발과는 직접적인 연결성을 갖지 않았다. 고도 축적체제를 유지시켰던 포디즘적 도시공간 편성은, 이와 같은 전쟁 재난지역에 해당하는 시가지에서는 거리가 먼 영역에서 생산되었다고 보아야 할 것이다(☞p.304-5).

2차대전 이후의 새로운 도시빈곤: 제3국 출신자, 암시장

도시의 빈곤은, 앞서 살펴본 전후부흥 사업과 더불어 새로운 양상을 취하게 되었다.

그 중 첫번째 양상은, '암시장'으로 대표되는 역전과 시내의 물류, 교통의 결절점에서 우후죽순처럼 생겨난 노점상, 그리고 '부랑자', '부랑아'로 표현

되는 노숙인의 출현이었다. 정치의 혼란과 하이퍼 인플레이션에 의해 사회 안전망이 완전히 붕괴해버린 사회적 현실 아래서 '불법'이라는 개념은 공허한 것이 되었고, 도시의 토지이동에서는 불법으로 건설된 불법주거자들의 주거와 상점이 자생적으로 생겨났다.

훗날, 폐허가 된 오사카 포병공창의 잔해 및 그 주변을 흐르는 히라노가와(平野川)강에 가라앉은 대량의 금속을 수집하는 일을 하며 생계를 유지하던 재일한국인들은 '아파치'라는 이름으로 불리게 되었다. 그 배경에는, '전승국민' 내지는 '제3국인'이라는 새로운 낙인의 토대 위에서 민족적 차별의 심상지리(☞p.245)가 재생산되었다는 사실이 자리해 있었다.

1947년 시행된 외국인등록법은, 외국인에 대한 처우에 관한 졸속적인 전후 처리라는 문제를 소수민족과 관련된 도시 공간편성에 결정적으로 부여한 사건이었다. 즉, 구 식민지 출신의 사람들이 자동적으로, 그리고 일제히 일본국적을 상실하게 되면서, 이후 오랜 기간 동안 재일 외국인들은 공공영역에서 차별·소외받아왔던 것이다. 공영주택 입주라든가 주택금융제도 이용을 통한 주택구입자금 대출이라든가 민족학교·학급[6]이 공인되지 못했던 문제 등, 도시정책에 있어 국가와의 연계성은 완전히 단절되었다. 부라쿠 해방운동이 훗날 도와 사업(同和事業)에 의해 도시 건조환경 생산을 위한 거액의 공적자금을 확보할 수 있었던 것과 대조적으로, 재일 외국인들은 마치 한 발 앞서 실행된 신보수주의와도 같은 '자조노력'의 명목 하에 방치되다시피 했던 것이다.

전후부흥 사업이라는 이름을 가진 도시계획을 단행함에 있어, 출신민족·국가나 빈곤의 정도에 대한 고려가 포함되어 있지 않았다. 역전의 암시장에 대한 조치는 1946년 이후 어느 정도 이루어졌지만, 대중매체의 기록에 따르면 주된 단속의 대상은 '제3국인'들이었다. 전후부흥사업의 도시계획에서는, 이와 같은 불법 주거지구를 도로 등을 위한 공간으로 사용한다는 것을

---

6) 예컨대 재일 한인학교 등(역주).

잠정적으로 묵인하였다. 이로 인해 2차대전 후 역전(驛前) 경관을 대표하는 경관인, 주상겸용 주거공간이 생겨난 것이다.

대량으로 발생한 부랑자와 부랑아들은, 예컨대 오사카에서는 시설수용주의로 철저히 이어졌다. 1940년대 말부터 50년대 초에는 몇 개의 시설에 이들이 '보호'라는 형태로 수용되어, 가장 심각한 양상의 도시빈곤이 가시적인 형태로 은폐되었다. 이와 병행하여 실시된 수많은 도시 저소득층을 대상으로 한 실업대책 사업 또한 빈곤을 잠재화시키려는 시도였다. 이러한 제도들은 1980년대에 폐지되었다.

이러한 보호수용주의의 공과에 대한 본격적인 비판과 문제제기는, 1990년대 후반 노숙인들이 거리와 공원에 다수 출현함으로 인해 노숙인 문제가 본격적으로 주목받고 나서야 이루어지게 되었다.

전후부흥 도시계획사업과 도시주민의 고통

도시계획은 국가라든가 지방정부와 같은 고차의 공간 스케일에 존재하는 기준에 의해, 도시 토지이용조정이라든가 건조환경 개조를 위한 권력에 토대한 집행이라는 형태로 이루어진다. 소실된 도심과 이너시티에서, 무수히 많은 영세지주들과 토지를 임대해서 살아가던 사람들은 토지구획정리라는 명목 하에 원래 살던 곳에서 강제적으로 이주당해야 했다.

이러한 토지구획정리는 전통적으로 해당 토지에 세워진 건물의 정비를 수반하지 않았으며, 토지구획의 정리에 초점이 맞추어졌다. 이는 당시 해당 지역에 거주하던 사람들에게 많은 고통을 주었다. 도시 형성 과정에 대한 주민의 참여는 고려되지 않았던 시기였던 만큼, 영세한 토지소유가 중심을 이루었던 이너시티의 무지한 주민들에게는 고율의 감보(減步)[7]가 강요되었

---

7) 구획 정리 등에서 토지의 일부가 비용이나 공공용지로 편입되면서 개인 소유 토지가 줄어드는 것(역주).

다. 이러한 토지구획정리로 인해 원래 소유한 토지의 절반에 가까운 면적을 공공용지로 내주어야 했던 사례가 각지에서 속출하였다.

토지구획정리를 둘러싼 원성에서 초래된 주민들의 다양한 불만과 불신은, 2차대전 후 도시사회운동으로 표면화되지는 않았다. 이보다 훨씬 훗날의 한신·아와지 대지진 복구사업과 관련된 토지구획정리에 이르러서야, 도시 정비에 대한 주민의 참여가 갖는 중요성이 최초로 제기되었던 것이다.

살펴본 것처럼, 도시 건조환경 생산과 토지이용조정의 발전단계라는 관점에서 볼 때 전후처리를 제대로 평가하기는 대단히 어렵다. 어찌 되었든 전쟁에서 패배하고 정치체제가 근본적으로 바뀌었으며 게다가 구 식민지들이 일제히 독립해나간 일본에서, 전후 처리의 양상 및 국토와 도시의 피폐한 정도는 전승국으로 전화에 의한 도시 건조환경의 파괴를 그 정도까지는 경험하지 않았던 미국, 영국, 프랑스와는 크게 상이했다고 보아야 할 것이다. 전쟁에 의한 도시 건조환경의 철저한 파괴라든가 패전에 의한 정치체제의 근본적 전환을 경험하지 않은 영어권에서 이루어져온 도시의 발전단계설은 글로벌 공간편성에 대한 정확한 설명력을 가진다고 단언할 수 없으며, 일본이나 독일의 도시들이 겪어왔던 경험에는 일반화시키기 어렵다고 해야 할 것이다. 패전국에는 전승국과는 크게 상이한 도시 발전단계의 계획을 준비할 필요가 있을 것이다.

살펴본 바와 같이, 일본에서의 건조환경 생산은 전쟁에 의한 물리적 파괴와 총체적 빈곤으로 인해 무(無)에서 다시 출발해야만 했다.

과제 3. 언제부터인가 '위기관리'라든가 '유사시에 대한 대비'와 같은 표현을 심심치않게 볼 수 있게 되었다. 도시는 이러한 위기관에 대하여 어떠한 공간적 대응을 해왔거나 할 것인가에 대해서, 구체적으로 생각해 보자.

4. 포디즘적 도시개발과 도시사회의 공간적 저항

1950년대 후반 전후재해 부흥사업은 사실상 종료단계에 접어들었고, 이후의 도시개발은 포디즘 하의 고축적 체제 속에서 이루어지게 되었다. 도시 건조환경에는 지극히 중점적, 전략적인 투자가 이루어져(☞p.301-3), 분극화된 도시공간의 편성이 이루어졌다.

앞 절까지의 내용을 통해 살펴본 바와 같이, 2차대전 이전의 산업자본주의 시대에 동심원적으로 나타났던 토지이용조정은 이너시티*에 주택문제, 사회문제를 집적시켰지만, 2차대전 이후의 고도 경제성장기에는 이러한 현상이 교외로 광범위하게 확산되어갔던 것이다.

쇼와전쟁[8] 전기에 이너시티 외부에 생산된 구획정리가 잘 이루어진 '희망의 교외'는, 공습으로 파괴되기 전에는 시가지 형성의 최전선 역할을 수행했다. 전후부흥사업은 이너시티의 재개발에 초점이 맞추어졌으며, 이로 인해 전쟁 전에는 '빈민굴'이었던 지역의 가로망에 대한 정비도 이루어졌다. 그리고 고도 경제성장기에는 이 세 가지 동심원의 외부에 한층 높은 수준의 스프롤 현상이 나타나면서, 확대된 시가지가 형성되었다.

오사카 대도시권에서 도시 건조환경 개발이 계획적으로 이루어지도록 하였던 정부자금은, 콤비나트와 뉴타운에 전략적 중점적으로 투입되었다. 대규모의 민간자본은 세계도시의 상징인 초고층 빌딩*을 도심부와 부도심에 형성시켰고, 그 자본력을 바탕으로 넓은 범위에 걸쳐 정비된 도시 건조환경을 생산해갔다(☞p.377-8). 하지만 그 이외의 여러 장소에서는 건조환경의 생산이 소규모 시장주체의 '보이지 않는 손'에 사실상 그대로 맡겨지다시피 했다.

이러한 배경 하에서, 고도성장기에 정부나 대규모 민간자본의 투자가 중점적으로 이루어지지 못했던 이너시티 및 뉴타운 개발 대상에서 제외된 교

---

8) 중일전쟁 및 태평양전쟁을 아울러 일컫는 말(역주).

외의 스프롤 지대에서는 상대적 빈곤 현상이 집중적으로 나타나게 되었다. 도쿄의 목조 임대아파트 지역이 형성된 과정 또한, 이와 완전히 동일한 메커니즘에 의한 것이었다.

슬럼과 무허가 정착지

이와 같은 도시 토지이용조정의 과정 중에서도 가장 크게 문제시되었던 것은, 전화로 인해 물리적으로 파괴되었다가 전후부흥사업의 가로망 정비로 인해 기초적 인프라가 정비되었음에도 불구하고 그 위에 지어진 건물에 대해서는 충분한 자본투자가 이루어지지 않았기 때문에 발생한 불량주택의 집적문제였다. 그 극단적인 사례들이, 1960년대에 슬럼 및 무허가 정착지 문제로 나타나게 되었다.

1960년대의 주택지구 개량법 시행은, 도시의 불량주택지구 개선 문제가 새로이 인식되도록 하는 데에도 초점을 맞춘 것이었다. 도시공간의 맥락에서는, 전후처리의 지속이라는 성격을 가진 무허가 정착지 정비* 및 개량주택 건설이 그 중심을 이루었다. 이에 대해서 경제적으로 접근하면, 역전이나 상가 개발 중심의 재개발형 도시개조라는 기존의 흐름과는 대극을 이루는 것이라고도 할 수 있다.

이 무렵 일본에 시카고 학파 도시사회학이 도입되면서, 빈곤과 병리현상을 도시의 공간구조와 밀접하게 결부시키고자 하는 도시병리학이 각광을 받기 시작했다. 수많은 사회학자들이 이러한 문제지구의 조사에 돌입하여, 2차대전 이전의 계보를 잇는 사회조사의 시대가 새로이 도래하였다. 그리고 이들 슬럼가와 무허가 정착지에서, 2차대전 이후의 빈곤이 '발견'되었다.

그 중에서도 가장 특징적인 움직임을 보여준 것은, 부라쿠 해방운동이 획득해낸 '국영' 도와사업을 통한 도시 개조사업이었다. '빈곤'의 가장 비참한 표상이다시피 했던 부라쿠는, 고도성장기에 접어들어 해방운동 및 이에 부수되는 정치적 권리 투쟁에 큰 영향력을 발휘하였다. 도시사회운동이라는 관점에서 살펴보면, 도시 건조환경 개조에 지대한 기여를 했던 것이다.

오사카에서의 이와 관련된 투쟁은, 1957년 전후부흥사업을 통해 도로 예정지로 지정된 지역에 있던 무허가 정착지에 거주하던 니시나리(西成)의 부라쿠민들이 기본적인 주택 공급을 요구하는 운동을 벌임으로써 시작되었다. 이전부터 행정주체와의 관계를 유지해오던 도와사업 촉진협의회는, 부라쿠민의 경제적 자립 지원을 요구한 생업자금 획득운동 이래 해방운동과 행정적 요구사항을 별개로 하는 형태를 통하여 행정주체와의 관계를 강화해나갔다. 이러한 신뢰관계 속에서, 1959년에는 그들을 위한 아파트 건설을 성취해냈다. 게다가 도와 문제 해결을 국민운동으로 발전시켜 가면서, 1969년의 도와대책 특별조치법 제정 또한 성취해냈다. 이를 통하여, 28년간의 시한입법에 의한 도와지구의 철저한 주거환경 개선사업이 시작되었다.

이는 소비기금의 성격을 가진 국가자금이 도시 지역에 대규모로 투입되었다는, 어떤 의미에서는 지극히 보기드문 사례라고 할 수 있다. 이는 훗날 해방운동과 정치적 요구의 일체화가 배태하게 되는, 운동 지속의 어려움을 필연적으로 불러일으키게 될 요인이기도 하였다.

요세바와 쪽방촌

일본경제의 고도성장 하에서 도시 건조환경의 생산과 물류를 가장 낮은 단계에서 떠받쳤던 노동자들의 집적이 이루어진 장소는, 야마타니(山谷), 가마가사키(釜ケ崎), 요코하마(橫濱)의 고토부키(壽), 나고야의 사사지마(笹島) 등지에 있던 '쪽방촌' 또는 **요세바**(寄セ場)[9]라 불리는 지역이었다.

---

9) 애초에는 에도 시대에 만들어진 주거가 일정하지 않은 사람들을 수용하여 노역에 종사시키던 곳을 의미하며, 이후 노숙인 또는 도시빈민 수용지구의 의미로도 사용됨(역주).

1960년에 도쿄의 야마타니, 61년에는 오사카의 가마가사키에서 실력 행사를 수반한 도시사회운동이 일어났다. 시기적으로 보았을 때 이는 주택지구 개량법 시행 전후의 '슬럼'에 대한 주목 및 그 개선의 움직임이 일어난 것과 일치하지만, 그 문제성에 대한 표출 형태는 완전히 상이했다. 이는 가두운동으로서의 성격이 매우 높은 '폭동'의 형태를 취하여, 쌀소동 이후 가장 충격적인 양상으로 나타난 도시사회운동으로 자리매김하게 되었다.

오사카의 가마가사키에 대해서는, 도시사회운동에서 그러한 실력 행사가 이루어진 것이 계기가 되어 1966년에는 노동, 복지, 치안의 관점에서 특별한 시책을 국지적으로 시행하는 '아이린 체제'가 도입되었다.

하지만 아이러니컬하게도 이 '아이린 체제'는, 도시공간 내부에서 '슬럼'을 더욱 강하게 고정된 배타적 영역으로 자리매김하게 만든 요인으로 작용하였다. 2차대전 종전 직후의 부랑자 대책으로 각지에 설치된 보호시설은, 대부분 '아이린 지구'라 불리게 된 가마가사키로 이전되었다. 한편 가족들과 거주하기에는 생활환경이 좋지 않다는 이유로 인해, 자녀를 둔 가구들의 경우에는 아이린 지구 외부로의 적극적인 주거 이전이 가속화되었다. 이로 인해 전후부흥 기간에 이루어진 구획정리사업의 진행과 더불어 건축되었던 가족 대상 아파트들은, 독신남성을 위한 간이숙소로 개축되었다. 이와 같은 주거이전 정책과 경영자들에 의한 자발적인 간이숙소 개축이라는 형태의 토지이용조정에 의해, 자녀를 둔 가구는 가마가사키에서 급격히 감소하였다.

1970년 오사카 교외의 지사토(千里) 언덕에서 개최된 만국박람회를 정점으로 가마가사키에는 전국으로부터 독신 남성노동자들이 유입되면서, 가마가사키는 같은 해 이루어진 '아이린 종합센터'와 더불어 건설노동자를 중심으로 하는 독신남성의 정착지구가 되었다. 빈번하게 일어난 폭동 및 조직폭력배, 과격파, 노동조합, 경찰 간의 격렬한 대립이 긴장감을 조성하는 가운데, 목조 저층건물 위주의 쪽방촌은 고층 호텔 형태로 점차 변모해갔다. 이로써 1970년대부터는 독신남성 노동자가 '높은 밀도로 축적'되어, 일종의 평형상태가 지속되어온 것이다.

이렇게 해서, 오사카 사람들 사이에서는 가마가사키가 시의 가장 저변에 존재한다는 심상지리가 형성·재생산되어 온 것이다.

혁신자치체의 발전과 소멸

1960~70년대에는 도시 지역을 중심으로 한 **혁신자치체**[10]는, 공해방지 운동과 복지확대 운동을 통해 중요한 영향력을 얻게 되었다.

이는 어떤 의미에서는 미소대립과 베를린 장벽으로 대표되는 세계적인 냉전체제의 반영이라는 성격을 가진다. 즉, 자민당과 사회당, 공산당 간의 정치적 대립이 표명화된 것이었다. 도시사회주의가 전국으로 확산되면서, 당시 도시사회주의 운동을 추진하던 사람들의 마음 속에는 일본의 경제, 사회체제를 사회주의적으로 변혁시키고자 하는 전망이 자리잡게 되었다.

하지만 혁신자치체가 현실 행정에 적용된 양상은, 지방세수 확대를 경제기반으로 하는 복지행정의 계획적 비약에 다름아니었다. 본래 일본의 지방정부에는 중앙으로부터의 권익분배를 맡은 지배계급동맹들이 제법 있었다(☞pp.287, 299). 이 동맹의 균형이 민중 주체의 주민운동 발흥에 자극을 주었고, 이는 포퓰리스즘적 인기를 넓혀간 넓힌 혁신지사, 혁신시장—이들 중 상당수가 학자 출신이었다—의 탄생에 의해 주민측에 영향력을 높여갔다.

이러한 이유로, 혁신자치체에서 행정의 양상은 포디즘적인 도시행정으로 발현되었다. '생존할 권리, 살 권리를 지킨다'라는 혁신지자체장 선거 슬로

---

10) 원문에는 '革新自治體(municipal socialism)'이라고 표현되어 있는데, 여기서 municipal socialism은 1960-70년대 일본 지방자치에서 부각된 혁신자치체를 의미하는 것이 아니라 '도시사회주의'를 의미한다. 원문에 이와 같이 표기한 것은, 혁신자치체 운동에 도시사회주의적 영향이 반영되었음을 강조하기 위한 것으로 해석된다(역주).

건을 통하여 사람들의 생활수준에는 어느 정도의 향상이 이루어졌으며, 엄격한 공해규제 등에 의해 도시문제도 어느 정도 완화되었다. 하지만 이로 인해 빈곤이나 생계곤란은 도시의 전경에서 서서히 물러나게 되었고, 경제의 고도성장에 의해 전 국민을 중산층으로 만들고자 하는 정책이 진행되면서 지자체 주민들의 의식은 혁신자치체를 추구하였던 정치, 사회운동가들의 열망과는 반대로 점차 보수화되어 갔다. 국민 전체의 중산층 계급화를 실현한 '번영하는 일본'은, '기업 전사의 거처'인 교외의 베드타운 및 이를 도심과 연결짓는 고속철도 등 고도로 균질화된 현대 일본의 교외도시 경관을 도시 사회주의에 의해 달성시켰다는 아이러니를 가진 것이다.

이같은 혁신자치체를 지지했던 주민들이 이윽고 기존의 구 시가지로부터 전출해 간다든가, 지방으로부터 이주하더라도 환경이 양호한 교외지역에 영주하려고 함에 따라, 도시 내부에는 주민들이 사실상 존재하지 않게 되었다. 이러한 교외 자치체의 일부에서는, 주민들이 생활환경 보호를 슬로건으로 내걸고 자신의 자치체가 갖는 거주환경이 우수한 교외 주택지구라는 영역성을 강화하는데 목적을 둔 **소비자 사회주의**(consumer socialism)적인 혁신자치체 운동을 더욱 적극적으로 추진하였다.

한편 혁신자치체로 인해, 도심부에서는 도시 고속도로의 건설 등에 대한 제동이 걸렸다. 도심부의 정치가 보수화되면서 도시정책의 중심을 이루게 되는 신보수주의의 성장연대(☞pp.380-1)가 대두함으로 인하여, 이러한 혁신자치체 운동이 전개된 시기는 도시의 효율성 실현과 도시간 경쟁력 축적을 저해한 시기라는 신랄한 비판을 받게 되었다.

이너시티의 문제

그렇다고는 하지만, 도시교외의 균질적인 성장, 그리고 보다 도시에 인접한 지대에 잇다라 건설된 고급 아파트와는 극명한 대조를 이루며 뿌리깊게 이어져온 이너시티의 물적 빈곤은, 1970년대 후반에 접어들면서 세계적으로 주목받았던 대도시 쇠퇴 문제의 일환으로 다시 한번 행정적으로 접근받기 시작했다.

도쿄에서는 조난(城南)과 시타마치(下町)에 집적한 기술 수준이 높은 가공·조립형 산업과 교하마(京濱)에 입지한 첨단 산업과의 사이에 강한 연결성이 형성되어, 산업 클러스터가 보조산업으로서의 중요한 역할을 담당하게 되었다(☞pp.331-2, 347-9). 이로 인해 이너시티 문제는 존재하지 않는 다고 여겨지다시피 하였다. 하지만 중후장대한 설비로 상징되는 소재형 산업이 특히 임해부의 이너시티에 넓게 펼쳐져 있는 오사카 및 고베에서는, 도심을 둘러싼 주변부 및 이너서티에서의 인구감소 및 고령화, 그리고 산업자본의 입지 포기와 시외 이전 등에 의한 공동화 현상과 세수감소 등 이너시티 문제가 도시의 중대한 위기로 인식되기에 이르렀다.

이너시티에 존재하는 이와 같은 다양한 도시문제는 주로 각각의 문제별로, 그리고 도시 내의 영역별로 분단되어 처리되었으며, 도시정치와 도시공간의 연속적인 맥락을 고려한 접근은 좀처럼 이루어지지 않았다. 도와(同和) 지구에서는 도와 대책사업이 대대적으로 진행되었고, 가마가사키에서는 '아이린 체제'가 관철되었다. 동시에 앞서 언급한 2차대전 이후 공적인 사회정책 및 건조환경 생산 정책으로부터 소외된 '재일한국인'(☞p.161)들은, 자조적인 형태의 마을만들기를 통해 자신들의 생활세계(☞p.247)를 만들어갈 수밖에 없었다. 1980년대부터는 건축학의 주도로 이너시티에서의 마을만들기 운동이 활발하게 이루어졌다. 본래 의도대로라면 이는 도와 지구의 마을만들기 운동과 연계되어야 했겠지만, 그와 같은 연계가 이루어질 창구는 마련되지 못했다.

무엇보다도, 이너시티라는 공간에 기초한 도시문제에의 접근방식은 문제를 일반화시키는 데 있어서는 매우 중요한 시각을 제공했지만, 도시 전체의 문제해결에 대한 전망을 제시하지는 못한채 이후 호황, 도시재정의 회복, 그리고 버블경제의 도래가 이어지면서 이너시티의 문제는 묻혀버리고 말았다.

스펙터클화되는 외국인 집단의 이의 제기

일본에서는 외국인이란 '재일한국인'이나 서양인을 의미한다는 이미지가 오랫동안 유지되었지만, 1975년 베트남 난민선 수척이 도래하면서 일본인들은 '국경을 가진 국민국가'라는 세계적 관계성을 새로이 인식하게 되었다(☞pp.163-4). 이는 외국인의 권리에 대한 일본인의 무관심, 무의식을 적나라하게 드러내는 것이기도 하다.

'재일한국인'들이 집단거주하는 오사카시 이쿠노(生野)구에는 전화를 입지 않은 2차대전 이전의 목조 저층주택들이 밀집해 있으며, 본래 '재일한국인'에게는 공영주택의 입주권 또한 사실상 제공되지 않다시피 했다. 신발 생산 등 노동집약적인 가내공업을 양식으로 삼는 '개발도상국을 내측에 품은 세계도시'(☞p.377)는, 외국인과 관련된 도시영역을 재생산시켜 왔다. 이러한 의미에서, 동일한 오사카 시내의 이너시티라고는 하지만 이 지역은 대대적인 국가자금이 투입되어 극적인 거주환경의 변화를 보인 서남부의 도와지구와 결정적인 차이를 가진다고 하겠다.

'재일한국인'의 도시에 관한 요구는, 재외공민으로서의 일본국민의 권리를 요구하지 않고 자조적인 생업과 생활에 전념하는 경우가 많았던 1세대보다는 일본에 영주권을 가진 시민의 당연한 요구의 목소리를 나기 시작한 2·3세대 재일한국인들이 주로 말게 되었다. '재일한국인'을 중심으로 한 지문날인 거부운동 또한 한반도의 이데올로기 대립과는 이질적인 차원에서 이루어진, 생활세계로부터 우러나온 솔직한 요구였다. 이 운동에 의해, 1990년대 들어서는 공영주택, 연금, 공무원 임용 등과 관련된 다양한 권리의 확보가 일거에 진행되었다. 한편 공영주택에 대해서는, 부라쿠 해방운동이 진행되는 가운데 도와 주택으로의 입주권을 획득하는 것과 같은 차별받는 사람들의 해방운동과의 연대 움직임 또한 최근 들어 활발하게 이루어지고 있다. 또한 거주와 관련된 건조환경 개선을 둘러싼 움직임의 일환으로, 재일 한국인들이 밀집해서 거주하고 있는 지구의 개선에 초점을 맞춘 마을 만들기가 최근 수년에 걸쳐 시작되고 있다.

오사카시 다이쇼구에 있는 오키나와현 출신자 집단거주지에서도 이와 같은 양상의 상황이 진행되고 있다. 그 대표적인 조직인 오키나와 현인회(沖縄縣人會)는, 기존의 주민센터, 시의회 의원, 시청, 유력자 등을 토대로 이루어진 유명인사 중심의 정치단체라고 할 수 있다. 이 조직은 다이쇼구에서 오키나와 사회를 키워 왔다. 하지만 1970년대 이루어진 오키나와 슬럼의 개선을 요구한 도와운동 형태의 주택요구 투쟁을 성공시켰던 것은, 오키나와 현인회와는 별개의 자생조직이었다. 이는 부라쿠 해방운동을 학습하는 가운데, 철저히 오키나와를 전면에 내세우면서 오키나와에 대한 차별을 핵심으로 투쟁을 전개해온 보기드문 사례였다. 이러한 투쟁과 함께 문화투쟁이 동시에 이루어지면서 에이사 마쓰리[11] 등이 행해졌고, 오늘날에는 일본 각지에서 에이사 마쓰리를 애호하는 사람들을 어렵잖게 찾아볼 수 있다.

이러한 이너시티는, 버블 시대에는 젠트리피케이션에 의해 토지로부터의 투기적 이윤획득을 위한 대상으로 간주되었다(☞p.227). 이렇게 해서, 버블 경제기가 아니라면 결코 들어서기 어려울 고급 아파트와 사무용 건물들이 잿빛의 층낮은 주택가를 특징으로 해왔던 이너시티의 경관을 대대적으로 변화시켰다.

그리고 오늘날 세계도시(☞pp.369-70)를 표방하기 시작하고 있는 오사카에서는, 예전에는 낙인처럼 여겨졌던 재일 한국인과 오키나와인의 거주지가 이제는 다문화적인 향취를 드리우는 스펙터클로 여겨지면서 각광받게

---

11) 일본 본토 또는 해외에 이주한 오키나와인들이 현지에서 벌이는 축제(역주).

되었다. 도와 지구를 살펴보더라도, 마을 만들기의 선진 사례라는 측면에서, 그리고 최근의 고령자, 장애자, 지역복지와 관련된 다양한 선구적 사업을 실험적으로 추진해온 공간이라는 측면에서 기존과는 차원이 다른 맥락에서 적극적인 접근이 이루어지기 시작하고 있는 것이다.

노숙인과 도시 치안

세계도시 오사카의 다채로움은, 버블 붕괴 이후 노숙인의 급증이라는 생각지도 못한 문제를 통해 번영의 토대가 가졌던 허약함이 절실히 인식되었다는 점에서 특히 분명하게 나타난다고 할 수 있다.

기업의 구조조정 등 신보수주의적인 경제현실이 격심해진 오늘날에 접어들어, 노숙인은 오사카라는 도시공간의 전역으로 퍼져나갔다. 이들의 분포는 특히 도시공원, 하천변, 고가도로 밑에서 현저하게 이루어지고 있다. 이러한 문제는 무엇보다도 겉으로는 '1억 일본인의 중산층화'를 외치면서도 실제로는 직장을 잃으면 집도 가정도 잃어버리게 되어 노숙자로 전락하게 되는 허약한 안전망의 시스템에 기인한다고 할 수 있다. 이러한 시스템이 도시의 빈민문제가 가시화되도록 만든 요인이었음은 부인하기 어려운 사실이다.

오사카성 공원, 나가이(長居) 공원 등지에서 노숙인들이 노숙생활을 시작하면서, 그와 관련된 논의도 활발히 제기되었다. 노숙인 문제에 관한 논리는 복잡하게 얽혔으며, 전례나 고정관념에 의지한 기존의 시청과 주민조직은 효과적인 해결책을 내놓을 성숙한 마을만들기 논의를 해낼 능력이 없다는 사실이 점차 드러나게 되었다.

그러나 이후 노숙인 문제에 대한 대책 마련이 급격한 방향 전환을 이루게 되면서, 생활환경조사, 노숙인용 텐트 및 쉼터, 지립지원센터, 긴급 취로사업, 그리고 특별입법 등이 잇다라 이루어졌다.

하지만 이와 같은 복잡하게 얽힌 논박이 이루어지는 가운데, 지금까지 행정서비스의 손길이 미치지 못했던 이러한 부분에 대해서도 대처할 수 있는 시민단체가 존재할 필요성이 중요한 문제로 제기되었다. 행정의 혜택을 받기 위한 수익자의 권리만을 주장한다든지 행정에 대해서 비판만 제기하는 시민이 아닌, 행정과 시의적절한 길항(拮抗) 관계를 유지하면서 이를 보완할 '수평적 거버넌스(통치)', 다시 말해 행정과 대치하면서도 주체적인 비전을 갖고 토지이용조정 및 도시 건조환경의 생산을 담당하는 형태의 시민참여가 새롭게 이루어져야 하는 것이다. 행정이 과도할 정도로 끌어안고 있는 공공성을 시민이 주체가 되어 호혜적으로 나누어가질 필요가 있는 시대를, 우리는 맞이하고 있는 것이다.

과제 4. 노숙인들이 나가이 공원에 거주하기 시작하게 된 이후, 노숙인들은 공원에 계속해서 거주할 수 있는 권리를 요구하는 한편 인근 주민들은 나가이공 원의 노숙인 보호시설 건설에 대한 반대운동을 전개하였다. '공공 공간'인 나가이 공원의 관리주체인 오사카시는, 노숙인들이 이 공원을 배타적으로 점유하여 거주할 수 있도록 승인했다. 이 사례를 소재로 하여, 도시 공간의 주거권, 사용권은 어떻게 보장되며 우리는 이러한 권리를 어떻게 행사할 수 있는가에 대해서 생각해 보자.

칼럼 12.

GIS지도를 통해 바라본 토지이용조정─도쿄vs.오사카

도쿄도와 비교하여 교한신(京阪神),[12] 넓게 보면 간사이(關西)[13] 지방의 상대적 쇠퇴에 대한 이야기는, 이미 오래 전부터 회자된 것이다. 정치와 경제, 미디어의 발신력은 도쿄 쪽이 확실히 압도적으로 우수한 것이 현실이다. 그 배경에 대해서, 조금은 공간적인 측면에서 살펴보자. GIS(지리정보시스템) 지도를 이용하여, 도쿄 대도시권과 교한신 대도시권의 지리적인 경제,사회적 기반이 보여주는 차이점을 한눈에 알아볼 수 있다. 예컨대 국세조사의 직업별 분류를 통해 확인할 수 있는 1995년도 전문·기술직 자료를 바탕으로, 지역별 분포패턴을 비교할 수 있다.

〈그림 10-3〉과 〈그림 10-4〉에서 살펴볼 수 있는 것처럼, 도쿄와 오사카에서는 실로 확연한 분포상의 차이를 확인할 수 있다. 도쿄권에서는 전문, 기술직이 도심주변, 그리고 지대가 높은 지구에 해당하는 서부, 남부에 넓게 분포하고 있으며, 북부와 동부에서도 철도노선을 연하여 광범위하게 분포하고 있다. 하지만 교한신권에서는 그 분포가 오사카시 도심의 주변 일부, 그리고 오사카─고베 간의 지대가 높은 지역, 호쿠세쓰(北攝) 및 이코마산(生駒山)을 넘어 나라현 방면과 오사카 남부 교외의 뉴타운 및 단독주택지를 중심으로 한 단지에 괴상(塊狀)으로 집중 분포해있는데 머물고 있다.

---

12) 교토, 오사카, 고베 세 도시를 한데 묶어 일컫는 말(역주).

13) 일본 혼슈 중서부의, 교토 부, 오사카 부의 2부와 시가 현, 효고 현, 나라 현, 와카야마 현, 미에 현의 5현을 포함하는 지역을 일컫는 갈. 과거 일본의 수도였던 교토가 자리잡고 있어, 다른 말로는 '긴키(近畿)'라는 지명으로도 불림(역주).

<그림 10-3> 수도권의 전문·기술직 종사자 분포

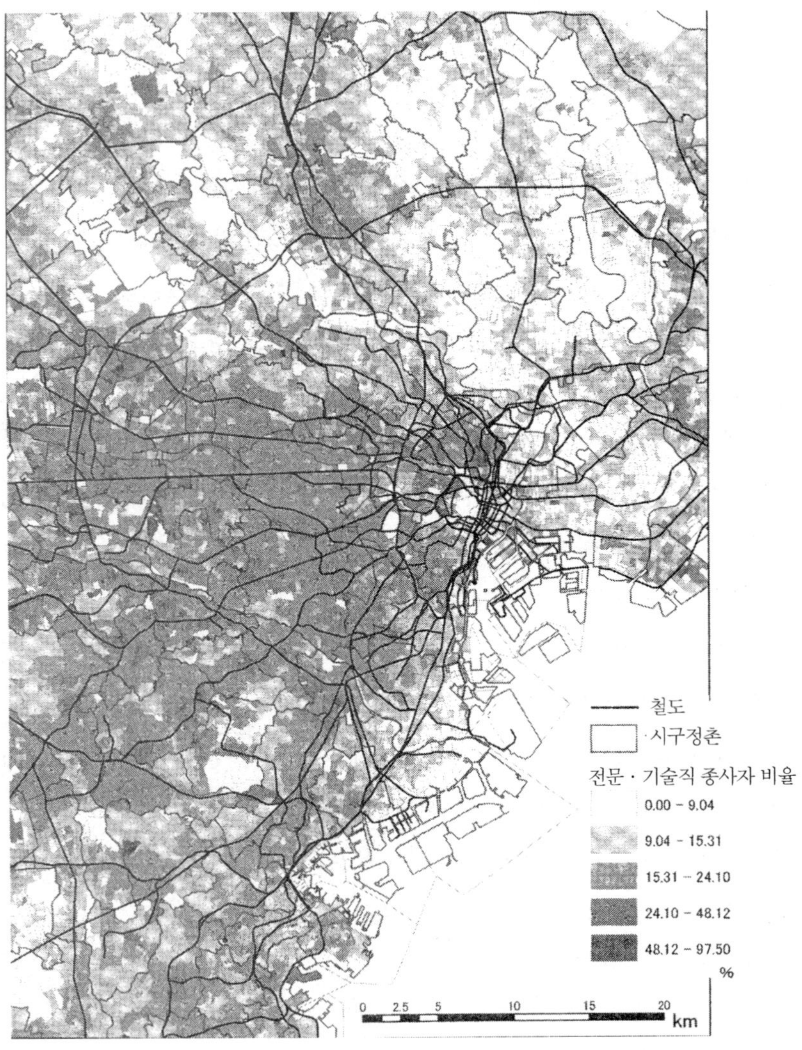

주: 여기서 수도권이라 함은, 도쿄도 23개구를 중심도시로 하고 이 지역에 대한 통근자의 총수가 각각 10% 이상인 시구정촌(市區町村)으로 정의하였음.
출처: 木村義成, 2001,「ジオデモグラフイクスからみた東京·京阪神大都市圏の居住地域構造」, 大阪市立大学文学研究科提出修士論文.

주: 여기서 교한신권이라 함은, 오사카시, 교토시, 고베시를 중심도시로 하고 이들 드시로의 통근
자 총수가 각각 10% 이상인 시구정촌으로 정의하였음(총 151개 시구정촌, 범례 및 축척은 〈그림
10-3〉과 동일〉.
출처: 같은 논문.

이와 같은 전문·기술직은, 한 나라의 경제와 문화를 견인하는 주된 동력이라고 할 수 있다. 도쿄에서 볼 수 있는 이들의 분포패턴은 청년층 독신자 세대의 탁월한 분포와 겹쳐지면서, 도쿄권이 전국의 청년층을 흡입하여 다양한 아이디어와 지적 능력이 집중된 공간이 형성되고 있음을 확인할 수 있다. 이른바 지대가 높은 지구로부터 도쿄 서부, 가와사키, 요코하마, 쇼난(湘南) 방면에 걸친 지역이, 이를 수용하는 균질하면서도 광범위한 용기 역할을 하고 있다(☞pp.338-9). 이는 세계도시 도쿄권의 활력이, 교한신권을 크게 상회하고 있는 것을 보여주는 지표라고도 할 수 있다. 교한신권의 경우에는, 오사카시 주변에 환상(環狀)으로 분포하는 낮은 밀도의 전문·기술직 지구에는 기능직과 생산직의 분포가 오히려 탁월하게 관찰되며, 이를 통해서 2차산업을 중심으로 하는 생산업의 상대적 쇠퇴가 교한신권의 상대적 낙후로 이어진다는 사실을 추론할 수 있다.

〈미즈우치 도시오, 기무라 요시나리(木村義成: ESRI Japan)〉

참고문헌

石田賴房, 1987, 『日本近代都市計画の百年』, 自治体研究社.

內田雄造, 1993, 『同和地区のまちづくり論—環境整備計画・事業に関する研究』, 明石
書店.

江口英一 編, 1990, 『日本社会調査の水脈』, 法律文化社.

Engels, F., 2000, 浜林正夫 訳, 『イギリスにおける労働者階級の状態』, 新日本出版社.

大阪都市協会 編, 1989, 『まちに住まう—大阪都市住宅史』, 平凡社.

釜が崎資料センター 編, 1993, 『釜が崎—歴史と現在』, 三一書房.

越沢明, 1978, 『植民地満州の都市計画』, アジア経済研究所.

越沢明, 1991, 『東京の都市計画』, 岩波書店.

小路田泰直, 1991, 『日本近代都市史研究序説』, 柏書房.

今和次郎, 1971, 『考現学』, ドメス出版.

佐多稲子, 1959, 『キャラメル工場から』, 筑摩書房.

芝村篤樹, 1998, 『日本近代都市の成立—1920・30年代の大阪』, 松籟社.

杉原薫・玉井金五 編, 1986, 『大正大阪スラム—もうひとつの日本近代史』, 新評論.

全國市街地再開発協会 編, 1991, 『日本の都市再開発史』, 住宅新報社.

田中宏, 1991, 『在日外國人—法の壁, 心の溝』, 岩波書店.

德永直, 1950, 『太陽のない街』, 岩波書店.

Park, R. E., Burgess, E. W., and Mackenzie, R. D., 1972, 大道安次郎・倉田和四生 訳, 『都
市—人間生態学とコミュニティ論』, 鹿島研究所出版会.

農商務省商工局工務課工場調査掛, 1948, 『職工事情』 第2卷, 生活社.

宮本憲一 編, 1977, 『大都市とコンビナート・大阪』, 筑摩書房.

横山源之助, 1985, 『日本の下層社会』, 岩波書店(岩波文庫).

골목의 재발견: 도심 골목속에 묻혀있던 역사와 희망 찾기

대구광역시에는 구한말 철거한 읍성(邑城)의 성벽 자리에 닦인 도로가 있다. 성벽이 놓여 있던 위치의 방향을 따서 각각 동성로(東城路), 서성로(西城路), 남성로(南城路), 북성로(北城路)라 불리는 이들 도로는, 대구광역시의 도심을 에워싸는 형태를 지니고 있으며 대구광역시 가로망의 중심과도 같은 양상을 갖고 있기도 하다. 오랜 역사와 도심에 인접한 위치로 인하여, 이 4개의 도로들은 대구 시민들에게 친숙할 뿐 아니라 대구의 역사와 현실과 관련된 여러 장소들과도 직접적인 관련성을 가진 도로이기도 하다.

필자는 이 중에서도 대구역 맞은편을 동서로 가로지르는 북성로 만큼 대구광역시가 20세기 이후 겪어온 도시화의 과정을 드라마틱하게 보여주는 도로, 아니 장소를 찾기는 어려울 것이라고 본다. 필자는 북성로야말로 대구광역시의 도시화 과정을 마치 살아있는 화석처럼 보존하고 있는 공간이라고 감히 규정해본다.

북성로는 일제 시대 때만 하더라도 '조선의 긴자(銀座)'라 불렸던 번화가였다. 이 거리는 당시 '대구부(府: 일제 시대의 행정구역명)'의 요정, 대형 상점, 다방, 고급 음식점 등이 몰려 있는 상업과 문화의 중심지였으며, 특히 오늘날 대우주차장 자리에 있던 5층규모의 미나카이(三中井) 백화점은 지역 최대의 백화점일뿐만 아니라 인근 지역에서 유일하게 엘리베이터가 설치된 건물이라 이를 타보려는 관광객들이 장사진을 이룰 정도였다고 한다. 일본인들이 세운 일본풍의 근대식 주택—흔히 '적산(敵産)가옥'이라 불리는—들도 많이 들어섰으며, 이 가운데 상당수는 오늘날에도 남아 있다. 이 중에는 이기붕 전 부통령과 박마리아 여사 내외가 신혼초 살던 집도 포함되어 있는데, 당시로써는 매우 값비싼 고급 주택이었다고 한다.

이기붕 전 부통령과 박마리아 여사 내외의 신혼집(사진 위). 상가건물로 쓰이고 있는 이 건물은, 서양식 건축 기법으로 지어진 당대의 최고급 주택이기도 하였다. 창틀, 지붕의 장식, 벽면의 가스등(사진 우) 등은 근대 건축양식의 특징을 잘 보여주고 있다.

　도심에 위치했을 뿐만 아니라 철도역과도 인접했다는 지리적 이점을 인해 1950년대까지 대구 최고의 상권이자 번화가로 명성을 날렸던 북성로는, 1960년대 이후 도시의 확장과 도로교통의 발달 등으로 인해 쇠퇴하기 시작한다. 해방 이후 북성로 일대에 공구가게들이 하나둘 들어서면서 오늘날에도 '공구골목'이라는 명성을 얻을 정도로 각종 공구상들이 들어서기는 했지만, 북성로 일대 전체를 놓고 보던 대부분의 상권은 인근의 동성로 등에 흡수되었고 이를 대체할 상업의 발달이나 개발 등은 쇠퇴하는 등, 번화가의 모습을 잃어버리고 말았다. 다시 말해 도심쇠퇴 현상에 빠진 구 도심지역이 되어버린 것이다. 각종 보도자료에 따르면, 북성로 일대는 도심쇠퇴 현상에 기인하는 대구광역시의 대표적인 슬럼지구로 이에 대한 해결이 시급하다는 문제가 제기되어 왔으나, 예산상의 문제 등의 이유로 인해 이에 대한 대책마련이 용이하지 않다고 한다.

북성로 초입의 상가건물. 3층 건물 중 2, 3층이 화재로 소실된 후 장기간 방치된 모습은, 이 일대의 도심쇠퇴 현상을 상징적으로 보여주는 듯하다(사진 좌). 이 건물에 1950년대 문화예술인들의 사랑방 역할을 했던 유명한 다방이 자리했었음을 알리는 팻말(사진 우).

이처럼 쇠퇴한 구도심의 경관이 현저하게 관찰되는 북성로 일대는, 역으로 접근하면 근대도시로서의 대구라는 도시경관 또는 그와 관련된 요인 역시 풍부하게 갖고 있는 공간이라고도 볼 수 있을 것이다. 실제로 북성로 일대에는 구한말~일제 시대 건축의 특성을 선명하게 보여주는 건물들이 적지 않게 존재하며, 역자가 과거 대구에 거주하던 무렵 이 일대로 혼자만의 답사를 다녔던 기억도 난다.

도심 쇠퇴, 슬럼화 등으로 인해 과거의 영화는 퇴색된지 오래지만, 2000년대 들어 북성로의 문화적 경관에 대한 관심이 고조되었고 이러한 관심은 쇠퇴한 구도심에 생기를 불어넣기 위한 실천으로 이어지고 있다. 대구에 기반을 둔 시민단체인 '거리문화시민연대'와 대구광역시청, 대구광역시 중구청

은 2000년대 중반 이후 대구 구 도심지역의 골목 답사 및 골목 살리기 운동
을 벌여 왔으며, 이러한 노력의 일환으로 2007년 발간된『대구 신택리지』는
각계의 관심과 대구시민들의 높은 호응을 불러일으키기도 하였다. 이러한
노력이 이어지면서, 최근에는 대구광역시 및 중구의 지원을 토대로 시민단
체를 중심으로 북성로 일대에 소재한 옛 건축물—적산가옥—의 보존 및 개
방, 각종 문화행사 등 도심 살리기 운동이 조금씩 결실을 맺어가고 있다.

'북성로 재발견' 프로젝트의 하나로 탄생한 카페 삼덕상회(사진 우). 1930년대 건축된 옛 상가 건물
중 보존가치가 있다고 선정된 건물을 리모델링한 카페로, 다다미방(사진 우 상단) 등 근대 건축물의
특성을 살려 리모델링하였다. 카페 건물의 옛 모습을 담은 사진(사진 좌 하단)은 물론, 본 지면에는
사정상 싣지 못한 대구시 도심부의 일제 시대 폐쇄지적도 등 이 지역의 옛 모습과 지리적 특성을 살
펴볼 수 있는 흥미로우면서도 귀중한 자료들로 장식되어 있다.

도시구조와 공간의 변동으로 인한 토지이용이나 경관의 변화를 완전히
저지하기는 어려우며, 구도심의 기능을 도시가 확장되거나 신도심이 형성
되기 이전처럼 완전히 복원한다는 것 역시 기대하기는 어렵다. 하지만 오늘

날 수많은 도시들이 겪고 있는 도심쇠퇴 문제에 대한 해결책은 오늘날의 도
시들이 당면한 과제라고 할 수 있다. 비록 북성로 일대가 쇠퇴한 구도심의
문제점을 완전히 떨쳐버렸다고 볼수는 없겠지만, 도심쇠퇴 문제에 대하여
시민단체의 주도로 창의적인 대안을 내놓고 있다는 점, 그리고 이것이 분명
한 성과를 거두고 있다는 점으로부터 도심쇠퇴 문제에 대한 지침과 방향을
발견할 수 있을 것이다.

〈이동민(서울대학교 사범대학 지리교육전공)〉

참고문헌

거리문화시민연대, 2007, 『대구 신택리지』, 북랜드.

대구시사 편찬위원회, 1994, 『대구시사』 제4권: 사회, 대구광역시.

『경향신문』, 2012.2.14. 일자 기사, "[e-세상 속 이 세상] 진한 커피향에 어우러진 근대문화
　의 풍경".

『매일경제』, 2003.10.8. 일자 기사, "대구 중구 슬럼화 갈수록 심각".

『매일신문』, 2011.11.18. 일자 기사, "[시민기자] 커피향 가득 머금은 '역사'…카페 삼덕상회".

『매일신문』, 2012.5.20. 일자 기사, "대구역 뒷편 · 북성로 골목 일대…도심 속 빈촌".

『세계일보』, 2011.12.15. 일자 기사, "문화가 살아 숨쉬는 골목길 만들겠다".

세계 스케일과 국지적 스케일의 문제를
아울러 생각해보고, 행동에 옮겨 보자!

세계 여러 지역의 사람들이 공간을 공유하고
서로 도우며 살아가는, 아래로부터의 글로벌리즘

위의 그림은, NHK 다큐멘터리 〈엔데의 유언〉에 소개된 독일의 교환링*'데마크'의 주도자 바치(M. Baatzsch) 등이 정리한 텍스트의 마지막 장에 소개된 삽화이다. 개인들이 서로 경정하는 과정에서 소외를 겪게 되고 시장원리에 따르지 않는 사람들에 대한 폭력적 힘으로 억압이 이루어지는 신보수주의에 대한 대안으로, 지구의 경계성에 의문을 제기하여 다국적기업과 미국이 가진 패권을 보통사람들이 공유하는 영역으로 되돌리고자 하는 것이다. 이를 통해 지구상에 살아가는 모든 사람들이 부를 창출하고 이를 호혜적으로 분배하는 것이야말로, 새로운 글로벌 공동체를 구축하기 위한 발판이라고 할 수 있겠다.

---

* 1990년대 독일에서 일어난, 일종의 공동체 통화 운동(역주).

본 장에서는 지금까지 살펴본 내용 전체를 되짚어 보고, 우리들이 세계 시민으로서 추구해야 할 대안적인 글로벌리즘에 이르는 공간적·사회적 좌표축에 대해서 살펴보기로 한다.

여기서는 로컬 개념의 강조라는 측면을 떠올리기 쉬울 것이다. 하지만 글로벌리즘이 현실 속에서 이루어지고 있는 오늘날, 이러한 점에는 문제가 없다고 단정지을 수 있는가?

먼저, 호혜적 공동체라는 시장주의에 대한 대안을 떠올려 보자. 그리고 이와 같은 새로운 사회관계를 목표로, 연속성과 분단이라는 상관공간의 연관성을 아래로부터 재편성하는 새로운 전략을 수립할 수 있다. 이를 위해서는, 절대공간의 민주주의와 상대공간의 격리라는 원초적 공간의 2가지 속성이 가진 사회적 성격을, 사회운동의 논의에 적합하게 재구성하는 것이 중요시된다.

이 책의 마지막 장인 본 장에서는, 이와 같은 관점을 토대로 대안적인 공간편성을 시론적으로 제시하였다. 그리고 '지구 스케일과 지역적 스케일을 아울러 생각해보고, 행동에 옮기자'라는 새로운 표어와 그것이 갖는 의미에 대해서 다루어 보았다.

지금까지 물리적인 원초적 공간에서 출발하여 절대공간과 상대공간의 포섭으로부터 상관공간의 편성에 이르는 과정, 그리고 이와 더불어 국제분업에 규정된 글로벌 영역통합과 도시의 토지이용조정에 대해서 논의해 보았다. 그리고 이러한 글로벌 스케일 및 도시라는 공간 스케일의 기준에 존재하는 지배적인 경제·사회관계들에 대항하는 사회운동으로 논의의 초점을 옮겨보고자 한다.

전 세계의 모든 사람들이 번영의 결과를 평등하게 누리면서 더불어 살아가는 것, 아래로부터 우러나온 문자 그대로의 '글로벌 수렴'이야말로 우리가 궁극적으로 추구해야 할 목표라는 사실은, 거듭 강조할 필요도 없을 것이다. 21세기를 살아가는 우리들은 이와 같은 궁극적 목표를 실현하기 위해서 글로벌 스케일과 로컬 스케일 간의 접점을 어디에 두어야 하며, 또한 어떠한 행동을 취해야 할 것인가? 본 장에서는 지금까지 살펴본 내용을 되짚어보고 글로벌리즘을 목표로 한 서민 중심의 사회운동 논의를 지지하는 좌표축에 대해서 살펴봄으로써, 이 책을 마두리하고자 한다.

1. 세계 스케일에서 생각하고, 국지적 스케일에서 행동하자구요?

글로벌과 로컬 간의 관계를 고려한 사회운동이라는 논의를 접하게 되면 곧바로 머릿속에 떠오를 만한 것은, '지구적으로 생각하고, 지역적으로 행동하자(think globally and act locally)'라는 표어일 것이다.

이 단어는 원래 1901년 프랑스에서 등장했던 것으로, 미국에서 활동했던 미생물학자 뒤보(R. Dubos)가 UN 인간환경회의 고문단의 의장으로 근무하고 있었던 1972년에 제창된 것이다. 뒤보는 글로벌 환경문제에 대해서 일반적으로 논의하는 것만으로는 사회적 운동으로 이어질 수 없는 만큼, 먼저 개별 지역의 국지적인 생태, 경제, 문화에 입각한 실천으로부터 시작해야 한다는 주장을 하였다. 뒤보의 재단에 상표등록된 이 표어는 이후 여러 국지적 사회운동의 행동원리로 논의되었고, 그러면서 세계화 시대를 살아가는 시민들의 행동원리로 일반화되어 온 것이다.

하지만 본서에서 지금까지 다루어온 공간편성의 원리를 되짚어보면, 수도없이 회자되어온 'Think globally and act locally'라는 표어에도 여전히 부족한 점이 있다는 사실을 발견할 수 있을 것이다.

지역적 수준에서의 행동만 강조하게 되면?

'지구 스케일에서 생각하고, 지역적 스케일에서 행동하자'라는 표어가, 국지적 수준에서의 자립적 행동을 강하게 추진시켜 왔다는 사실은 부인하기 어렵다.

지배자에 대항하기 위하여, 지배자가 기준을 정하게 되는 고차의 공간 스케일에서의 영역통합 체계로부터 자신의 영역을 의도적으로 분리시키는 것은, 수입대체, 북한의 주체사상, 중국의 인민공사 등과 공통점과 유사점을 갖는 지리적 전략이라는 점에서 딱히 새롭다고 할 만한 것은 아니다(☞ pp.382-4). 이와 같은 관점은, 사실 종속이론(☞pp.360-1)을 뒤집어놓은 것에 지나지 않는다. 이는 고차의 영역과 저차의 영역이 관계를 유지해나가는 이상 지배·종속 및 착취·수탈의 관계는 필연적으로 발생하게 되는 만큼, 저차영역이 고차영역과의 관계를 주체적으로 단절하게 되면 저차의 영역에는 자립적 발전과 민주주의가 찾아오게 된다는 식의 사회—공간관계에 대한 발상을 배경으로 한 것이다.

공간물신론과 그 문제점

이러한 발상을 따라가다 보면, **공간물신론**(spatial fetishism)이라는 거대한 함정에 빠져들게 된다. 공간물신론이란, '상품의 물신성'(☞Column 2)과 마찬가지로 물상화(物象化)의 한 형태이다. 영역, 장소, 건조환경, 지형 등이 경제와 사회의 관계성을 가진(☞pp.247-50) 것으로 전도되어 발현되면서 영역과 장소의 중층적 체계 그 자체가 경제·사회관계와 동일시되고, 나아가 영역이나 장소 자체가 경제·사회의 원인으로 이해되는 경우도 발생하는 것이다.

이 책에서는 앞서 영역과 토지에 각인된 공간편성이 경제·사회에 반작용한다는 사회—공간 변증법에 대해서 살펴본 바 있다(☞pp.103-33, 249). 하지만 이는 경제·사회의 지배·종속관계가 영역 상호간의 지배·종속관계에 그대로 적용된다든지, 각 영역이 이러한 과정을 능동적으로 발현시킨다는 것을 의미하지는 않는다.

먼저, 영역은 안정적이고 불변하는 실체가 결코 아니다. 저차 영역의 내부에도 상호간에 길항하는 다양한 저항연대와 사회계급에 의해 유발되는 분단화의 방향성이 존재하며, 이는 대로는 계급동맹의 생산 등을 통한 균질화로의 방향성과의 심각한 모순의 관계에 직면하게 된다(☞pp.252-3, 378-9).

다음으로, 영역을 지배하는 주체는 해당 영역을 규정하는 기준을 장악하여 영역의 투과성을 전략적 수단의 하나로 확보한다(☞pp.111-2). 경우에 따라서는 보완영역을 창출한 다음 그 중심에 자신을 위치시켜, 저차의 영역을 뛰어넘어 고차의 연속성을 지배하게 된다(☞pp.376-7). 또 다른 경우에는 개도국에서의 민족자본처럼 경계를 차단하여, 저차 영역의 내부에 대한 지배를 강화하게 된다. 이와 같은 공간전략은, 그 자체가 사회―공간 변증법(☞p.249)의 한 형태이기도 하다.

영역의 균질성, 그리고 경계란 주어진 것이라는 그릇된 관점

공간물신론이라는 최면에서 벗어나지 못한 공간적 실천에는, 다음과 같은 세 가지의 중대한 문제점이 배태되어 있다.

첫째, 영역 내부의 균질화작용이 강조되면서 국지적인 영역 내부에 존재하는 사회계급 및 계층 간의 관계가 가진 대립과 모순이 무시되거나 경시된다는 문제점을 지적할 수 있다. 영역 내에서 민족자본은 정권과 유착하여 열악한 노동조건에서 일하는 노동자들을 착취하며, 관료집단은 저항연대를 억압하고 주민을 무시한 개발을 강행하게 된다(☞pp.378-80, 383-5). '내발적(內發的) 발전'이라는 관점에서 흔히 비판받는 해외진출기업의 경우에 비해, 현지의 대규모 사업체나 기업 쪽이 노동자나 영세 하청업체들을 더욱 가혹한 조건 하에서 착취하는 경우도 있다.

둘째, '지역'이라는 공간적 범위, 다시 말해 공간을 영역으로 경계짓는 분단이 실제로는 어떻게 일어나는가 하는 점에 관한 역사적 과정 및 그 정통성의 유무가 논점으로 인식되지 못한다는 점이다. '국지적으로 행동하라'라고 단정지을 경우, 사회적 행동과 실천의 용기가 되는 '국지적(local) 공간'의 경계가 주어진 틀로 작용하게 되어 그러한 행동을 실천에 옮기려는 사람들을 공간적으로 규제하는 족쇄가 되는 것이다.

셋째, 국지적 공간 스케일의 활동이 강조되면 자칫 사회운동이 '**님비 (NIMBY: not in my backyard) 현상**'에 빠져들 소지가 있다. 이는 자기 집 뒤뜰만 아니면 문제에 대해서 등을 돌림은 물론 더해 남의 집 마당, 즉 타자의 영역에 문제를 떠넘기고자 하는 공간적 회피를 일삼기까지 하는, 미래는 생각지 않는 후안무치한 행동양식을 일컫는다. '지역적으로 행동한다'는 제각각의 '지역이기주의'가, 상이한 영역의 주체 상호간으로 회귀하여 대립을 유발하게 된다는 것은 주지의 사실이다.

식민지주의와 신자유주의에 의해 유지되는 '내발적 발전'

앞서 살펴본 내용과는 반대로 국지적인 '내발적 발전'이 해당 영역 내의 민주주의를 발전시키지도 신자유주의를 거부하게 만들지도 않는다는 사실에 대해서는, 2차대전 이후 홍콩의 경제발전이라는 효과적인 사례를 통해서 살펴볼 수 있다.

홍콩의 영국 총독부가 선진자본주의 국가들을 대상으로 한 수출형 공업화를 선구적으로 실천하여 이를 성공시킨 것은, 로스토우의 등장보다도 빠른 것이었다. 1960년대에 홍콩 총독부가 건설한 공장아파트는 2차대전 이후에 이루어진 공간적 분업의 효시라고 할 수 있는 역사적인 구조물로, 오늘날에도 주룽(九龍) 반도 북부 창사(長沙)만에 자리잡고 있다. 하지만 이 건물에 입주했던 주체는, 해외 직접투자라는 '외래형 개발'을 담당하는 다국적기업이 결코 아니었다.

2차대전 이후의 홍콩은, 중국 혁명의 성공으로 인해 식민지를 지배했던 영국에 의하여 전혀 의도하지 않든 과정을 통해 중국 본토와 분단되었다. 홍콩은 2차대전 이전에 가졌던 중계무역 기능을 상실하였고, 경제적으로는 어정쩡한 '쇄국' 상태에 놓이게 되었다. 이 시기 홍콩 경제를 담당하게 된 것은, 상하이 등지에서 중국과 영국(홍콩) 간의 국경을 넘어 유입된 중국인 기업가, 그리고 인접한 광둥성에서 같은 경로로 유입된 빈곤한 노동자들이었다. 영국의 지배를 받는 식민지에서 이 두 집단이 합체하여, 내발적으로 자본축적을 이루어 가게 되었다. 그 결과 홍콩은 선진자본주의 국가의 시장에서 경공업 상품 분야의 높은 비교우위를 확보할 수 있었고, 이와 같은 높은 경제성장을 통해 NIEs(신흥공업경제국)의 지위를 획득하게 되었다. 이는 풍부한 외화준비에 의해 뒷받침되는 견고한 통화위원회 제도(☞p.221)의 확립에 공헌하였고, 1997~98년의 아시아 경제위기에서 태국의 바트화 및 한국의 원화 가치를 붕괴시켰던 글로벌 투기자들조차 뚫지 못하는 강력한 방패 구실을 하였다.

여기에는 두 가지 아이러니가 잠재해 있다. 첫째, 홍콩 경제의 '내발적 발전'은 홍콩의 중국인들에게는 민족자결과도 민주주의와도 무관한, 영국인에 의한 이민족 지배 상태를 그대로 진행시켰다. 둘째, 이러한 발전은 좁은 역내수요가 아니라 선진자본주의 국가 시장에서의 경쟁력을 실현하는 격심한 시장경쟁에서의 승리를 바탕으로 이루어졌으며, 이를 통해 홍콩 상품의 점유율을 세계적으로 확보하는 데 성공하였다. 한때 일본에서는, '홍콩 섀시', '홍콩 플라워(작은 조화[造花]를 일컫는 말-역주)'와 같은 단어들이 보통명사로 여겨지기도 하였다. 풍부한 외화준비 뿐만이 아니었다. 아시아의 허브를 목표로 한 신공항과 컨테이너 터미널 등 기간시설로서의 건조환경은, 해외로부터의 융자가 아닌 영국 총독부의 교묘한 공간정책을 매개로 이루어진 '내발적'인 자본의 2차순환에 의해 자율적으로 건설되었다.

이렇게 해서 달성된 경제발전 덕택에, 자본주의 홍콩에 거주하는 중국인들은 인민공사 정책 등에 의해 '자력갱생'을 추진해온 국경 너머 본토의 동포들에 비해 훨씬 높은 생활수준을 향유할 수 있었던 것이다. 그렇기 때문에 홍콩의 중국인들은 사회주의 중국을 기피하고 경멸하는 한편, 중국에 대한 침략이었던 아편전쟁의 결과 영국이 중국으로부터 탈취해왔던 영역생산 과정의 부당성에 대해서는 이의를 제기하지 않은채 소수의 백인들에 의한 이민족 지배를 스스로 받아들이고 누려왔던 것이다.

식민지 내부의 사회통합이 이와 같이 진행되면서, 홍콩은 하나의 영역적 실체가 되었다. 이와 같은 성공은 소수의 백인에 의한 지배가 이루어졌던 남아프리카공화국을 전 세계 여론이 매섭게 지탄했던 것과는 대조를 이룬다.

이는 홍콩에서 이루어진 소수 백인의 지배는 전 세계의 그 누구도 문제시하지 않았다는 사실에서 여실히 드러난다(歷史敎育者協議会, 1996, pp.65-88).

아이러니컬하게도 '국지적인 행동'과 '내발적 발전'은 19세기적 식민지의 이민족 지배와 문제없이 공존할 수 있었을 뿐만 아니라, '국지'로부터 벗어나 한층 고차의 글로벌 공간 스케일에서 이루어지는 거센 신보수주의적 경쟁에서도 대성공을 거둔 것이다. 영역의 자립이 주체의 자립으로 이어진다는 필연성은 존재하지 않는 것이다.

글로벌 수준에서 생각하기만을 강조하게 된다면?

신보수주의의 글로벌리즘은 오늘날 세계라는 공간의 스케일을 갈수록 강력하게 장악·지배해 가고 있다. 이는 효율성, 합리성, 기회균등 등과 같이 그 누구도 거부하기 어렵게 여겨지는 핵심어를 토대로, 우리 생활 속의 곳곳으로 침투해 들어오고 있다. 글로벌 공간 스케일 또한 상호간에 경쟁을 강조하는 강제관계 속에서 물신화되고 있다. 이는 하위 스케일의 영역에 존재하는 경제·사회주체가 전 세계적인 추상적 공간(☞pp.253-5)의 연속성 속에서 일어난다는 주장을, 마치 지진을 유발하는 지구의 자연법칙처럼 거스를 수 없는 절대적인 대상으로 인식하게 만드는 함정을 갖고 있다.

오늘날 전 세계에 연속적으로 걸쳐 있는 공간 스케일을 지배하고 있는 신보수주의의 토대 위에서, 이러한 추상적 공간에 존재하는 경쟁의 강제법칙은 갈수록 강화되고 있다. 이와 더불어 저차의 영역에 토대하고 있는 개인과 집단이 '정통적'으로 살아남으려면, 한층 상위의 공간 스케일에서 이루어지는 이러한 강제법칙에 따라 행동할 것을 강제당하게 되는 것이다. 이러한 글로벌 경쟁이 가져온 강박관념은, 글로벌리즘의 공간에 물신성이 생산되도록 하는 것이다(☞p.381).

이렇게 해서, 추상적 공간에서의 글로벌리즘이라는 물신(物神)에 사로잡

힌채 경쟁 속에 스스로 뛰어들고 있는 세계 각지의 국지적 계급동맹, 그리고 전 세계의 계급동맹이라는 작은 물고기가 먹이를 다투는 것을 전제로 한 다국적기업의 낚시바늘이 제대로 먹히게 된 것이다. '지방분권'이라는 슬로건 또한 주체적인 '국지에서의 행동'을 주도하는 것으로 여겨지는 가운데, 이러한 추상적 공간의 기초를 이루는 것은 글로벌리즘 속에서 이루어지는 경쟁의 강제법칙을 따라 '자기 책임을 가진 주체'로 변화하려는 국가와 지방정부가 변신을 서두르는 이데올로기에 지나지 않는다. 이러한 작은 물고기들은, 환경 보호를 위한 규제라든가 노동자의 보편적 인권을 지키기 위한 노동법규조차 기꺼이 내다버릴 준비를 하게 된 것이다(☞pp.380-1).

어떤 국가의 영역에서 엄격한 환경규제가 신설된다면, 다국적기업은 환경규제가 느슨한 다른 국가로 이동하면 될 것이다. 아니면 실제로 이동하지는 않는다고 하더라도, 이대로 두면 다른 나라로 빠져나간다는 식으로 해당 국가의 지배계급동맹을 협박해두기만 해도 된다. 어떤 영역에서 노동력의 수급에 여유가 없어져 인건비가 급등하게 된다든지 노조운동이 활발해지게 되는 경우도, 그와 마찬가지로 대처해나가면 된다. 이러한 영역의 분단을 제대로 이용하는 공간적 회피(☞pp.114-5)는 하위의 분단을 그대로 이루어지도록 하면서, 갈수록 전 세계적인 연속성의 스케일만을 다국적기업에 유리한 방향으로 균질화시키게 된다. 각지에서 사회적 덤핑이 일어나고, 환경과 인권의 수준은 하향평준화된다.

다국적기업이 글로벌리즘의 물신성을 실제로 생산함으로써 이처럼 각국마다 갖고 있는 국지적인 불균등으로부터 이익을 착취하게 되는 이상, 시민들이 글로벌 스케일에서 '생각하기만' 할 뿐 그 뒤의 일은 수수방관해 버린다면 문제가 해결될 실마리는 찾을 수 없다. 이는 다국적자본이 생산한 영역통합의 틀에 맞추어 이루어지는 글로벌리즘에 우리들이 사실상 무장해제당함을 의미하는 것이기도 하다.

대안적인 사회관계와 바람직한 공간편성

대처 전 영국총리가 시장의 사회조직 이외의 대안을 갖지 못했다고 선언하더라도 전혀 어색함이 없을 정도로, 신보수주의의 글로벌리즘이 가진 물신성은 본연의 모습을 숨긴채 우리들의 **일상의식**(everyday consciousness)에 파고들어와 버렸다.

이에 대한 근본적인 의문 제기 없이 기존의 공간을 '바람직한' 편성으로 변혁시키기만 하면 문제가 해결될 것이라는 사고방식은, 또 하나의 공간물신론에 지나지 않는다. 공간편성의 변혁이 '재현의 공간'을 근본적으로 실현시킬 수 있는 것으로 이어지기 위해서는, 시장의 사회관계 이외의 대안을 상정한 경제·사회관계의 변혁이라는 토대를 우선 마련해야 한다. 야타 도시후미(矢田俊文)가 제안한 '바람직한 지역구조'(☞p.80) 정도가 변혁의 의제로 자리잡는 현실 속에서, 비판적 입장은 결국 입지를 잃고 신보수주의의 로컬리티*끼리의 경쟁에 '집적론'을 동원하여 기술적·이데올로기적으로 봉사하게 만드는 것과 같은 **지역 서비스 계급**(regional service class: Lovering, 1999)으로 변질되고 만 것이다.

오늘날의 글로벌리즘이 시장원리에 의해 성립하고 있는 이상, 이에 대한 궁극적인 대안은 우선 시장과 상이한 경제·사회관계까지 거슬러올라가 탐색할 필요성이 있다.

경제인류학은 이에 대한 하나의 대안을 제시하고 있다. 폴라니(K. Polanyi)는 시장은 인간의 본성에 가장 근접해 있다는 아담 스미스의 학설을 부정하고, 이윤동기, 보수를 목적으로 하는 노동원리, 최소노력의 원리, 경제적 동기에 기초하여 독립한 명확한 제도 등이 완전히 결여된 사회에도 생산과 분배의 질서를 보증하는 대안적인 행동원리가 있다고 논의하였다. 호혜와 재분배의 원리가 바로 그것이다. **호혜**(reciprocity)란, 쌍방적 관계를 가진 개인 간의 관계 속에서 이루어지는 보다 많은 상대와의 관계 맺기가 명성 확보의 동력이 되며, 태만과 인색함은 명성 실추의 원인이 된다고 간주하는, 자기희생의 원리에 기초한 생산물의 교환을 일컫는다. 또한 재분배(redistribution)란 존경을 받고 있는 공동체의 장이 구성원들의 노동 성과를 모은 다음 그것을 구성원들에게 분배하는, 공동체의 수장 중심의 분업에 의해 이루어지는 생산물의 분배 시스템이다(Polanyi, 1975: 62-68).

그렇다면, 비시장적이고 인격적인 결합에 기초를 둔 경제·사회관계를 지탱하는 바람직한 공간편성이란 어떠한 것인가? 이미 살펴본 상관공간의 '연속성'과 '분단'이라는 2개의 속성을 통하여, 이러한 문제에 대해 보다 심층적으로 살펴볼 수 있을 것이다.

과제 1. '천안문사태' 때 일어난 중국 정부의 지도부에 의한 다수의 민주화 지지 학생의 학살, 그리고 티벳과 위구르의 독립운동에 대한 억압과 관련하여, 중국 정부는 이를 '중국의 내정문제'로 거듭 주장하면서 이에 대한 외국으로부터의 비판을 거부하는 자세를 취하고 있다. 이러한 중국의 자세는 어떻게 바라보아야 할 것인가? '전 세계적인 보편적 인권'(☞ pp.164-5)과 '국지적인 국가주권'과의 접점이라는 문제의식에 토대하여 논의해보자.

2. 연속성

● 긍정적으로 추구해 가야 할, 해방과 실현의 공간

'글로벌 스케일에서 행동하기': NGO의 활동

글로벌리즘의 물신성에 눈을 돌리지 말고 다국적기업 및 국제금융자본과 동일한 공간스케일에서 저항적인 활동을 실제로 행하고 비시장적인 조직을 의도적으로 구성하는 데 성공해온 가장 대표적인 주체는, 글로벌 스케일에서 이러한 행위공간을 확대해온 NGO였다. 이에 대한 두 가지 사례를 살펴보자.

환경보호단체 **그린피스**(Greenpeace)는 환경에 관심을 가진 수많은 사람들로부터의 기부와 기금 조성을 토대로, 지구온난화로부터 염화비닐 완구 제조와 관련된 책임소재에 이르는 폭넓은 문제와 관련하여 때로는 합법적이지 않은 형태의 실력행사에 나서기도 하면서 활동을 해왔다. 국경으로 분단된 법률을 초월한 글로벌 공간 스케일에서 다국적기업 등의 환경파괴에 저항해온 이 NGO는, 글로벌 공간을 조망하는 가운데 환경오염에 대한 저항이 가장 약한 영역에 투자하려고 하는 다국적기업과 대등한 글로벌 행위공간을 확보해 그에 대치하고 있다. 이를 통해 이 단체는 이제 환경의 약탈적 이용과 관련된 공간적 회피는 이루어질 수 없음을 다국적기업들에 상기시켜주기에 이르렀다.

요코하마의 고토부키(☞p.447)에는, 현지의 불법체류 외국인 노동자들과 연대하여 견실한 실천을 계속해오고 있는 NGO인 '가라바오노카이'가 있다. 이는 그린피스와는 상이한 국지적인 단체로도 볼 수 있다. 하지만 엘리트에게만 허용되는 다국적기업의 행위공간이 대체 무엇 때문에 단순노무자에게는 허용되지 않는 것인가?(☞pp.360, 373-5) 가라바오노카이는 이처럼 글로벌 공간에 걸친 노동의 권리라는 보편적 인권을 보편적으로 회복하는 글로벌리즘을 목표로, '불법'체류 외국인 노동자의 권리실현을 위한 투쟁 속에서 실효성있는 성과를 거두고 있다(馬場, 2000). 이러한 점에서, 이 단체는 그린피스와 마찬가지로 국가에 의한 분단에 기초를 둔 영역통합을 전제로 한 글로벌리즘에 대한 강력한 대안을 추구하는 주체라고 할 수 있다. 또한 노동자의 보편적 인권이 보장되는 국제노동력이동의 공간에 연속성이 확립되도록 하기 위해서는, 불법체류 외국인 노동자에 대해 호혜적으로 제공된 권리회복 서비스 또한 제공될 수 있다(☞p.162).

무엇보다도 신보수주의를 담당하는 행위공간의 기준 및 이를 통해 생산된 공간편성이 전 세계적으로 확대되어가고 있는 이상, 그 대안을 추구하는 저항운동 또한 국지적인 영역 내에서의 행동에 머무르지 않고 글로벌 행위공간을 기준으로 삼아야 한다. 그리고 글로벌 연속성이라는 스케일에 있어 비시장적인 원리에 입각한 운동을 전개할 필요성이 있다. 글로벌 공간의 지배자에 의해 타율적으로 강제된 경계짓기의 산물인 격리와 분단을 타파하고, 글로벌 공간의 보편적이면서도 연속적인 확대를 행동의 기반으로 삼을 필요성이 있는 것이다.

공간의 연속성: 해방과 자아실현의 공간적 토대

지배계급에 의해 공간의 분단을 강요받게 되기 이전에는, 사람들은 비자도 국경도 없이 글로벌 공간이 가진 연속성을 자기 것마냥 여겨 왔다. 베이징 원인(☞pp.44-5)은 공간통합수단이 가진 물리적·기술적인 가능성을 갖고 자유롭게 행위공간을 확장할 수 있었다. 쌀 소동 또한, 대도시 공간의 연속성을 사회운동의 주체가 자신의 것처럼 간주하고 이를 자유롭게 조작함으로써 효과적인 사회운동으로 자리매김할 수 있었다. 이와 같이 '자유, 평등, 박애'라는 원초적 절대공간으로부터 유래하는 보편적인 연속성(☞pp.93-4)은, 자기를 해방하고 실현하는 장(場)이 된다.

억압과 지배가 존재하는 사회현실의 토대 위에서, 이러한 공간적 연속성을 어떠한 형태로든 확보해둔 주체나 집단은 이를 통해 자기의 정치적·사회적 힘을 기르고 해방에 대한 큰 발걸음을 내딛을 수 있게 된다.

호혜의 사회는, 시장경제에서는 없어서는 안 될 요소이기도 한 시장주체마다의 독립된 방과도 같은 영역(☞pp.103-4)을 필수조건으로 전제하지는 않는다. 그 존재의 공간적 기반은, '자유, 평등, 박애'로 상징되는 연속성에 있다. 예컨대 공동체에 의한 이용규칙이 명확하게 못박혀 있었다면, 그랜드 뱅크는 원초적인 상태 그대로 연속성을 유지하기는 어려웠을 것이다.

상위의 공간스케일을 지배하는 주체가 설정한 분단으로의 강요를 보통 사람들의 손으로 타파하고 연속성을 쟁취하게 되면, 지배 행위는 존재하기 힘들어지면서 붕괴하는 것이다. 공간의 연속성 획득은, 사회적인 힘을 생산하는 것이기도 하다. 이를테면, '공지(公地)'의 공간편성에 속박된 농민들이 탈주하여 장원으로 유입되면서 율령체제 자체가 붕괴했던 것이다(☞ p.102). 또한 10여 년 전(1990년대 초반을 말함-역주)에는 헝가리 정부가 오스트리아와의 국경을 개방하면서, 구 동독지역 시민들이 이전에는 장벽으로 차단되었던 유럽의 연속성을 자신들의 것으로 만들 수 있었다. 이는 결국 베를린 장벽을 붕괴시켰고, 나아가서는 스탈린주의의 동구권 지배 그 자체를 무너뜨렸던 것이었다.

공공장소: 분단에 의해 식민화된 연속성의 재확보

이러한 가운데, 대안적인 공간편성을 추구하는 사회운동의 일환으로 민중의 편에서 연속성을 확보 또는 회복하여 이를 하나의 기준으로 한층 명확하게 정립하는 것을 내용으로 하는 저항전략이 다양한 양식을 통해 일어나고 있다.

인터넷이라는 매체를 이와 관련지어 생각해보자. 사이버 공간은 경계짓기가 물리적으로 어렵기 때문에, 대초부터 호혜의 사회 체제에서나 허용될 수 있는 것이었다. 검색엔진을 비롯한 인터넷상에서는, 정보 및 관련 자료 등이 대부분 무료로 제공되고 있다. 그리고 홈페이지상의 방문자수가 자랑스럽게 보여주는 우수한 정보제공자에 대한 높은 접속률은, 정보제공자에게는 단지 명예를 가져다줄 뿐이다.

최근 들어, 인터넷은 추상적 공간에 의해 점점 식민화(☞p.255)되기 시작했다. 이로 인해 비판적 입장이라든지 일반적인 여론 형성의 방향성에 대해서 사람들이 정보를 공유하게 되는 장으로서의 사이버 공간에 대한 문제 등은, 글로벌 지배자와 국지적 장소의 통치자를 막론하고 갈수록 중요성이 큰 문제로 다가오게 되었다(☞pp.41-3). 오늘날 사이버공간을 분단시켜 경계지으려는 힘, 그리고 사이버공간에서의 행위를 위로부터 관리하려는 힘을 물리치고 이를 자주적인 규칙의 토대 위에서 자유로운 연속성의 장으로 확보하려는 호혜적 노력이, 자발적으로 대규모 BBS 등을 운영하는 사람들에 의해 끈질기게 이어져 오고 있다(☞pp.189-91).

소재적 공간에 대해서 살펴보면, '공공'이라고 일컬어지는 공간의 연속적인 확대에서 그와 같은 상황이 발생하고 있다. '공공장소'는 사실 공간을 편성하는 기준을 지배하는 주체가 생산한 영역으로, 절대공간으로서의 '자유, 평등, 박애'의 원칙에 토대한 이용에는 제약이 가해지면서 모든 사람들을 위한 공간이 되지 못하는 경우도 적지않다. 보통사람들이 요구하는 공공장소(public space)란, 대중을 위한 공간, 즉 **'공공장소'** 그 자체이다. 나아가, 이러한 자유롭고 평등한 이용을기반으로 하여 대중에게 사회적·정치적 역량을 길러줄(empowering) 수 있는 장소로서의 공간으로 자리매김할 필요성 또한 가진다. 공공장소를 주체가 명확하고 자주적으로 관리할 수 있는 공간으로 만들 수 있는 사회운동의 필요성이 절실히 요구되고 있다.

공간의 공유

공공장소는, 광대한 **공유**(Gemeinengentum)의 공간에 자리잡은 하나의 장소라고 할 수 있다.

공간의 경계짓기(☞pp.103-5)와 이를 통한 개체화가 이루어지도록 만들어온 원동력은, 사적인 경제주체 및 시장의 존재를 전제한 로마법이었다. 반면 게르만법은, 연속적인 공간의 확대에 대한 공유의 권리를 인정하였다. 이는 촌락공동체의 구성원들이 임야나 경작지 등을 서로 간에 함께 소유하고 이용할 수 있는 권리였다. 하지만 공간과 관련된 근대법은 로마법에 기초하고 있으며, 입회지에 대한 권리는 메이지 시대의 지조개정(地租改正)을 필두로 최근 들어 공공사업으로 이루어진 토지수용에 이르기까지 지속적으로 부정되어 왔다(☞p.277-8).

공간의 공유에 대한 권리가 독립된 각 경제주체 간의 상호경쟁이 이루어지는 시장경제에 포섭된다면, 모순이 일어날 것은 자명하다. '공유의 비극'이란 바로 이러한 것이다. 따라서, 공유의 권리를 가진 다수의 주체들이 공공장소로서의 공간이 갖는 연속성을 회복하려면, 공유의 공간을 이용한 성과에 대한 공동체 내에서의 호혜와 재분배라는 관행이 규칙으로 확립되고 실행되어야만 한다(熊本, 2000).

글로벌 경제공간은 공공적인 가치척도이자 지불수단인 경화(硬貨: hard currency)의 중계를 통해 실체화된 추상적 공간이다(☞pp.97-8). 수요와 공급을 공간적 · 시간적으로 분리하고 탈인격화시키는 화폐로 인해 보통사람들 간의 사회관계는 분단되며, 글로벌 공간은 사람들의 신체성에서 멀어지고 있다. 이와 같은 경제공간 또한 '공공장소'이면서도, 진정한 공공장소라고는 할 수 없는 실정이다. 최근 들어서는 이에 대응한 **공동체(지역) 통화**(community[local] currency)라는 실험이 각지에서 시도되고 있다(Greco, 2001). 이는 국지적인 공간 스케일에 있어 호혜의 요소를 가진 신체성을 배태한 채 사회적 접촉을 통해 구성되는 인격적인 경제공간을 새롭게 생산하려는 운동인 동시에, 화폐 발행이라는 거시경제의 기준을 보통사람들에게 돌려주려는 운동이기도 하다.

공동체 통화가 생산하는 행위공간은, 냉정하게 물신화된 시장의 추상적 공간이 아니다. 통화주의(monetarism)의 화법으로 이야기하면, 공동체통화에 의해 빈곤층이 주도적으로 참여하는 자원봉사활동 등 호혜적인 공동체관계를 수반하는 서비스 및 재화의 생산과 소비를 촉진함으로써 빈곤층의 경제기반을 확대할 수 있는 것이다. 게다가 의사적(疑似的)인 통화를 매개로 하기 때문에, 다수의 사람들이 부담없이 공동체에 참가할 수 있다. 공동체통화 운동이란, 이와 같은 새로운 공공장소의 생산을 추구하는 것이다. 물론 이러한 시도는 국지적인 스케일에 한정된 것이 아닌 만큼, 사이버 공간의 연속성 등과의 제휴를 통하여 공동체통화에 글로벌 공간의 연속성을 가져오는 등의 활동 또한 조만간 의제화될 전망이다. 단, 운동이 성공하기 위해서는 다수의 참가자를 전제로 하는 일정한 네트워크의 외부성*이 성립되어야 한다. 그리고 참가자들의 일상적인 의식수준이 시장주의에서 벗어나, 공동체통화로 교환가능한 재화와 서비스의 질적 수준이 시장에서 제공하는 재화 및 서비스에 비해서 뒤지지 않는다는 인식을 가질 필요성도 있다.

이와 같은 운동들에게 공통적으로 자리잡고 있는 것은, 절대공간의 원초적 연속성을 보통 사람들의 수준에서 재생산하고 여기에 기준을 설정하려는 전략이다. 즉, 호혜의 사회관계가 실현될 수 있도록 공간통합에 의해 불충분하게나마 현실화되어 온 '자유, 평등, 박애' 또는 '민주화'된 절대공간의 전 세계에 걸친 연속성을 재정비하고, 모든 사람들이 사회적 역량을 지기 스스로 획득할 수 있는 공공장소를 창조하려는 사회운동인 것이다.

세계를 우리 것으로!

미국의 지리학자 스미스(N. Smith)를 중심으로 1997년 창립된 세계적인 지리학 연구단체인 **국제 비판지리학 회의**(Iternational Critical Geography Group, ICGG)(☞Column 13)은, 'World to Win!(세계를 우리 것으로)'이라는 표어를 그들의 선언 문구로 채택하였다. 이것이야말로 글로벌 공간의 연속성을 보통사람들에게 돌려주려는 운동인 동시에, 지리학자들의 새로운 결의를 보여주는 것이라고도 할 수 있다.

이 운동은 공간적인 이점을 가진다. 왜냐하면 신보수주의의 글로벌리즘이 가진 연속성이 계속해서 현저해지고 몰장소성 또한 강해져가고 있는 오늘날, 이에 대한 저항운동 또한 점차적으로 장소를 넘어선 연속성과 공통성을 확립할 필요성이 있기 때문이다. 자본의 글로벌리즘이 특정 장소에서 개별적으로 신보수주의에 저항하는 **전투적 개별주의**(militant particularism)(Williams, 1989)에 보편성과 공통성을 부여함으로써, 보통사람 진영으로부터의 글로벌리즘이라는 측면에서의 한층 강한 연대가 이루어질 수 있는 기반과 가능성을 제공할 수 있기 때문이다.

그런 만큼 지배적인 공간의 속박을 타파하고 새로운 상관공간을 편성하는 행동은, 특정한 장소에 갇혀 이루어져서는 안되며 전 세계적인 공간 스케일 속에서 실천되어야만 하는 것이다. 우리들이 시애틀 WTO 각료회의에서 활동가들처럼 글로벌리스트여야 할 당위성은, 바로 이러한 이유에서 찾을 수 있다.

과제 2. 일본에서는 여러 국가에서 온 사람들이 주체가 되는, '국제교류'라는 이름의 행사가 활발히 이루어지고 있으며, 일본에서는 차(茶)와 꽃꽂이, 태국에서는……, 미국으로부터는……, 독일에서는……, 하는 식으로 표현되는 각국의 '국민성'을 보여주는 이벤트로 기획되는 경우가 많다. 이는 진정한 글로벌 '공공장소'를 보통사람들의 심상지리에 생산하는 것인가? 본절에서 살펴본 는점을 토대로, 이와 같은 '국제교류' 개념이 가진 의의와 문제점에 대해서 생각해보자.

3. 분단

● 현재의 모습에서 탈피, 재편되어야만 하는 차별의 공간

강요된 분단으로부터의 해방은, 자아실현의 관건

오늘날의 세계에서 글로벌 공간이 가진 각 계층의 영역 속에 사람들을 몰아넣고 구획짓는 행위는, 글로벌 내지는 국가의 기준에서 영역통합과 토지이용조정의 관리를 통해 확고하게 유지되어 왔다. 이러한 가운데 자신들의 의사와는 무관한 영역에 몰아넣어진 민족은, 정치적·사회적으로 자립할 역량마저도 박탈(disempowering)하는 공간의 분단이라는 상황 아래서 소수민족의 지위로 내몰리게 되었다(☞pp.162-3). 도시공간에서도 소수민족과 빈민 등에 대한 공간적 몰아넣기가 이루어지며(☞p.437), 이같은 현상은 건조환경이 가진 강제력에 의해서도 발생한다(☞p.250). 더욱이 로스엔젤레스에는, 거주민들만 통과할 수 있는 높은 담벼락으로 구획되어 요새처럼 분단된 부유층의 거주구역도 있다.

사람들이 자생적으로 구성한 공동체의 토대 위에서 한층 고차의 지배적인 공간적 기준을 통해 강제된 신체성에 뿌리내린 구체적 공간을 식민화하고 있는 상관공간의 재현이 가진 인위적인 분단을 극복하지 않으면, 공간의 연속성을 보통사람들이 주체적으로 회복하기 위한 전략은 실현될 수 없다(☞pp.255-6).

무엇보다도, 영역 내부의 주체들이 자발적이고 적극적으로 분단을 요구하는 경우도 있다. 패권적인 고차의 공간스케일로부터 스스로를 분리시켜 독립을 추구한다는, 앞서 언급한 인민공사라든가 '지역주의' 사상(☞pp.471-2)은 적지 않은 문제를 안고 있기는 하지만, 고차의 지배로부터 분단되어 이러한 패권이 미치지 않는 영역에다 한층 고차의 공간스케일에 대안적인 기준을 구축하기 위한 결절점이 되는 '헤테로피아*'를 위치시킨다는 점은 효과적이라고 평가할 수 있다.

강요된 분단과 몰아넣어진 공간으로부터의 해방을 위하여

그렇다면, 강요된 분단을 타파하고 그로부터 해방되기 위해 실천할 수 있는 전략으로는 어떤 것들이 있는가?

첫째, 몰아넣어진 공간으로부터의 해방은, 고차의 공간스케일을 지배하는 기준에 의한 포섭이 아직 완전히 이루어지지 않은 공간의 활용으로부터 모색될 수 있다. 절대공간의 실질적 포섭은 물리적, 사회적으로 불완전하게 이루어지는 경향이 있기 때문에(☞pp.103, 107-8, 111-2, 206-8) 완전하게 경계지어지지는 않으며, 형식적 포섭에서 벗어나지 않는 연속성의 요소를 언제나 내포하고 있다. 이러한 요소는 보통사람들로 하여금 자신의 의사에 맞게 임의로 충족시킬 수 있는 공간의 연속적인 확대가 존재할 수 있는 가능성을 제공하게 된다. 또한 영역에 몰아넣게 만드는 기존의 경계적 속성을 부정하기 위하여, 아직 완전히 포섭되지 않은 상대공간의 거리라는 요소를 적극적으로 활용하는 전략도 고려할 수 있다. 이는 거리조락을 역이용하는 것으로, 경계에 걸쳐 있으면서 공간적으로 인접해 있다는 점을 통해 인위적인 경계가 가진 분단을 약화시키려는 전략이라고 할 수 있다.

하지만 아직 포섭되지 않은채 남아 있는 절대공간의 연속성과 상대공간의 거리를 이와 같은 대안적인 목적으로 충족시키려는 것은, 이를 제도적으로 이미 포섭하고 있다고 주장하는 정치조직이라든지 경제·사회제도와의 대립을 초래할 소지도 있다(☞pp.256-7). **불법체류 외국인 노동자**가 바로 그 전형적인 사례에 해당한다. 재화와 외자가 제도권의 밖에서 국경을 넘어 유입되는 '암시장'의 일부도 여기에 포함된다.

이러한 점은, 제2의 전략을 모색케 하는 문제의식이 된다. 이는 제도화된, 또는 물리적인 형태를 가진 기존의 경계짓기가 가진 물신성, 그리고 영역의 물신성 등과 관련된 제도를 보통사람들의 손으로 상대화하는 전략으로, 물신성을 의식적으로 극복하여 그 분단의 정통성에 명시적으로 의문을 제기하는 것이다. 제1절에서 살펴본 글로벌 영역이 가진 물신성을 극복하는 것도, 이와 마찬가지로 중요한 일이다. 국지적으로 사고하기, '상식적으로 당연하다고 여겨져온 것들을 다른 각도에서 생각하는' 것에 의해 이러한 물신성을 극복함으로써, 기존의 중층적인 공간편성이 가진 절대적인 정통성을 넘어서는 첫걸음을 뗄수 있는 것이다.

비자 없이 국경을 건너온 사람들에 대한 '불법 이민자'라는 인식은, 의심의 여지가 없는 사실로 받아들여지고 있다. 상치경계를 지닌 국가영역의 형상을 강과 산맥과 같은 자연적이고 절대적인 것으로 전제하고, 그 영역에 포함된 소수민족집단을 '정체성과 민족유산의 강조' 정도로 완전히 보호할 수 있는 '소수자(minority)'로 규정하는 것 역시 의심의 여지없이 받아들여지고 있다. 이러한 것들은 '상식적으로 당연시되어온' 물신성으로, 극복되어야 할 대상이다.

제3의 전략은, 공간의 물신성을 극복하고 분단이라는 사실을 상대화시킨 이후의 공간에 새로운 공간의 연속성, 그리고 보통사람들 사이에서 새롭게 자생적으로 발생하게 되는 대안적인 영역통합과 그 기준을 실제로 구축하는 것이다. 과거 합스부르크 제국은 수많은 소수민족을 끌어안고 있었다. 하지만 제국의 해체로 인해 그러한 소수민족들 중 일부가 주류화되면서, 루마니아와 이탈리아에서는 합스부르크 제국 시절 주류였던 헝가리인과 독일어를 사용하는 오스트리아인이 소수화되고 말았다. 소수민족이란 결국 이러한 역사적 **우연성**(contingency)의 산물에 불과한 개념인 것이다.

이러한 점에서, 민족영역처럼 신체와 집단이 공간과 자생적으로 결합하여 생산되어온 자연의 영역을 보다 명시적으로 제도화한다는 전략도 제시될 수 있다. EU를 통한 통합이 시도되면서도 다른 한편으로는 스코틀랜드 등지에서 독립의 움직임(☞Column 6)이 나타나고 있는 유럽의 현실은, 그러한 사례의 하나에 다름아니다. UN 중심의 '평화주의'의 기치 하에서 2차대전 이후 국경의 고정화(☞pp.155-6)가 이루어졌기 때문에, 오늘날 나타나고 있는 이러한 움직임은 구 유고 연방이나 구 소련 등지에서 살펴볼 수 있는 기존 독립국가의 세분화라는 형태에 그치고 있다. 하지만 코소보의 알바니아인들이나 북아일랜드의 아일랜드인들처럼, 본국으로의 병합을 요구하는 목소리도 끈질기게 나오고 있다. 민족문제의 근본적 해결은, 1차대전 종전 후 이루어진 바(☞pp.154-5)와 같은 기존 국경의 근본적인 재검토, 그리고 지구상의 토지이용조정 재편성을 통한 민족자결의 실현을 통해서만 이루어질 수 있을 것이다.

제4의 전략은 상대공간의 포섭과 관련된 분단에 대한 것으로, 사람들의 가동성(可動性)을 한층 제고하기 의한 전략의 필요성과 관련된다. 구체적으로 살펴보면, **교통권**(droit au transport)이라는 '이동의 권리'를 주장하는 운동이 일본에서도 중요시되고 있다(☞p.98). 로스엔젤레스에서는, 자동차를 소유하지 않은 사람이 경제적, 사회적으로 불리한 처지에 놓이게 되는 것을 '당연시'(☞p.250)하지 않는 사람들이 시내에 대중교통시설을 정비하려는 운동을 일으켰다. 자동차를 이용하지 못하는 시민들의 소외감이 원인이 되어 로스엔젤레스의 흑인 거주지구인 와츠(Watts)에서 일어난 폭등은, 와츠 지구를 도심과 연결하는 공영 지하철 노선을 부설하게 되는 계기가 되었다. 이를 통해, 빈곤한 사람들은 소외되고 갇힌 건조환경이 아닌, 자유롭게 열려진 건조환경을 손에 넣을 수 있는 것이다.

과제 3. 〈그림 11 a-f〉는, 로스엔젤레스의 여러 상이한 지구에 거주하는 사회집단들이 저마다 가진 심상지도(☞p.248)들이다(Downs and Stea, 1976, 130-135). 부유층, 소수민족 등 다양한 사람들 상호간에 거주의 분리가 이루어지고 있는 로스엔젤레스의 시민들이 가진 일상의식에는 어떠한 공간적 분단이 강요되어 있으며, 또한 어떠한 공간적 구속이 이루어지고 있는가? 그리고 이러한 것들은 어떻게 해방시킬 수 있을 것인가? 아래의 그림들을 제재로 하여, 이러한 문제에 대하여 생각해보자.

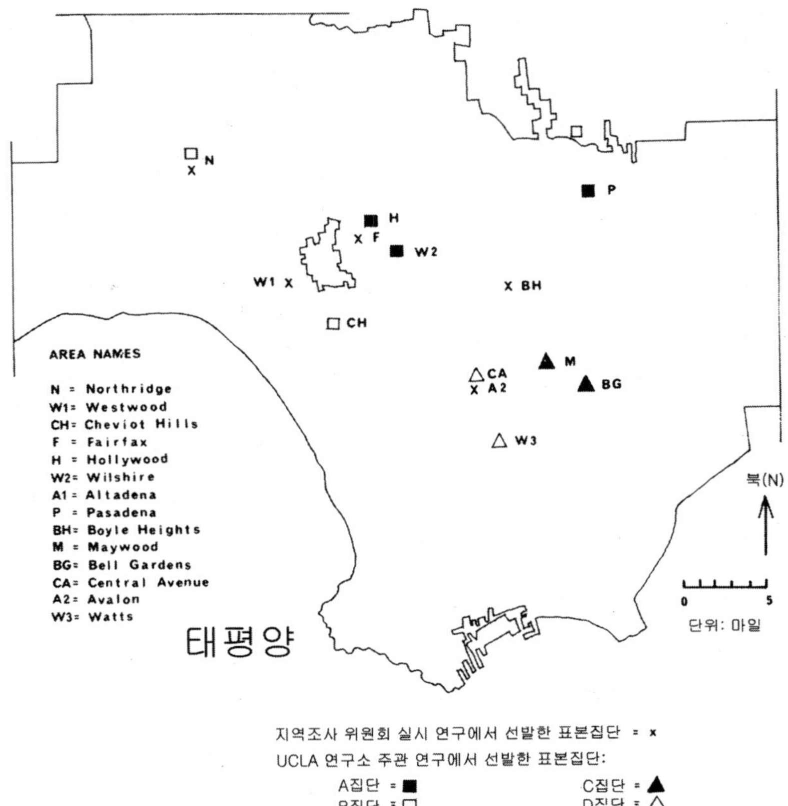

출처: Downs and Stea, 1976: 130.

〈그림 11-1a〉는, 로스엔젤레스시 당국과 UCLA가 실시한, 도시공간과 환경의 분화 및 이와 관련된 주민들의 인식에 관한 조사 및 연구목적으로 사용된 자료이다. 해당 조사 및 연구는 로스엔젤레스를 대상으로 이루어졌으며, 로스엔젤레스시 당국에서는 시내에서 노스리지, 웨스트우드, 페어팩스, 보일 하이츠, 아발론의 5개 지역을 선정한 다음 각 지역에서 25명의 실험대상을 선정하여 이들의 심상지도를 알아보는 형태의 조사 및 연구를 실시하였다. UCLA는 이 조사를 토대로, 도시 내 거주분화 및 이와 관련된 거주민들의 의식에 관한 추가 연구를 진행하였다. 로스엔젤레스시 당국과 UCLA의 조사 및 연구에서 자료수집이 이루어진 대상 및 장소가, 〈그림 11-1a〉에 표기되어 있다.

한편 지역별 거주민들의 로스엔젤레스 도시에 대한 심상지도 및 이에 관한 설명은, 〈그림 11-b~f〉에 나타나 있다.

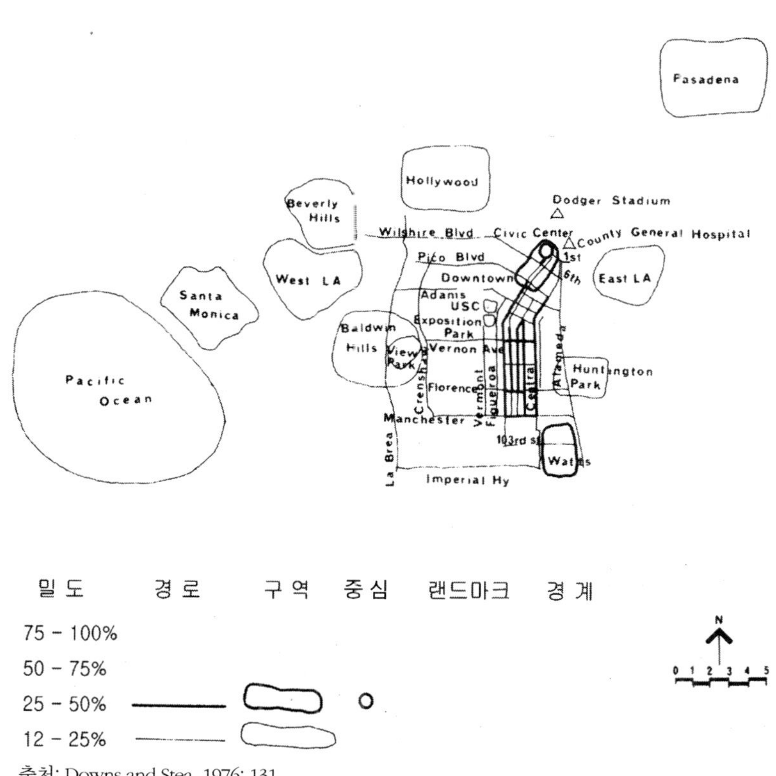

출처: Downs and Stea, 1976: 131.

〈그림 11-b〉는 아발론 지역 주민들의 로스엔젤레스시에 대한 심상지도의 대표적 형태이다. 조사 및 연구가 진행되던 당시의 아발론은 흑인들이 주로 거주하는 지역이었으며, 심상지도는 비좁게 묘사되었다는 특징을 보인다.

　대부분의 응답자들은 아발론과 시내 중심가를 잇는 도로들을 중점적으로 묘사했으며, 시내의 각 구역에 대한 묘사 역시 도로 중심으로 이루어져 있다. 도로 이외의 부분에 대한 묘사는 관찰하기 어렵다.

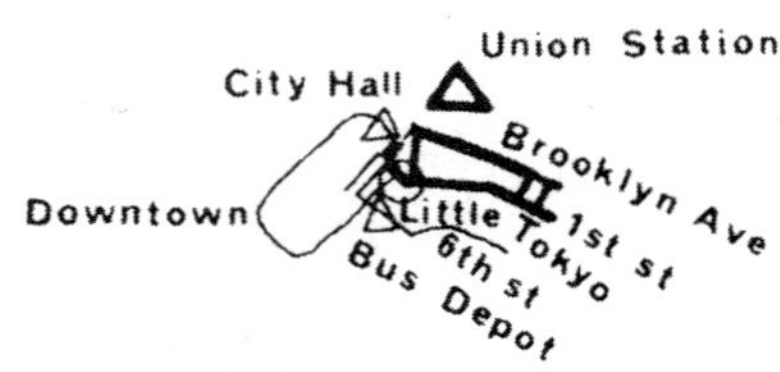

출처: Downs and Stea, 1976: 132.

〈그림 11-c〉는 보일 하이츠 지역 주민들의 대표적인 심상지도 형태이다. 조사 및 연구 진행 당시 이 일대는 히스패닉계 주민들이 주로 거주하는 지역이었으며, 심상지도는 〈그림 11-b〉보다도 더욱 비좁은 양상을 나타내고 있다. 히스패닉계 주민 중에서도 오로지 스페인어만 사용하는 집단에서 얻은 이 심상지도는, 로스엔젤레스시가 단지 보일 하이츠 일대로만 이루어져 있는 것처럼 묘사하고 있다. 즉, 이 지역 주민들은 로스엔젤레스시와 자신들의 거주지를 사실상 동일시하는 것이다.

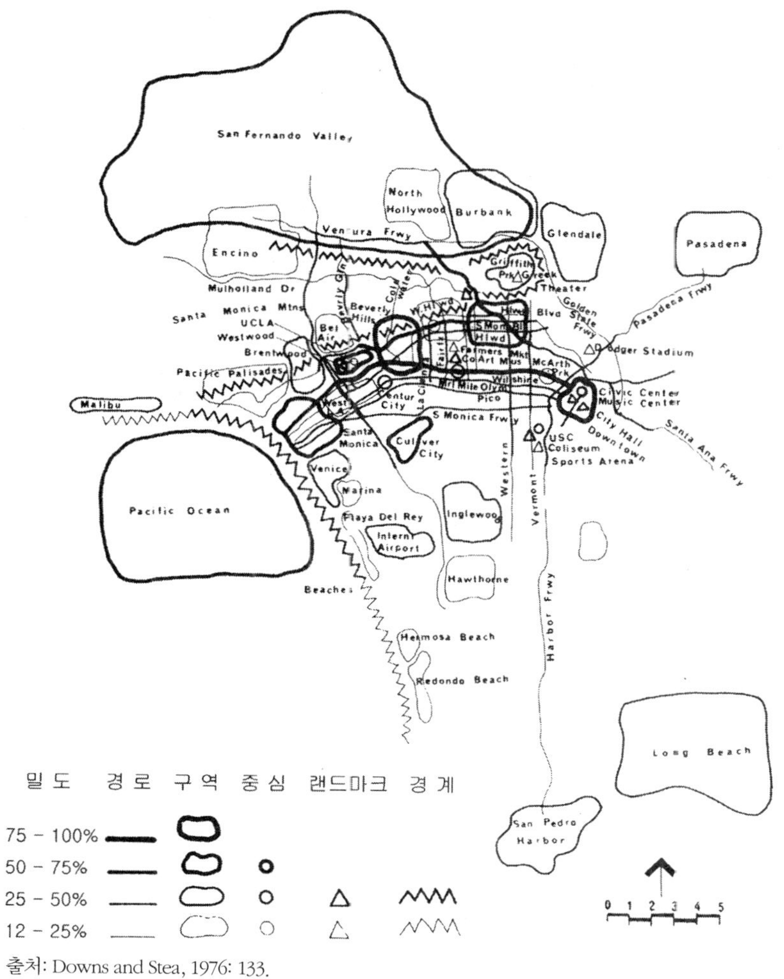

출처: Downs and Stea, 1976: 133.

〈그림 11-d〉는 웨스트우드 주민들의 대표적인 심상지도이다. 웨스트우드는 조사대상 지역 가운데 유일한 백인 상류층 거주지역으로, UCLA와 인접한 지역이기도 하다. 이 지도는 로스엔젤레스시를 상세하면서도 체계적으로 묘사하고 있다. 다른 지역 주민들의 심상지도와 비교했을 때, 〈그림 11-d〉는 도로 지도로 쓰기에도 손색이 없다고 할 정도의 완성도를 보여주고 있다.

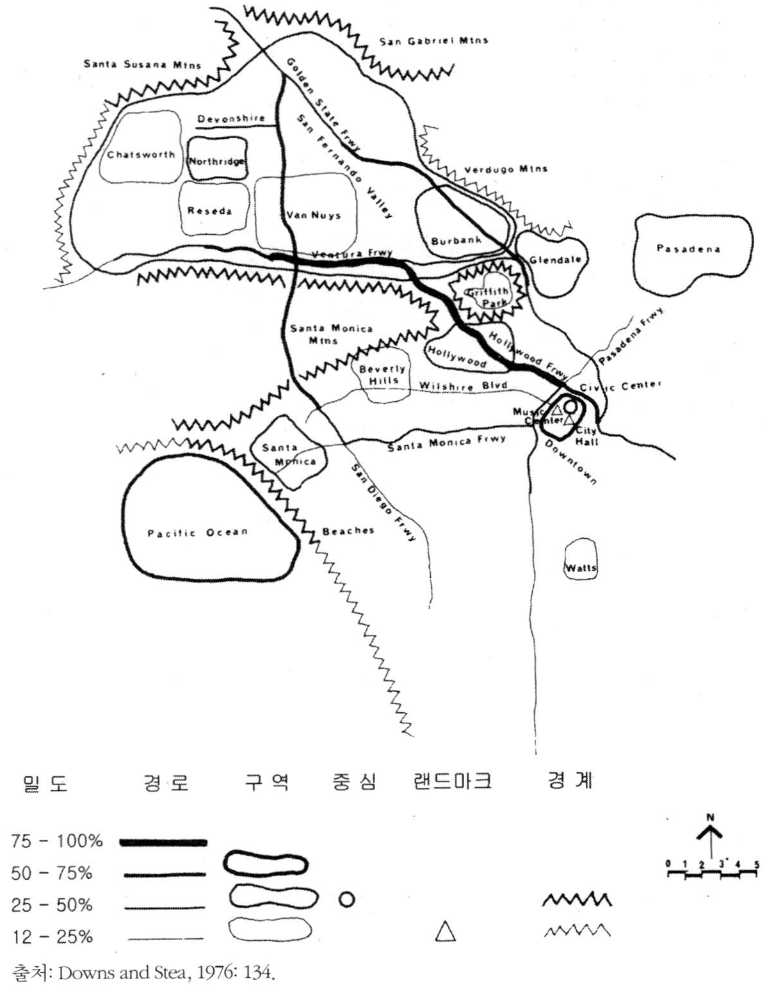

그림 11-e)는, 교외의 중산층 거주지역인 노스리지 주민들이 그린 심상지도의 대표적 사례이다. 〈그림 11-b〉에 비해 한층 크고 정밀하게 표현되기는 했지만, 자신들의 거주지와 인접한 지역 위주로 로스엔젤레스시를 인식하고 있다는 공통적인 특징이 관찰된다. 대체로 상세하게 묘사된 지도이기는 하나, 자신들의 거주지와 도심지를 분리시켜 인식하고 있다는 점을 관찰할 수 있다.

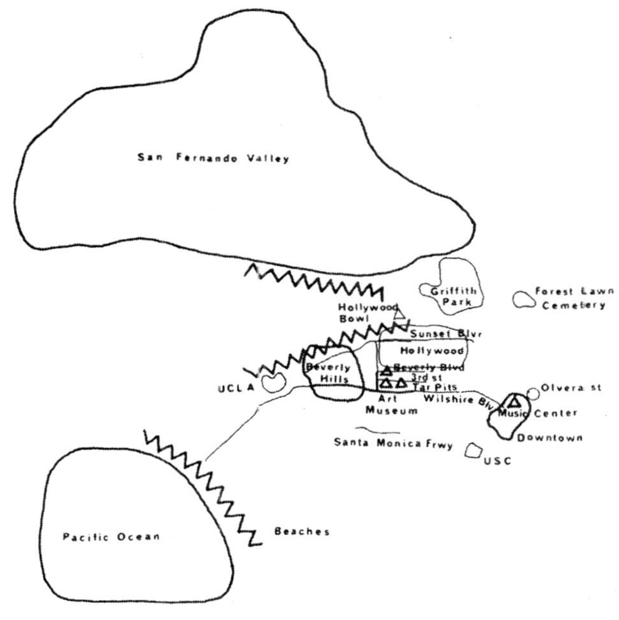

출처: Downs and Stea, 1976: 135.

〈그림 11-f〉는 유대계 중산층 거주지역인 페어팩스 주민들의 심상지도를 대표하는 사례이다. 이 지도의 가장 큰 특징은, 유대계 2세들이 대거 정착했던 지역인 샌 페르난도 밸리(San Fernando Valley)가 나타나 있다는 점이다. 하지만 그 외의 요소들에 대한 묘사는 자신들의 거주지에 인접한 부분들에만 국한되어 이루어진 측면이 크다.

* 〈그림 11-1a~f〉의 부연 설명은, 역자가 해당 그림이 수록된 원본인 다음 문헌의 관련 내용을 번역(일부 수정)한 것이다. Downs, R. M., and D. Stea (eds). *Image and Environment*. Chicago, IL: Aldaine Publishing Company, 1976, pp. 118-119.

4. 대안적인 공간편성을 위하여

● 새로운 경제지리학과 사회지리학 그리고 희망의 공간

살펴본 바와 같이, 오늘날에는 기존의 공간에 연속성의 발판을 다시금 확보하는 동시에 강요된 분단을 극복함으로써, 지배자로부터 강제된 '공간의 재현'으로서의 영역과 토지이용조정을 보통사람들의 손으로 재구축하여 대안적인 '재현의 공간'으로 편성하고 새로이 포섭하기 위한 전략(☞pp.250-3)이 요청되고 있다. 그리고 이와 더불어, 적절한 공간의 스케일에다 민주주의적이고 합의된 기준을 확립시킬 필요가 있다. 이것이 바로, 호혜의 사회를 지탱하여 한 사람 한 사람의 보통사람들의 자아실현을 가능케 하는 새롭고 대안적인 공간편성의 생산과정인 것이다.

'희망의 공간'

하비는 '헤테로피아* 개념(☞p.252)에 주목하여 타자성과 차이성의 지리학을 표현하기 위한 예비작업(Harvey, 1996)을 거쳐, **희망의 공간**(spaces of hope)이라는 대안적인 공간편성의 구도를 제기하였다(Harvey, 2000).

하비는 개인의 신체성에 출발점을 두는 자유로운 연합에 의해 구축되는 공동체의 탄생을 기대하면서, 엥겔스(Engels, 1983)가 '공간적 사회주의'라고 비판한 바 있는 유토피아론의 문을 두드렸다. 그리고 공간적 분단을 주어진 숙명인양 받아들였던 기존의 문제점을 극복하는 한편, '자본과 임금노동의 대립'과 '상이한 영역의 계급동맹끼리의 대립'을 상동적으로 파악하는 공간물신론(☞pp.471-2)을 극복할 필요성을 역설하였다. 오늘날의 글로벌리즘이 초래하는 공간적 불평등은, UN 인권선언(☞p.164)을 토대로 작성되었으며 그 적용범위가 개개인의 신체성까지 거슬러올라가는 11개 항목의 '보편적 권리'의 전 세계적인 실현이라는 과제와 대치되는 것이기도 하다.

한쪽이 개인의 신체성이라는 매우 작은 국지적 영역에 있어서의 보편적 권리를 대표한다면, 다른 한쪽은 전 세계적인 공간적 불평등과 시장주의의 범람으로 묘사될 수 있다. 하비는 이러한 공간 스케일의 스펙트럼의 양 극단을 이어주는 **매개의 제도**(mediating institutions)에 토대한 전투적 개별주의를 확장함으로써, 보편적 인권이 전 세계적으로 실현되는 것을 계획하였다. 이는 성별과 민족·인종의 차이까지 뛰어넘는, 모든 사람들을 평등하다고 인식하는 것에 뿌리를 둔 권리이다.

이렇게 실현된 보편적 권리의 토대 위에, 거주의 공간인 hearth를 기본 단위로 하는 한편 이들의 느슨한 연합체로서의 성격을 갖는 상위단위들을 edilia→regiona→nationa의 순으로 고차화되어가는 공간의 중층체계를 구상한 것이다. 이 중층적 공간에서는, 화폐는 물론 어떠한 금융제도도 전제되지 않는다. 생산과 생활의 모든 행위는, 자유로운 개인의 인격적인 연합을 토대로 이루어진다. 이러한 '희망의 공간'은, 한걸음 나아가 세계화된 유토피아의 영역통합이라고 보아도 좋을 것이다.

보통사람들의 손으로 공간편성을 재구축하기: hearth와 edilia

지배적인 '공간의 재현'으로서의 상관공간을 보통사람들의 손으로 호혜적 공동체의 원리를 가진 연속성과 분단을 조합한 '재현의 공간'으로 재편하고자 하는 본 장의 입장은, 앞서 살펴본 '희망의 공간'의 계층적인 공간편성 속에서 어떻게 실현될 수 있을 것인가?

먼저, 하비가 hearth라고 칭한 최저차의 스케일에서의 분단은 보통사람들의 입장에서도 필요로 하는 부분이 클 것이다. 이는 '공유의 비극'을 회피하기 위해서가 아니다. 가장 저차의 공간스케일에서 각 주체들이 일본 헌법 제13조에도 보장되어 있는 개인정보 보호의 권리가 보장되는 영역을 확립하고 개인과 가족이 다른 주체로부터 간섭받지 않는 사적인 생활의 영역을 확보하는 것은, 인간의 신체성 그 자체로부터 나오는 보편적 요구이기 때문이다. 그렇기 때문에, 거주영역은 명확히 경계지어져야만 하는 것이다. 독재국가들이라든가 오늘날의 일본과 같이 감시국가화가 진행되고 있는 사회에서 생활영역에의 도청·감시장치 설치가 비밀리에 이루어져 개인의 프라이버시가 보장되는 영역이 확보되지 못하는 현실과 대조해보면, 개인과 가족이라는 가장 저차 스케일에서 경계지어진 사적공간이라는 용기로서의 절대공간은 사상의 자유와 보편적 인권 그 자체를 담보하는 장이 된다는 사실을 분명히 알 수 있다.

이보다 상위에 있는 공간스케일의 경우에는, 아무래도 공간의 분단은 개개의 사람들과 가족보다도 특정 집단 또는 계급의 권익을 지키려는 경향이 강하다. 이러한 집단들과 계급은 지배와 차별의 관계를 생산하는 성향을 가지며, 분단은 이러한 지배와 차별의 관계를 배타적으로 지지하는 공간적 기준의 생산으로 이어지는 경우가 많다. 그렇기 때문에, 이러한 개개인을 초월한 고차의 공간스케일에 있어서의 분단은 가능한 제거되는 편이 좋다. 이를 제거한 다음에는, 배타적인 작용공간 대신 각 주체들이 인터넷 등을 활용한 공동의 상호작용을 통해서 생산된 공통의 규범을 토대로 채워지는 공유의 행위공간이 생산되어야 한다.

행위공간의 내부에서 가장 중요한 요소는, 거리의 단축이 자생적으로 생산되도록 하는 상호교류의 영역이라고 할 것이다(☞p.122). 이는 hearth보다 한 단계 상위의 스케일에 위치하는 것으로, edilia로 불리는 스케일이다. 이는 인위적 분단이 아니라, 거리조락이 생산한 권역이다. 이 권역에서의 균질한 공간통합을 한층 진전시킴으로써, 행위공간에의 권리를 실질적인 것으로 만들 필요성이 있다.

edilia는 인간 존재의 가장 근원적인 기초가 되는 노동의 장으로, 노동이라는 사회적 기반 위에서 사람들의 상호작용이 이루어지는 장이기도 하다. 이것이 거주장소를 불문하고 존재하기 위해서는, 생산활동이 가능하면 분산되지 않을 필요가 있다. 하지만 이는 규모의 경제를 단순히 부정하고자 하는 것으로 보아서는 곤란하다. 그보다는 오히려 각 부문별로 최적규모에서의 산업집적에 대한 고려를 토대로, 이를 크리스탈러가 애초에 구상했던 바와 같이 거주지역을 불문하고 모든 사람들이 모든 경제·사회적 기회를 집적지로부터 얻을 수 있는 행위공간 내부에 위치시키고, 이를 통해 어떤 사람도 재화의 공급과 고용기회로부터 배제시키지 않는 형태의 영역통합(☞ pp.207-8)의 체계에 위치지어 배치하는 것을 기대할 수 있을 것이다. 집적의 불경제를 낳는 지나치게 거대한 집적을 회피해야 함은 당연한 일이다. 여러 부문들 사이에는 공동체통화와 같은 호혜성을 내포한 통화시스템이라는 연결고리가 마련되어야 할 것이다.

최적의 집적규모는 물론 기술적으로 조절될 수 있다. 지금까지 살펴본 내용(☞pp.131-2)을 거꾸로 생각해보자. 산업입지체계를 최대한 분산시키려면, 규모의 경제에 의존하는 부분이 적고 소규모에서도 효율적인 생산기술을 개발하는 것이 좋다. 또한 생산활동의 분산을 위해서는, 각 경제주체들의 근접에 의한 수확체증이 발생하기 어렵도록 하는 한편 분산과 비교했을때 집적이 그다지 우위를 점하지 않도록 공간통합에 완벽을 기하고, 정보의 완전성을 한층 더 확보할 수 있는 상황을 만드는 것이 좋다(☞p.127).

사회주의 국가인 중국에서 이루어지는 것으로 영역 내 자급을 목표로 소규모 거점들을 무수히 많은 촌락들에 배치하는 인민공사 정책(嶋倉, 中兼, 1980)은, 대안적인 공간편성의 가능성을 포함하고 있었다. 이것이 붕괴된 까닭은, 인민공사 단위의 효율적 소규모생산을 위한 '유연한 전문화'를 지탱할 기술개발이 이루어지지 못했기 때문이다. 이러한 기술이 결여된 상태에서 소련식 사회주의에서는 효율화를 위한 고도의 집중생산을 통해서 생산되는 철강과 같은 재화조차도 규모가 작은 인민공사 단위에서 분산시켜 생산하려고 시도하는 등, 생산기술의 최적규모에 걸맞는 영역통합의 중층적인 체계에 대한 고려조차도 충분히 이루어지지 못했다. 피오리(Piore)와 사벨(Sabel)이 『제2의 산업분수령』을 통해 주장한 유연한 전문화를 가능케 하는 소규모에서의 효율적인 생산기술(☞p.333)은, 대안적인 공간편성에서는 특히 높은 중요성을 가진다고 할 수 있을 것이다.

고차의 공간 스케일 재구축하기: 약한 분단과 강한 연속성

edilia보다 고차에 있는 공간 스케일에 있어서는, 주체의 일상적인 대면접촉을 통한 행위공간의 유지가 어렵다. 때문에, 이를 대체할 3가지의 유연한 영역통합과 토지이용조정이 중요시된다고 볼 수 있다.

첫째, 동일한 스케일의 영역은 명확한 경계(boundary)를 통해 서로 간에 폐쇄적이고 배타적인 존재로 자리매김할 것이 아니라, 각자의 변방(frontier)을 중첩시킴으로써(☞p.143) 대등한 관계에서 서로 분단되지 않고 포개어지는 연합체를 형성하여 주체 상호간에 타영역을 뛰어넘을 수 있게 되어야 한다. 둘째, 공간의 공유성(☞pp.482-3)이 소재적으로 보장될 수 있도록, 공간통합 자체가 원초적인 절대공간에 가까운 등방적이면서도 연속적인 물리적 편성을 취하여, 사람들의 이동(☞pp.498-9)의 자유가 보장되도록 해야 한다. 셋째, 민족영역과 같이 공간과 신체와의 자생적 결합이라는 속성을 가진 영역성이 최대한 존중(☞p.489)받을 필요가 있다. 넷째, 인터넷 등이 생산하는 연속적 공간이 개방적으로 정비되어야 한다. 마지막으로 다섯째, 공동체 통화의 발전이 이루어지려면, 인격성과 호혜성을 가진 통화 및 이들의 네트워크화 등의 거래수단(☞p.484)이 분업을 매개로 해야 한다.

이상에서 제시한 바와 같이, 고차의 공간스케일에서의 영역통합은 가능한 미약한 분단과 강한 연속성을 구축해야 한다는 원칙을 가진다. 이러한 점에서, edilia 등 하위 스케일의 기준으로부터 생겨나는 자발성을 토대로, 공간의 계층체계 전체를 공유적인 것으로 한다는 원칙을 세울 수 있다. 또한 이러한 공유성은, 임의적으로 이용될 수 있는 공공장소를 도처에 설치하는 것을 통해 보완될 수 있다.

새롭고 공유적인 대안적 영역통합과 토지이용조정의 목표는, 오래 전 베이징 원인이 누렸던 것과 같은 자유로운 행위공간을 전 세계 사람들에게 돌려주는 것이다. 보편적인 인권, 민주주의, 환경보호 등과 관련해서는, 공간체계 전체에 걸친 보편적 질서와 규범이 관계자의 인격적 접촉을 통한 자발적 합의에 의해 형성되는 과정이 필수적이다.

이러한 새로운 상관공간의 체계에서는, 우선 생산과 생활 양면에서의 의사결정이 고차 스케일의 기준으로부터 저차로 이루어지는 상명하달식 또는 신보수주의적 '글로벌 스탠더드'를 강요하는 일방적인 과정이 아닌, 쌍방향의 민주주의적 과정을 통해 이루어지는 것이 기초적인 요건이 된다. 또한, 자연환경의 생태계와 같은 체계가 연속적인 공간 속에서 항상 순환하고 있기 때문에, 생태계의 공간편성을 자의적으로 분단시키지 않는 이러한 공간체계에서야말로 환경의 지속적인 관리와 보호가 충분히 가능해진다. 이와 더불어, 이러한 공간체계에 edilia의 스케일에서의 교육의 보급과 사회보장 등 공간과 신체와의 자생적 결합을 충분히 확보하는 한편, 국제노동력 이동을 포함한 자발적인 참여를 통한 인적 이동을 자유롭게 승인하는 것도 가능하다. 나아가 이러한 공간체계가 생산활동에 관한 정보를 보다 폭넓게 전면적으로 공개함으로써 인터넷 활용 등을 통한 공간적으로 확대된 공동체통화 등을 통한 통합이 이루어진다면, 거리가 존재하더라도 생산주체끼리의 신뢰관계가 자연히 증대될 것이다.

이상에서 살펴본 점에 입각하면, 글로벌 공간의 연속성에 걸친 활동을 통한 환경파괴의 공간적 회피를 저지하는 데 공헌하고 있는 NGO 등의 활동(☞p.479)에도 개혁의 길을 터줄 수 있다. 이들 단체들은 서양 중심적인 지도이념을 갖게 되는 경우가 흔하기 때문에, 서양적 가치관이라는 토대 위에서 비서구 세계의 전통적인 민족 고유의 생활양식이라든가 가치관을 부정한다든지 배격하는 경향도 갖고 있다. 하지만 이러한 운동이 진정한 글로벌 운동으로 자리잡기 위해서는, 운동의 대상이 되는 민족이 국지적인 영역에서 자생적으로 영위해온 생활양식을 일상생활 속에서 유지할 권리를 충분히 보장해주어야만 한다.

최근의 사례 속에서, 이러한 문제와 관련된 아이러니컬한 교훈을 찾아볼 수 있다. 얼굴을 뒤덮는 부르카 착용 등 이슬람교에 토대한 생활양식 그 자체를 '여성억압' 등으로 비판함으로써 탈레반과의 대립을 심화시킨, 아프가니스탄 여성동맹(RAWA)이라는 NGO가 있다. 이 단체는 영국과 미국에 연락처를 두고 있다. 탈레반이 부르카 착용을 강제한 것을 사실이나, 부르카는 개인 한 사람의 사적 공간을 여성의 신체 주변에 생산한다는 긍정적 의미도 갖고 있다. RAWA는 이러한 입장을 토대로, 과거 탈레반과 협조하여 아프가니스탄에 송유관 건설을 시도했던 미국의 석유자본 UNOCAL 또한 여성억압의 이름을 빌어 비난하였다. 그러나 미국과 영국이 아프가니스탄 침공을 개시했을 때에는, 이러한 생활양식을 비판하는 자료가 탈레반의 실효지배 영역인 아프가니스탄으로의 공격을 정당화하는 선전도구로 이용되기도 했었다. 아프가니스탄 침공은 아무런 죄도 없는 가난한 아프가니스탄 여성들이 다수 참살당하는 결과를 초래했고, UNOCAL사로서는 친미정권 수립 이후의 아프가니스탄에서 한층 자유롭게 송유관 건설을 할 수 있는 상황이 이어져 오고 있는 것이다. 이와 같은 기묘한 결과가 발생하게 된 것은, RAWA와 미국 정부 공히 서양의 가치관을 '표준'으로 삼아 이를 이슬람교 국가들에 강요하는 상명하달식의 '글로벌리즘'에 매몰된 것에 지나지 않음을 생생하게 보여주는 사례라고 하겠다.

Think and act globally, and think and act locally!

상관공간의 속성인 연속성과 분단을 새롭게 편성함으로써 살펴본 바와 같은 '희망의 공간'의 영역통합과 토지이용조정을 실현시키기 위해서는, 'think locally'와 'act gllobally'라는 명제가 수반되어야만 한다. 우리는 지구 규모와 일상이라는 두 가지 공간 스케일에서 함께 생각하고 실천해야만 하는 것이다.

보통사람들의 입장에서 생각하기를 통해, 지배적인 공간의 기준에 의해 생산된 기존의 경계짓기와 분단 등 일상의식에서 당연시되는 것들을 비판적으로 재구성할 수 있다. 이를 통하여 분단의 배후에 있는 경제·사회관계들과 지배의 이론을 인식할 수 있으며, 공간편성에 내포된 물신성 또한 밝혀낼 수 있다. 그리고 이를 대신하여, 호혜적인 사회조직을 지탱하는 공유적인 공간의 원리에 토대한 상관공간을 생산하는 방향을 구상할 수 있다.

지구 규모에서 행동하기를 통하여, 우리는 글로벌 공간의 연속성에서 이루어지는 신보수주의의 물신성에 맞설 수 있다. 이는 다국적기업이 글로벌 공간의 연속성을 독점하여 방약무인한 공간적 회피를 향유하는 한편으로, 보통사람들을 영역의 모자이크에 가두어 이를 자신의 이익추구를 위해 이용하는 현상에 대항할 수 있는 기준을 세우는 것으로 이어진다. 행위에 있어서의 글로벌리즘은, 결국 우리가 물리적인 공간의 연속성을 행위공간이라는 차원에서 우리 것으로 만들고, 이 터전 위에서 전 세계의 모든 사람들과 공존하고 공감한다는 전제로부터 귀결되는 것이다.

비판지리학자인 스미스는, 1999년 1월 오사카에서 개최된 인문지리학회 지리사상분과 회의에서 행한 강연을 통해 'Think and act globally, and think and act locally!(글로벌 스케일에서도 일상의 스케일에서도 함께 생각해보자. 그리고 글로벌 스케일과 일상의 스케일을 아울러 행동하자!)'라고 역설하였다. 기존의 'Think globally and act locally'라는 개념을 크게 진전시키려는 것이, 비판지리학자 스미스(Smith, Neil)의 주장과 사상에 응축되어 있는 것이다.

세계화의 흐름 속에서 중층성을 내포한 로컬리티가 동시적으로 생산되고 있는 오늘날, (로컬 스케일에만 국한한 것이 아닌)글로벌 연속성까지도 고려한 행동, 그리고 (글로벌 스케일에만 국한되지 않은)국지적인 경계짓기의 속성을 초래한 분단에 대한 명확한 비판적 사상이 실천에 옮겨져야 하는 것이다. 이러한 공간적 실천이 이루어질 때, 공간편성은 비로소 보통사람들의 신체성과의 결합이라는 이상으로 회귀하게 될 것이다. 그리고 이는 모든 주체들의 공존의 장이기도 한 '희망의 공간'이 현실화되는 것으로 이어질 것이다.

과제 4. 세계평화의 실현이라는 이상과도 관련되어, 오늘날에는 글로벌과 로컬과의 적절한 접점 모색, 그리고 '글로벌 스탠더드'와는 이질적인 사회 시스템과 문화를 포섭하는 세계경제의 새로운 발전전략이 요청되고 있다. 이러한 전략은 어떠한 것이어야 하는가? 본서 전체를 되짚어 보면서, 이에 대해서 논의해보자.

과제 5. 독자 여러분은 'Think and act globally, and think and act locally'라는 표어를 토대로, 글로벌 스케일과 로컬 스케일을 아울러 생각(think)하고 행동(act)하고 있는가? 그리고, 그렇게 생각하고 행동하는 것은 가능한 일이라고 생각하는가? 사소한 것부터 조금씩 행동에 옮겨도 좋으니, 가능한 부분부터 실천에 나서 보자. '1인 1일 1행동'이 하나씩 쌓여 간다면, 세상은 보다 나은 방향으로 발전되어 갈 것이다.

칼럼 13.

국제비판지리학회(ICGG)와 동아시아 대안지리학회의(EARCAG)

본서의 핵심적인 사상적 흐름인 새로운 경제지리학과 사회지리학의 동향
은, 1970년대 하비, 스콧을 필두로 하는 1세대와 닐 스미스 등의 2세대를 거
쳐, 오늘날에의 3세대에 이르고 있다. 대안적인 입장에서 공간과 사회를 바
라보는 지리학자들은 세계적으로 그 수가 증가하는 추세에 있다(☞pp.78-
81). 이러한 폭넓은 연구자들의 등장과 활동을 토대로, 세계 각지의 새로운
경제지리학과 사회지리학 연구자들이 최근 들어 글로벌 스케일에서 급속한
속도로 조직화의 움직임을 진전해가고 있다.

1997년 여름, 세계 각국으로부터 300여 명의 지리학자들이 밴쿠버에 모여
국제비판지리학회(ICGG)를 발족시켰다. 이 단체는 사회변혁을 목표로 새
로운 비판적 지리학이론을 구축하는 동시에, 이러한 이론에 토대하여 보통
사람들의 자발적인 공간편성의 생산을 실천하기 위하여 국가와 사회를 불
문하고 이루어지고 있는 국가 중심의 신보수주의적 경향을 가진 지리학이
가진 한계를 넘어선 새로운 과학운동을 모색하고 있다(Desbiens and Smith,
1999). 2000년 8월에는 대구에서 2회 학술대회가 개최되었고, 2002년 6월에
는 헝가리 동부에 있는 도시 베케스차바(Békéscsaba)에서 3회 학술대회가
열렸다. 한국에서 열린 학술대회 때 발표된 발표문들은, 칼럼 하단에 명기한
웹사이트에서 PDF파일을 다운로드받을 수 있다.

ICGG는 몇 개의 지역별 제휴조직을 거느리고 있다. 그 중에서 동아시아
대안지리학회의(East Asian Regional Conference in Alternative Geography,
EARCAG)라고 불리는 조직은, 동아시아와 동남아시아를 대상으로 한다. 1

회 학술대회는 한국의 한국공간환경학회(KASER) 회장 최병두,[1] 홍콩의 덩용청(鄧永成), 대만의 쉬진위(徐進鈺), 그리고 본서의 집필에 참여한 일본의 지리학자들을 중심으로 1999년 1월에 경주에서 개최되었고, 2회 학술대회는 2001년 12월 홍콩에서 지리학자 등 100여 명의 관련 연구자들이 모여 성황리에 개최되었다. 2003년에는 오사카에서 3회 학술대회가 개최되었다. ICGG와 EARCAG 두 학술단체 모두, 일본보다도 오히려 한국, 대만, 중국, 홍콩, 싱가폴 등 다른 동아시아 국가들의 학술대회 참가 및 논문 제출·보고가 활발히 이루어지고 있다. 경제지리학과 사회지리학의 분야에서도 일본의 국가경쟁력 저하가 현저하게 반영되다는 사실에는 안타까움을 금할 길이 없다.

ICGG 웹사이트: http://econgeog.misc.hit-u.ac.jp/icgg/

EARCAG 웹사이트: http://econgeog.misc.hit-u.ac.jp/earcag

다음 문헌에는, EARCAG 2회 학술대회때 발표된 논문들(영문)이 수록되어 있다. Tang, W.S., and Mizuoka F. (eds.), 2002, *Alternative Geographies of Asia in the New Millenium: Selected Papers from the Second Meeting of the East Asian Regional Conference on Alternative Geography*, Tokyo: Kokon Shoin.

〈미즈오카 후지오〉

---

1) 대구대학교 최병두 교수는 2013년 1월 현재 한국공간환경학회 명예회장 겸 고문이며, 현재 학회 회장은 중부대학교 강현수 교수임을 밝혀둠(역주).

참고문헌

Engels, F. 1983, 寺沢恒信・村田陽一 訳, 『空想から科学へ』, 大明書店.

金子勝, 1999, 『反グロ一場リズム―市場改革の戦略的思考』, 岩波書店.

柄谷行人 編, 2000, 『可能なるコミュニズム』, 太田出版.

熊本一規, 2000, 『公共事業にどこが間違っているか？―コモンズ行動学入門』, まな出版企画.

Greco, T., 2001, 大沼安史 訳, 『地域通貨ルネサンス』, 本の泉社.

交通権学会, 1986, 『交通権―現代社会の移動の権利』, 日本経済平論社.

嶋倉民生・中兼和津次 編, 1996, 『人民公社制度の研究』, アジア経済研究所.

Downs, R., and Stea, D.(eds.), 1976, 曾田忠宏・林章他共 訳, 『環境の経済的イメ-ジ―イメ-ジ・マップと空間認識』, 鹿島出版会.

Davis, M., 2001, 村山敏勝・ヨ比野啓 訳, 『要塞都市LA』, 青土社.

馬場康治, 2000, 「労働者の『国境』を越えた移動―日本で就労することが『非合法』とされる外國人」, 『空間・社会・地理思想』, 5, 10-36 ページ.

Polanyi, K., 1975, 『大転換―市場社会の形成と崩壊』, 東洋経済新報社.

水岡不二雄, 1999, 「『連続性』と『分断』の相克と越克」, 『現代思想』, 27(13), 160-173.

歴史教育者協議会 編, 1996, 『知っておきた中国―香港・マカオ・台湾』, 青木書店.

Baatzsch, M., Becker, H. and Lemme, H. (eds.). 2002. *Einfach besser leben*. Magdeburg, Germany: Arbeitsstelle Eine Welt.

Cox, K. R. (ed). 1997. *Spaces of Globalization: Reasserting the power of Local*. New York: Guilford.

Desbiens, C., and Smith, N. 1999. The International Critical Geography Group: Forbidden Optimism?, *Environment and Planning D: Society and Space* 17(4): 379-382.

Harvey, D. 1996. *Justice, Nature and the Geography of Difference*. Oxford, UK:

Blackwell.

Harvey, D. 2000. *Spaces of Hope*. Edinbourgh, UK: University Press.

Lovering, J. 1999. Theory Led by Policy: The Inadequacies of the 'New Regionalism' (Illustrated from the Case of Wales), *International Journal of Urban and Regional Research* 23(2): 379-395.

Pile, S. and Keith, M. (eds.). 1997. *Geographies of Resistance*. London, UK: Routledge.

Soja, E. 1996. *Thirdspace: Journeys to Los Angeles and other Real-and-imagined Places*. Oxford, UK: Blackwell.

Williams, R. 1989. *Resources of Hope*. London, UK: Verso.

한국사회에서의 대안적 도시공간운동 사례: 해치맨 프로젝트

11장, 나아가 이 책 전반에 걸친 논의를 통하여, '희망의 공간'이라는 이상적 공간의 편성을 위한 노력의 필요성과 중요성에 대해서 살펴볼 수 있었다. 이와 같은 노력은 구체적으로 어떤 방법과 과정을 통하여 실천될 수 있을까? 여기서는 우리 주변에서 도시에 대한 권리 회복을 위한 노력을 실천한 사례로, 디자인 서울 정책에 대한 대안적 도시공간운동이라고 할 수 있는 해치맨 프로젝트를 소개하고자 한다.

해치맨 프로젝트: 대안적 도시공간 생산을 위한 도시민의 자발적 노력과 시도[2]

지방자치제와 세계화 담론은, 장소마케팅 전략에 초점을 둔 교환가치로서의 도시공간 개발 프로젝트를 양산하는 결과를 가져오기도 한다. 그 대표적인 사례가 2006년 오세훈 전 서울시장 취임 이후 수년간 진행되어 온 '디자인 서울'이라는 이름의 도시개발 정책으로, 이로 인해 시민이 누려야 할 사용가치의 공간은 약화되거나 주변화되었다. 대표적인 사례가 동대문디자인플라자&파크 프로젝트로 인한 근대건축물인 동대문운동장의 철거다. 이로 인해 문화재적 가치가 높은 건축물이 허물어짐은 물론 인근에서 생업에 종사하던 상인들이 생계를 꾸려가던 터전을 잃어버리고 말았다. 즉, 도시정부가 도시 생존이라는 명분 하에 추진된 해외자본 및 관광객 유치전략은, 시민을 위한 도시공간을 배제하고 자본과 이윤을 위한 신자유주의적 도시공간 생산에 주력하게 된 것이다.

이러한 점에서, 사용가치보다 교환가치에 초점을 맞춘 신자유주의 도시

---

2) 이 절은 황진태(2010)의 논문을 요약, 보완한 것임을 밝혀둠.

공간에 대한 대안으로서의 대안적 도시공간을 추구하는 시민들의 노력과 운동은 오늘날의 도시사회운동에 많은 시사점을 제공한다고 할 수 있을 것이다. 우리나라 도시의 맥락에서 이와 같은 노력의 대표적인 사례로, 디자인 서울 정책을 비판한 해치맨 프로젝트를 소개하고자 한다.

해치맨 프로젝트는 디자인 서울 정책에 비판적 문제의식을 갖고 있던 디자인 창작그룹 FF그룹에 의해 기획된 운동이다. 이는 서울시가 추진했던 디자인 정책에서 정작 서울시민의 참여는 배제되었다는 문제의식에 기초하고 있으며, 이를 토대로 일방적·권위적으로 이루어지는 공간정책에 대한 시민들의 의식을 밝히는 데 주안점을 두었다.

이 목표를 실현하기 위한 구체적인 방안으로, 스티커 캠페인, 디자인 서울 거리 청소하기, 미술관 전시활동의 세 가지 전략이 수립되었다. 스티커 캠페인은 우선 SNS를 통한 디자인 서울 정책에 대한 의견 수렴을 토대로 스티커를 제작한 다음, FF그룹의 일원이 '해치맨[3]'이 되어 디자인 서울 홍보 포스터에 이러한 스티커를 붙이는 활동이다. 그리고 스마트폰을 이용한 인터넷

〈그림 1〉 스티커 캠페인의 전개과정

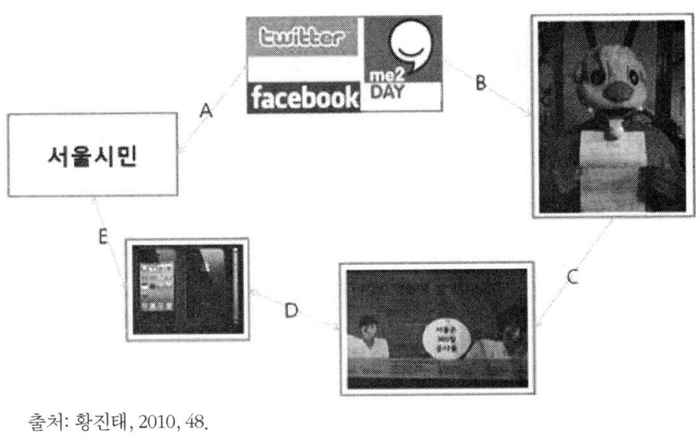

출처: 황진태, 2010, 48.

---

3) 서울시가 서울의 상징으로 지정한 해치를 회화화한 FF그룹의 마스코트.

생중계를 통해 시민들과의 상호작용 및 공감대를 형성하였다. 이를 통해 도시계획에 대한 참여의 권리, 그리고 새로운 도시공간의 생산에 대한 시민의 권리를 확인할 수 있는 계기를 마련할 수 있었다.

〈그림 2〉 해치맨 프로젝트의 스티커가 부착된 서울시 홍보 포스터

출처: 황진태, 2010, 50.

스티커 캠페인이 공공시설물 훼손이라는 법적 근거로 인해 제재를 받게 되자, 합법적인 대안으로서의 해치맨 프로젝트로 제안된 것이 바로 디자인 서울 거리 청소하기이다. 이는 시민들이 제안한 문구를 인쇄한 뒤 인쇄 부분을 오려낸 종이를 거리 바닥에 놓은 다음 락스, 칫솔 등을 이용한 청소를 하여 길바닥에 문구를 남기는, 길거리 청소와 해치맨 프로젝트를 등시에 진행하는 합법적 전략이다. 시간적 제약과 적지 않은 노력이 소요된 작업이었지만, 스티커 캠페인으로 초래된 서울시의 사법적 반격을 방어하면서 디자인 서울 정책에 대한 시민의 권리를 확인하는 계기를 만들 수 있었다. 마지막 전략인 미술관 전시활동은 디자인 서울 정책에 대한 비판적인 내용의 전시

활동을 미술관에서 벌인 것이었다.

〈그림 3〉 디자인 서울 거리 청소하기 프로젝트의 사례

출처: 황진태, 2011, 52.

FF그룹의 해치맨 프로젝트는 디자인 서울 정책에 대한 비판의 목소리와 맞물려 정책에 대한 수정[4]이 이루어지는 데 기여했고, 나아가 FF그룹이 요구한 시민들과의 소통 창구로 '디자인서울토론방'이 디자인 서울 홈페이지에 개설되는 결과로 이어지게 되었다. 이와 같은 노력이 거둔 작은 결실은, 서울시의 도시계획 과정에서 미약하기는 하지만 시민 참여가 이루어질 수 있는 창구가 열리게 되었다는 점에서 도시권 실현을 위한 도시공간운동의 중요한 사례라고 할 수 있겠다.

〈이동민(서울대학교 사범대학 지리교육전공)〉

참고문헌

황진태, 2010, 「신자유주의 도시에서 '도시에 대한 권리'의 실현: 해치맨 프로젝트를 사례로」, 『공간과 사회』, 통권 제34호, 33-59.

---

4) 예컨대 디자인총괄본부 해체와 행정1부시장 산하의 문화관광디자인부 개편 등.

- **게슈탈트(Gestalt)**: 인간은 개개의 자극요소들을 파편화된 개체로 인식하는 것이 아니라, 그 전체적인 배치를 지각·인지한다고 보는 심리학 이론. 지리학에서는 어떠한 기존에 주어진 사회체제와 땅과의 관계라는 구도, 예컨대 '민족'이나 '문화'가 어떤 형상을 만들어내는가 하는 땅과 형상의 관계, 또는 경관을 구성하는 개개의 요소들을 자극요소로 보고 그 전체적 배치를 지각하여 이를 '풍토'나 '고향'으로 인식한다는 개념 등으로 적용될 수 있다.

- **계량혁명(計量革命)**: 1950년대부터 미국을 중심으로 일어난, 기존의 기술적 지리학에서 논리실증주의 철학을 기반으로 하는 지리학 연구로의 전환을 일컫는다. 중력모델 및 이노베이션의 확산 등에 관련된 공간적·수리적 모델 구축 및 추측통계학을 활용한 검증활동, 변수 산출에 의한 장소의 다양성 발견 등이 주된 연구분야이다.

- **관광(tourism)**: 심신의 해방 등 주체적인 목적을 가진 공간적 이동을 통해, 자기의 일상적 행위공간과는 상이한 '타자'의 영역에 일시적으로 머무르는 행위. 애초에는 부유한 사회계층의 사치스러운 오락으로 발달하였다. 이후 포디즘과 주변부 포디즘의 토대 위에서 공간통합 기술의 발전과 더불어 여행상품의 대량생산 및 소비가 이루어졌고, 유명 관광지를 단체로 돌아보는 형태의 매스 투어리즘(mass tourism)이 주류가 되면서 여행의 정형화 및 국지적인 문화를 관광객 취향에 맞게 상품화하는 경향이 나타났다. 최근 들어 이러한 형태의 관광에 질려버린 사람들은, FIT 관광(개별관광)을 통해 보통 사람들의 눈높이에서 로컬리티를 이해하고 공감하는 수단이기도 한 형태의 관광에 눈을 돌리게 되었다. 이에 따라 에코 투어리즘, 각 지역의 여러 사회문제 및 역사를 이해할 수 있는 시설이나 조직 등을 방문하는 대안적 관광(alternative tourism) 등 새로운 형태가 등장하고 있다. FIT 관광에 널리 활용되는 가이드북 론리 플래닛(Lonely Planet)은, 비판적 시각에서 현지의 사회, 역사 등을 심

층적으로 분석한 개괄기사, 매스 투어리즘의 정형화된 코스에서 벗어난 행선지(이를테면, 구 동독의 비밀경찰활동을 고발하는 박물관)에 대한 폭넓은 소개 등을 통하여, 이와 같은 FIT의 새로운 움직임을 지원하고 있다. 하지만 대규모 산업을 통해 성장한 관광자본을 담당하는 매스 투어리즘이 관광의 주역이라는 사실에는 변함이 없다. 여기에 편승하여, 신보수주의의 도시간 경쟁은 새로운 관광자원으로서의 스펙터클을 각지에 생산하고 있다. 일본에서도 FIT가 널리 이루어지고 있지만,『지구를 걷는 방법(地球を歩き方)』은 상당 부분이 정형화된 관광코스를 FIT 용도로 분해한 내용에 그치고 있어, 매스 투어리즘의 단계로부터는 여전히 벗어나지 못하고 있는 현실이다.
(참고문헌: 神田孝治, 2001, 「観光, 空間, 文化—観光研究の空間/文化的展開に向けて」, 橋爪紳也・田中貴子 編,『ツーリズムの文化研究』, 京都精華大学創造研究所.)

- **국가주의 지리학파**: 지리학에는 국가의 이데올로기적 장치로서의 기능, 국가 영역의 일체성을 강조하여 그 확장과 개발 등을 고무하는 사회적 기능이 있다. 국가주의 학파는 지리학을 이와 같은 체제적 기능을 대표하는 제도로 파악하며, 이는 학문의 세계 속에서 국명이 학회명에 들어간 지리학회, 국가를 대표하는 명문대학의 지리학과라는 형태를 갖고 현실화된다. 이렇게 형성된 제도는, 학회 임원 및 지리학과 교수들의 인사 등을 통해 재생산된다. 하지만 학문의 자유라는 민주주의의 원리가 확산되고 비판지리학이라는 대안적인 흐름 또한 학계에 그 위상을 확립해가면서, 국가주의 학파를 대표하는 학회 등은 그 자체가 이데올로기적인 저항의 대상이 되는 경향을 보여주고 있다.

- **근린주거구역 이론(neighbourhood unit theory)**: 미국의 지리학자 페리(C. A. Perry)가, 1929년에 신시가지를 계획할 때 하나로 정리되는 행위공간의 단위로 제창한 개념. 대체로 초등학교 학군 정도의 넓이를 가진 영역을 광폭의 도로로 구분짓고 그 안에서 상업시설 및 공원을 배치하여, 일상적인 생활을 부족함없이 영위하도록 하는 형태의 마을만들기를 주된 내용으로 한다. 일본에는 오사카의 센리(千里) 뉴타운의 계획원리로 도입되었으나, 오늘날 이 이론은 사람들의 실제 행위공간과 괴리를 보이고 있는 실정이다.

- 네트워크의 외부성(network externality): 여기서 '외부성'이란, 어떤 경제주체가 타 주체들에 미치는 영향을 의미한다. 어떤 하나의 기술적 또는 인적 결합이라는 특수성을 기반으로 유지되는 사회·거래관계(네트워크)에는, 참여자가 많을수록 그 네트워크로의 참여에 의해 사회·거래관계의 편익이 커지게 된다. 임계량(critical mass), 즉 역치(閾値)를 넘어서면 해당 네트워크에 참가하지 않는 것은 압도적으로 불리해지면서, 사실상의 표준(de facto standard)이 형성된다. 영문 키보드의 쿼티(QWERTY) 자판, VHS 비디오, 윈도우의 기본 소프트웨어 등이 이 사례에 해당하며, 오늘날의 행위공간에 있어 물리적 기초를 형성하고 있다. 일본에서 '산지(産地)'라고 불리는 지방산업은 어떤 특정한 업종의 생산에 있어 해당 산지로의 집적이 '사실상의 표준'으로 자리매김하는 사례이다. 이는 '외부경제'라는 개념과는 달리 시장 자체의 븐래적 속성이었지만, 구태여 '네트워크의 외부성'이라는 개념이 사용된다는 사실 그 자체가 시장은 사실 불균질하다는 사실을 암시하는 것이기도 하다.

- 노동착취 사업장(sweatshop): 피땀을 쥐어짜는듯한 가혹한 노동조건 하에서 노동자들의 노동력을 착취하는 공장 또는 사업장. 임금, 노동시간, 위생환경 등이 법률로 정해진 최소한의 조건을 밑도는 환경에서의 노동이 강요되며, 이러한 조건으로 인해 빈곤한 농촌으로부터 이주한 사람들이나 사회적 지위가 불안정한 이주민, 여성, 아동들이 노동을 담당하는 경우가 많다. 세계도시의 노동착취 사업장에서는 미등록 외국인, '불법체류' 외국인 노동자들이 노동력의 주를 이루어, 이너시티에 입지하게 된다.

- 논리실증주의(logical positivism): 1920년대에 오스트리아 빈에서 성립한 실증주의 학파의 한 갈래. 추측통계학이라는 인식수단에 토대한 증명, 수학적 표현을 통해 나타나는 여러 관계들단을 존재로 파악하는 인식론과 존재론에 바탕한 학풍이다. 경제학에서는 미국을 중심으로 주류를 이룬 신고전파 계량경제학의 철학적 기초를 제공하였고, 지리학에서는 1950년대부터 미국에서 시작된 계량혁명에 철학적 기반을 제공하였다. 1970년대 이후에는 인문주의, 구조주의와 함께 지리학의 토대를 이루는 3대 철학적 기반으로 자리매김하고 있다.

- 대안(alternative): 전통, 권위, 기존의 제도에 저항하고 그것을 대체 또는 보완할 의도로 구상·실천되는 문화, 사상, 사회조직, 사물, 행위 등의 총칭. 제도화된 학교를 거부하는 학생들을 받아주는 학교를 '대안학교'라 부르는 것이 이러한 사례에 해당한다. '대안운동'의 주체들 사이에는 완만한 공감, 연대의 경향도 나타나며, 글로벌 시장경제, 미국 패권주의 하에서의 국제정치에 저항하는 양상을 구체화해가고 있다.

- 로컬리티(locality): 장소 및 영역에 고착된 경제, 사회, 문화의 개별적인 특질은 경계짓기와 거리의 인접성에 의한 동질성의 강조를 통해 상호간의 관계를 형성하며, 총체로서의 장소 내지는 영역에 독자의 특질을 창출하게 된다. 이로 인해 각각의 장소와 영역이 가진 특질은, 타자와는 상이한 개별적인 성격을 갖게 된다. 이러한 경향은 통근권 등 일상적인 행위공간의 경우에 특히 현저하게 관찰된다. 이와 같은 성격은 해당 공간에 있는 사람들과 경제·사회관계에 대하여 그와는 역방향의 영향력을 행사하여, 장소와 영역의 개별적인 독자성을 오히려 강화하게 된다. 이것이 바로 '장소성' 등으로 일컬어지는, 개별 장소 및 영역이 갖는 공간적 차이의 실체인 것이다.

- 마천루(skycraper): 초고층 건물을 일컫는 말. 1920년대 뉴욕에서 최초로 등장하였으며, 이후 여러 대도시에 건설되었다. 오늘날 세계도시의 위세와 번영을 상징하는 건조환경 요소로, 시각적으로도 두드러진다.

- 무허가 정착지 정비(squatter clearance), 슬럼 정비(slum clearance): 무허가 정착지 정비란, 불법 내지는 비합법적으로 이루어진 건축 및 이러한 건축물이 집중해 있는 무허가 정착지를 제거하는 것을 의미한다. 무허가 정착지는 대체로 그 안에 들어선 건물들의 물리적 조건이 열악하며, 일본에서는 하천변이나 도시계획용지에 불법건축이 행해지는 경우가 가장 많다. 불법으로 건축된 것이 아니라 단지 물리적인 여건이 황폐한 지역에 대해서는 슬럼 정비가 이루어지며, 이와 관련해서 일본에서는 주로 도와지구의 주거환경 개선이 이루어졌다.

- 문화연구(cultural studies): 서양에서 일어난 네오맑시즘, 그리고 영국에서 유래한 노동운동을 사회적 기반으로 하는 비판적 문화연구에 기원을 둔 학풍으

로, 이는 영국 버밍엄대학 문화연구(cultural studies) 학과를 중심으로 발전해왔다. 이는 일본 대학에도 학제로 도입되어, 독자의 개념과 실천을 보여주는 주제로 이해되기에 이르렀다. '문화'에 강조점을 두는 이 학풍의 특성은 알뛰세르(L. Althusser) 류의 경제환원주의·계급환원주의(reductionism)에 대한 반발에 그 연원을 두지만, 경제와 계급이라는 요소를 이론적으로 폐기한 것이 아니라 문화의 상대적 독자성에 더 큰 비중을 두고 이에 대한 경제, 계급, 다국적기업 및 미국의 글로벌 패권 등과의 관계를 일상적으로 의식하는 학문적 긴장관계를 지속시키는 데 초점을 맞춘 것이다. 이와 같은 입장에서, 기든스(A. Giddens)의 구조화이론, 지리학의 공간이론, 윌리엄스(R. Williams) 등의 비판적 문화이론 등의 비판적 문화이론 등을 학제적으로 원용(援用)하여, 현대의 문화·정치·사회적 상황의 다양한 측면을 비판적으로 분석하는 데 중점을 둔다. 그리고 국민성, 계급, 인종, 젠더, 섹슈얼리티, 하위문화(subculture), 탈식민주의 등 광범위한 연구대상을 가진다. 이렇게 생산된 개념의 토대 위에서, 기존의 노동조합운동 중심의 사회운동을 초월하여 주체로부터 내발(內發)하는 실천활동을 적극적으로 고무하는 점도 특징적이다. 지리학과는 연구대상, 그리고 이론이라는 두 측면에서 모두 강한 친화성을 가지며, 경제수만을 중시해온 기존의 경제지리학에 문화적 전환을 가져온 계기를 마련하기도 하였다. 일본의 지리학계에서는 이 부분의 수용이 현저하게 뒤쳐져 있는 실정이다. 최근 들어 신문화지리학이 학문적으로 부상하게 되자, 이것이 문화연구의 미국적 변종이라고 할 수 있는 단순한 대중문화연구와 동류화되는 경향도 나타나고 있다. 경제지리학의 문화적 전환은, 일본에서는 아직 충분히 이루어지지 못하고 있다.

- **변화―할당 분석(shift-share analysis)**: 일정기간 내에 이루어지는 어떠한 경제영역의 성장동향은, ① 그 장소·영역에서 산업의 특화가 어떻게 이루어지는가(해당 장소·영역이 전국 대비 각 산업에 있어 점하는 비중, 즉 할당), ② 해당 기간 동안 각 산업이 그 장소·영역과 관련하여 어떻게 입지이동하는가(산업의 공간적 변화)라는 2개의 요인을 중심으로 설명될 수 있다. 변화―할당 분석은, 그 대상이 되는 경제영역에 대하여 이 2개의 요인을 분해하여 분석한다. 이를 통해 해당 영역의 경제성장 동향을 설명하는 것이다.

- 비판지리학(critical geography)(⇔전통적 지리학): 자본주의는 자신을 지지해 줄 이데올리기적 장치를 생산한다. 현상을 무비판적으로 기술하고 나아가 전쟁, 이권정치, 신보수주의에 토대한 정부의 정책에 지지를 보이기까지 하는 전통적 지리학은, 그러한 장치의 하나로 볼 수 있다. 비판지리학은 네오맑시즘을 중심으로 하는 비판적 사회이론들을 이론적 기반으로 하며, 절충주의에 주의를 기울이면서 자본주의를 비판하는 다양한 경제·사회이론을 기초로 삼고 이를 공간으로 전개하는 데 중점을 둔다. 이를 통해 구축된 새로운 비판적 과학으로서의 지리학은, 전통적 지리학의 해체 및 여기에 토대한 사회운동과 경험적 조사를 통하여, 자본주의적 사회관계의 전환을 추구하는 공간적 실천에 기여하고 있다.

- 스펙터클(spectacle): 상징, 스타일, 표상 등과 같이 건조환경의 요소에 가치를 부여하는 기능이, 미디어를 통하여 사람들을 하나의 문화적 헤게모니로 편입시키고자 재현(또는 표상)하는 것. 올림픽과 같은 일시적인 대규모 이벤트의 형태로 나타나기도 하지만, 지리학에서는 박물관, 놀이공원, 수변(水邊)개발, 전통적·토속적 도시계획을 통한 관광 효과의 강조 등, 건조환경에 관한 요소가 많이 반영되어 있다. 도시경관 그 자체가 시각적 메타포로 뒤덮인 볼거리가 되는 경우도 있다.

- 시카고학파 사회학: 시카고대학교 사회학과를 주축으로 하여, 1920년대의 시카고를 대상으로 도시공동체의 변동과 그 양태를 '인간생태학(생태학을 인간 사회에 응용한 이론적 접근)'적 관점에서 연구한 일단의 사회학파. 이 학파의 주된 연구자로는, 파크(R. Park), 버제스(E. Burgess), 워스(L. Wirth) 등을 꼽을 수 있다.

- 신칸트주의 철학(Neo-Kantianism): 18세기 독일의 쾨니히스베르크(오늘날 러시아의 칼리닌그라드-역주)에서 활약했던 철학자 칸트(I. Kant)의 사상을 바탕으로, 19세기말 리케르트(H. Rickert), 카시러(Cassirer) 등에 의해 독일에서 일어난 철학의 흐름. 자연과학이 법칙정립적 방법을 사용하는 데 대하여, 문화·역사과학(Geisteswissenschaften)은 법칙이 없으며 경험에 토대를 둔 개성의 기술에 의한 이해라는 방법을 사용한다는 특성을 가진다고 설명한다. 이러한 관

점은, 헤트너(A. Hettner)와 하트숀(R. Heartshorne)으로 대표되는 예외주의 지
지학에 철학적 기반을 제공하였다.

- **영역권원(territorial title)**: 국가와 관련된 어떠한 영역의 취득에 대하여, 국제법
  으로 인정된 근거. '무주지의 선점', 전쟁이나 조약에 의한 '할양'과 '병합', 자
  연현상이나 매립에 의한 '첨부' 등이 있다. 식민지주의의 시대에 선주민족은
  '주(主)'가 되지 못했고, '무주지의 선점'은 서구 열강에 의한 식민화에 정통성
  을 부여하기 위한 도구로 이용되었다. 2차대전 이후에는 국경이 고정화되면
  서, 정복활동은 영역권원 획득에 수반되는 국경선 변경에 더 이상 정통성을
  부여할 수 없게 되었다. '첨부'는, 거리의 성질이 국제법 이론에 포섭된 사례
  이다.

- **유연한 전문화(flexible specification)**: 균질적인 대량소비를 전제로 한 경직된
  대량생산이 아닌, 다양하게 변화하는 시장에 대응할 수 있도록 전문적인 숙련
  노동에 의존한 전문화된 소규모 기업과 관련된 생산. 포디즘 이후의 새로운
  경제체제가 가지는 방향성으로 즈목받고 있다.

- **이너시티(inner city)**: 도심의 중심업무지구(CBD)에 인접하여 바로 그 외측에 펼
  쳐져 있는 주거·상업·공업지역이 혼재하는 형태의 개발된지 오랜 시간이 흐
  른 시가지 구역에서는, 도시 건조환경이 노후화되어 기존에 이 지역을 지탱해
  오던 산업이 쇠퇴함과 더불어 이전의 거주인구 전출이 가속화됨에 따라 집값
  이 하락하게 된다. 이 지역은 그러면서도 지하철이나 버스 등의 대중교통의 결
  절점에 위치해 있어, 자가용을 소유하지 않더라도 넓은 행위공간을 확보할 수
  있다. 이런 점으로 인해 이 지역에는 저소득층이나 소외집단 등이 유입하여,
  퇴폐행위나 범죄발생 등 슬럼화에 관련된 도시문제를 안게 된다. 그런 한편으
  로, 이 지역은 빈민층의 호혜적인 상호부조를 통하여 도시에 처음으로 유입된
  이주자가 가장 먼저 정착하게 되는 장소로 자리매김하기도 한다. 이너시티라
  고 불리는 이러한 현상은 특히 북아메리카나 서유럽의 도시에서 현저하게 나
  타나는 현상이지만, 최근 들어 아시아 출신 외국인 유입이 증가함과 더불어 도
  쿄에서도 이케부쿠로나 신주쿠 북부 등에 이와 같은 구역이 성립하고 있음이
  확인된다. 영어의 직역에서 연상되는 '도시내부' 또는 '도심업무지구' 정도의 의

미를 가진 개념이 아니라는 사실에 유의할 필요가 있다. 이러한 점을 고려하여, '도심주변부'라고 번역하기도 한다. 한편 일본에서는, 인구감소, 고령화, 산업공동화, 건조환경의 노후화 등의 문제를 포괄하는 개념인 이른바 '시타마치(下町)'라는 의미를 폭넓게 일컫는 문제로 사용되기도 한다.

- **인문주의 지리학(humanistic geography)**: 1970년대 후반에 ① 전통적인 예외주의적 지지(地誌), ② 논리실증주의에 토대한 계량혁명을 통하여 학계에 정착한 계량지리학, ③ 맑스주의를 기반으로 자본주의의 경제·사회관계를 객관적으로 인식하는 데 초점을 맞춘 급진지리학이라는 기존의 지리학을 대체할 것을 목표로 버티머(A. Buttimer) 등에 의해 창시된, 지리학의 새로운 흐름 가운데 하나. 경험 등을 통하여 주체가 경관의 각 요소 등에 부여한 주관적 가치부여 및 의미, 그리고 간주관적 개념을 중심으로 하는 현상학에 토대하여, 지리학 연구에 사회집단의 공간인식에 관한 분석을 도입하려는 시도가 이루어지고 있다.

- **접점(interface)**: 다수의 상이한 체제, 연구분야 등이 상호간에 경계를 맞대고 영향을 주고받는 접촉면을 갖는 상황 속에서, 이 접촉면을 공유하는 체제 또는 연구분야의 상호관련 및 공통성이 갖게 되는 양상을 일컬음.

- **조절이론(théorie de la régulation)**: 1970년대 중반 프랑스에서 일어난 경제이론. '규제(regulation)'라는 의미의 영어식 표현보다도 넓은 의미를 가진 프랑스어 '조절(régulation)'을, 핵심개념으로 한다. 일정기간마다 변화해 가는 경제의 거시변수의 전체적인 구도를 가리키는 '축적체제'. 그리고 그것을 생성·유지하기 위해 필요한 사회계급 간의 통합 내지는 타협양상을 가리키는 '조절양식'이라는, 2개의 독립적이면서도 핵심적인 관점을 가진다. 일정 기간을 거쳐 국가수준에서의 자본축적이 안정적으로 진행되는 한편 이를 지원할 수 있는 사회통합이 실현되기 위해서는 자본과 임금노동과의 계급투쟁을 시발로 하는 각 제도를 특정 양상으로 조절하는 것이 불가결하다는 것을 인식하고, 포디즘, 포스트포디즘 등 조절양식의 상이함에 의한 경제발전의 시기구분을 제창하였다(☞Column 8).

- 컨벤션 이론(théorie de l'économie des conventions): 1980년대 중엽 프랑스에서 일어난 경제이론. '컨벤션'이란, 미시적인 개인 및 기업 간의 상호작용을 통해서 형성되어 그들 사이에 당연시되는 관행 내지는 암묵의 법칙을 일컫는다. 산업집적에 있어 핵심적인 요소로 여겨지는 협조와 경쟁이 개인과 기업의 행동 및 그 틀을 이루는 제도와 관습이라는 토양에서 발생하는 데 초점을 맞추고 있다.

- 포스트모더니즘(postmodernism): 예술, 학문, 문화의 광범위한 영역에서 '모던'으로 규정되는 합리주의, 계몽주의, 규범 등에 대해 비판을 제기하는 사상 또는 사고방식. 건축에서는 정돈된 직육면체 형상의 '모더니즘'적 설계에 대하여, 기괴함을 과시하는 다양성 있는 형태와 색을 설계에 도입한 새로운 건축양식을 가져왔다. 사상에 있어서는 규범의 탈각을 시도하였고, 이전까지 '모던'으로 일컬어져온 사회과학의 이론구축을 강압적으로 파악하여 상호연관이 결핍된 단편화된 사회인식의 해체에 초점을 맞추었다. 지리학에 있어서는, 포디즘 이후의 신보수주의, 유연한 전문화에 기반한 경제의 세계화 및 정보화에 의한 유동화된 도시공간, 집중된 권력의 소재를 찾기가 어려운 극실재적(hyperrealistic) 도시, 그리고 극심한 양극화를 보이는 분열된 도시에 대해서 그 비합리성과 혼잡성, 인간적 억압 등을 강조하는 다양한 포스트모던 도시이론이 전개되고 있다.
(참고문헌: Harvey, D., 1999, 吉原直樹 訳, 『ポストモダニティの條件』, 青木書店.)

- 행동주의(behaviourism): 경험주의와 정신주의적인 접근과는 상이한 관점을 가지며, 자극과 반응이라는 행동개념을 축으로 이간의 인식과 주체적인 의사결정의 변수를 매개로 공간과 환경에 관련된 인간행동을 예측·통제하는 데 초점을 맞춘 관점. 지리학에서는 이러한 움직임이 1970년대부터 시작되었다. 주된 사례를 살펴보면, 어떠한 중심지를 둘러싼 행위공간에 대해서 계량지리학이 물리적 거리만을 가지고 이를 설명하려고 한 것과 달리, 행동주의 관점에서는 사회집단의 간주관과 개인의 심리에 기초한 주체의 행동이 거리에 반드시 비례하지는 않는 공간적 패턴을 보여준다는 것을 염두에 두고 설명하게 된다.

- 헤테로피아(heteropia): 푸코(M. Foucault)가 제안한 개념. 현실 속에 존재하는 영역 내부에는 그것이 지시하고자 하는 여러 관계에 대하여 해당 영역 자체가 의문을 제기하거나, 또는 여러 관계들을 중립화시켜 역전시키려는 성질을 갖고 있다고 주장하는 것이다. 헤테로피아는 다양한 역사적 시대와 맥락에 걸쳐 존재해오면서, 특정한 시간의 한 단면을 이루어온 요소이기도 하다. 다른 영역과의 관계에 대하여 다양하게 기능하며, 다양한 공간과 중첩되면서 그 내부에 모순을 야기한다. 헤테로피아는 공공장소가 아니며, 그 영역에 개입하는 데는 특별한 절차와 양식이 요청된다. 푸코는 임신, 사춘기, 죽음을 앞둔 노년기 등 인생의 단계들 중에서 특별한 상태(푸코가 말한 위기적 상태)에 처한 인간의 영역, 묘지, 동양의 정원, 박물관, 도서관, 축제가 이루어지는 장소, 매음굴, 종교단체가 형성한 특정 영역, 항해 중인 선박의 내부 등을 헤테로피아의 사례로 들었다.

- 현상학(phenomenology): 기존의 가치관이나 인식의 신빙성에 근본적인 의문을 던져 이에 대한 확신을 보류하고, 인간이 어떠한 가치나 인식에 대한 믿음을 어떻게 획득하며, 또 어떠한 과정을 통해 이러한 가치와 인식에 토대하여 의미있는 세계를 구축하는가를 밝혀내는 데 주안점을 둔 사상적 흐름. 후설(E. Husserl)이 제창한 방법을 하이데거(M. Heidegger)가 비판적으로 계승하여 독자적인 존재론을 전개하였으며, 인간의 존재는 정서적인 기분이라는 요소에 의해 근거지어진다는 것을 밝혀나갔다. 지리학에서는 주로 하이데거의 존재론이 인문지리학의 이론적 토대의 하나로 활용되어, 간주관(間主觀, intersubjectivity: 여러 사람들이 공통적으로 갖고 있는 인식)이라는 개념을 기반으로 '삶의 터전이 되는' 장소의 모습과 그 주관적인 의미에 관한 연구가 진행되고 있다.

저자후기

이 책을 편저하면서, 유히가쿠 편집부의 가시마 노리오(鹿島則雄) 씨께 많은 도움을 얻었다. 가시마씨의 열성적인 도움이 없었다면, 이 책은 세상에 나오기 어려웠을 것이다. 부족함 많은 원고를 성심성의껏 받아주었던 가시마 씨를 비롯하여, 편집작업에서 헌신적인 노력을 베풀어 주셨고 많은 조언과 도움을 해주셨던 하세가와 에리(長谷川繪里) 씨께도 진심으로 감사드리는 바이다.

공동집필자들과 3회에 걸친 편집회의를 가질 수 있었던 것도, 가시마 씨의 능력과 노력에 힘입었던 바가 컸다. 특히 2001년 5월에 간다진보초(神田神保町)의 유히가쿠 편집부에서 가졌던 회의는 점심 무렵부터 자정 가까운 시간에 걸쳐 12시간 동안 지속되었고, 다음날 낮까지 연장 회의까지 가진 끝에 총 18시간에 걸친 열렬한 토론을 해나갔다. 이 회의를 통해 각 공동집필자들은 문제의식을 공유할 수 있었고, 이를 통해 도시지리학, 정치지리학, 경제지리학이라는 집필자마다의 상이한 학문적 배경이 공간편성의 이론에 수렴되면서 본서의 내용을 더욱 정합성 높게 만들 수 있었다.

각 집필자들이 제출한 원고는, 전체적인 논리구조가 통하고 본인이 지도하는 대학생들을 포함한 폭넓은 독자들에게 쉽게 다가갈 수 있도록 편집 과정에서 편저자인 본인이 수정 및 보완작업을 실시하였다. 그리고 11장의 내용은, 5월에 열린 편집회의에서 제기된 논점을 토대로 본인이 집필한 것임을 밝혀둔다. 공동 집필자인 다카키 아키히코 교수, 미즈우치 도시오 교수, 나가오 겐키치 교수 세 분은 본서의 성격을 잘 이해해 주셨고, 책의 편집 및 출판과정 전반에 걸쳐 흔쾌히 협력해주셨다. 이 부분에 대하여, 세 분께 진심어린 감사의 말씀을 전하는 바이다. 이러한 노력은 본서『경제·사회지리학』을 사회과학의 타분야와도 충분한 접점을 갖는 수준높은 사회과학 서적으로 자리매김할 수 있도록 만든 원천인 동시에, 일본을 대표하는 사회과학 출판사인 유히가쿠(有斐閣)에서 출간된 책이라는 이름에 걸맞게 지리학계 이외의 학생이나 시민과 같은 폭넓은 배경을 가진 사람들이 손쉽게 읽을 수 있는 지리학 서적을 쓴다는 집필자 공통의 학문적 열정을 불러온 근원이기도 하였다.

또한 싱가포르국립대 지리학과의 양워이충(楊偉聰) 선생의 부탁과 노력으로, 본서의 핵심 내용은 2002년 3월 미국 로스엔젤레스에서 개최된 미국 지리학회「Economic Geographies of Asia」세션에서 필자가 발표하였다. 발표 내용은 학회 참가자들의 관심을 불러일으켰다.

본서 원고 정리의 마지막 단계에 접어든 2001년 8월, 필자가 주관한 세미나에서 두각을 나타낸 학생이었던 고야나기 나오마사(小柳尙正) 군이 한밤중에 세미나 동료들과 다마강(多摩川)에 나간 적이 있었다. 다른 학생들이 강에 뛰어들어 수영하는 모습을 보고는 수영에 능숙하지 못했던 고야나기 군도 헤엄쳐 강 건너기에 도전하였지만, 자신의 키보다도 깊은 강물에 그만 익사하고 말았다. 향후 대학원에 진학하여 강단에 서리라는 포부를 갖고 새로운 경제지리학과 사회지리학의 선봉을 담당할 인재였던 그의 요절은, 필자에게는 더없는 애통함과 충격을 안겨 주었다. 필자는 본서를 통하여, 하늘에 있을 고야나기 군에게 못다한 이야기를 전하고자 한다. 고야나기 군의 명복을 빈다.

2002년 11월

편저자 미즈오카 후지오

역자후기

'세계화'라는 용어는 이미 우리 일상과 밀접한 현상으로 자리매김해 있다. 인터넷, 빈번하게 일어나는 국제교류와 해외여행, 그리고 외국인 노동자와 관련된 문제에 이르기까지 우리는 하루에도 몇 번씩 세계화와 관련된 부분을 보고, 듣고, 느끼고, 실천하며 살아가고 있다고 해도 과언은 아닐 것이다. 세계화라는 현상은 나아가, 이를 둘러싼 수많은 담론과 쟁점, 갈등을 야기하고 있다. 우리나라만 보더라도 '세계화'는 1990년대부터 마치 국시(國是)라도 되는양 각종 정책의 지향점 내지는 목표와도 같이 여겨져왔으며, 세계화의 흐름을 잘 주도한 기업체는 정부와 언론은 물론 많은 국민들에게도 찬사와 동경의 대상으로 자리매김하게 되었다. 그런 반면 세계화의 부작용 또는 몰이해에 대한 지적과 비판의 목소리도 심심찮게 들리고 있으며, 특히 신자유주의적 세계화가 부의 편중화, 강대국의 전 세계적 패권 장악 등을 위한 수단이라는 비판은 어렵잖게 접할 수 있다. 이러한 현실을 고려해보면, 세계화 시대의 '세계'란 어떤 공간인가, 그리고 세계화 속에서 경제와 사회는 어떤 메커니즘에 의해 어떤 방향으로 움직이고 있는가 하는 문제를 이론적으로 검토하고 해명하는 일은 학문적 중요성은 물론, 세계화 속의 사회와 경제를 이해하는 데 있어서도 필수불가결한 작업이라고 할 수 있을 것이다.

일본 경제지리학계의 대표적인 연구자라고 할 수 있는 히토쓰바시대학의 미즈오카 후지오 교수가 3인의 동료 지리학자들과 협력하여 만들어낸 이 편저서는, 세계화 속에서 우리가 살아가는 공간의 경제적, 사회적 의미와 특성을 이론적으로 분석하고 고찰하였다는 점에서 한국 사회에서도 결코 적지 않은 학문적, 사회적 함의를 찾을 수 있다. 우선 '공간'이라는 추상적인 개념을 세계화라는 맥락에 대입하여 그 의미를 새롭게 이끌어내고 있다는 점에서, 지리학 등 공간을 대상으로 하는 학문을 연구하는 사람들은 물론 세계화를 보다 깊이 있게 이해하고자 하는 사람들에게도 많은 도움을 줄 것으로 판단된다. 글로벌 공간, 네트워크, 공간의 통합 등의 의미와 메커니즘을 세계화라는 맥락과 접목하여 살펴봄으로써, 지리학적 개념을 보다 현실적, 맥락적으로 이해함은 물론 '세계'라는 공간을 핵심으로 하는 세계화라는 현상에 대해서도 더욱 효과적으로 살펴볼 수 있는 기회가 될 것으로 믿는다.

이 책의 또 다른 미덕은, 지리학적 개념을 단지 이론적인 수준에서만 정리한 것이 아니라 구체적인 사례와도 접목시켰다는 데 있다. 세계도시, 도시사회운동 등에 대한 구체적인 사례를 풍부하게 제시하고 이를 토대로 논의를 진행함으로써, 딱딱하거나 담론에만 매몰된 책이 아닌 현실을 보다 심층적으로 이해하기 위한 틀로서 학술서적이 가져야할 또 다른 미덕에 충실하고 있다. 더불어 7장은 가깝고도 먼 나라 일본의 사례를 다루고 있는데, 이를 통해서 아직도 '먼 나라'이기도 한 일본의 경제·사회지리적 특징 및 발전과정에 대해서 보다 '가깝게' 접근할 수 있을 것으로 기대된다. 이 장에서 다룬 일본의 뉴타운 사업, 국토계획 등에 대한 내용은, 우리 사회의 발달과정과 현재, 그리고 미래를 이해하는 데에도 적지 않은 도움을 줄 것으로 믿는다.

나아가, 본서의 부제가 보여주듯 이 책은 단지 이론과 현상을 제시하는 데 그치지 않는다. 마지막 절의 제목인 'Think and act globally, and think and act locally!'라는 명제야말로 이 책이 추구하고자 하는 목표이자 지향점이라고 할 것이다. 이 책이 세계화라는 맥락을 중심으로 경제지리학과 사회지리학의 이론을 정리함은 물론 이에 관한 구체적인 사례를 정리하고 제시한 것도, 결과적으로는 이같은 세계화 시대에 걸맞는 행동양식을 공간스케일이라는 지리적 개념을 토대로 제시하고자 하는 목적의식에 따른 것이 아닌가

한다. 이러한 점에서 이 책은 지리학, 그 중에서도 경제지리학을 비롯한 인문지리학을 전공하는 전문가나 전공자를 위한 학술서적으로서는 물론, 세계화 시대를 살아가는 수많은 사람들을 위한 교양서로도 자리매김할 수 있을 것이다.

본문의 일본어 단어들은 표준어 외래어 표기규정에 따라 표기하였으며, 한자는 국문용 한자로 표기하였다. 다만, 참고문헌에 사용된 한자의 경우 일본 문헌임을 고려하여 일본 간체로 표기하였다. 그리고 국내 독자들께는 생소할 수 있는 지명, 인명, 역사적 사실 등은 역주처리(각주)하여 부연설명하였고, 관용적 표현 등은 매끄럽게 이해될 수 있도록 우리말의 묘미를 살리고자 노력하였다. 그리고 오역이나 적절하지 못한 용어선정 등을 최소한 줄이고 보다 완성도 높은 역서가 될 수 있도록, 2012년 1~2월에 걸쳐 한국공간환경학회 교육위원회 주관으로 관련 분야 연구자들의 검토를 거쳤다. 덧붙여 일본의 사례를 중심으로 쓴 이 책의 내용을 우리나라의 맥락과 연결지어 이해하는 데 조금이라도 도움을 줄 수 있으면 하는 마음으로, 역자, 그리고 공간환경학회 교육분과에서 역자와 함께 공부한 동료 연구자들의 간단한 역자칼럼을 수록하였다.

여러 선배 지리학자들의 노력 덕택에, 가치 있고 좋은 지리학 서적들이 다수 번역되어 왔다. 외국의 고전과 명저를 번역한다는 사실은, 훌륭한 연구성과를 소개하고 보급한다는 점에서 연구자로서는 매우 보람된 일이다. 역자 역시 학업을 업으로 삼는 연구자로서 선배 연구자들이 번역해놓은 수준높은 역서들을 읽으면서 공부해왔고, 양질의 번역서를 접할 때마다 외국의 학문적 성과를 우리나라에서도 쉽게 접하고 활용할 수 있게끔 해준 노력에 감사하는 마음을 가져왔다. 이번에 번역한 이 책 역시, 한국의 지리학자, 경제학자, 사회학자 등 여러 연구자들 및 관련 분야를 공부하는 전공자들께 조금이라도 학문적인 도움을 제공해줄 수 있기를 바라마지 않는다. 나아가 이 책이 학문적 지식은 물론 일반인들을 위한 교양 함양에도 기여할 수 있다면, 역자로서는 더 이상의 바램이 없을 것이다.

지난 2011년 봄 소식이 막 찾아오려던 무렵, 낙성대에서 막걸리를 곁들인 술자리를 하던 중 일본어 번역을 한다는 이야기 한 마디에 흔쾌히 본서의 번역을 주선해주셨고, 책이 나올때까지 제반 지원을 아끼지 않으셨던 서울대학교 박배균 교수님께 이 자리를 빌어 다시 한번 감사드린다. 공간환경학회 교육분과 세미나를 통해 교정 및 보완 작업에 많은 도움을 주었던 바이로이트대학교 인구사회지리학과 황진태, 서울대 지리교육과 김하나, 김현철, 서울대 지리학과 김창현, 서울시립대 도시행정학과 이민주, 서울대 환경대학원 정유선, 서울대 사회학과 박주형, 세종대 도시부동산대학원 김수현, 은평 주거복지센터 김우성, 토지자유연구소 성승현, 그리고 단국대에서 석사를 취득하고 유학 준비 중인 한준섭 등 학우들에게도 감사의 인사를 전한다. 특히 대가를 바라지 않고 역자칼럼까지 써준 소중한 학우들인 황진태, 이민주, 한준섭에게는 더욱 감사하다는 이야기를 이 자리를 통해 전하고 싶다. 역자의 의도를 완벽할 정도로 파악하여 더할 나위 없이 훌륭한 표지를 만들어준 이남지 학생에게도 감사의 마음을 전한다. 지도교수이신 류재명 교수님 그리고 송언근 교수님께도 감사의 마음을 전하고 싶다. 마지막으로 박사논문을 준비하면서 이제 처음으로 번역일을 시작한 대학원생을 믿고 이 책이 세상에 빛을 보도록 물심양면으로 지원과 격려를 아끼지 않으셨던 논형 소재두 대표님 및 논형 식구들께도 진심으로 감사드린다.

2013년 1월
이동민

색인

* 고딕체: 용어해설에서 언급한 내용.

사항

(ㄱ)

가내공업 391, 451
가스트아르바이터 160
가치 52, 56, 75, 159, 165, 193, 218, 222, 518, 522
간극의 구매력 210, 212
간판방식 339
개발도상국 34, 36, 160, 217, 352, 358-359, 361, 364-368, 373, 375, 382, 386, 421, 451
――을 내부에 떠안은 도시 375
개발정치 177, 383
개별관광(FIT) 513-514
개체화 117, 119-120, 193, 202, 482
객관적 실재 49, 60, 250
거가이농 306
거래비용 325, 331, 333, 347
거리 44-45, 54, 62-63, 66, 68, 72, 104, 117, 119-123, 125-126, 128, 130, 133-134, 169, 175, 189, 201-202, 204-205, 208, 212-213, 222-226, 240, 322, 324, 331, 333, 337, 340, 440, 442, 487, 498, 501, 516, 519, 521
――조락 66, 121-123, 128, 131, 325, 331, 333, 337-339, 342, 487, 498
거시경제 55, 106, 115, 153, 159, 191, 216, 219-221, 234, 245, 358, 366, 368, 381, 386, 483
거점개발 278, 300, 306
거주영역 109, 498
건조환경 72-73, 136, 215, 230, 238-245-256, 258, 272-273, 275, 277, 280, 286, 291-292, 295-296, 300, 308, 311-312, 322-324, 350, 373, 375, 377-378, 393, 406, 420, 432, 434, 438, 442, 444, 471, 474, 486, 489, 518, 520
검색 사이트 190, 193
게르만법 482
게슈탈트 247, 513
격리 66, 120, 125, 325, 468, 480
결절공간 126, 174-176, 180, 182, 186, 194, 211, 217, 223-235, 272-273, 312, 357, 369, 383
경계 29, 32-33, 35, 42, 54, 57, 106-114, 116, 140, 143, 145-148, 152, 155, 157, 160, 168, 170, 203, 206, 211, 214, 221, 223, 323, 472, 487, 500
경계짓기 99, 103-105, 110-111, 114, 128, 140, 145, 176, 189, 194, 202-204, 248, 254, 480-482, 487, 503-504, 516
경관 136, 240, 247, 305, 378, 452, 462-463, 513, 520
경쟁 31-33, 38, 43, 46-47, 53-55, 57, 74, 98, 101, 140, 166, 182, 185-186, 192, 194, 214, 222, 224-225, 230, 234, 280-281, 295, 325, 344, 346, 350, 364, 368-369, 378, 381, 475-476-477, 521
경제공간 57, 98, 105, 160, 190, 210, 218, 220, 234, 346, 483
경제인류학 477
경제입지론 76, 78, 80-81, 200
경제중심 217

경제지리학 29, 50, 58-59, 74, 76-77, 80-
　　　84, 92, 120, 136, 249, 252, 323,
　　　343, 348, 496, 505, 517, 523-524
경제학 46, 50, 53, 57, 59, 71, 73-74, 76-77,
　　　79, 100, 337, 515
경찰공간 254, 396
계급 153, 206, 239, 242, 337-338, 498, 517
――투쟁 314, 425, 433, 520
계량혁명 79, 513, 515, 520
고속도로 130, 183-184, 312, 378
고속화 126, 128-131, 182
고정자본 242, 420
공간물신론 471-472, 477, 496
――스케일 30, 33, 109, 115-116, 201, 204,
　　　206, 211, 223, 231, 241, 301, 345,
　　　348-349, 393, 397-398, 442, 469,
　　　470, 472, 475, 483, 485, 497, 500,
　　　503
――의 상품화 226, 231, 254, 256
――의 생산 73, 252, 255, 273, 290-291
――의 재현 238, 253-257, 272-273, 291,
　　　295, 323, 496, 497
――의 포섭 67, 71, 73, 201
――의 확대 92-94, 102, 105
――이론 63-64, 66, 78-81, 517
――적 분업 366-367, 386, 393, 473
――적 실천 255-256, 472, 504, 518
――적 회피 114-115, 219, 220, 368, 476,
　　　479, 501, 503
――통합 124-129, 131, 133-134, 174, 176-
　　　177, 179, 182-183, 187, 193-194,
　　　202-206, 213-214, 241, 245, 256,
　　　273, 275, 278, 280-281, 360, 373,
　　　387, 484, 498, 500, 513
――편성 58-59, 61, 72-74, 90-92, 128,
　　　133, 140, 175-176, 182-183, 186,
　　　191-192, 200, 203, 206-207, 213-
　　　215, 238-240, 242, 251-256, 273,

312, 323-324, 359, 376, 421, 468,
　　　470-471, 477-478, 480-481, 488,
　　　496-497, 499, 500-501, 503-505
공공경제학 100-101
공공사업 293, 295, 299, 300, 306, 311,
　　　313, 323, 483
공공장소 481-483, 484, 501, 522
공공재 101-102, 190
공공투자 55, 178, 274, 292-293, 303-305,
　　　308, 310-312
공동체 195-196, 234, 242, 390, 423, 468,
　　　478, 480, 483, 486, 496-497
공동체통화 483-484, 499-501
공업단지 349, 357
공영주택 301, 434, 441, 451
공유 53-54, 95, 349, 481-483, 498, 520
――의 비극 102-103, 483, 497
공지 102, 481
공황 251, 314
과소지역 대책 긴급조치법 306
과잉생산 314
과잉자본 244-245, 311, 360, 387
과잉축적 219, 382, 386
관계성 106, 111, 119-120, 248, 261, 349,
　　　399, 451, 471
관세장벽 43, 55, 57, 98, 159, 234
관유지 106
교외 119, 195, 302, 304-305, 338, 430,
　　　-432, 435, 444, 449
교통권 97, 186, 489
교통·통신 195, 121-122, 125-126, 128
구조개혁 234, 312, 358
구체적 공간 253-255, 486
국가 30, 32-33, 40-41, 44, 55, 58, 94, 96,
　　　106-107, 113, 139-140, 143, 145,
　　　147-148, 152-159, 161-166, 174,
　　　176-178, 183-186, 194, 218-219,
　　　221, 223, 231-233, 241, 244, 252-

기축통화 218, 234
기펜재 364
기호 240, 247, 249-250, 254

(ㄴ)

낙도진흥법 306
남북문제 46, 151, 387
내무성 275-276, 281, 287-288, 427, 434-
        435, 438
내발적 발전 473-475
내부보조 179, 183, 185
내셔널리즘 153, 162-163
냉전 155-156, 399
네트워크 53, 97, 102, 126-130, 133-134,
        174-180, 182, 183, 186, 188, 194,
        202, 204, 215, 241, 272, 287-288,
        290, 325, 331-332, 341, 346-349,
        484, 515
네트워크의 외부성 484, 515
노동과정 68-73, 93, 326, 328, 337
노동력 재생산 181, 337, 434
노동시장 124, 161-162, 327, 334, 336-
        341, 373-375, 419
노동운동 432, 434, 516
노동의 저질화 70, 73
노동자 32, 37, 42, 47, 55-56, 69-70, 93-
        95, 124, 161, 180-181, 234, 305,
        314, 326-327, 336-338, 340-342,
        347, 352, 359-360, 363, 371, 373,
        375, 381, 384, 387, 409, 419-420,
        423, 428, 437, 439, 446, 448, 472-
        473, 476, 479, 515
노동착취 사업장 161, 338, 352, 375, 515
노숙인 313, 453
논리실증주의 79, 513, 515, 520
농어산촌 299, 306, 313
농업입지론 225, 226
농촌개발 389

농촌 구조개선 사업법 305
뉴라이트 47
뉴타운 301-302, 304-305, 438, 444, 455,
        514, 526

(ㄷ)

다국적기업 37, 41, 158-159, 162, 216,
        333, 340, 346, 352, 356-357, 359,
        363, 365-369, 371, 381-382, 386,
        394, 473, 476, 478-479, 503, 517
다이코겐치 105
다중사업체기업 215, 346, 371
달러 218, 221-222, 225, 233
대량생산 301, 351-352, 363, 384, 513,
        519
대면접촉 122, 371, 500
대안(alternative) 34, 44, 46, 50, 79, 128,
        238, 255-257, 301, 319, 356, 381-
        382, 389, 391, 421-422, 435, 464,
        468, 477, 479-481, 486-488, 496,
        499-501, 509-511, 513-514, 516
대영제국 75, 119, 377
도달범위 100, 180, 208-209, 212-214, 245
도로 92, 108, 129-130, 192, 241-242, 285,
        290, 293, 303-304, 308, 317-318,
        387, 440-441, 460, 514
도시 72, 120, 130, 131, 146, 148, 180-182,
        186, 192, 209, 225, 241, 243, 261,
        266, 286, 292, 296, 300, 304, 313,
        322, 324, 332, 337, 346, 357, 369-
        370, 375-381, 397, 408, 418-426,
        432-433, 435-437, 440-441, 443,
        445-446, 449-450, 461, 469, 509,
        519, 521
도시간 경쟁 182, 192, 377-378, 514
도시개발 272, 295, 378, 444
도시계획 178, 225, 243, 255, 291-292,
        302, 431-432, 438, 441, 511, 518

383

베이징 원인 44-45, 110, 122, 480, 501
베트남 전쟁 188, 358-386, 393, 395
벤처 195, 362
변방 140, 143, 145-146, 148, 168-169, 500
변화—할당 분석 80, 517
보완영역 377, 471
보이는 손 207, 214-216, 220, 224, 243, 272-
        273, 301, 322-324, 328, 357, 369
보이지 않는 손 51, 98, 207, 212, 214,
        219, 221, 230-231, 243, 273, 302,
        322-323, 325, 328, 432, 434, 444
보통사람 467, 482-488, 496-497, 503-505
보편적 인권 93, 153, 165, 385, 389, 476,
        479, 497-498
봉건 93, 113, 176, 225, 423-425, 431
부동산 침탈 109, 231
부라쿠 426, 429-430, 433, 435-436, 446
——— 해방 433, 441, 445, 451, 452
부르카 502
부의 용기로서의 국가 176
분단 45, 112-113, 117, 123, 147, 166, 176,
        200-206, 211, 223-224, 239-240,
        251, 256-257, 338, 340, 396, 468,
        472, 476, 478-481, 485-489, 496-
        498, 500, 503-504
분리주의 164
분산 132-133, 331, 333, 342-343, 361,
        366, 369, 499
분업 56, 76, 96, 124, 136, 216, 323-325,
        328, 330-331, 333-334, 336, 343,
        346-347, 350, 359, 365-367, 393,
        473, 478, 500
불법체류 외국인 노동자 161, 374-375,
        479, 487
브레튼우즈 체제 218, 233
비교우위 33, 35, 37-38, 43, 51, 54, 57,
        140, 159, 160, 186, 192-193, 275,

322, 326, 333, 344-346, 350, 357,
        361, 363-364, 367, 382, 473
비기반재 124, 367
비자 31, 32, 45, 480
비판지리학 77, 79-81, 84, 514, 518
빈곤의 악순환 381
빈민굴 425-426, 433, 435, 437, 444
빈민연구회 427

(ㅅ)

사방법 277
사업서비스 371, 374
사이버공간 187, 482
사적 소유 106, 246
사회—공간 변증법 249, 343, 471, 472
사회자본 186, 243, 244
사회적 덤핑 380, 381, 476
사회적 비용 37, 370, 419
사회적 인프라스트럭처 275
사회적 착근성 215, 348, 349
사회주의 46, 107, 207, 358, 381, 384-386,
        474, 499
사회지리학 50, 82-84, 92, 136, 249, 252,
        496, 505-506
사회집단 56, 66, 94, 99, 102-104, 107,
        110, 114, 117-120, 123, 125, 143,
        421-422, 520, 521
사회통합 153, 174, 235, 238-239, 242,
        245, 272, 274, 310, 314-315, 348,
        384-385, 438, 474, 520
산업기반 정비 308
산업자본주의 46, 420-422, 425, 431-432,
        444
산업집적 83, 101, 195, 322-325, 331, 333-
        336, 340-345, 347-349, 357, 393,
        420, 499, 521
산촌진흥법 306
상관공간 116, 200-204, 206, 211, 222,

지배·종속 144, 149, 151, 470-471
지사경제 366-367
지역구조 477
지역이기주의 473
지역주의 155, 163, 486
지연집단 122, 242
지적소유권 191
지정학 377
지조개정 105, 482
지주제 385, 390
지지학 78, 83, 519
지하드 392
집단안전보장 109, 156
집적 53, 124-125, 127, 131, 133, 186, 193,
　　　 209, 217, 304, 322, 324, 331, 343,
　　　 347
────지 124, 131, 134, 175-176, 195, 201,
　　　 204, 235, 241, 336, 344, 371, 499
집합적 소비 242, 337, 420, 437
집합적 절대공간 105, 109, 111, 113-114,
　　　 148, 177, 191, 205, 223-225, 241

(ㅊ)

철도부설법 279, 287-288
청일전쟁 170, 280
체험공간 247, 255, 394
체화 250
총력전 290, 294, 421, 438
총합농정 305
최빈도상국 382, 387-389, 392-395, 419
추상적 공간 98, 105, 117, 220, 226, 253-
　　　 256, 381, 475-476, 481, 483
축적체제 291, 304, 315, 440, 520
치수사업 277, 282-283, 287, 290

(ㅋ)

커뮤니티 410, 436
컨벤션센터 378

컨벤션 이론 349, 520
케인즈주의 46, 292, 311, 421
콤비나트 444
크림 스키밍 185
클러스터 343-344, 346, 360, 362, 367
────적 생산양식 333

(ㅌ)

탈레반 392-393, 400-401, 502
테러 388, 401
테일러 시스템 314, 363
토건국가 273, 294-295, 317-319
토목회의 293
토지소유 223, 391, 406, 442
토지이용조정 200-201, 205, 223, 225-226,
　　　 230-232, 238, 240-241, 243, 273,
　　　 418-423, 425, 429, 430-432, 434,
　　　 437, 439-440, 443-444, 447, 454-
　　　 455, 486, 496, 500-501, 503
통근권 95, 181, 215, 336, 338-340, 516
통신판매 222
통학권 97, 339
통행공간 95
통화위원회 제도 221, 474
통화주의 483
투과성 112, 114, 116, 160, 203, 206
투기 230

(ㅍ)

패킷 188, 192
페미니즘 421
편의점 181
평등 93, 189, 480, 482, 484
포디즘 153, 178, 245, 303, 314-315, 384,
　　　 421, 438, 444, 513, 519, 520-521
포섭 67-71, 73, 120, 201, 203, 214, 250, 487
포스트모더니즘 81, 521
프랑스 혁명 93, 98, 383

인명

（ㄱ）
고이즈미 준이치로 312
고토 신페이 290
곤 와지로(今和次郞) 437
괴츠, W. 76
그람시, A. 315
기든스, A. 152, 517
김일성 383

（ㄴ）
뉴튼, I. 64-66, 396
니시카와 마사아키 77

（ㄷ）
다나카 가쿠에이 178, 296, 297, 298, 310
달라이 라마 385
대처, M. 46, 421, 477
덩용청(鄧永成) 506
도스 산토스, T. 386
뒤보, R. 470

（ㄹ）
라이프니츠, G. W. 66
라첼, F. 77
레이건, R. 46-47, 421
로스토우, W. W. 358, 387, 473
루터, M. 147
르페브르, H. 105, 240, 252, 255-256, 422,
      433
리, R. 80
리카도, D. 75
리피에스, A 367

（ㅁ）
마셜, A. 101, 123
마쿠센, A. 361

맑스, K. 56, 314, 394
매시, D. 366

（ㅂ）
버넌, R. 361
버제스, E. 429, 432, 518
베버, A. 78, 127, 336
부시, G.부시 47, 258, 393, 395
뷰캐넌, J. M. 101, 190
브레이버먼, H. 70
브레즈네프, L. 399
브링크만, T. 226
비트포겔, K. A. 77
빈 라덴, U. 393-394

（ㅅ）
사타 이네코 436
색스니언, A. 196
세키 하지메(關 一) 434
셰퍼, F. K. 78
셰퍼드, E. 80
소로스, G. 219
소자, E. 252
쉬진위(徐進鈺) 506
슐뤼터, O. 240
스미스, A. 76, 326, 477
스미스, N. 484, 503-505
스미스(Smith 504
스콧, A. J. 323, 324, 505
스티글리츠 52-54, 73

（ㅇ）
아웅산 수치 385
아인슈타인, A. 63
알뛰세르, L. 517
앤더슨, B. 153
야타 도시후미(矢田俊文) 477
엔젤 디 모로, S. 235

418-419, 428, 432, 437, 445, 447,
450, 455, 519
독일 66, 75-78, 94, 142, 184-185, 207,
226, 234, 240, 360, 443, 518

(ㄹ)
러시아 45, 169, 392, 399, 518
런던 41, 119, 219, 372, 376, 397, 424
로스엔젤레스 107, 249-250, 258, 372,
486, 489-494, 524
리오 데 자네이루 376

(ㅁ)
마키라드라 342
말레이시아 359
메이신(名神) 고속도로 184
멕시코 42, 218, 342
미국 34-36, 38-40, 46-47, 53, 70, 78-79,
81, 108, 116, 143, 154, 157, 165,
184, 188, 191, 194-195, 218, 222,
234-235, 258-259, 261, 274, 296-
297, 314, 323, 338-339, 341-342,
351-352, 358-359, 362, 365, 367,
386, 388, 391-395, 400-401, 408,
415, 421, 429, 443, 470, 484, 502,
513-517
미도스지센(御堂筋線) 305, 427, 428
미얀마 377, 385
미쿠니토케(三國峠) 297, 310

(ㅂ)
발트3국 233
방글라데시 366, 389, 406
방콕 183, 377
베를린 448, 481
벵갈 113
북아메리카(북미) 54, 71, 519
북한 383, 395, 412, 470

브라질 161
브르타뉴 163
빈 515

(ㅅ)
사도(佐渡) 168, 299, 310
사사지마(笹島) 446
사카이(界)·이즈미(泉)시 북부 임해공업
지대 304
사할린 169
삿포로(札幌) 185, 377
상아해안 151
상파울루 376
상하이(上海) 380, 473
서울 183, 252, 266-268, 408-410, 413,
415, 510-511
센가쿠(尖閣) 열도 170
소말리아 395
슘슈시마(占守島) 169
스코틀랜드 163, 488
스페인 234
시애틀 28, 36-37, 39, 41, 44, 51, 352, 485
시카고 372, 429, 518
신(新)오사카 305
실리콘밸리 195-196, 342, 349
싱가폴 183, 506

(ㅇ)
아마미(奄美) 제도 169
아시아 40, 80, 144, 147, 149-150, 155,
219, 258, 352, 368, 382, 399, 474,
519
아시아 태평양 377
아일랜드 76, 141-142, 234
아프가니스탄 47, 392-393, 394, 399-402,
502
아프리카 144, 147, 149-151, 155, 258,
382-383, 399